800MW 水轮发电机组检修实践

《800MW 水轮发电机组检修实践》编写组　编著

中国三峡出版传媒
中国三峡出版社

图书在版编目（CIP）数据

800MW 水轮发电机组检修实践 /《800MW 水轮发电机组检修实践》编写组编著 .
—北京：中国三峡出版社，2021.12
ISBN 978-7-5206-0228-0

Ⅰ.①8… Ⅱ.①8… Ⅲ.①水轮发电机-发电机组-检修 Ⅳ.①TM312.07

中国版本图书馆 CIP 数据核字（2021）第 267598 号

中国三峡出版社出版发行
（北京市通州区新华北街 156 号 101100）
电话：（010）57082645 57082640
http://media.ctg.com.cn

北京世纪恒宇印刷有限公司印刷 新华书店经销
2022 年 11 月第 1 版 2022 年 11 月第 1 次印刷
开本：787 毫米×1092 毫米 1/16 印张：19.75
字数：506 千字
ISBN 978-7-5206-0228-0 定价：120.00 元

前　言

2012 年 11 月，世界上首台单机容量为 800MW 的水轮发电机组在向家坝水电站投产发电，这是水电史上承上启下的关键阶段。随着水轮发电机组单机容量的不断刷新，也会出现一些新的技术和管理难题。因此，为了进一步掌握巨型水轮发电机组的运行规律，我们组织编写并出版了《800MW 水轮发电机组运行实践》一书，对超大容量水轮发电机组的运行情况进行了初步总结。本书则是其姊妹篇，主要从设备检修与维护的角度对 800MW 水轮发电机组及其附属设备进行了总结，以期给读者一个完整的认识。

800MW 水轮发电机组容量巨大，其安全稳定运行的可靠性对水力发电厂和整个电力系统极其重要，其检修与维护方式和缺陷处理措施可能带来的可靠性降低也会对电力系统产生一些不利影响。800MW 水轮发电机组作为当年投运的单机容量最大的水轮发电机组，在设计、制造和安装过程中也还存在一些问题和不足，这就需要在工作中有针对性地做好设备的检修与维护工作。如何以合理的方式开展检修与维护，如何有效地消除缺陷与隐患，等等，还需要在以往经验的基础上做进一步的探索和实践。向家坝水电站自投运后一直保持着很高的可靠性，证明了这些探索是卓有成效的。由于现行的一些管理标准、技术标准反映的更多是以往的经验，有些内容与超大容量水轮发电机组的特点往往不太匹配。因此，不断探索和掌握超大容量水轮发电机组的运行特点和规律，对于我国相关管理标准和技术标准的完善也有很大的促进作用，也是大型水力发电厂技术和管理工作中的重要内容。

本书阐述了 800MW 水轮发电机组检修与维护中出现的一些典型问题及其技术解决方案，这些技术解决方案和其中一些技术专题的归纳，有助于以后在面对类似问题时拓展思路，寻求最优解决方案。我们认为，有些问题如果在设计制造阶段就予以解决，则会收到事半功倍的效果。此外，本书还总结了一些水轮发电机组重要配套设备的检修与维护经验，配套设备对水轮发电机组的安全可靠运行构成了一定的制约，因此保持配套设备的良好状态也是水轮发电机组安全运行的重要保证。对 800MW 水轮发电机组及其附属设备的检修与维护实践进行分析总结，一方面可以提高我们自身的认识水平，另一方面也可以为我国其他水电站大型机组的检修与维护提供有益借鉴。本书介绍的一些处理问题的方法和解决问题的方案，可供同类设备的检修与维护作为参考，也有利于相关设备制造厂家从中吸取来自运行单位的经验，从而不断提升国产设备的设计和制造水平。

本书由余维坤、孔丽君组织编写，全书编写分工如下：第 1 章由余维坤编写，第 2 章由陈刚、赖见令编写，第 3 章由黄涛编写，第 4 章由左文编写，第 5 章由余凯鹏编写，第 6 章由刘仁杰编写，第 7 章由陈自然、涂勇、余凯鹏编写，第 8 章由贾敬礼编写，第 9 章由王波编写，第 10 章由沈博渊、黄金龙编写，第 11 章由张林枝、刘洪编写，第 12 章由常中原、杨刚、赵远编写，第 13 章由孔丽君、赵远、余凯鹏、左文编写。限于 800MW 水轮发电机组运行时间不长，我们积累的实践经验有限且又是多人编写，本书内容涵盖可能还不够全面，且难免存在一些疏漏和不当之处，还望识者教正。

《800MW 水轮发电机组检修实践》编写组

2022 年 8 月

目　录

第 1 章　绪论

向家坝水电站位于四川省宜宾市和云南省水富市交界的金沙江峡谷出口处，电站以发电为主，兼有防洪、航运、灌溉、拦沙及反调节等综合功能。电站左岸坝后式厂房和右岸地下厂房各安装 4 台 800MW 水轮发电机组，总装机容量 640 万 kW，设计多年平均发电量 308.8 亿 kW·h。电站于 2006 年 11 月开工建设，2012 年 11 月首台机组投产发电，2014 年 7 月 8 台机组全面投产发电。向家坝水力发电厂（以下简称“向家坝电厂”）是中国长江电力股份有限公司（以下简称“公司”）下属的电力生产管理单位和生产成本控制中心，于 2009 年 4 月开始筹建，2012 年 2 月正式成立，主要负责向家坝水电站的运行维护管理、实物资产管理、生产成本控制、通航设施管理，以及坝区安全保卫、消防、公共资产及基地管理等全电站管理职责。

电站通航建筑物布置在枢纽左岸，采用全平衡齿轮爬升螺母柱保安式一级垂直升船机，按Ⅳ级航道标准设计。升船机最大提升高度 114.2m，设计年货运量 112 万 t，2018 年 5 月升船机正式投入试通航运行。

向家坝水电站发电机、变压器均采用一机一变单元接线方式。左岸发电厂房为坝后式厂房，安装有 4 台水轮发电机组，均为哈尔滨电机厂（HEC）生产制造，每个发变组单元直接接入 500kV GIS 系统。右岸发电厂房为地下厂房，安装有 4 台水轮发电机组，均为原天津阿尔斯通水电设备公司（TAH）生产制造，每个发变组单元通过高压电缆接入地面 500kV GIS 系统。电站所有发电机组均采用立轴半伞式结构，励磁系统采用静止晶闸管自并励方式，发电机额定容量均为 800MW。主变压器采用强迫油循环水冷的冷却方式，由天威保变电气股份有限公司生产。向家坝左右岸电站的 500kV GIS 设备均采用 3/2 接线方式，开关站各 4 回进线、2 回出线，GIS 设备均为西安西电开关电气有限公司生产。进线采用发电机和变压器单元接线，每台发电机与其变压器之间设有 GCB（发电机出口断路器）。

水电站的普遍特点是机组台数多、体积大，设备检修工期长（具体的水电站因水头和水轮机型式的不同而有区别），河流水量受制于天。受河流来水量的限制，大型检修一般都安排在冬季进行，检修时间相对比较集中。通常按行业标准，一般 A 级检修（扩大性检修）工期可长达 150 天左右，B 级检修（一般性大修）工期也在 45 天左右，C 级检修（一般性小修）则控制在 14 天左右，D 级检修（消缺性小修）则控制在 7 天左右。按规程规定，小修类每年可安排 2 次，大修可 3～4 年一次，扩大性检修 10 年左右一次。以往老水电站的纯国产机组存在的问题相对较多，必须年年安排检修，即使是当时的计划性检修，很多检修的安排也是合理的，特别是多泥沙水电站的机组，当然，一些检修也存在着不小的浪费。

发电厂（电厂）的总体目标是安全生产出经济合格的电能，所有的工作都是围绕着这个目标进行。对电厂管理而言，安全生产是放在首位的，因此，设备维修策略上，应修（即到期）必修，修必修好，过去一直是电厂检修中一个不能逾越的原则，这与长期以来的安全考核标准相适应。

1.1　800MW 机组精益维修管理体系的探索

向家坝水电站 800MW 机组属电网直接调度，如此大容量机组的安全稳定运行在电力系统的重要性不言而喻，它的检修与维护，同样也面临着一个合理检修方式的选择，而检修时间安排与调度要求之间也存在很多矛盾之处。

1.1.1　设备的维修策略

工业设备检修的模式也一直都在探索中，国外的设备检修也经历了事后检修、预防性检修和随着设备故障诊断技术发展而广泛采用的基于设备状态的检修（即“预知性检修”，或称“状态检修”，这是将预防性维修和以可靠性为中心的维修两种方式进行优化结合，以设备的状态为依据而确定的检修模式）三个阶段。水电站设备的检修策略同样大体上也经历了三个主要的发展阶段，即事故检修、预防性检修、状态检修。预防性检修适用于已知磨损规律的设备，以及难以随时停机进行检修的流程工艺系统，可以降低非计划停机的次数和时间。状态检修，就是通过对运行设备的状态监测与诊断分析，充分掌握设备的健康状况，以可靠性为中心，确定设备的检修方案和检修时间区间，在此基础上综合考虑水情、设备状况、电力市场，进行最优的检修决策，用最低的检修成本使设备的可靠性最高、可利用率最高，从而实现水电企业经济效益最佳的目标。但状态检修的实施与设备的制造质量、状态监测水平乃至考核机制、工器具都是密不可分的，它并不能单独存在。

检修策略的选择也需要衡量检修成本与发电效益之间的关系以及对运行机组的考核方式。采取何种检修策略，关键取决于管理者所能承受的检修成本和运行风险，检修成本与运行风险两者就如天平的两端，检修成本越高，运行风险相对就小，机组安全稳定性越好；检修成本越低，运行过程中风险就越大，触发事故的概率也越大。当然，这并不是绝对的。

1.1.2　检修政策回顾

水轮发电机组是水电厂的主设备，它的运行状态直接关系到整个电力系统的稳定和社会经济的运行。因此，行业主管部门对发电机组的检修历来都有比较明确的规定。

1.1.2.1　SD 230—1987《发电厂检修规程》

1987 年，水利电力部修订颁发了 SD 230—1987《发电厂检修规程》，此规程是对发电企业设备检修计划编制、审批和实施做出的强制性规定，贯彻的是“应修必修，修必修好”的定期检修原则，对于搞好设备检修，保证发电设备和电网的安全、稳定、经济运行发挥了重要作用，这与我国长期实行的计划性检修体制相适应。但在规程总则中就规定了“应用诊断技术进行预知检修是设备检修的发展方向，各主管局可先在部分管理较好且检修技术较完善的电厂进行试点，积累经验，逐步推广”，但是基于以前的运行和检修工作中并没有与之相应的状态监测手段，无法在实际检修工作中有效落实。

随着我国电力工业的发展，大容量、高参数机组不断投入运行，同时也有不少进口发电机组投入运行，不同的机组技术水平有一定差距，其可靠性、安全性、经济性差别较大，原标准对检修项目、检修周期等所做的规定已不尽适用。随着电力系统的改革，在“厂网分开、竞价上网”的新电力体制下，发电企业作为独立的经营主体参与市场竞争，设备检修管理已属企业内部经营管理范畴。

1.1.2.2 DL/T 838—2003《发电企业设备检修导则》

2003年国家经贸委发布的DL/T 838—2003《发电企业设备检修导则》中，明确提出了“发电机组检修应在定期检修的基础上，逐步扩大状态检修的比例，最终形成一套融定期检修、状态检修、改进性检修和故障检修为一体的优化检修模式”。

该导则5.7节中提出：“发电企业宜建立设备状态监测和诊断组织机构，对机组可靠性、安全性影响大的关键设备实施状态检修。”可见，该导则对检修模式的发展提出了明确的指导性意见。

但是，整个导则是基于定期计划检修而制定的。该导则将原水电厂通行的扩修、大修、小修更名为A、B、C、D四个等级，并提出明确的设备检修周期和检修持续时间。该导则第6节中规定：“发电机组检修分为A、B、C、D四个等级。各类机组的A级检修间隔和检修等级组合方式可按表1的规定执行。”该导则提出的检修周期基本成为各电厂的指导性检修间隔，见表1-1。

表1-1 机组A级检修间隔和检修等级组合方式（导则表1）

机组类型	A级检修间隔（年）	检修等级组合方式
进口汽轮发电机组	6~8	组合原则：在两次A级检修之间，安排一次机组B级检修；除有A、B级检修年外，每年安排一次机组C级检修，并可视情况每年增加一次D级检修。如A级检修间隔为6年时，检修等级组合方式为A—C（D）—C（D）—B—C（D）—C（D）—A（即第1年可安排A级检修1次，第2年可安排C级检修1次，并可视情况增加D级检修1次，以后照此类推）
国产汽轮发电机组	4~6	
多泥沙水电站水轮发电机组	4~6	
非多泥沙水电站水轮发电机组	8~10	
主变压器	根据运行情况和试验结果确定，一般为10年	C级检修：每年安排1次

该导则6.1.2节同时也提出了“发电企业可根据机组的技术性能或实际运行小时数，适当调整A级检修间隔，采用不同的检修等级组合方式，但应进行技术论证，并经上级主管机构批准”，但对于如何进行这些工作，该导则没有提及。

1.1.2.3 DL/T 1066—2007《水电站设备检修管理导则》

由于DL/T 838—2003《发电企业设备检修导则》是针对全国水电系统和火电系统制定的，但火电机组与水电机组的状况相去甚远，实际应用上难免出现偏颇。因此，火电系统又根据火电行业的特点，推出了适用火电厂的检修管理导则。在这种情况下，水电行业于2005年组织力量开始编写适用于水电厂的设备检修导则，即DL/T 1066—2007《水电站设备检修管理导则》。该导则是针对水电系统设备检修的特点而编制的指导性标准，是在DL/T 838—2003基础上，总结水力发电生产管理经验，运用过程管理思想，强调持续改进理念，结合水电站设备检修特点编写而成。该导则旨在进一步提升水电站设备检修管理水平，提高水电站设备检修管理的符合性、有效性和效率。

该导则的重点在于增加了过程管理方面的内容，对于设备的检修方式，该导则还是沿用DL/T 838—2003《发电企业设备检修导则》的规定，按A、B、C、D四个等级定期进行。但是，在其表1“机组A级检修间隔和检修等级组合方式”中，在《发电企业设备检修导则》标准的基础上加了一个非常重要的注释，即“对进口或技术引进的设备以及状态稳定的国产设备，根据设备状态评价结果，可延长检修间隔”（见表1-2），这相当于为检修模式的探索开了一个稍大的口子。

表1-2　机组A级检修间隔和检修等级组合方式（导则表1）

机组类型	A级检修间隔（年）	检修等级组合方式
多泥沙水电站水轮发电机组	4~6	在两次A级检修之间，安排1次机组B级检修；除有A、B级检修年外，每年安排1次C级检修，并可视情况每年增加1次D级检修。如A级检修间隔为6年，则检修等级组合方式为A—C（D）—C（D）—B—C（D）—C（D）—A（即第1年可安排A级检修1次，第2年安排C级检修1次，并可视情况增加D级检修1次，以后照此类推）
非多泥沙水电站水轮发电机组	8~10	
主变压器	根据运行情况和试验结果确定，一般为10年	C级检修：每年安排1次

注：对进口或技术引进的设备以及状态稳定的国产设备，根据设备状态评价结果，可延长检修间隔。

1.1.3　状态检修概述

1.1.3.1　实施状态检修的原则与条件

状态检修的目标是找出设备检修的合理周期和检修时间，延长设备寿命，既能提高设备可靠性，又能降低运行检修费用，提高企业经济效益。状态检修是建立在设备性能和运行状态的可靠监测和诊断基础上才能有效进行的，广义的监测与诊断还包括设备的可靠性评价与预测、设备的评估与管理。和传统检修模式相比，状态检修工作最主要的改进是用科学的分析和组织方法，代替依赖规程和经验制定的检修周期、工艺及质量标准。开展设备状态检修是对现行检修管理体制的改革，是复杂的系统工程，同样需要不断探索和实践。

由于各水电厂的地理位置、机组水平及人员配置的不同，多泥沙河流域和清水河流域、新电厂新机组和老电厂老机组等也有很大的差异，状态的确定在工作中侧重点有所不同。因此，因地制宜才能形成自己的集预防性检修和以可靠性为中心的状态检修为一体的优化检修方式。

1.1.3.2　设备制造与安装质量

水电站设备的结构、制造质量是决定设备后期检修周期的关键因素，设备的运行工况、后期检修质量等对检修周期都会形成一定的制约关系。在一些老设备的检修中，我们会发现，即使计划检修周期未到，也不得不提前进行检修。如受河流泥沙影响较大的机组，水轮机的轮叶磨损往往快于其他水质的机组，对其进行提前检修实属无奈。

设计上的失误和安装上的遗留问题，也是检修工作中经常遇到的难题，特别是大的结构方面的问题，一般性的检修又无法从根本上解决问题，一些技术上的改造也是围绕这些问题来展开，这在老的水电站尤甚。

随着技术的进步，国内设备制造质量也逐步提高。20 世纪末，国内企业抓住三峡水电站水轮发电机组及其他主要发电设备技术引进的机遇，在一些关键核心技术上取得了长足的进步，如发电机组的水力设计、通风冷却、绝缘水平、推力轴承结构、整体结构刚强度、关键部件的数控制造等方面达到了国外同等先进水平，主变压器及 GIS 的局放控制、高压断路器的遮断水平等也具备较高的国际水准。

发电设备本身的高质量水平和科学的方法是状态检修管理的前提，向家坝水电站在建设期就开始介入设备的设计和制造，在安装中也安排了大量的人员参与安装和监理。设备从制造、安装乃至设计或选型等一系列环节层层把关，这种从源头抓起的方法是十分必要的，尤其是新建电厂，客观上为设备检修周期的延长和实施状态检修提供了良好的基础条件。

向家坝水电站的主要机电设备绝大部分都是采用了国产制造的设备，其中一些国产设备如额定开断电流达 160kA 的 GCB、500kV 高压电缆等均是首次在向家坝水电站投入商业应用。而 800MW 巨型水轮发电机组当然也是。800MW 机组的设计制造，正是在三峡电站发电机设备制造基础上的继承和发展，800MW 巨型机组建设和运行，也处于水电建设中承上启下的关键阶段。向家坝水电站 800MW 机组的设计制造，是在广泛吸收 700MW 机组的经验后推出的，克服了很多原来机组存在的问题和隐患，但仍然还存在一些问题，特别是安装过程中的工艺等，还有一些辅助设备的选型。向家坝水电站 800MW 机组的检修实践，对于水电设备的未来也具有重要的意义。本书从检修的角度来阐释这些问题，也希望对于未来的设计制造有所启迪。

1.1.3.3　状态监测系统

掌握设备状态的关键还需要有一系列完善的监测分析设备，监测系统的作用在分析设备状态和预判设备事件的过程中显得越来越重要。

2009 年，具有 10 台 640MW 机组的萨扬－舒申斯克水电站发生了一起特别重大的安全事故，导致厂房结构被严重破坏、3 台发电机组报废、其他 7 台机组受到不同程度损坏，还有其他重要设备损毁及数名人员伤亡，可谓损失巨大。这场悲剧的直接原因是 2 号发电机组工作在非稳定区时，水轮机顶盖固定螺栓因疲劳而损毁，导致厂房大量进水。据事故后检查，2 号发电机组顶盖固定螺栓仅 6 颗仍起固定作用，其余 49 颗螺栓中，有 41 颗出现了疲劳裂缝，另外 8 颗螺栓被破坏，破坏面积超过总面积的 90%。我们无意去评判别人的检修维护水平，但此事故教训确实是极其深刻的。因而如果具有一套良好的监测系统能够提前预警，也许能在一定程度上避免悲剧的发生。

随着工业自动化和信息技术的发展，当前各电站的计算机监控技术得以广泛应用，但目前主要是针对机组运行时的状况、负荷的增减调整来进行的。对发电机组而言，目前广泛采用的机组振动与摆度的监测基本是稳定的，但其他直接针对设备本体状态特别是寿命的监测相对较少，目前已有的一些监测手段远非完善，因此要完善监测系统还需要有大量先进的监测设备和方法。

目前的检修体系中，在智能系统做不到尽善尽美的情况下，人工依据经验进行判断依然是很重要的手段。自动化系统要达到与人工相同的判断水平，必须对设备的各个方面进行有效的监测，掌握其动态性能参数如电气、机械、水力、绝缘和化学监督参数等。这一部分是机组状态确定的技术关键，如何准确有效地布置测点，对水轮机、发电机这两大重要部件来说，目前有效的办法还不是很多，而这两大部分是确定机组是否需要进行大修或扩修的主要依据。机组的扩修，是水电厂耗费最大的检修，科学的决策对这种大型检修非常有意义，显然，科学的预知需要对扩修机组的重要部件进行可靠性分析，仅靠目前自动化体系的监测还不能达到要求，需要人工监测的补充。即使是工业水平发达的国家，状态检修也并未完全取代计划性检修。状态监测的作用，一是根据监测情况及时发现和处理可能出现的异常和故障，二是以监测的结果，确定下次计划检修的广度和深度。

对设备状态的监测需针对不同的设备进行专题研究，监测系统是否能真正监测出预知所要求的信息，可能还有很多工作要做，并不是如想象的那样能立竿见影。从我国许多水电厂已安装投运的在线监测装置来看，有些装置如机组振动摆度监测装置、变压器在线监测仪、油色谱在线监测仪、各部温度巡检装置等相对性能比较可靠，但对于局部放电、水轮机空化、机组相对效率等的在线监测还有待完善，水电厂应积极采用可靠的在线监测装置，对不完善的应利用离线监测来弥补，将在线监测和离线监测有机地结合在一起，才能准确地掌握设备的真实状态。

1.1.3.4 设备状态的确定

设备可靠性评价是确定设备维修的关键因素。制约整个机组运行状况的水轮机和发电机这两大部分，是确定机组是否进行扩大性检修或大修的关键。水电机组由大量的分立部件组成，如水轮机、三部轴承、调速器、发电机等大件。其中，三部轴承、调速器可以单独检修，且需要机组停运的时间短，其他辅机系统也是如此。水轮机、发电机的部分故障也可以在停机时间较短的情况下处理，但是，制约整个机组检修状况的正是这两大部分，是确定机组是否进行扩大性检修或大修的关键。在整个机组检修期内，对其他部件进行检修或技术改造显然是合理的。从目前电力检修的情况来看，确定独立设备如调速器、断路器、变压器等的设备检修期相对要容易一些，如目前大型油浸变压器的检修方式基本上与预知性检修的要求相符，而机组整体的大修、扩修工作则要难得多，机组的小修相对也要容易一些。设备的质量和运行条件、检修质量对设备检修的周期影响最大，不能说仅靠采用状态检修方法后绝对周期就能延长。

在整个预知检修系统中，设备或设备组的状态的确定也即准确诊断是“预知”的关键。对设备的检修就像对人的医疗一样，只不过人可以主动诉说而设备无言。我们知道，很多时候我们面对一堆数据却无法准确判断到底得了什么病，这当然不一定是数据的错，而是我们本身的采样和判断究竟是否“科学”？同样，对设备状态的判断往往也是如此，很多情况下实际上是一个模糊判断，这是由设备的本身特性决定的。一方面是我们取得的量本身不足，在很大程度上无法确定该设备是否需要进行检修或进行什么性质的检修；另一方面量不能像继电器动作那样非此即彼。

利用专家系统和仿真系统实施智能化判断和决策是大家所期望的。专家系统实际是人工经验和智慧的结晶，然而，将专家系统变成判断单元，还是有一定的困难。以前在运行管理中，也局部采用过，但未能取得较好的现场应用。目前，数字化建设和人工智能技术的发展为智能决策带来了新的发展机遇，特别是基于人工智能的数字孪生技术，可以实现设备检修方式的虚拟化。可以想见，在国家“十四五”期间会取得可喜的成绩。在水电站方面，也广泛提出了智能电站或智慧电站的概念，那么相应的设备检修维护管理也应在智慧方面重构，才能真正实现检修方式的寻优。

1.1.3.5　与状态检修模式相适应的考核机制

对目前水电厂的设备考核体系来说，安全考核放在首位。长期以来，我们的设备检修、预试年限均是依据有关国家标准、规程下达的，电厂基本依据这个年限来安排，上级部门也是据此而考核。

确定设备检修周期的依据是设备状态，这是状态检修的基本要求。然而，状态的确定却是非常困难的，不该修的修了，会造成极大的浪费，但该修的未修，又可能会造成无法弥补的损失，在探索阶段，也可能会出现一些不能预料的事情，应对设备事后检修、临时检修及非计划停运应适当放宽标准，这里就存在一个如何考核和管理的问题。状态检修实施依赖于先进技术的应用和完善，受客观条件限制，就目前而言，状态检修还正处于探索阶段，还需要一个容错的考核机制。因而，检修体制也即考核方式的改革是前提。由于发电机组目前并没有与状态检修相应的国家或行业级的规程或规范，因此制定与考核机制相适应的相关标准、规定是十分必要的。

1.1.4　维修技术标准体系建设

向家坝电厂在传承公司生产和技术管理体系的基础上，结合以往设备检修维护经验以及行业标准，在首批机组投产前，就已初步建立了以“质量、安全”为核心的维修技术标准化管理体系，以指导检修维护工作。同时，根据每年的检修维护经验及设备状态监测与评估的成果，对维修技术标准体系不断进行优化和完善，并通过优化工作流程、改进作业工艺、强化过程控制、创新管理等有效措施，使维修管理全面实现标准化、规范化、流程化。基本形成了较为完善的设备检修准则、检修规程和技术改造方案、作业指导书等系列维修技术标准体系文件，保障维修活动全过程包括计划、实施、验收评估等有据可依，使维修管理规范化、标准化。

现行的一些技术标准、运行管理标准更多反映的是以往机组的经验，往往不适应目前高水头、超大容量机组的特点，况且这些机组的运行特点、规律本身也还在不断探索中，对于技术标准的持续完善，也是检修管理工作中的重要内容。

1.2　800MW 巨型水轮发电机组检修策略

1.2.1　前期整顿性检修——适合新建电站运行初期的检修模式

向家坝水电站 800MW 巨型水轮发电机组是首次在世界上投运，其运行状态是否达到设计要求和预期，还需要在实际运行中检验。加之机组由电网直接调度，对机组运行可靠性要求很高，在检修方式的安排上也受到一定的制约。在电站运行前几年的检修安排中，根据机组运行状态，主要是每年进行整顿性的检修，以消除机组运行中出现的常见缺陷，如一些安装中出现的小的错误、控制设备接线不牢靠等，没有安排大型检修和进行大的设备改动。从新建电站运行经验来看，早期的设备安装中会不可避免地存在一些缺陷，对缺陷有针对性地举一反三，安排提前消除或预防，特别是针对一些家族性缺陷或系统性缺陷，在没有大的影响发电机组运行的缺陷情况下，在机组投产的第一年内开展一次整顿性检修是非常合适的。

有些缺陷虽然很小，但会直接导致机组停机，影响机组运行的整体可靠性。因此，在检修策略上，前期基本以预防性检修为主，辅以状态维修。首先按规范和标准对设备进行年度检修维护，合理安排和编制设备维修计划。同时，积极开展设备状态评估，在每年评估的基础上确定设备的下一轮维修策略。

1.2.2 基于设备诊断分析与评估的精益维修模式

向家坝电厂成立了以设备主任为核心的各专业技术委员会，为开展电站设备状态评估奠定了良好的基础条件。在技术管理体系上，按照以设备管理为主线、以专业设备主任为中心的维修技术管理体系，完善设备管理中各责任主体的制衡、监督机制，保证维修技术管理体系的有效运转，促进维修管理的精细化和规范化。

在电站技术管理体系上，建立了设备诊断与评估管理体系，各专业技术委员会以月为单位开展常态化的诊断与评估工作，通过对设备离线或在线数据的分析，判断和预测设备的状态以及未来的发展趋势，用以指导维修决策。基本实现了对设备状态的实时与趋势分析，初步掌控了设备运行状态。但还需要进一步加强早期设备故障预警的能力，才能真正提高设备设施的安全运行水平和可靠性。

向家坝水电站 2012 年首台机组投运，运行至 2018 年，根据设备状态评估结果，才开始进行首次机组 B 修。

向家坝水电站 800MW 机组的检修管理经历了前期的探索和实践，依托标准化管理体系、公司生产管理信息系统等，不断完善以设备管理为主线、以专业设备主任为中心的维修技术管理体系，逐步形成了以可靠性为中心、以基于设备诊断与评估的预防性检修为特点的精益维修管理体系。向家坝电厂在实践中不断探索和提升设备现代化管理和维修水平，已初步掌握了大型水电站和巨型水轮发电机组检修管理的核心能力。

第2章 机组的状态评估与检修维护策略

向家坝电厂实施基于诊断与评估的精益维修策略，兼顾安全性、法规性、经济性和统筹性原则，对设备设施检修全面策划并持续改进。检修管理实行项目管理与节点控制相结合的过程控制方法。按照国家及行业相关规定、制造厂提供的设计文件、同类型机组的检修经验以及设备设施状态评估结果等，合理安排设备设施检修，做到应修必修、修必修好。设备设施检修等级及停用时间是根据检修项目，并按照辅助设备、二次设备服从主设备安排的原则，统筹发电设备、输电设备、水工建筑物等因素综合确定。检修项目应包括标准检修项目、非标准检修项目、反事故措施等。检修时机应充分考虑枢纽功能的正常发挥、水能资源的充分利用、电网设备的方式配合、检修项目的轻重缓急、检修资源的合理利用等情况。

向家坝电厂始终秉持严明的纪律、严肃的态度、严谨的作风，严格落实“意识是关键，业务是基础，制度是保障”的管理要求，以检修规程规范为纲领，以专业技术管理为载体，以设备诊断分析为依据，以三级质量验收为抓手，深入规范开展机组各项检修工作，确保检修质量可控在控。注重应用信息化手段服务于检修全过程，实现检修决策平台化、检修项目可视化、检修数据规范化、检修报告结构化。

向家坝水电站机组台数少，单机容量巨大，运行边界条件多，汛期8台机组连续运行时间长，运行方式安排很不灵活，调度对机组可靠性的要求很高，因此向家坝水电站机组检修质量要求非常高，需要尽可能地将检修及试验项目做细、做全、做完备。电厂主要从以下几个方面实践精益检修的理念：一是检修前提前筹划，每轮检修完成后，编制下一轮年度检修计划项目清单并定期更新，以确保检修非标项目不漏项。同时，非标项目通过多轮次多层面论证梳理，物资提前准备，人员技能提前培养，技术方案多次验证，交叉作业提前沟通协调。二是检修过程严格控制，严格执行班前会班后会制度，每日检修开工前，组织全员开展班前会，由工作负责人对上一日检修工作发现的主要问题、今日工作计划、协调事项、安全事项进行交代，负责人重点对协调事项、重要问题、安全风险控制进行详细说明。每日检修完工后，由检修工作负责人汇报每日检修进度、发现的问题等。检修工作过程中，分部负责人对关键节点进行控制，如重要技改和整改、安全措施的执行与恢复等，并严格执行三级质量验收制度。三是检修记录标准化，各分部制定了标准检修记录模板，对检修需要记录的事项进行详细明确和规定，分部负责人不定期对检修记录进行抽查，避免检修记录出现缺失、不规范、凌乱等现象。四是对设备现场进行定置管理，保证现场作业整洁有序，提高设备检修效率。五是检修完成后及时总结、分析和提炼，经验共享，对于新发现的问题既要及时组织回头看，同时要展开举一反三，彻底解决。

2.1 技术管理体系

按照三峡集团的管理思路，以及金沙江流域电站运营管理的特点，金沙江下游—三峡梯级电站调度管理采用“水库统一调度、电力分区控制”的管理模式。成都调控中心负责两座电站的区域电力调度与发电主设备和泄洪设施的实时控制，实行电站“调控一体化”管理。

公司生产技术管理坚持科学、严谨、规范、高效的原则，建立了“职责清晰、标准统一、管理有序、监督有力”的技术管理体系，即总经理办公会决策，技术委员会提供决策支持，生产技术部归口管理，生产单位分工负责，职责明确的技术管理体系。

各生产单位（公司下属各流域梯级电厂）围绕专业设备主任构建技术管理组织体系，以设备管理为主线，以专业设备主任为中心，技术管理和现场作业相对分离；将技术管理工作贯穿于设备的全生命周期，全过程参与设备选型设计、招标采购、现场施工以及安装调试等工作，全面掌控设备关键指标与运行性能。

作为电厂电力生产组织和策划主体部门的生产管理部，设有电气一次、保护、励磁/仪表、监控、自动、机械、水工、运行8个专业，各设一名设备管理主任，对口生产部门各专业分部，形成8个专业技术委员会（以下简称“专委会”），专委会成员包括生产部门专业技术骨干，专委会以专业技术管理为主线牵头开展电厂技术管理工作。处于技术管理层面的生产管理部和处于现场作业层面的设备维护部，生产管理职责各有侧重，既紧密联系又相互制衡，有机实现了设备管理的全过程控制，共同促进生产管理的精细化和作业管理的规范化。

2.2 设备诊断分析

设备诊断分析工作是指利用计算机监控系统、设备在线监测系统、电力生产管理系统（ePMS）等信息化手段及通过试验、检测、巡视等方式，获取设备主要性能参数如振动、噪声、温度、强度、变形、绝缘等特征数据，通过专业的整理、分析，获得反映设备状态和故障征兆的信息，实现对设备状态评价、故障诊断和预测，并提出相应的运行和检修策略的过程。

向家坝电厂全面加强设备诊断分析工作的组织和规划，建立健全全厂各层级、各周期的诊断分析体系并统一管理，实现基础分析数据的便捷查阅和共享，逐步形成了一整套完整的设备诊断分析管理制度体系。依托向家坝水电站数据中心，实现了全厂不同系统的生产信息数据高效整合，消除信息孤岛，形成强大的数据分析功能，为全厂设备诊断分析提供强大的数据支撑，实现对全厂设备实施全方位无死角的预防性管控。向家坝电厂经过多年的探索实践，形成了日分析、月度分析、季度分析、半年度分析、年度分析、专题分析以及年度设备状态评估的一整套完整体系。

日分析：运行专委会编制每日运行分析报告，主要内容包括当前设备运行方式、重要报警信息、发现缺陷情况、主要遗留缺陷变化趋势、运行建议等；各专委会成员每日查看运行值班记录、缺陷记录，及时了解生产情况、设备缺陷情况。

月分析：各专委会及升船机部根据所辖设备当月运行状况、缺陷处理、特征参数的变化趋势、技改方案实施情况、整改建议等编制月度分析报告；各专委会每月组织召开本专业月度诊断分析会。

季度、半年度和年度分析：各专委会及升船机部对本专业设备实施存在的重点问题、遗留缺陷、潜在隐患和风险等进行分析，编制以问题为导向的专题诊断分析报告，编制季度、半年度和年度设备趋势分析报告，制定运行指导意见、风险控制措施和维修消缺建议。

专题分析：专委会及升船机部对重大设备隐患或危险源、设备运行中出现的异常进行分析、评估，查找设备隐患和设备异常产生的原因，制定相应的预控措施。

各部门依据相关的数据平台采集的各项数据，按要求对设备进行分析，并提交诊断分析报告。运行专委会根据日诊断分析要求，每天提交日诊断分析报告，值班负责人审核后于次日8时前发布。运行专委会密切关注运行过程中出现异常趋势变化的参数，可根据具体情况提请相关专业分部进行深入分析。对于运行专委会提交的设备异常情况或异常趋势变化的参数，对应专委会应深入分析设备产生异常趋势变化的原因、应采取的预控措施等，并在厂月度设备诊断分析会或月度安全分析例会上进行反馈。对原因不明的重大设备缺陷或异常现象，生产管理部应及时组织专题分析，必要时可邀请公司内部专家、行业专家以及设计、制造、安装等相关方参与专题研究。

2.3　年度设备评估

向家坝电厂每年6月启动年度设备状态评估工作，设备评估范围为全厂机电设备以及泄洪消能设备设施。由厂技术委员会组织开展、各专委会组织落实本专业年度评估报告，生产管理部汇总全厂设备状态评估报告，形成全厂的年度设备评估总报告和岁修项目清单。年度设备状态评估工作包括设备状态评价、设备检修后评价和设备状态检修评估，评估结果作为电站制定设备检修策略的重要依据。设备诊断分析与状态评估工作实行闭环控制，工作流程主要为信息收集→分析梳理→设备状态评价→设备状态检修评估→设备检修后评价→持续改进。

2.3.1　设备状态评价

设备状态评价按照动态评价与定期评价相结合、定量分析与定性分析相结合的原则进行，根据评价结果有针对性地制定检修策略。动态评价结合设备诊断分析进行，主要针对设备运行中出现的异常、缺陷等，对关键部件进行评价；定期评价包括月度设备诊断分析和年度设备综合评估前对设备整体状态的评价。对有明确特征状态参数标准限值要求的，采取量化评价的方法；无标准限值要求的应根据设备故障规律和运行、维护经验等进行定性评价。

设备状态评价的目的是通过评价确定设备状态，分为关键部件评价和设备整体状态评价。

（1）关键部件评价：将关键部件特征状态参数的实时状态数据与标准限值对比，分析特征状态参数的变化趋势，结合关键部件的缺陷状况，判断设备状态。评价方法如下：

①当所有特征状态参数的实时状态数据未超过标准限值，且不存在Ⅲ级及以上等级的缺

陷时，视为“正常状态”。

②当任一特征状态参数的实时状态数据未超过标准限值，但有向标准限值方向接近和发展的趋势，或不存在Ⅱ级以上等级的缺陷时，视为“注意状态”。

③当任一特征状态参数的实时状态数据超过标准限值，或存在Ⅰ级、Ⅱ级缺陷时，视为“异常状态”或“严重状态”。

（2）设备整体状态评价：根据设备各关键部件状态评价结果，确定设备整体状态。评价方法如下：

①当所有关键部件评价为“正常状态”时，设备整体评价为“正常状态”。

②当任一关键部件状态为“注意状态”“异常状态”或“严重状态”时，整体状态应取其中最为严重的状态。

关键部件状态评价和设备整体状态评价，应结合设备运行情况、缺陷情况、在线和离线监测数据、历史检修记录、同类设备故障信息和检修经验、设备寿命周期等因素，综合分析判断设备状态。经分析仍无法确定特征状态参数变化对设备性能影响程度的，按最严重的情况考虑设备状态。

电站二次设备状态评价应从设备原理性缺陷、技术适应性、软件设计（版本）缺陷、元器件（模块）故障率、制造工艺和屏内配线、寿命周期、备品备件、供应商供货信息等方面评价设备状态，为设备检修或技术改造提供依据。

每年6月，在进行年度设备检修评估前，生产管理部应组织各部门开展设备状态评价。对于水轮发电机组、20kV（23kV）设备、主变压器、500kV GIS及出线设备等系统，依据向家坝水电站设备状态评估标准对各系统设备逐项打分，并提交评估报告。对于公用辅助设备、排水系统、闸坝金属结构及电控系统等，暂未有状态评估标准，根据实际运行情况按系统提交评估报告。

2.3.2 设备状态检修评估

设备状态评价工作完成后，生产管理部各专业委员会组织开展设备状态检修评估，设备状态检修评估应依据设备状态评价的结果，综合考虑设备运行时间、检修履历、故障经历、运行环境等因素，对全厂设备进行系统的、综合性的评估，完成本专业所辖设备状态评估工作，编制本专业设备状态评估报告。生产管理部依据设备状态评估报告编制全厂机电设备状态综合评估报告，提交厂技术委员会审核。

2.3.3 设备检修策略确定

每年6月30日前，电厂技术委员会完成电站年度设备状态评估报告的审核，并确定下一年度检修策略。检修策略的主要内容包括：确定检修项目、检修等级、检修时间等；制定设备运行、维护保养措施；结合设备寿命周期、设备供应资源等决定技术改造等。生产管理部根据设备状态制定检修策略如下：

（1）“正常状态”检修策略：可整体延长检修周期或缩短检修工期、调整检修项目等。

（2）“注意状态”检修策略：按正常周期安排检修，并根据设备实际状态，增加必要的检修或测试项目等。

（3）“异常状态”检修策略：应适时安排检修。

（4）“危险状态”检修策略：应立即安排检修。

设备检修等级根据关键部件的检修工期确定。多个关键部件同时检修时，应综合各关键部件检修的直线工期确定检修等级。

每年 7 月，生产管理部根据设备状态检修评估的结果编制年度设备检修计划，同时编制电站 3 ~5 年设备 A 级、B 级检修滚动计划，滚动计划应根据下年度设备状态检修评估的结果进行调整。年度检修计划编制过程中应综合考虑设备存在的隐患和运行的风险程度、电网检修计划、设备运行时间、设备预试和定检周期、关键易损部件的寿命周期、年度设备技改计划、需在检修期间执行的技术监督项目等。

2.4　检修过程管理

对于设备检修过程中的项目管理，项目实施单位应从项目立项、项目实施、项目验收及项目后评价全过程进行管控，全过程执行安全生产管理、质量控制管理和刚性工期管理。

在安全管理方面，严格落实五大安全风险管控要求，通过开好现场工前会、提升作业环境、统一项目标识牌、加强高空作业安全防护以及倡导环保岁修等理念，打造岁修现场标准化管理模式，加强高风险作业管控和发挥设备主任专业优势来强化设备管理等措施来确保岁修安全。

在质量管理方面，严格落实“三级验收”制度，即按照专业分部、维修部门（检修项目部）和生产管理部逐级验收。按照公司《设备设施检修验收管理细则》要求，检修作业过程中工艺简单的工序，简单的缺陷及异常处理，需要进行一级验收；检修作业过程中工艺较复杂的工序，较大缺陷及异常处理，需要进行二级验收；设备投运后隐蔽性强且对安全运行有直接影响的关键质量点，技术改造及非标项目，重要缺陷处理，涉及电站水淹厂房、大面积停电、重大设备设施损坏、群死群伤安全风险的设备设施检修，体现设备功能和性能的关键检测数据等，需要进行三级验收。所有作业项目的质量控制实行质量责任追溯、追究制，设备维修质量贯彻“谁修谁负责”“谁验收谁负责”的原则，严控施工项目质量；对重要部位、隐蔽工程、关键工序和关键节点实施见证和验收，确保工艺质量；检修中严格执行技术责任制，坚决做到动工有记录、完工有报告，所有记录做到完整、正确、简明、实用。

在进度控制方面，以生产任务单为抓手，刚性控制工期。生产管理部针对每一个工作任务下达详细的生产任务通知单，明确检修项目，明确关键工期节点，明确安全注意事项，明确启动试验要求；项目实施单位按照通知单有序安排各项工作，采用“横道图”项目管理方法，明确直线工期，科学安排项目工序，确保项目工期可控在控。

2.4.1　检修项目管理

检修项目管理严格按照公司及电厂相关制度要求，积极落实项目管理主体责任，精准把控所辖设备问题，做好项目策划；细化自干项目的施工工艺和工序，并对项目施工单位的施工方案和工艺进行审核，提高方案的可执行性。积极组织开展供应商施工能力评估，严格按照公司及电厂的规定督促供应商落实各项要求。做好项目安全技术交底和施工安全监护、质量验收、工程量清算，安排专人负责过程资料的收集，指导施工单位做好项目开/竣工资料的整理提交等基础工作。

开展项目管理负责人竞争上岗制度；利用绩效考核的激励作用，开展项目管理负责人竞争上岗制度，对项目现场管理进行全面策划，提出实施与管理方案，择优竞争上岗。既发挥了员工的主动性和能动性，又通过绩效考核提升了员工的积极性和创造性，使得部门项目管理工作得以顺利开展。

2.4.2 安全管理

稳步开展各项安全教育和管理工作，以安全制度为保障，强化“红线意识”“底线思维”。每周开展一次安全活动，针对岁修、防汛等关键工作召开安全分析会，结合“安康杯竞赛”“安全生产月”“节前安全大检查”“五大风险查评”等活动，开展安全学习及安全自查。通过“我为安全生产献一计”“分享我身边的安全故事”“观看专题安全警示教育片”等方式强化安全意识。

以日常安全管理为抓手，常态化开展各项安全控制活动，严格落实工前会、外协人员入场安全考试、安全技术交底、危险源与环境因素辨识等规章制度，切实做到人员“零违章”、设备“零隐患”。

落实安全生产责任制，全面做到安全到人、责任到岗、失职追责。对岁修过程中查出的问题追溯责任人，严格落实责任，强化了员工的责任心和安全意识。

以落实安全管理主体责任为目标，设专人对岁修项目进行安全监察，涵盖工作票内容核查、特种作业人员信息、安全教育实施情况、安全措施实施及整改情况、特种设备检验情况、外协单位安全资质情况等多项内容，并确保相关资料和数据的真实性和可追溯性。

全过程风险隐患排查，强化现场监护人管理责任，确保施工安全；责任区党员及时提醒、制止、纠正施工人员的不安全行为，杜绝施工人员“三违”行为，消除安全隐患。

全面落实文明生产要求，按照“5S”标准进行现场定置管理，检修现场摆放有序、工停场清、标识明确。现场五牌一图及安全警示标识牌布置到位，加强施工现场防护，实现设备运行区与施工区安全隔离，各种项目物资、工器具进行分类定置摆放，并做好各种废弃物的收集与集中处理。

2.4.3 质量管理

严格落实电厂“三级验收”制度，依据作业规程等严控施工项目质量；对重要部位、隐蔽工程、关键工序和关键节点实施见证和验收，确保工艺质量。

针对如何提高设备运行可靠性、提高设备检修维护工作效率、促进科技成果的应用转化等一系列问题，进行深入研究，大胆创新，利用新工艺、新材料、新结构，在消除设备重大风险隐患的同时，开展 QC 小组、自主科研等科技创新。

2.4.4 标准检修流程

结合现场工作实际，制定了机组检修标准流程，规范机组 C 级、B 级检修（不含非标准项目）工作中的检修工作票和操作票办理标准流程、计划工期以及办理顺序、机组检修后启动试验程序等。机组检修标准工作流程能够有效起到工作指导和参考作用，在具体检修工作过程中可针对特定的非标项目或安全措施的变化，进行有针对性的调整，以保证检修工作结合现场实际按计划推进。

向家坝水电站常规机组C级检修一般划分为五个阶段，同时根据实际检修项目的需要确定机组尾水管是否需要排水，各阶段主要内容详见表2-1。

2.4.4.1　第一阶段——停机准备阶段

停机至排水完毕。主要工作：远方自动停机；厂用电倒换；主变压器及500kV进串停运；落进水口快速门并做防动措施或落进水口检修门（快速门或进水口流道检修时进水口检修门才落下，此时快速门应保持开启状态）；机组蜗壳及压力钢管通过开导叶排水平压（或技术供水排水平压）；液压系统压油泵安全阀组试验；蜗壳平压后落下游检修门，开启机组蜗壳、尾水管盘形阀排水；做部分电气检修安全措施（自用电、电气一次、保护系统、励磁系统）。

2.4.4.2　第二阶段——检修前的测试阶段

进人门开启至液压系统撤压。主要工作：排水完毕，开启各进人门；测量导叶间隙，期间运行人员配合进行导叶的操作；工作完后，按水轮机及调速液压系统检修安全措施要求做好隔离，液压系统管道或者压油罐撤压。在机械测试期间，可以同步许可自用电、电气一次、保护系统、励磁系统等相关工作票。

2.4.4.3　第三阶段——工作票许可阶段

检修工作票许可手续办理阶段。主要工作：运行人员配合落实其他电气、机械、水工各设备检修相关的安全措施，并许可工作票。

2.4.4.4　第四阶段——工作票注销阶段

单个系统（设备）检修工作票终结阶段。主要工作：填写检修交代并办理工作票注销手续，运行人员配合开展部分功能试验。

2.4.4.5　第五阶段——拆除安措和试验阶段

联合调试与检修完工、全面恢复阶段。主要工作：主变充电；厂用电倒换；机组液压系统升压；提尾水门充水；调速器无水试验；机组机电联调；快速门液压系统压力及定值检验，快速门动门试验以及技术供水系统充水试验；全面恢复备用，联合检查；机组启动试验；向调度报完工。

表2-1　水轮发电机组C级检修标准流程

阶段	序号	主要项目
第一阶段 停机准备阶段	1	机组停机
	2	厂用电倒换
	3	主变压器转检修
	4	落进水口快速门
	5	压力钢管及蜗壳排水平压
	6	落尾水管检修门
	7	执行检修安全措施
	8	开蜗壳及尾水管盘形阀排水
	9	开蜗壳及尾水管进人门

续表

阶段	序号	主要项目
第二阶段 检修前的测试阶段	1	活动导叶间隙测量
	2	调速器液压系统撤压
	3	发电机定子耐压试验
第三阶段 工作票许可阶段	1	电气一次系统检修
	2	励磁系统检修
	3	发变组保护系统检修
	4	水轮机及辅助设备检修
	5	发电机及辅助设备检修
	6	机组现地控制单元 LCU 检修
	7	调速系统检修
	8	照明系统检修
	9	消防报警系统检修
	10	测量系统检修
	11	技术供水系统检修
	12	机组自用电检修
	13	进水口快速门电控及液压系统检修
第四阶段 工作票注销阶段	1	注销相关检修工作票
第五阶段 拆除安措和试验阶段	1	测发电机定转子绝缘，恢复电气一次部分
	2	保护传动试验
	3	500kV 进串设备及主变检修报完工
	4	主变压器检修转运行
	5	厂用电倒换
	6	关闭蜗壳及尾水管盘形阀、人孔门
	7	开启尾水管检修门，尾水管充水
	8	调速器无水试验
	9	机电联调试验
	10	进水口快速门液压系统检验
	11	进水口快速门快速闭门试验
	12	技术供水系统充水
	13	机组全面恢复至启动试验前状态
	14	机组检修后启动试验
	15	机组检修向调度报完工
	16	机组正常开机并网

2.4.5　进度控制

向家坝电厂按照检修计划、重点检修项目、非标项目清单、工期控制图以及主要控制措施等内容编制年度岁修整体策划书，并印刷装订成册分发至班组，方便员工及时快捷查阅岁修整体安排。在机组检修任务单中，按照标准检修流程制定详细的机组检修工作安排，细化到每一个单项系统检修任务，在运行方式管理系统中，将本周重点工作、运行方式调整、安全措施执行、工作票办理、开工完工时间节点等事项细化并具体到每个班次，全厂工作根据运行方式安排实现有计划有步骤、紧张而有序地开展。日常主要工作实现“照单抓药”的清单化工作模式，全部按照既定的计划，有条不紊地开展工作，理顺了办票扎堆、工作堆积、试验配合难、工作打乱仗的困局，有效规避了交叉作业风险，使协调事项大幅减少。精细化的生产调度理顺了工作关系，安全得以充分保障。

向家坝电厂成立检修专项组织机构，通过电厂运行方式管理系统、检修协调群等形式，加强各检修面的信息沟通，及时汇报检修进度，传达各项技术要求，及时调整工作计划，实现施工、验收无缝衔接；通过实现检修过程信息的高效传递，保证了检修工作顺利开展。

2.5　缺陷闭环管控

向家坝电厂建立了全面覆盖、广泛参与的预防性分析体系，提前发现设备缺陷和隐患。对于日常的设备缺陷，按照设备缺陷发现处理的过程，将其分为以下几个环节：发现→接受→预评估→处理→处理效果评价→后期统计分析→缺陷预控，如图 2 - 1 所示。缺陷全过程管控模式就是在上述各环节均明确工作重点和控制责任部门，形成专委会和维护部门在各环节的交互管理机制，防止缺陷处理过程的脱节现象。对于设备遗留的缺陷，将前期处理的情况、采取的预控措施、跟踪观察、最终消除都进行详细的记录，并建立可追溯机制，实现全过程的闭环管理，避免因过程管理的不到位，造成设备缺陷的失控。对于设备运行中出现的“疑难杂症”，由专委会牵头，确立自主科研攻关课题和 QC 课题小组，各生产部门有针对性地开展研究，以解决实际问题。通过专委会全过程监管控制，达到“零非停运行”的运行目标。

设备缺陷全过程控制是基于两个平台建立的：管理平台和数据平台。管理平台采用 ePMS 系统（生产管理信息系统），电厂所有生产相关活动均依托该系统开展。缺陷管理模块是 ePMS 系统重要的组成部分，也是设备缺陷全过程控制的管理平台。最初，缺陷管理模块功能比较单一，仅实现缺陷的登记、处理、状态流转等最基本功能，经过在新的生产管理模式下的不断探索与实践，向家坝电厂逐渐形成了缺陷全过程管控理念，通过对缺陷管理模块功能的不断扩展和完善，全过程管控理念通过缺陷管理模块得以充分体现，设备缺陷发现、预评估、处理、消缺后评估、后期统计分析等各环节均得到了有效控制。

数据平台是向家坝水电站数据中心，目前涵盖全厂 24 套生产信息系统（包括监控系统、机组振摆、气隙、发电机局放等），整合形成各专业全面覆盖的设备诊断分析平台，通过不同周期的诊断运行分析，实现了从被动接受缺陷到缺陷事前预控的转变。

缺陷全过程控制模式改变了电力系统设备缺陷通常的处理方式，从根本上解决了缺陷处

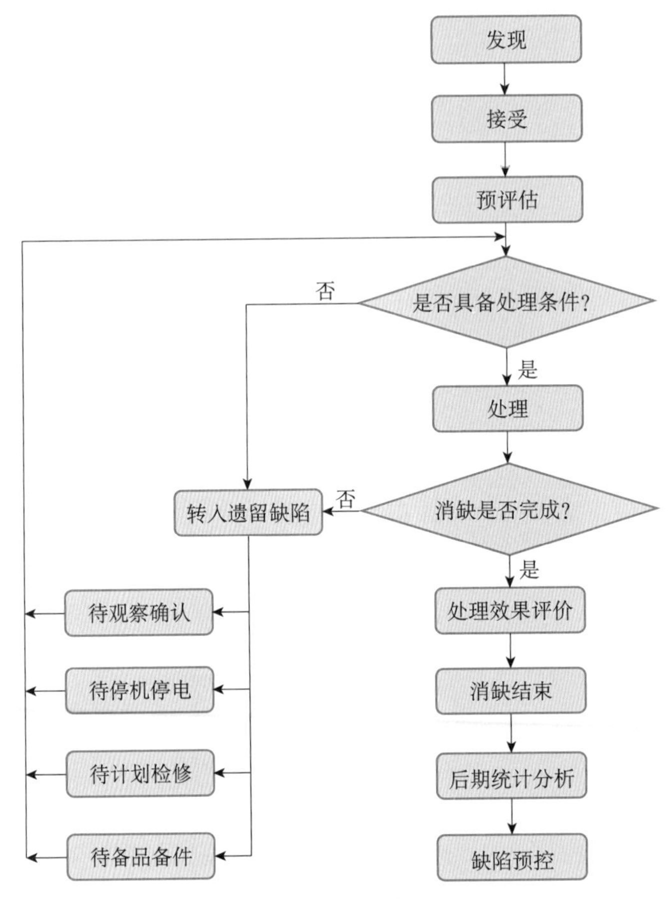

图 2－1　缺陷闭环管控流程图

理过程仅由维护部门主导的单一局面，克服了过去仅由安监部对消缺情况进行监督考核，缺陷处理过程和完成效果缺乏第三方的有效监管，消缺质量得不到保障的局限性。通过建立设备缺陷全过程控制模式，专委会和设备维护部门各有侧重各负其责，既相互独立又紧密联系，形成专委会和维护部门在各环节的交互管理机制，防止缺陷处理过程的脱节现象。并依托专委会强大的技术优势、成熟完备的在线监测系统以及健全的诊断分析机制，将缺陷处理过程向两端拓展，将缺陷发生之前的预控和后期进行技术统计分析并提出整改建议纳入缺陷全过程控制的重要环节。

由于采取了以专业技术管理为主线的生产管理方式，就要全面发挥专委会在技术上的优势，在处理手段、处理方法、现场试验等方面给予技术支持，在做好现场消缺工作指导的基础上，对作业层面在实际处理过程和完成效果上进行评估，达到监督和验收的目的，避免了以前缺陷是否消除由责任部门说了算的弊端。管理部门和生产部门在缺陷处理的不同环节交互进行，实现了对设备缺陷处理进度与效果的实时掌控。建立了专委会在缺陷处理中的监督和评估机制。

缺陷全过程控制理念从根本上改变了以前单一的缺陷登记处理的方式，改变了由设备维护部门独立实施的消缺过程，在专业技术管理为主线的全新生产管理模式下，增加了专委会在消缺前和消缺后的确认评估环节，强化了技术层面在缺陷处理过程中的干预力度，充分发挥了专委会的技术优势，确保设备缺陷的可控和在控。

2.6　机组检修评价

在设备检修完成后的 2～3 个月内，由电厂生产管理部组织开展设备检修后评价工作，主要包括设备性能恢复与改善情况、设备检修前后运行数据对比等内容。设备 C 级、D 级检修（或年度维护）及专项检修后，每月状态分析会对实施状态检修的设备进行设备检修后评价，该评价工作持续到设备进行一次准则规定的标准检修项目的设备 C 级、D 级检修后，最长持续到设备的最大检修周期。设备 C 级检修、D 级检修、专项检修以及实施状态检修的设备在检修期间的技术改进方案、重要缺陷处理，按照专题报告的形式进行后评价，涉及关键部件的在报告中必须包括评价标准的内容。

生产管理部根据检修后评价的结果来评估检修工作体系的有效性、设备评价标准的科学性、检修策略的合理性，并不断完善检修策略、修订相关技术标准，持续改进检修管理体系。

向家坝水电站水轮发电机组 A、B 级检修项目管理评价分为质量评价、进度评价、安全管理评价和文明检修评价，占比分别为 35%、15%、35%、15%。为了便于评价，权重总分值设定为 3000 分，质量评价权重分值为 1050 分，进度评价权重分值为 450 分，安全管理评价权重分值为 1050 分，文明检修评价权重分值为 450 分。得分＜2400 分，评价结果为不合格；2400 分≤得分＜2700 分，评价结果为合格；得分≥2700 分，评价结果为优良。

项目管理评价计算公式：

$$\text{项目管理评价最终得分} = \sum \text{评价项目类别得分}$$

$$\text{评价项目类别得分} = \sum \text{评价项目类别权重} \times \sum \text{项目得分} \div \sum \text{项目权重}$$

评价项目类别得分即评价细则中类别得分，评价项目类别权重即评价细则中类别权重。

2.6.1　检修质量评价

水轮发电机组 A、B 级检修质量评价权重分值为 1050 分，其中水轮机检修质量评价权重分值为 200 分，发电机机械部分检修质量评价权重分值为 200 分，发电机电气一次部分检修质量评价权重分值为 200 分，调速器液压系统检修质量评价权重分值为 100 分，技术供水系统检修质量评价权重分值为 50 分，机组运行状态评价权重分值为 300 分。

2.6.2　检修进度评价

向家坝水电站水轮发电机组 B 级检修工期为 60 天，A 级检修间隔为 8～10 年，检修工期为 110～140 天，具体检修时间间隔及工期可根据设备状态评估及诊断分析情况缩短或延长，本标准仅对影响水轮发电机组检修直线工期的主要工序进行评价。

2.6.3　检修安全管理评价

向家坝水电站水轮发电机组 A、B 级检修安全管理评价权重分值为 1050 分，评价细则按照检修项目进行评价打分。

2.6.4 文明检修评价

主要评价范围：定置管理图设计合理；危险源及环境因素辨识清晰；定置管理符合电厂生产区域安全文明施工要求；现场地面、孔洞等部位安全措施防护得当；检修区域与生产区域有效隔离，标识清晰。

第3章　机组水工设备设施检修

3.1　概述

3.1.1　厂房建筑物整体布置

向家坝水电站枢纽工程包括挡水大坝、左岸坝后厂房、右岸地下厂房、通航建筑物和取水建筑物等建筑物。大坝从左至右依次分为左岸非溢流坝段、冲沙孔坝段、升船机坝段、左岸厂房坝段、泄水坝段、右岸非溢流坝段。

左岸坝后厂房布置在泄水建筑物左侧，装有4台单机容量800MW的水轮发电机组。主厂房尺寸为226.94m×39.50m×79.15m（长×宽×高），副厂房由上游副厂房和下游副厂房两部分组成，其中户内式开关站布置于上游副厂房内。引水建筑物进口采用坝式进水口，引水管采用坝后背管布置型式，为单机单管引水，钢管内径为12.2m。

右岸地下厂房为一大型地下洞室群，位于右岸山体，共安装4台单机容量800MW的水轮发电机组。主厂房洞室尺寸为245.0m×31.0m×85.5m（长×宽×高），主厂房岩锚梁以下跨度31m，岩锚梁以上为33m。右岸开关站布置于主厂房地面，与地下厂房采用出线竖井相连。右岸地下厂房引水建筑物采用岸塔式进水口，塔体顶高程384.00m，与坝顶同高。尾水系统采用两洞合一尾水隧洞的布置型式。

3.1.2　金属结构设备布置

3.1.2.1　左岸坝后厂房引水发电系统

坝后厂房布置于枢纽左岸，左右分别与通航坝段和泄洪坝段相邻，共安装4台机组，每台机组均为单进水口、单尾水管形式，在每个尾水管出口处，用中间隔墩将尾水管出口分成2个尾水孔口。从进水口前缘到尾水出口依次布置有进水口拦污栅、进水口平面检修门、进水口平面快速事故门、尾水平面检修门及其相应的启闭机设备。

（1）进水口拦污栅及启闭机。拦污栅布置在进水口前沿，孔口尺寸为4.2m×（48.0～4.0）m，24孔27扇（其中3扇备用栅），栅体沿高度方向分为16节，节间用连接轴和连接板连接成一体。拦污栅的启闭和清污均由坝前1000kN清污双向门机操作。

（2）进水口平面检修门及启闭机。在拦污栅后面设置平面检修闸门，孔口尺寸为10.0m×（14.983～38.0）m，4孔4扇，为潜孔平面闸门，门叶共分5节，通过连接装置串成一体。

闸门静水启闭，顶节门叶小开度提升节间充水平压，由坝顶 3000kN 双向门机配合液压自动抓梁进行操作。

（3）进水口平面快速事故门及启闭机。在检修门后面设置平面快速事故闸门，孔口尺寸为 10.0m×（13.092～38.0）m，4 孔 4 扇，为潜孔平面闸门。闸门利用水柱动水闭门，门顶设置充水阀，采用布置在 384.000m 高程的 3200kN/6000kN（启门力/持住力）垂直式液压启闭机操作。闸门平时用液压启闭机悬挂在孔口以上约 1.2m 处，当机组发生事故时，快速闭门时间小于或等于 3min，闸门接近底坎时的闭门速度小于或等于 5m/min。液压启闭机为一机一泵站布置方式。

（4）尾水平面检修门及启闭机。尾水平面检修门孔口尺寸为 12.75m×（13.5～58.57）m，8 孔 8 扇，为潜孔平面闸门。闸门静水启闭，门顶设置充水阀，由尾水平台 2×2000kN 单向门机配合液压自动抓梁操作。

3.1.2.2　右岸地下厂房引水发电系统

右岸地下厂房布置于右岸坝头，为一大型地下洞室群，共安装 4 台机组，采用岸塔式进水口。每台机组为单进口、单尾水管，4 条尾水管延伸后两两合并成 2 条尾水洞，每条尾水洞出口处又由中间隔墩分成 2 个孔口。从进水口前缘到尾水洞出口依次布置有进水口拦污栅、进水口平面检修门、进水口平面快速事故门、尾水管平面叠梁检修门、尾水洞出口平面检修门及其相应的启闭机设备。

（1）进水口拦污栅及启闭机。拦污栅布置在进口前沿，孔口尺寸为 4.2m×（60.0～4.0）m，24 孔 27 扇（其中 3 扇备用栅），栅体沿高度方向分为 20 节，节间用连接轴和连接板连接成一体。拦污栅的启闭和清污均由塔前 1000kN 清污双向门机操作。

（2）进水口平面检修门及启闭机。在拦污栅后面设置平面检修闸门，孔口尺寸为 11.0m×（16.0～55.0）m，4 孔 1 扇，为潜孔平面闸门。门叶分上下两节，通过连接装置连成整体。闸门静水启闭，门顶设置充水阀，由塔顶 3200kN 双向门机配合液压自动抓梁进行操作。

（3）进水口平面快速事故门及启闭机。在检修门后面设置平面快速事故闸门，孔口尺寸为 11.0m×（15.5～55.0）m，4 孔 4 扇，为潜孔平面闸门。闸门利用水柱动水闭门，门顶设置充水阀，采用布置在 381.000m 高程的 4000kN/8500kN（启门力/持住力）垂直式液压启闭机操作。闸门平时用液压启闭机悬挂在孔口以上约 1.2m 处，当机组发生事故时，快速闭门时间小于或等于 3min，闸门接近底坎时的闭门速度小于或等于 5m/min。液压启闭机为一机一泵站布置方式。

（4）尾水管平面叠梁检修门及启闭机。平面叠梁检修门孔口尺寸为 16.0m×（20.65～61.886）m，4 孔 2 扇，为潜孔平面闸门。闸门共分为 7 节门叶，静水启闭，顶节门叶顶部设置充水阀，由设置在尾水管廊道 288.500m 高程的 2×800kN 台车式启闭机配合液压自动抓梁操作。

（5）尾水洞出口平面检修门及启闭机。平面检修门孔口尺寸为 10.0m×（34.0～47.82）m，4 孔 4 扇，为潜孔平面闸门。门叶共分三大节，通过连接装置连成整体。闸门静水启闭，门叶小开度提升节间充水平压，由门槽顶部混凝土排架 324.000m 平台上的 2×2500kN 双吊点固定卷扬式启闭机操作。

3.2 技术专题

3.2.1 右岸地下洞室群运行分析

3.2.1.1 右岸地下洞室地质条件

右岸地下主厂房布置于右岸坝头上游山体内，轴线与岸坡走向近乎垂直，方位角为NE30°，厂房水平埋深126～371m，铅直埋深110～220m，顶拱距T_3^3底板最小厚度约50m。

地下厂房厂区地层出露有T_3^{2-6}、T_3^3、T_3^4和$J_{1-2}z$，其中与地下主厂房洞室群、引水隧洞、尾水隧洞直接相关的围岩主要为T_3^{2-6}亚组，仅主厂房西北角下部边墙及主厂房底局部可能遇到T_3^{2-5}亚组。T_3^{2-6}岩组由T_3^{2-6-1}～T_3^{2-6-3}以中厚至巨厚层砂岩为主的地层组成，完整性较好。地下洞室群的顶拱分布T_3^3岩组，进水口和尾水出口边坡也将涉及该岩层。T_3^3岩组不仅泥质岩石含量较多，且为含煤地层，其中成层较好的煤有7层，一般厚度为5～20cm。右岸地下厂房区共发现13处废弃煤洞。

地下厂房区地层产状较平缓，无较大断层发育，主要结构面为层面、层间软弱夹层和节理裂隙。岩层走向60°～80°，倾向下游偏山内，倾角15°～20°。根据主厂房勘探平洞厂房分布洞段（PD47洞深130～382m、PD48洞深150～414m）节理裂隙调查统计，地下洞室围岩中的节理裂隙主要有NEE、NWW和NW等3组，优势产状分别为80°/NW∠65°、295°/NE∠67°、345°/NE∠81°。

地下厂区分布的软弱岩层（夹层）由泥质岩石、破碎夹层、破碎夹泥层、泥化夹层组成。T_3^{2-5}岩组泥质类软岩、较软岩相对较多，部分有层间错动，岩性相对较软弱、强度相对较低，规模较大，分类为1级软弱夹层，仅在3、4号机组的尾水管底部出露。2级软弱夹层主要有4条，其中T_3^{2-6-1}、T_3^{2-6-2}、T_3^{2-6-3}顶部各1条、T_3^{2-6-2}上部1条（即JC2－1～JC2－4）。连续或断续分布于整个洞室群区，其中在主厂房JC2－1位于安装间顶拱以上，JC2－2和JC2－3在部分洞段洞室岩锚梁附近出露，JC2－4在洞室下部出露。区内2级软弱夹层呈透镜状分布，短距离（几十米）范围内可见宽度1.5～2.0m并逐渐尖灭。3级软弱夹层有6条，仅在局部范围分布。

厂房围岩类型划分：洞室围岩主要为Ⅱ类，泥质类软弱岩石分布洞段为Ⅳ类，层间错动破碎夹泥层为Ⅴ类。主厂房顶拱Ⅱ～Ⅲ在85%以上，边墙和端墙Ⅱ类围岩比例在85%以上。

3.2.1.2 工程处理措施

1. 施工期处理措施

为防止山体及库水渗入主厂房，在主厂房周围采用帷幕灌浆进行封闭，靠近厂房区域开挖排水廊道对渗水进行集中引排。

引水隧洞从进口至厂房防渗灌浆帷幕间采用钢筋混凝土衬砌，衬砌厚度为0.80m。

为了防止引水管道内的高压水渗入厂房，从引水隧洞与厂房的防渗灌浆帷幕相接处起采用钢衬，钢衬按照地下埋管设计，不考虑围岩分担内水荷载。钢衬采用07MnCrMoVR调质钢材，厚度为40～48mm，加劲环材质为Q345－C，间距1.0m，高200mm，厚度为30mm。钢衬段的起点设阻水环，钢衬段上游侧一定范围内采用高压固结灌浆，灌浆压力为2.5MPa。

引水隧洞全长进行固结灌浆，其上平段灌浆压力为 1.0MPa，斜井段及下平段固结灌浆压力为 2.5MPa。引水隧洞顶部回填灌浆压力为 0.3MPa。

尾水隧洞全长进行固结灌浆，灌浆压力为 0.6 ~ 0.7MPa。尾水隧洞顶部回填灌浆利用固结灌浆孔进行，灌浆压力为 0.3MPa。

2. 运行期主要缺陷及处理措施

2012 年 11 月投产发电以来，电站运行正常平稳，但渗压监测数据出现明显异常。监测资料表明，6、8 号机组帷幕后的围岩渗压比帷幕前平均低 70.8m 和 51.8m（指渗压水头，下同），但帷幕后右侧渗压仍明显偏高，6 号机组右侧比左侧高 78m，8 号机组右侧比左侧高 60m。分析认为上述相关部位帷幕灌浆可能存在局部缺陷，存在渗水通道。

在 2013—2014 年机组检修期间，对右岸地下电站 4 台机组流道渗水进行了帷幕补强灌浆和渗水点固结灌浆处理。处理中发现，灌浆孔孔口段的单位耗浆量远大于全孔的单位耗浆量，证明孔口段确实存在着缺陷。灌浆处理后监测数据表明，各部位渗压已恢复至正常水平。在施工补强灌浆的同时，还对下弯段衬砌混凝土渗水点和裂缝进行了处理。

3.2.1.3 运行监测分析

（1）变形监测。右岸地下洞室群从运行至今大部分围岩变形基本稳定，位移呈周期性变化。当前最大累计位移为 33.98mm，大部分围岩变形在 10mm 以内。施工结束后，顶拱及两侧边墙位移增幅均不大，洞室围岩趋于稳定。

（2）应力监测。主厂房各监测断面锚杆应力年度变化不大，年变化量在 -3.02 ~ 7.55MPa 之间。大部分锚杆应力表现为受拉状态，个别锚杆表现为受压状态，截至目前锚杆应力变化趋于稳定。主厂房各监测断面锚索应力年度变化不大，荷载年变化量在 -23.11 ~ 11.30kN 之间，荷载主要表现为增大趋势。截至目前锚杆荷载变化趋于稳定。

（3）渗压分析。右岸地下引水发电系统在第一层至第四层排水廊道布置了 84 支测压管，地下洞室群从运行至今大部分测点渗压变化基本稳定。当前第一层排水廊道渗透压力在 -178.212 ~ 75.611kPa 之间，折算水位在 304.007 ~ 334.577m 之间；第二层排水廊道渗透压力在 -191.567 ~ 38.091kPa 之间，折算水位在 291.757 ~ 315.242m 之间；第三层排水廊道渗透压力在 -191.827 ~ -2.948kPa 之间，折算水位在 255.078 ~ 273.971m 之间；第四层排水廊道渗透压力在 -236.586 ~ -118.665kPa 之间，折算水位在 227.710 ~ 241.382m 之间。排水廊道测压管折算水位年变化量在 ±2m 以内，渗透压力均不大，相对稳定，部分测点无水压。

（4）渗流监测。在地下厂房排水廊道第一层、第二层和第四层内各安装了 2 套量水堰，第三层内安装 1 套量水堰。各排水廊道渗漏量基本稳定，总渗漏量为 236.8L/min，渗漏量主要分布在第三层和第四层排水廊道，分别为 139.3L/min、89.4L/min；第一层、第二层排水廊道渗漏量较小，在 8L/min 以内。

3.2.1.4 结论

（1）右岸地下电站主厂房和主变洞内围岩变形总体已趋于稳定，顶拱及边墙围岩位移年变化量基本在 1.5mm 以内。锚杆应力、锚索荷载总体趋于稳定，年变化量较小，洞室围岩处于稳定状态。

（2）机组流道灌浆补强处理后，8 号机组帷幕后渗压比帷幕前平均低 88m，6 号机组帷幕后渗压比帷幕前平均低 94m，表明补强后的帷幕阻断了原有的渗流通道，进一步折减了渗压；帷幕后测点在引水洞放空和充水时渗压变幅减小到0.6～19m，变幅不大，说明引水洞明显的内水外渗通道已经消除。另外从直观效果看，主厂房上游边墙渗水现象明显减少，多数渗水裂缝逐渐干涸，墙面不再潮湿。综上说明，通过“前堵后排”的综合处理措施，较好地解决了引水洞渗压异常和主厂房渗水问题。

（3）地下洞室群投入运行以来第一层、第二层排水廊道渗漏量较小，第三、第四层排水廊道排水量稳定并有逐步减少的趋势。

3.2.2　快速门启门力检查

3.2.2.1　故障概述

2013—2014年度右岸地下电站机组检修时，4台机组在流道充水平压后提快速事故门均出现“有杆腔超压报警系统停机”故障，采用检修方式手动提门，最终启门力约14～15.7MPa（系统定值为12.7MPa），闸门缓慢提升后，速度和压力恢复正常值。其中8号机组快速门最终启门力为14MPa。

2015年8号机组检修后，8号机组快速门提门时出现相同故障，且最终启门力约为17MPa，较2014年有进一步提高。

3.2.2.2　闸门检查试验情况

1. 闸门埋件及闸门检查情况

在机组排水检修期间，对8号机组事故门闸门及埋件进行了检查，除门槽主轨有局部摩擦痕迹外，未见明显变形、损坏现象，整体情况良好。左侧主轨底部约2m部位、中间部位及右侧主轨底部约2.5m部位可见明显摩擦痕迹，轨道表面光亮，如图3－1～图3－3所示。

图3－1　左侧主轨底部

图3－2　右侧主轨底部

因底坎、端坎部位积水较深，无法测量底坎、端坎相关数据，经探摸检查，未发现异常现象。同时，因现场检查条件限制，无法对主轨、反轨平整度和垂直度进行测量。

在无水条件下启闭机开度1.5m时，在闸门底部四个角分别选取一点测量与底坎及上下游门槽距离，未发现闸门存在倾斜或偏斜现象。

图 3 -3　局部摩擦痕迹细部照片

闸门侧水封与埋件贴合紧密，主滑块与主轨可见间隙，但因空间太小，且上游胸墙射水导致门槽处水量较大，无法进行测量。反轨与弹性反向滑块接触，反轨与反向滑块存在间隙，因空间限制，无法测量间隙，如图 3 -4 所示。侧滑轮未见异常。

图 3 -4　反轨与反向滑块

2. 闸门运行检查情况

无水条件下，在 8 号机组进水口底板处检查，闸门从全开位检修闭门至 0.5m 开度（开度仪数值）时，闸门运行平稳，无异常抖动、卡阻现象，仅在约 1.5m 至 1m（距底板）部位有短暂和轻微的抖动。闸门从 0.5m 开度（开度仪数值）至全开位启门动作中，闸门运行平稳无异常，系统压力维持在 9.6 ~9.7MPa。

无水条件下，采用检修闭门方式，将快速门闭门至全关位，约 5min 后启门正常，系统压力维持在 9.6 ~9.7MPa；随后采用快闭方式落门，启门时系统压力维持在 9.6 ~9.7MPa，闸门正常开启。

3. 闸门与启闭机连接部位检查

门顶、充水阀及吊耳部分外观检查未见变形、锈蚀等异常现象，闸门主滑块与主轨贴合紧密无缝隙，反向滑块与反轨存在均匀间隙，但因现场空间限制无法进行间隙数据测量。左、右侧主轨在靠近末端部位可见部分摩擦痕迹，如图3－5、图3－6所示。反轨未见异常。

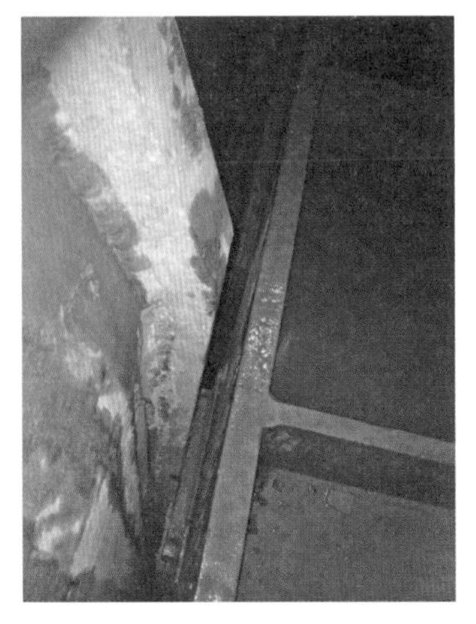

图3－5　主轨与主滑块

图3－6　主轨摩擦痕迹

经测量，充水阀轴心距主轨面、反轨面距离与设计图纸数据基本一致，闸门实测起吊中心线与设计相符，无偏移现象。具体测量数据见表3－1。

表3－1　充水阀轴心距主轨面、反轨面距离　（单位：mm）

项目	测点断面	实测值	设计值	超差
充水阀轴心距主轨面距离	充水阀左侧端	1237	1240	－3
	充水阀右侧端	1241	1240	1
	均值	1239	1240	－1
充水阀轴心距反轨面距离	充水阀左侧端	1016	1010	6
	充水阀右侧端	1012	1010	2
	均值	1014	1010	4

另在闸门门顶部位采用水平尺测量，闸门未出现上下游方向、左右方向的倾斜现象，如图3－7所示。

图3－7　门顶水平测量

3.2.2.3 启门力计算

8 号机组流道充水后，采用测绳测量上游水位和门后水位，存在约 4m 水位差。地厂快速门液压启闭机容量为 4000kN/8500kN，油缸内径 760mm，活塞缸直径 400m。地厂快速闸门总重 204 384kg（含充水阀）。

有水时实际启门力：$F_{有水}=[17\times\pi\times(7602-4002)/4]\mathrm{kN}=5573\mathrm{kN}$

无水时启门力：$F_{无水}=[9.5\times\pi\times(7602-4002)/4]\mathrm{kN}=3114\mathrm{kN}$

有水时正常启门力：$F=[8.5\times\pi\times(7602-4002)/4]\mathrm{kN}=2787\mathrm{kN}$

闸门及附件重量：$G_{自重}=[(204\ 384+19\ 426)\times9.8]\mathrm{kN}=2193\mathrm{kN}$

垂直水压力：$F_{垂直}=(1.0\times9.8\times4\times11.06\times2.06)\mathrm{kN}=893\mathrm{kN}$

水平水压力：$F_{水平}=(1.0\times9.8\times4\times11.06\times15.6)\mathrm{kN}=6763\mathrm{kN}$

摩擦力：$F_{摩擦}=F_{水平}\times0.2=1353\mathrm{kN}$（摩擦系数取 0.2，按 SL 74—95《水利水电工程钢闸门设计规范》中有关摩擦系数取值规定主滑块与主轨为 0.04～0.09，橡皮与止水座板为 0.2～0.5）

水位差所增加的启门力：$F_{水头}=F_{垂直}+F_{摩擦}=2246\mathrm{kN}$

从计算可以看出，在有 4m 水头作用下，闸门开启所需启门力增加 2246kN，对闸门启门力影响较大，但实际摩擦系数与选取值可能存在差异。

3.2.2.4 结论

通过现场检查测量和理论计算综合分析认为，右岸地下电站机组进口事故门启门力偏大的主要原因和闸门及启闭机并无多少关系，主要是机组导叶漏水量较大导致闸门前后存在较大的水位差所致。

2016 年岁修期间，对 8 号机组的导叶间隙进行了调整，实测事故门前后水位差减小至 1m 左右，闸门启门力也降低至正常值范围内。

3.2.3 门机液压抓梁密封改造

3.2.3.1 故障概述

向家坝右岸电站布置有进水口 3200kN 门机、右岸尾闸室 2×800kN 台车，左岸电站布置有进水口 3000kN 门机、左岸尾水 2×2000kN 门机，每台门机（台车）均配备 1 套液压自动抓梁，主要承担机组进水口检修门启闭工作、快速事故门及液压启闭机的安装、检修吊运以及尾水管检修门启闭工作。电站运行初期发现抓梁部件在设计上存在一系列的不可靠因素，如：抓梁的接线盒密封性能不好，抓梁的行程、定位传感器信号不可靠等，当抓梁在水下作业过程中，无法准确判断抓梁工作情形等，在闸门启闭机过程中多次出现故障，存在设备运行安全隐患，并影响闸门启闭操作。为保证设备的安全稳定运行，对所有门机的液压抓梁进行了密封改造。

3.2.3.2 主要改造措施

1. 主随行电缆更换

针对现场工作需要，选用了更可靠的电缆作为主随行电缆。新电缆采用耐腐蚀的高柔性深水电缆，中间带 KEVLAR（凯夫拉）抗拉软芯，抗拉能力大于或等于 600kg，能承受整根电缆的自重，使电缆芯线在绕转时不受拉力。电缆中使用铜纺织屏蔽作为电缆的抗电磁干扰，保证通信信号传输稳定。电缆由 20 芯组成，能满足现场油泵电机、各传感器及视频信号的传输要求。

将原电缆拆除后，新电缆采用卷筒电机收紧的方式逐步将电缆收入卷筒，使之排列整齐，随后进行集电环接线并标注线号，测试通断均满足要求。新旧电缆对比如图 3－8 所示。

图 3－8　新（右）旧（左）电缆对比

2. 深水密封接线盒更换

新更换深水密封接线盒将信号电缆插头插座取消，各类接线全部汇集到密封盒内接线端子排上，只保留主随行电缆与密封盒之间的电缆插头插座。此项改造极大地减少了电缆插头数量，降低了插件渗水概率。同时，密封盒采用壁厚 10mm 的 304 不锈钢材质制造，所有分接头（插座）合理布置，针对主电缆插座、分信号插座及动力回路分接头进行配孔，并将视频接线单独集成布置于一个深水密封盒内，减少渗水时各部件之间产生相互影响。采用两个密封盒平行布置，禁止上下堆叠，便于拆装紧固，减少密封组件破损或渗水时相互影响的可能性。密封盒腔内密封采用双层防护，可保证在 1.5MPa 水压下不渗水。

将原密封接线盒拆除，记录各线芯的接线编号及作用，对应地接到新的密封接线盒内，并标明线号；将新密封盒底座稳固地安装在抓梁上，接线完成后对密封盒进行安装、密封，密封方式采用 O 形密封圈加密封胶的双重防护，密封效果经水下试验检查，安全有效。新旧密封盒对比如图 3－9 所示。

图 3－9　新（右）旧（左）密封盒对比

3. 水下电缆插头和插座更换

原水下电缆插头插座较多，每一类信号都有单独的插头插座连接。新的安装方法是将信号电缆的插头插座取消，接线全部汇集到密封盒内的端子排上，只有主随行电缆与密封盒之间留有电缆插头插座。新更换后的插座采用半月凸台形设计，用焊接的方式固定在密封盒顶部，插头直接安装在主随行电缆上，插接方便，有防插错和盲插功能，对位准确，不损坏插针。新更换后的插头插座防盐雾、防潮湿、防锈并抗氧化，整体绝缘电阻大于550MΩ；插头与插座连接采用O形密封圈进行密封，能在1.5MPa压力下不渗水。经水下试验，密封可靠。新旧电缆插头和插座对比如图3－10所示。

图3－10 新（右）旧（左）电缆插头和插座对比

4. 抓梁泵站动力分电缆防水密封处理

泵站与接线盒之间增设了高压软管进行连接，泵站和接线盒分别焊接管接头，通过高压软管及其接头进行密封，以提高密封可靠性。经过水下试验验证，密封结构可靠、有效。新旧电缆防水密封工艺对比如图3－11所示。

图3－11 新（右）旧（左）电缆防水密封工艺对比

5. 抓梁行程传感器更换

选用 WT-CM 系列数字通信式位移传感器，该传感器是集机械、微机、电子技术于一体的全行程监测传感器，主要应用于水电站门机液压自动穿销、抓梁就位、油缸运行等直线位移行程的全程测量，可在深水中可靠运行，上下位机通信方式采用国际标准 RS485 半双工通信方式，数字信号输出，准确可靠。

共安装 6 个传感器。拆除原行程传感器，进行新传感器支架及本体的安装、调试。经水下试验，传感器信号正确、密封可靠。原传感器采用的是模拟量采集经 PLC 计算显示在工控机上，新传感器采用的是串口通信，送入工控机经“博图”软件计算显示在监控画面上。抓梁行程传感器安装如图 3－12 所示。

图 3－12　抓梁行程传感器安装

6. 抓梁水下高清摄像头安装

为实时掌握水下部位工作情况，在销轴的轴向端和径向位置增设水下高清摄像装置。摄像头采用 LED 灯补光的方式，能够在水下黑暗环境中清晰地看到穿退销全过程，耐压性能经试验验证合格，使用效果良好。摄像头安装及水下试验效果如图 3－13 所示。

图 3－13　摄像头安装及水下试验效果

3.2.3.3　改造效果

1. 水下试验

试验项目：将抓梁下放到对应的最高工作水深位置，往复操作各水下动作机构约 30min

后，放置在该部位浸泡 12h 后，再次往复操作各水下动作机构 12h，观察各信号、上位机画面以及各机构的动作。水下试验结果见表 3-2。

表 3-2　水下试验结果

序号	项目	结果
1	密封	深水密封盒开盖检查，密封性能良好，无浸水现象
2	抓梁各传感器信号、上位机画面、各机构的动作	抓梁各传感器信号、上位机画面、各机构动作均正常
3	视频监控系统	画面清晰

2. 实际运行效果

左右岸电站 4 台门机水下抓梁密封改造后已运行 5 年，5 年的机组检修中，承担了超过 30 台次的闸门启闭机作业，抓梁水下作业时间超过 120h，未发生过 1 次密封失效故障。

3.2.4　引水隧洞水下机器人检查

3.2.4.1　引水隧洞概述

向家坝右岸地下电站引水系统共包括 4 条引水隧洞，相邻隧洞之间的中心间距 36m，洞形为圆形，分别由上平段、上弯段、斜井段、下弯段和下平段组成。

4 台机组由进口至蜗壳进口的引水道长度分别为 326.915m、291.471m、255.778m、220.338m，引水隧洞长度分别为 270.816m、2235.371m、199.678m、164.238m。为了避免设置上游调压室，引水隧洞的洞径设置较大，分别为 14.40m、13.40m。引水隧洞在厂房前 15～25m 时，洞径渐变为与蜗壳进口相同的尺寸（11.47m）。

引水隧洞在下弯段以前采用钢筋混凝土衬砌，衬砌厚度为 1.00m。为了防止引水管道内的高压水渗入厂房，影响地下厂房的围岩稳定，引水隧洞在下弯段之后（包括下弯段）采用钢衬引水隧洞的钢衬厚度为 38～40mm。钢衬段的下游还布置有厂房的防渗帷幕和排水洞，防止地下水渗入厂房。

3.2.4.2　检查措施

机组进水口、引水隧洞水下检查作业采用水下机器人进行，水下机器人设备集装箱布置在坝顶位置，由坝顶门机动力电源柜提供电源。水下机器人由机组进口检修门槽吊入进水口流道后，对机组进水口、引水隧洞进行水下检查，检查完毕后沿路返回回收。

水下机器人采用螺旋桨推进器的方式在所检查水域进行航行，同时打开所配备的摄像头和声呐分别进行水下图像数据的收集、录制和扫描，以脐带缆线长度作为距离基准，以单波束声呐及多波束声呐进行定位导航，并对水下缺陷位置进行测量。检查期间的水下机器人检查路线是由机组检修门槽入水下潜至进水口位置开始，沿隧洞底板中心线前行至引水隧洞尾部结束，如图 3-14 中黄色箭头所示。沿途进行摄像及单波束和多波束声呐扫描，设备返回时采用顶部摄像云台进行洞顶部位摄像检查，声呐全程扫描记录，对疑似缺陷部位进行重点详查并记录。

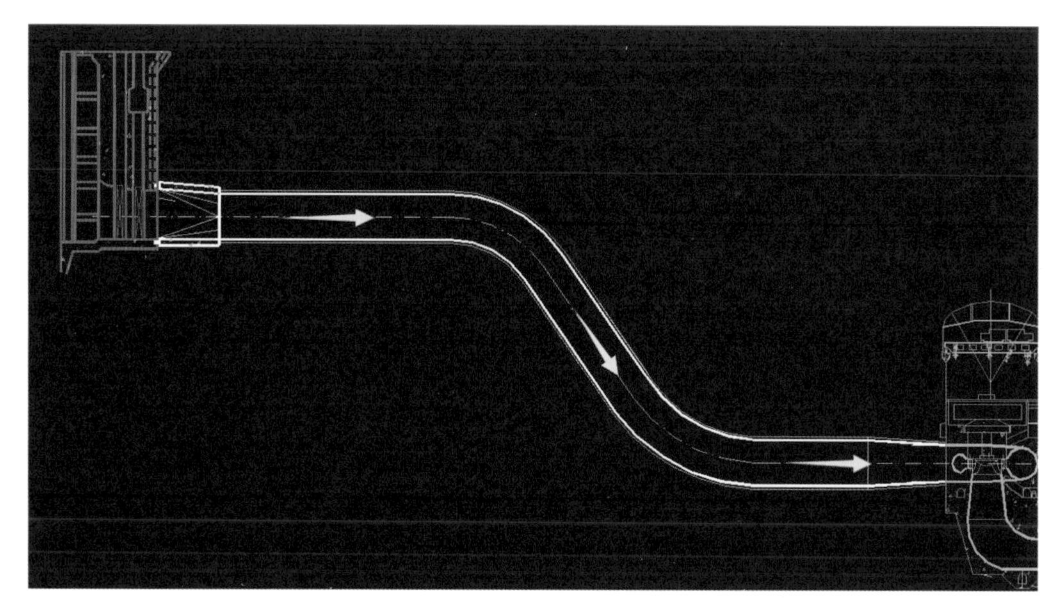

图 3－14　水下机器人检查线路

3.2.4.3　检查效果

1. 水下摄像

通过水下摄像头可清晰辨识混凝土表面缺陷。除引水隧洞底面存在少量泥沙沉积（如图 3－15 所示）外，侧面及顶面可见混凝土表皮零星脱落、混凝土麻面等情况。同时，机器人可实现水下缺陷的尺寸测量，便于准确掌握缺陷情况。

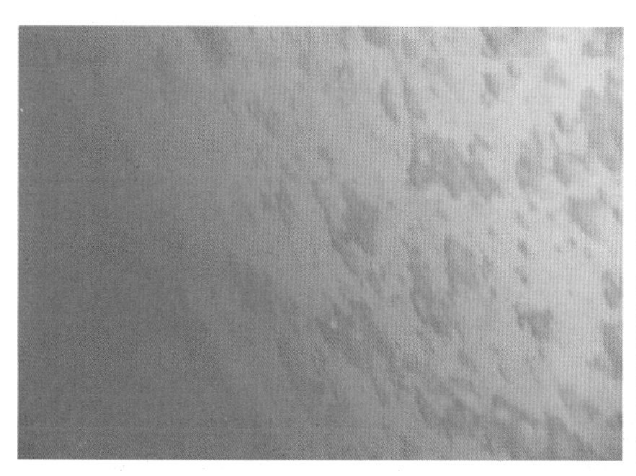

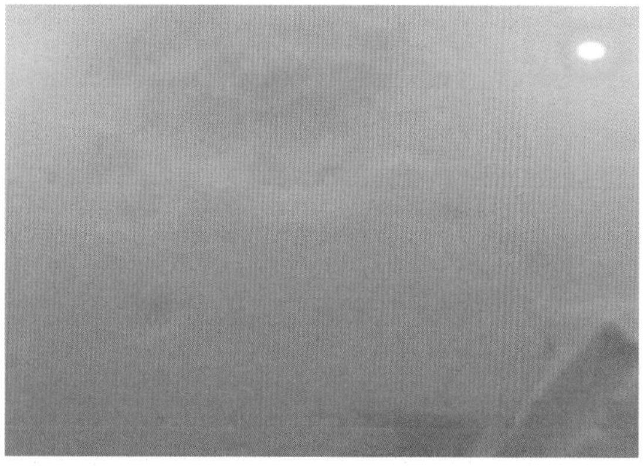

图 3－15　引水隧洞底面

2. 单波束和多波束声呐扫描

通过水下机器人的单波束和多波束声呐扫描，可直观判断混凝土结构完整性，通过声呐扫描成像可直接生成隧洞组图，能非常直观地反映出混凝土引水隧洞整体的缺陷部位、缺陷类型、缺陷大小等。引水隧洞各部位检查情况如图 3－16 ~ 图 3－21 所示。

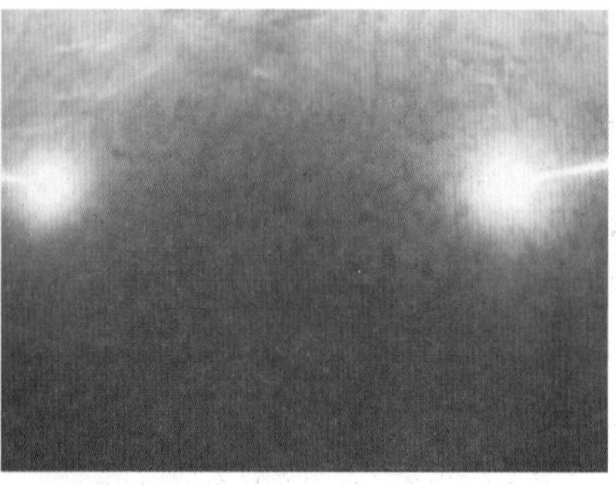

图 3－16　引水隧洞水平段底面

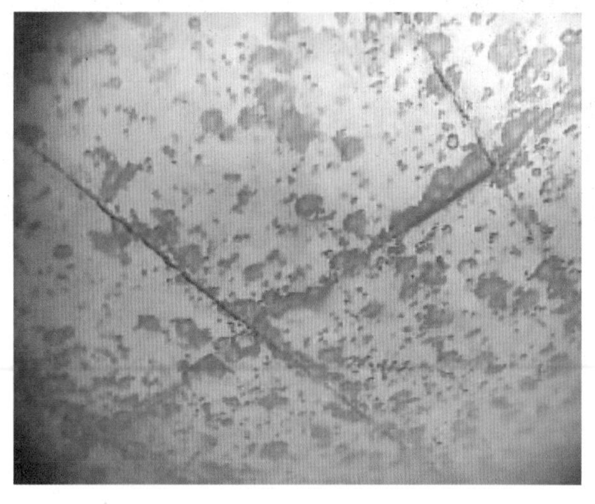

图 3－17　机器人右摄像头侧边混凝土面

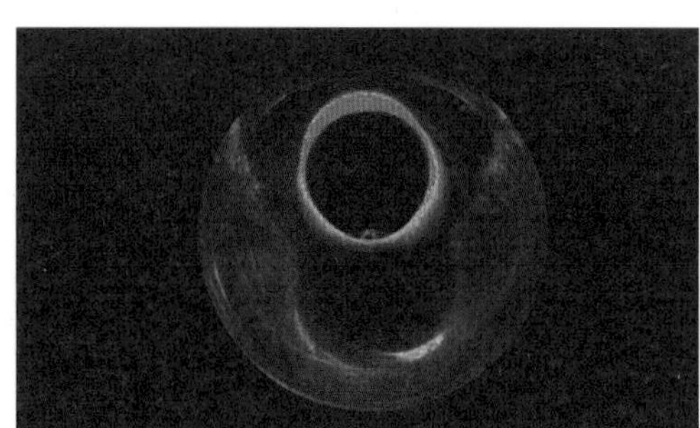
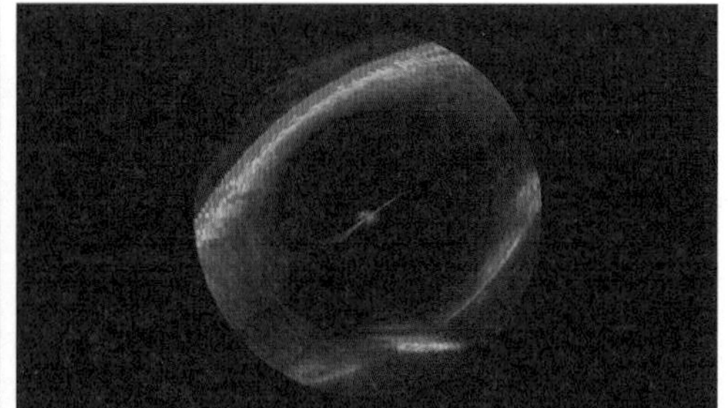

图 3－18　下坡段截面及侧扫面

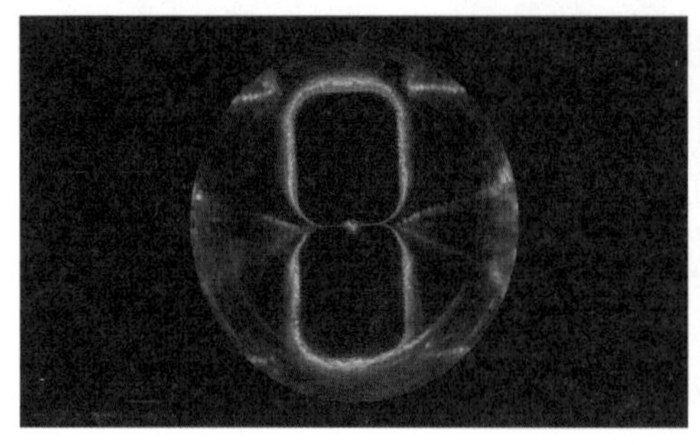
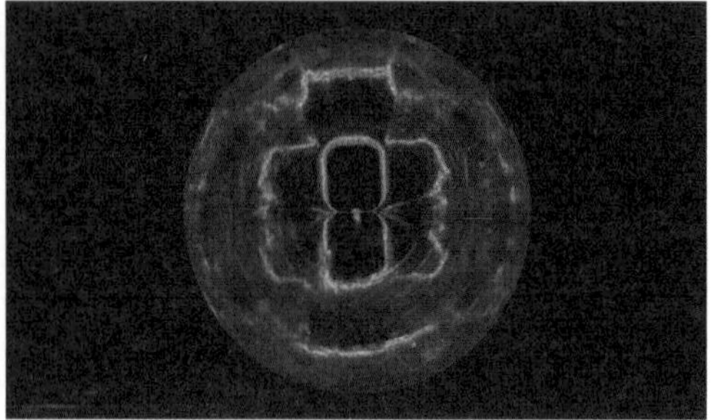

图 3－19　进水口入口截面

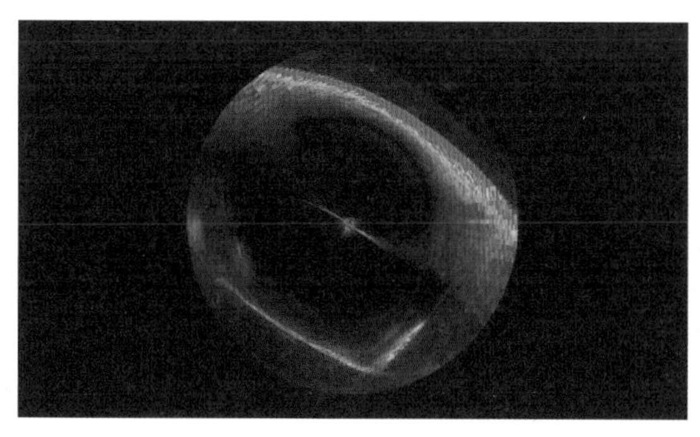
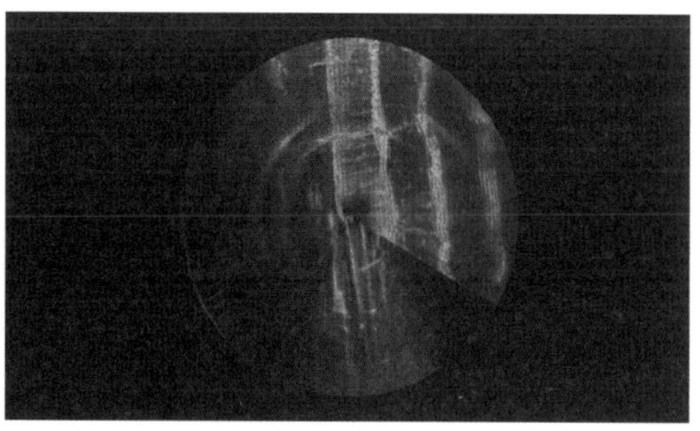

图3－20　水平段引水隧洞侧扫面

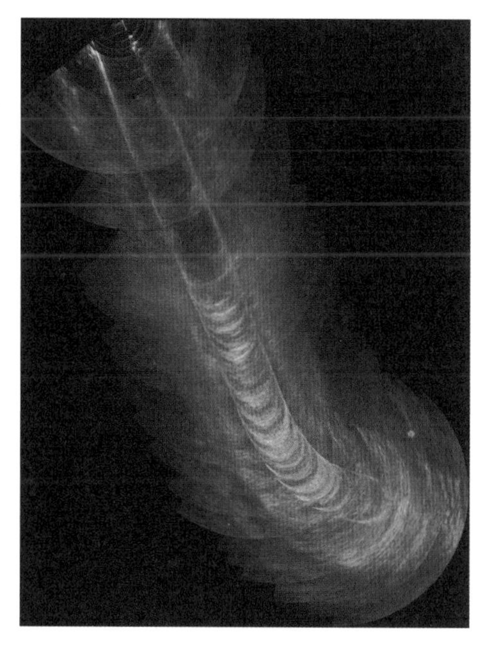

图3－21　隧洞检查多波束组图

3.2.5　大型机组水轮机折叠式检修排架

3.2.5.1　排架结构

800MW 混流式水轮机转轮检修排架包括两根均布的横梁和三根均布的纵梁，横梁和纵梁呈“井”字形交叉布置连接，横梁和纵梁分上下两层。上层的横梁和纵梁的边缘通过边梁包裹成圆形，上下两层横梁和纵梁之间通过桁架结构进行连接，上层横梁和纵梁之间设置有规律布置的多根走台梁，在上层横梁、纵梁和走台梁上安装有多块不同形状的面板铺满整个上层构成圆形，上下两层的横梁和纵梁端部之间都对应连接立柱，在立柱上穿过面板设有吊耳，在立柱的侧面上安装有防撞轮。此排架能够应用于转轮的检修，在保证排架强度和刚度的前提下简化了其结构，便于快速拆装，而且采用一套防滑铝合金面板替代原来的木板，提高排架的安全性能。其结构示意图如图3－22～图3－24所示。

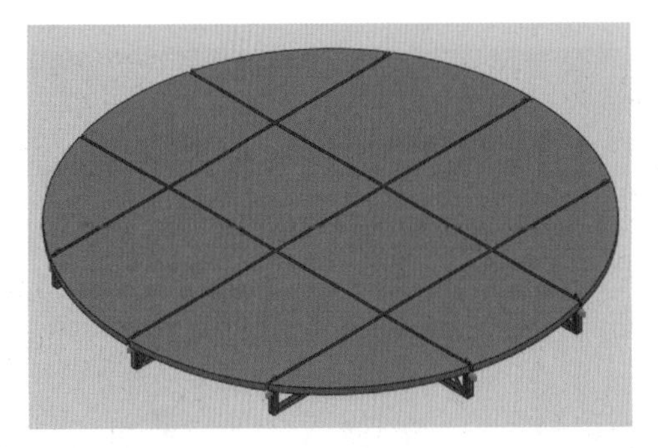

图 3－22　排架三维图（正面）

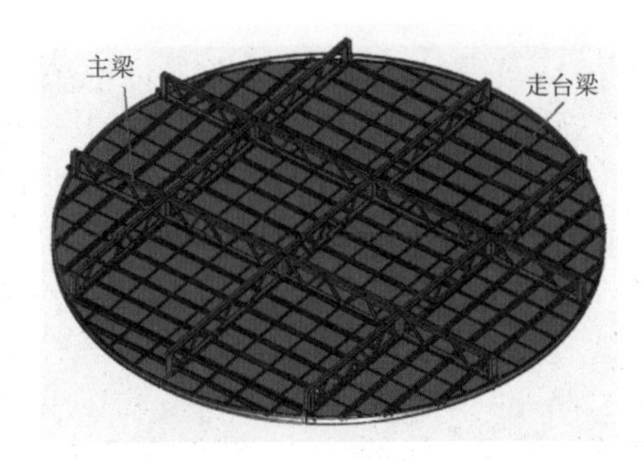

图 3－23　排架三维图（底面）

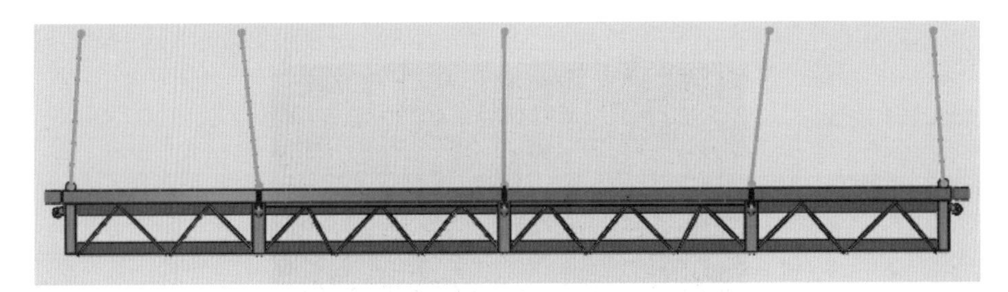

图 3－24　主梁典型结构

排架直径 13 900mm，整体约 2900kg。采用井字桁架梁结构或其他轻质高强度梁，主梁和次梁采用螺栓连接，连接板及螺栓有足够的强度。排架骨架选用比重小、强度高的高强度铝合金材料。使用材料屈服强度 σ_s >300MPa，许用应力［σ］>200MPa。排架能承受均布载荷 5000kg，最大集中荷载 800kg，并具有不低于 6 倍的安全系数。排架平面铺设面板采用铝合金面板。

3.2.5.2　排架搭拆工艺

1. 部件吊运与组装

将排架各构件通过锥管进人口吊放至尾水锥管。组装时，所有平台构件上的钢印编号须一一对应，平台主梁方向与上下游锥管进人门的连线保持大致平行。组装完成后，逐个检查所有连接螺栓是否紧固，平台构件编号是否一一对应。排架组装如图 3－25 所示。

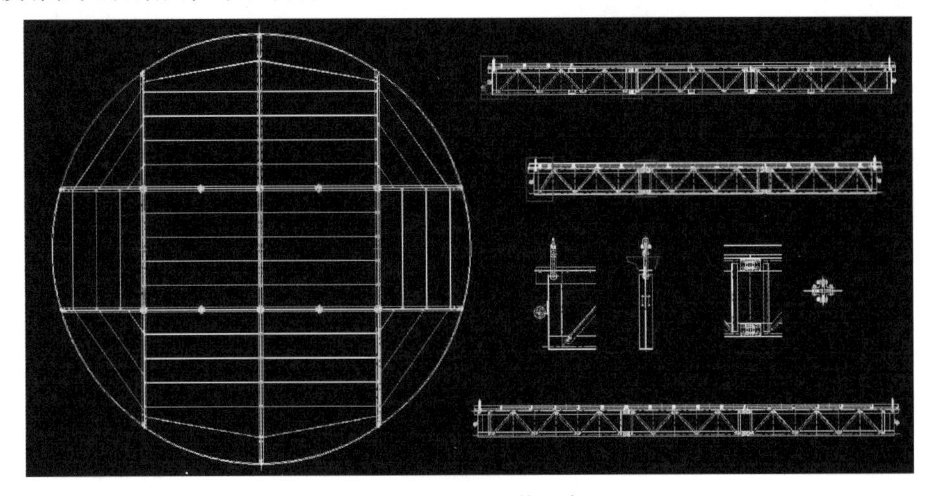

图 3－25　排架组装示意图

2. 整体提升

在上下游锥管进人门位置内壁的左右岸的吊耳上各挂设一个 5t 开口滑车（共四个）。吊放平台构件的卷扬机钢丝绳通过滑车和滚轴卸扣导向后穿插绕过下游侧扩散段内壁的滑车后下放至肘管搭好的平台处，使用 3.75t 卸扣绑在平台上游侧的主梁上，按此原则（上游左侧卷扬机的钢丝绳穿插至下游右岸侧）将四台卷扬机钢丝绳交叉布置，绑在各自位置主梁吊耳上。装设导向轮时，先动作下游侧两台卷扬机，将平台上游侧提离地面 50cm，在两根主梁上游侧离端部 100cm 的位置各装设一个导向轮后将平台放下；之后动作上游侧两台卷扬机，提起平台下游侧在相应的位置装设另外两个导向轮。

动作下游侧卷扬机将平台缓缓拽拉至水轮机的正下方，将平台上游侧提起稳定后，动作上游侧卷扬机将平台下游侧提起，根据平台歪斜方向分别点动四台卷扬机，将平台调至水平。同步动作四台卷扬机整体提升平台至离锥管进人门约 50cm 处（操作中根据平台边沿与锥管内壁的间距做调整），后将卷扬机断电防误动。在此过程中，若出现卷扬机速度不同步的情况应立即停止提升，再次调平后才可继续提升。

3. 悬挂固定

排架提升至接近工作位置后，在平台上方锥管内壁上均匀布置焊接 12 个吊环，吊耳距离平台高约 200cm，从锥管进人门位置逐步往外推进焊接。每焊接好一个吊耳，应挂设葫芦（2t）通过千斤头与排架骨梁相连，并使葫芦受力。机组除第一次搭设转轮检修平台需焊接锥管内壁吊耳外，转轮检修平台搭设时检查锥管内壁吊耳完整性与焊缝完好性即可。

拉动葫芦提升平台，至平台面板与锥管内壁的间距小于 5cm 时停止，微调葫芦使整个平台处于水平位置，绑扎葫芦导链防止误动。拆除钢丝绳卸扣，启动卷扬机，收回钢丝绳。平台搭设验收后即可投入使用。

3.2.5.3　排架使用效果

此检修排架具有材质轻、组装便捷、安全高效等特点，在机组检修实践中运行效果良好，有效缩短了检修工期。排架选用高强度铝合金材料，在保证足够强度的同时，降低了材料重量，提高了转运、提升等效率。排架采用构件拼装模式，且在尾水管内组装，组装速度快，且安全风险低。排架采用卷扬机整体提升后，通过手拉葫芦固定在作业位置，整体稳定性强。排架搭设、拆除的工期分别为 2 ~ 3 天左右，有效缩短了机组检修工作。

第4章　水轮机检修

4.1　概述

4.1.1　水轮机总体概述

TAH、HEC水轮机的总体结构设计基本一致，均为混流式，额定运行水头均为100.00m。向家坝水电站水轮机及其辅助设备主要由尾水管、基础环、座环、蜗壳、顶盖、顶盖排水系统、导叶及操作机构、转轮、水轮机主轴、水轮机检修密封、水轮机工作密封、水导轴承及外循环系统、水车室环形起重机、主轴中心孔补气装置及盘形阀等部件组成。

转轮与水轮机轴之间采用销钉螺栓进行连接，顶盖通过螺栓把合在座环上。转动部分与固定部件之间的止水装置为主轴密封，机组正常运行时，由工作密封止水；工作密封检修时，由检修密封止水。顶盖排水系统主要用于排除顶盖内各种漏水，保证顶盖内水位不超过规定值。机组中心补气装置主要是在转轮室出现负压时向转轮内补入空气，防止转轮室内出现不利于机组稳定运行的恶劣工况。盘形阀分为蜗壳盘形阀和尾水盘形阀两种，主要用于机组检修时的排水。

右岸厂房水轮机设备主要布置在主厂房高程222.62~263.24m之间，222.62m为尾水管底板高程，263.24m为水轮机层高程，其间分别设置有水轮机盘形阀操作廊道（高程243.00m）、锥管进人门通道（高程245.50m）、蜗壳进人门廊道（高程254.10m）、水车室搬运廊道（高程259.50m）等通道，水轮机安装高程为255.00m，水轮机与发电机联轴法兰分界面高程为263.20m。

左岸厂房水轮机设备主要布置在主厂房高程229.50~266.24m之间，229.50m为尾水管底板高程，266.24m为水轮机层高程，其间分别设置有水轮机操作廊道（高程247.00m）、锥管进人门通道（高程249.50m）、蜗壳进人门廊道（高程257.10m）、水车室搬运廊道（高程262.30m）等通道，水轮机安装高程为258.00m，水轮机与发电机联轴法兰分界面高程为266.26m。

4.1.2　机组水轮机主要尺寸和特性参数

向家坝机组水轮机主要尺寸和特性参数见表4-1。

表 4－1　向家坝机组水轮机主要尺寸和特性参数

序号	名称	单位	参数	
			TAH	HEC
1	型号		HLF197A1－LJ－930	HLA1015－LJ－996
2	装机量	台	4	4
3	转轮公称直径（D_1）	mm	10 360.12	9960.00
4	最大水头	m	113.6	113.6
5	额定水头	m	100	100
6	最小水头	m	82.5	82.5
7	额定出力	MW	812	812
8	最优效率点水头	m	106.14	108.68
9	最优效率点出力	MW	689.03	784.17
10	额定流量	m^3/s	884.5	889.25
11	额定转速	r/min	71.4	75
12	最低吸出高度	m	－6.6	－10
13	安装高程	m	255	258
14	旋转方向		俯视顺时针	俯视顺时针
15	蜗壳型式		金属蜗壳	金属蜗壳
16	尾水管型式		弯肘型	弯肘型
17	水导轴承用油量（单机）	m^3	3.5	3.5
18	叶片材料		ZG06Cr13Ni4Mo	ZG06Cr13Ni4Mo
19	叶片数		15	15
20	上冠材料		ZG06Cr13Ni4Mo	ZG06Cr13Ni4Mo
21	下环材料		ZG06Cr13Ni4Mo	ZG06Cr13Ni4Mo
22	转轮总重量	t	406	371
23	水轮机主轴长度	mm	7280	7210
24	水轮机主轴外径	mm	4000	4000
25	水轮机主轴重量	t	121	115.8

向家坝右岸厂房 2012 年 11 月首台机组正式投产，2013 年 7 月全部机组投产。向家坝左岸厂房 2013 年 9 月首台机组投产，2014 年 7 月全部机组投产。机组投产后，每年均按机组状态评估得分，安排机组检修等级。目前除配合机组推力头优化，安排了右岸 7、8 号机组 B 级检修外，其他机组每年均进行 C 级或 D 级检修。机组正式投产以来，各台机组水轮机部分运行稳定，过流部件外观整体完好，导水机构动作灵活，转轮表面未见大面积锈蚀及气蚀等缺陷。水导轴承运行情况良好，轴承处摆度在合格范围内，水导瓦温及油温均远小于定值。主轴密封运行情况良好，密封效果良好，密封环及密封块均无明显磨损。

4.2　技术专题

4.2.1　TAH 机组转轮检查及典型缺陷处理

4.2.1.1　转轮检查

TAH 机组 2012 年投运以来，进行过一轮全面无损检测，2018 年后随 A、B 修对转轮进行了外观检查及 PT、UT 探伤检查。经检查发现，转轮主要有以下几方面的缺陷：部分叶片表面有点状锈蚀，部分叶片与上冠的焊缝有密集气孔，部分叶片表面有明显的刮痕，转轮下环处有缺失，如图 4－1～图 4－6 所示。针对不同的缺陷，采取了对应的处理方式，消除了转轮表面缺陷。

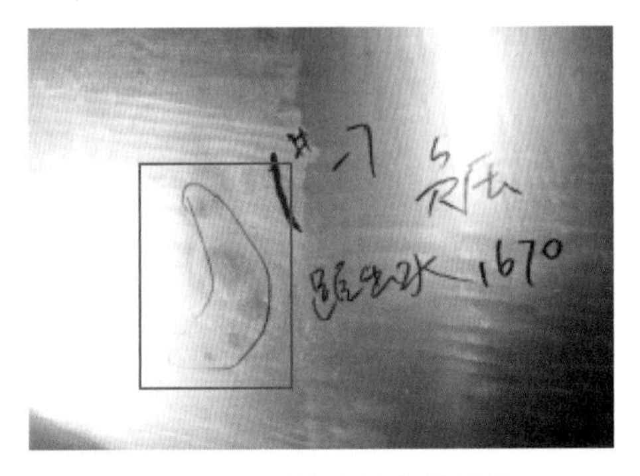

图 4－1　叶片表面点状锈蚀

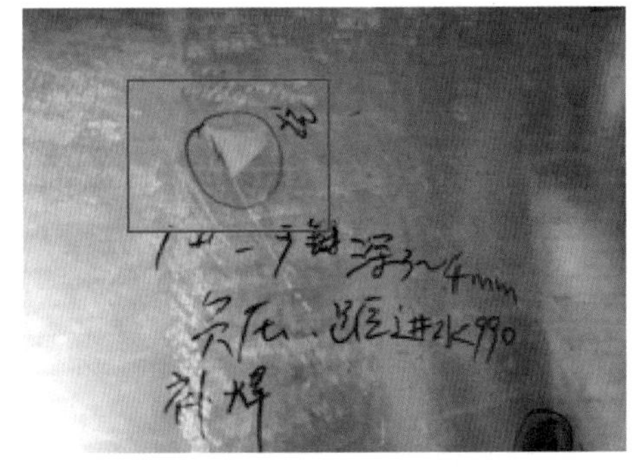

图 4－2　叶片表面局部凹坑

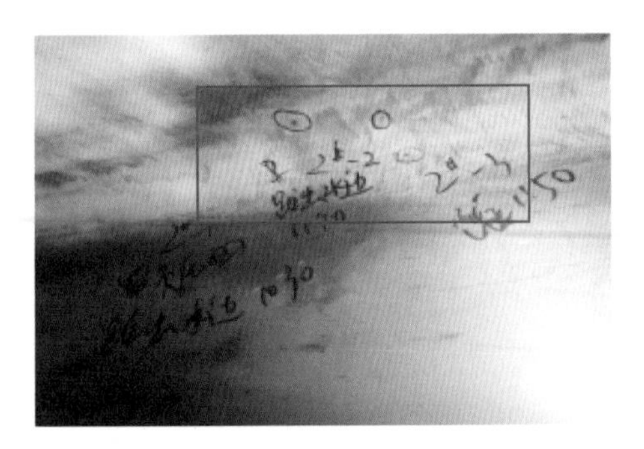

图 4－3　上冠与叶片负压面 R 角焊缝小气孔

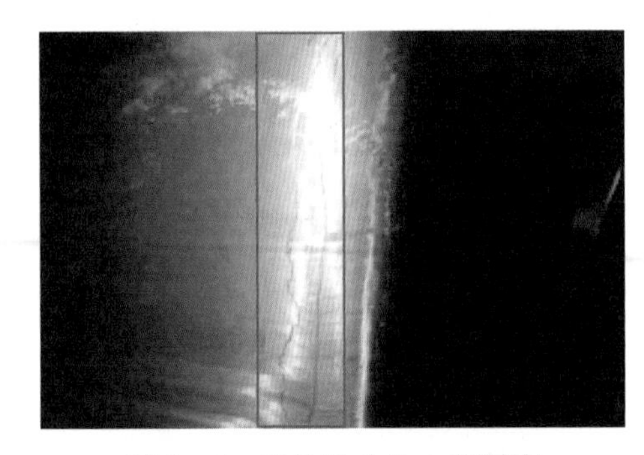

图 4－4　叶片进水边上的刮痕

图 4－5　叶片正压面上的点状锈蚀

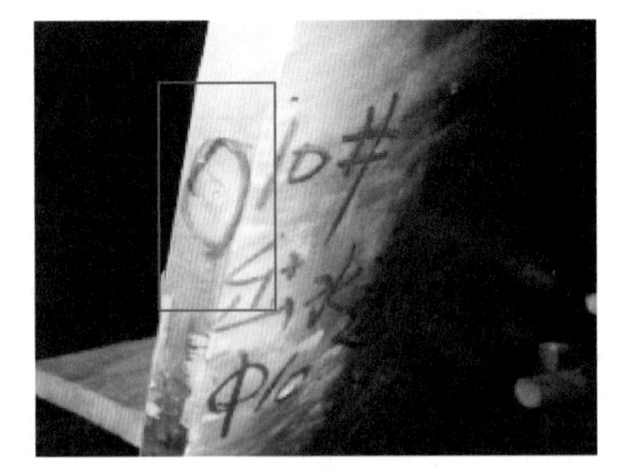

图 4－6　叶片出水边上的缺口

4.2.1.2　缺陷处理

缺陷处理主要采取对转轮表面的点状锈蚀、浅表性气孔及刮痕采用打磨、抛光的方式。对锈蚀较深的部位、缺口及密集型气孔采用补焊、打磨及抛光的方式进行处理。采用砂轮铲磨淬硬层（约 2mm），同时做出近似 U 形坡口并去掉坡口内的任何尖角及其夹杂物，坡口表面呈现金属光泽，要求无锈蚀斑点，无水、油污、杂物等附着。打磨完成清理打磨面并做着色探伤（PT）确认无缺陷后，进行焊接前的整体加热，温度保持在 80～

120℃。焊接方式为手工氩弧焊。焊材为 ϕ3.2mm 的 0Cr13Ni4MoRe 焊条。焊接过程中要求堆焊保留 2～4mm 的打磨余量。焊接过程中，用气动针凿对焊缝进行捶击，以消除焊接产生的应力以及去除焊渣。

焊接工作完毕，待叶片缺口自然冷却后，进行叶片打磨修型，要求叶形平滑过渡，尽量恢复叶片的原始翼型。为了保证叶片表面的光洁度，最后需用抛光片对焊缝进行抛光。按照 PT 探伤技术要求，对转轮的所有抛光面均进行了探伤。经 PT 探伤检查，转轮表面无气孔、裂纹等缺陷。

4.2.2　TAH 自然补气管漏水检查及典型缺陷处理

4.2.2.1　结构介绍

大轴补气系统属于机组自然补气系统，它的作用是当机组在运行时，转轮出口处出现压力真空，外界空气在压差的作用下，通过补气管向转轮下腔补入一定量的空气，以降低转轮出口处的真空度，减小机组的气蚀和振动。如图 4－7 所示，机组中心补气系统大轴内共有五节，前四节通过第二节的上部法兰悬挂在上端轴顶部。上面四节之间为法兰连接，法兰面之间设置有 ϕ8mm 的 O 形密封圈。补气阀安装在第一节补气管上，浮球阀安装在第二节补气管上。第四节与第五节之间为止口密封，止口之间有两道 ϕ8mm 的 O 形密封条，两道密封条之间设有一处用于检查密封性的打压孔。第五节下部为锥形，通过螺栓固定在转轮泄水锥上，与泄水锥之间通过 ϕ8mm 的 O 形密封圈进行密封，螺栓孔顶部焊接有密封盖。

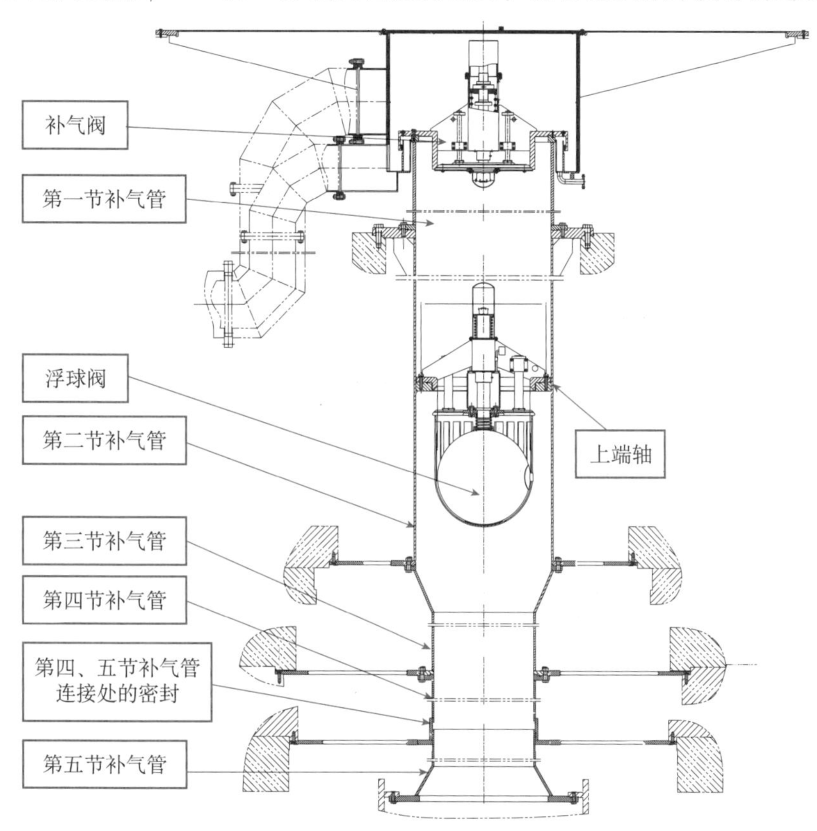

图 4－7　大轴补气管示意图

4.2.2.2 故障介绍

自向家坝机组投入运行以来，右岸有两台机组大轴补气管内均出现了不同程度的漏水现象。漏水聚集在转轮内腔，水量不多，虽未对机组正常运行产生影响，但该隐患不容忽视。进入大轴内部进行检查，发现漏水部位均位于第四节补气管与第五节补气管连接处，如图 4-8 所示。

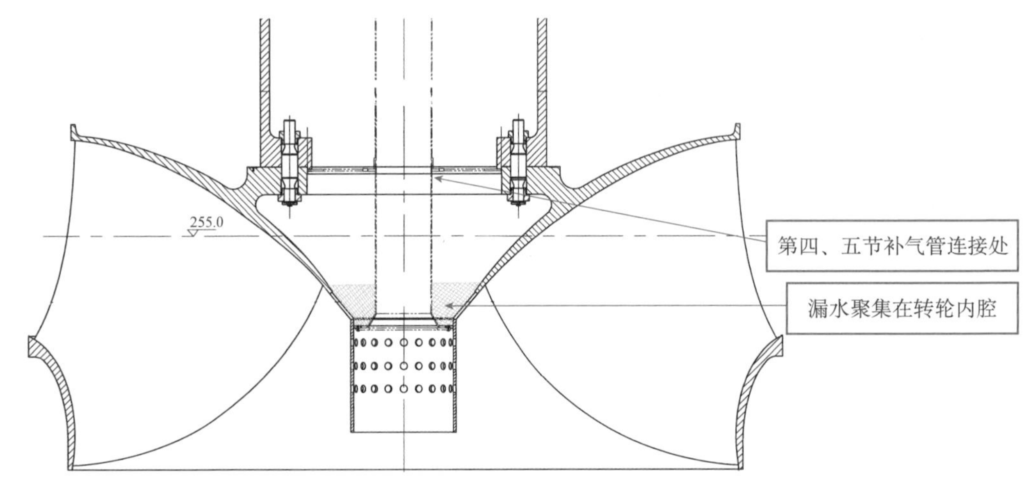

图 4-8 大轴补气管积水位置图

如图 4-9 所示，大轴补气管第四节与第五节之间为插装式结构，在第四节补气管上装有两道 ϕ8mm 的密封条。机组安装过程中，先将第五节补气管安装到位，再将第二、第三、第四共三节补气管一起落下与第五节补气管装配，因三节补气管一起起吊，补气管在空中摆动较大，在安装的过程中可能造成密封条损坏。同时因上面四节补气管悬挂在上端轴顶部，在机组运行过程中，第四节补气管下端摆度较大，可能导致密封条过早老化失效。该处密封条损坏后，江水就会从补气管内部渗进大轴内部。

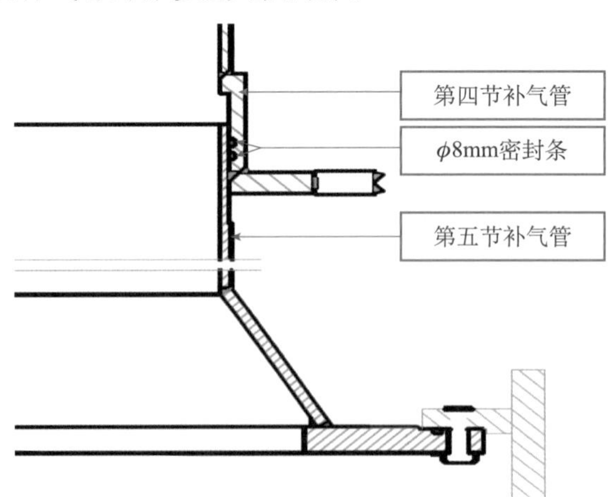

图 4-9 大轴补气管第四、第五节补气管示意图

4.2.2.3 故障处理

结合机组岁修先后对大轴补气管漏水机组第四节与第五节补气管连接处的密封进行了更换。

4.2.2.4　处理效果

密封更换后，通过补气管上的打压孔进行了打压试验，密封情况良好；机组蜗壳充水后，检查补气管未发现漏水；机组运行到汛期后，进入大轴内部检查补气管，仍未发现漏水。

4.2.3　左岸机组水导轴承甩油环甩油处理

4.2.3.1　结构介绍

巨型水轮发电机组水导轴承分为有轴领和无轴领两种结构。有轴领水导轴承（如图 4 - 10 所示）油槽内充满润滑油，冷却系统一般安排在油槽内部，润滑油无须在外部循环，具有结构简单、运行可靠性高的优点。但因轴领尺寸较大，加工难度大，制造成本较高，目前巨型水轮发电机组应用相对较少。

无领轴水导轴承一般为外接冷却循环系统，通过外接油泵使外油箱内的油实现循环。轴承上下油槽内的油较少。相对有轴领结构的水导轴承来说结构更复杂，安全性相对差一些，但可以通过增加油泵的数量来提高其安全性。因其取消了轴领，制造难度降低，生产成本下降明显，因而备受生产厂家的青睐。

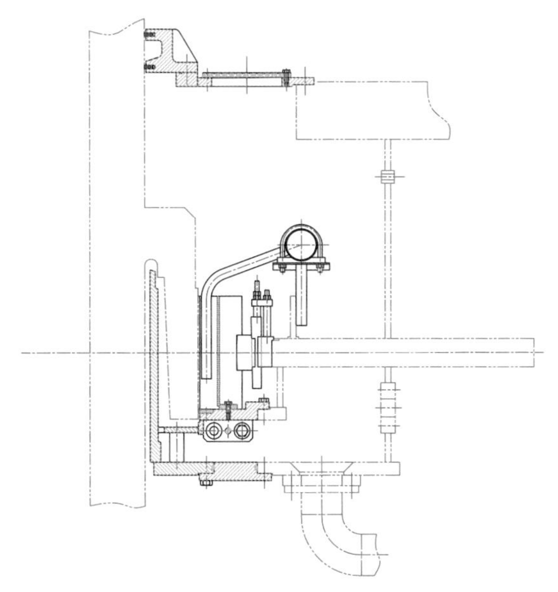

图 4 - 10　有轴领水导轴承

4.2.3.2　故障介绍

向家坝 HEC 机组采用无轴领结构（如图 4 - 11 所示）。在实际运行中，透平油从上油箱滴落至甩油环上，并没有完全甩至下油箱中，有部分透平油直接通过大轴与甩油环的间隙渗漏下来，出现甩油环渗油现象。甩油环长期缓慢渗油，将使水导系统油位下降，给水导轴承安全稳定运行带来风险。

通过对向家坝左岸机组甩油环结构及安装工艺进行分析，发现甩油环带来的渗油问题主要有以下两个方面的原因：

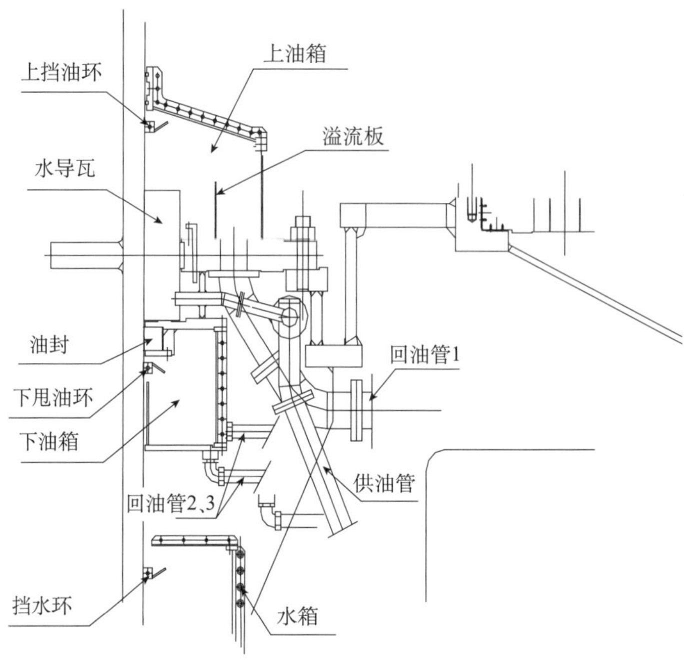

图 4－11　无轴领水导轴承

（1）甩油环加工、装配精度不足。甩油环分 12 瓣加工而成，在现场通过销钉螺栓组圆后安装在大轴上，整圈内径为 3998mm。现场检查发现，甩油环内壁未紧密贴合大轴，存在 0.10～0.15mm 的不均匀间隙，这将导致整圈密封槽尺寸不统一，影响密封效果；同时甩油环分瓣组合缝也存在 0～0.35mm 的间隙，由内至外呈 V 形分布，观察大轴表面渗漏痕迹，发现渗漏点多集中在甩油环组合缝下方。

（2）甩油环距离下油箱内挡油圈顶部过远。甩油环距离下油箱内挡油圈顶部 45mm，该距离过远，足以形成一个较大的油雾飘散风道。向家坝左岸机组额定转速 75r/min，大轴外径 3998mm，大轴表面的线速度高达 15.7m/s，因此机组运行时将在下油箱内形成一个快速的旋转风场。甩油环距离下油箱内挡油圈顶部越远，则风道越大，油雾在大轴旋转带动下更容易飘散至大轴上凝结形成油珠，从而造成油位降低。下油箱内油雾飘散方向如图 4－12 所示。

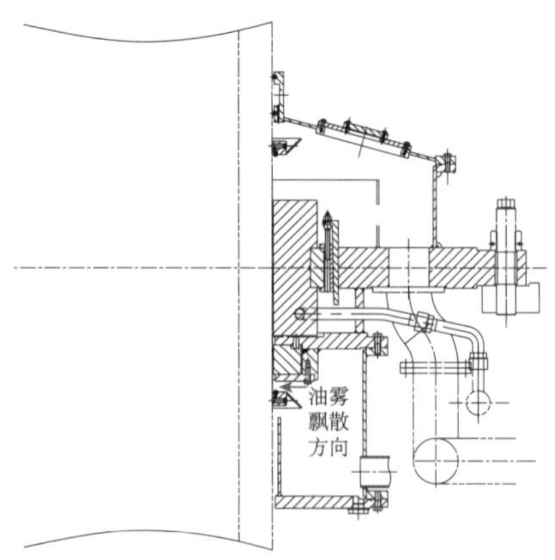

图 4－12　下油箱内油雾飘散方向

4.2.3.3　故障处理

针对上述问题，从三个方面对甩油环结构及安装工艺进行优化：

（1）优化密封压板设计，克服密封槽尺寸不统一问题。将甩油环密封压板从“━”形改为“┏━”形，安装时，压板上的凸台将挤占一定的密封槽空间，可以适度增加密封条压缩量，克服甩油环内壁与大轴表面之间的不均匀间隙带来的密封槽尺寸不统一问题。

（2）优化甩油环安装位置及斜边形状，遮挡油雾飘散风道。甩油环安装位置沿大轴表面下移 30mm，使甩油环与下油箱内挡油圈顶部之间的间隙由原来的 45mm 减少至 15mm，同时将甩油环的斜边向下延伸，垂直高度由 62mm 增加至 75mm，向下超出内挡油圈顶部 10mm，此时，油雾飘散风道被完全遮挡，可以有效减少油雾逸出凝结。

（3）优化甩油环安装工艺，消除组合缝 V 形间隙。甩油环组圆安装后，对分瓣组合缝进行焊接封堵，使甩油环成为一个整体，完全消除分瓣缝间隙。

优化前后的甩油环结构对比如图 4－13 所示。

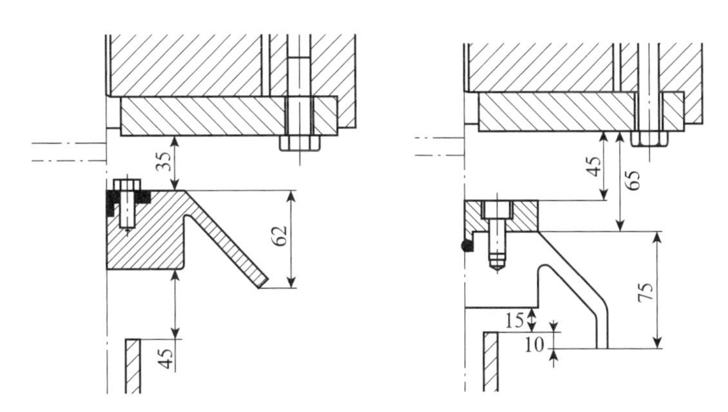

图 4－13　优化前甩油环（左）与优化后甩油环（右）结构对比（单位：mm）

4.2.3.4　处理效果

向家坝左岸机组水导甩油环先后进行了优化改造，经过几年跟踪观察，均未再出现水导甩油环渗油现象。

4.2.4　导叶端面密封压板下沉导致剪断销剪断检查处理

4.2.4.1　结构介绍

向家坝机组导水机构主要由过流部件、导叶操作机构及其附件等组成。过流部件包括活动导叶、顶盖、底环等及其附件。导叶操作机构包括拐臂、连接板、连接销、控制环等及其附件。为确保导叶操作机构的安全，在连接板与拐臂之间设置有剪断销。当一个或多个导叶在关闭过程中被异物卡住，或导叶与顶盖或底环发生剐蹭，导致导叶和拐臂无法转动，而接力器、控制环又迫使导叶和拐臂转动，当作用力增加到一定程度时剪断销将被剪断，从而保护导叶及其他连接部件不受损坏，并确保不影响其他导叶的操作。导水机构示意图如图 4－14 所示。

如图 4－15 所示，为减少停机时活动导叶端面的漏水量，在活动导叶上下端面分别设置

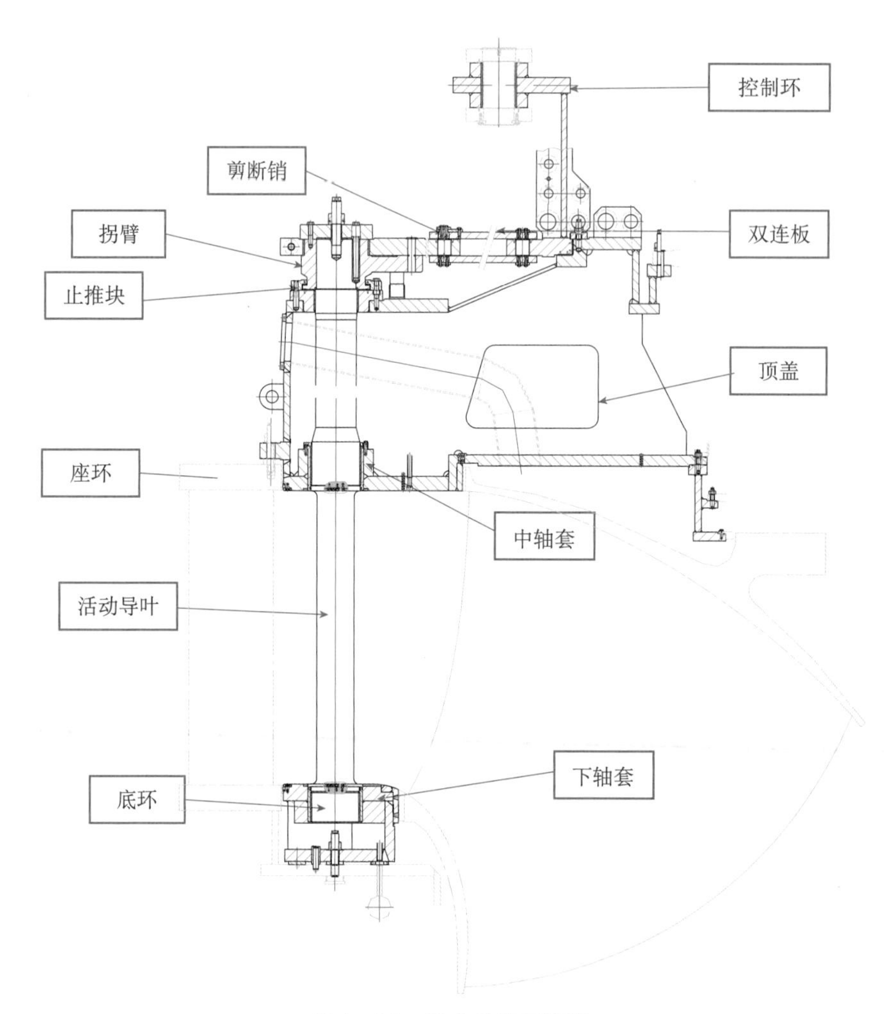

图 4－14　导水机构示意图

了导叶端面密封，密封材质为金属铜条。铜条的两侧用金属压板固定在顶盖和底环上。为方便机组检修时对铜条进行更换，向家坝右岸机组内外侧铜条压板均分为两段，两段长度不一致，较长段设置有 4 个固定螺栓，较短段仅设置 2 个固定螺栓，如图 4－16 所示。

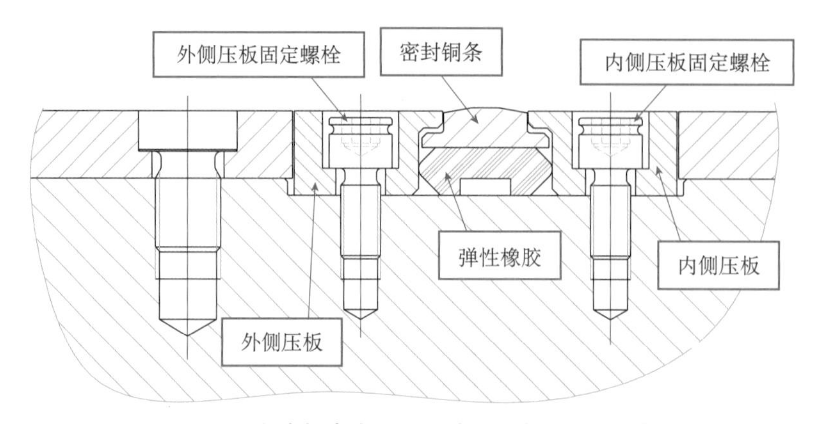

图 4－15　向家坝右岸机组导叶端面密封结构示意图

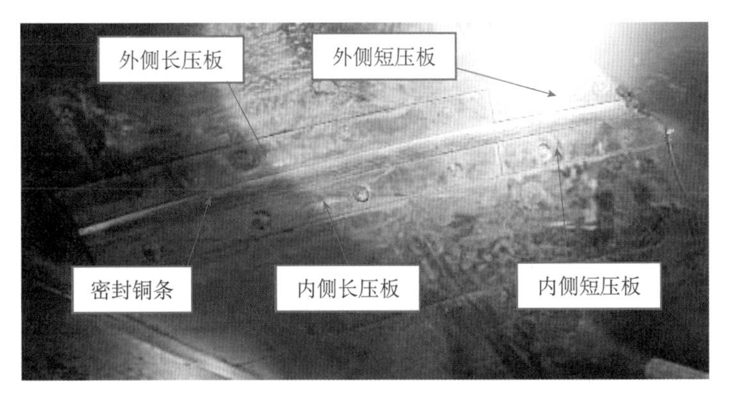

图 4-16　向家坝右岸机组导叶端面密封现场安装情况

4.2.4.2　故障介绍

7 号机组导叶关闭过程中出现一处导叶剪断销剪断。机组排水后，开启蜗壳进人门检查发现该活动导叶上端面密封短压板由于螺栓断裂部分下沉，卡滞在导叶与顶盖之间，导叶关闭阻力过大，导致剪断销剪断。下沉的导叶端面密封短压板如图 4-17 所示。

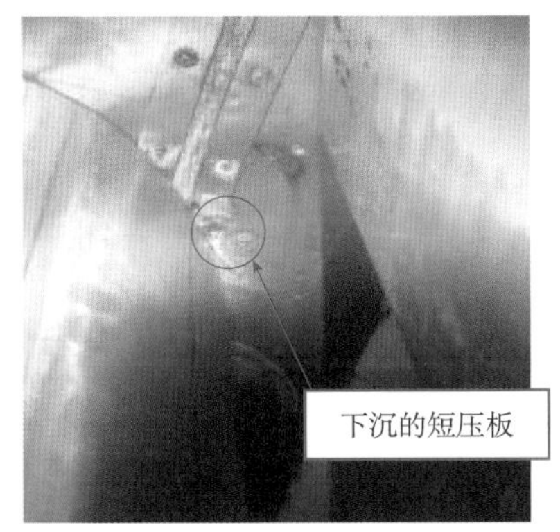

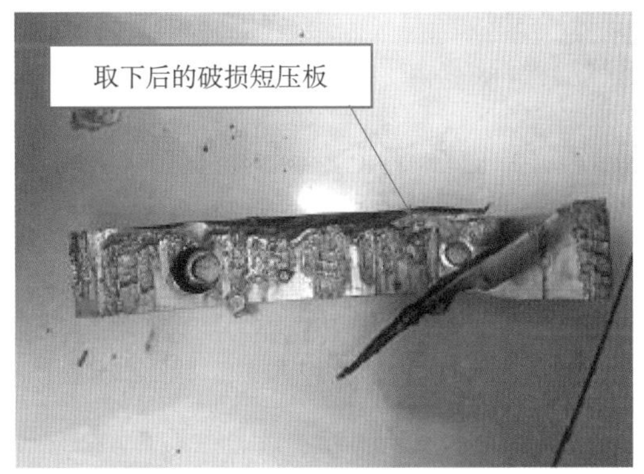

图 4-17　下沉的导叶端面密封短压板

本次导叶剪断销剪断的直接原因是导叶端面密封短压板一颗螺栓断裂，导致该压板端部下沉，活动导叶关闭时与压板挤压，压板受压损坏并卡塞在导叶与顶盖抗磨板之间，导致剪断销剪断。对导叶端面密封压板结构进行分析，发现本次剪断销剪断可能有如下三个方面的原因：

（1）短压板螺栓偏少导致压板下沉。为拆装方便，目前导叶端面密封压板分为长短两块，其中短压板只设置了 2 个螺栓，如果 1 颗螺栓发生断裂，则可能导致压板下沉而突出抗磨板，导叶操作时将不可避免对其进行剐蹭，剐蹭又会加剧压板下沉，并最终完全卡死导叶，导致剪断销剪断。

（2）螺栓强度不足导致螺栓断裂。当活动导叶与压板之间有异物时，两者之间会产生相对较大的挤压力。若螺栓强度不够，则可能发生断裂。在向家坝右岸机组检修中发现，导叶端面密封压板螺栓存在一定数量的断裂现象，从螺栓断口情况来看，有部分螺栓断裂是强度不足所致，如图 4-18 所示。

（3）压板螺栓安装工艺不规范导致螺栓断裂。压板螺栓为 M12 圆头内六角螺栓，设计等级为 6.8 级，螺栓较小，设计预紧力矩较小，仅为 15N·m。如螺栓安装时未严格按照规定力矩进行拧紧，安装力矩过大，则在以后的运行中将始终处于过力矩状态。在水力冲击、

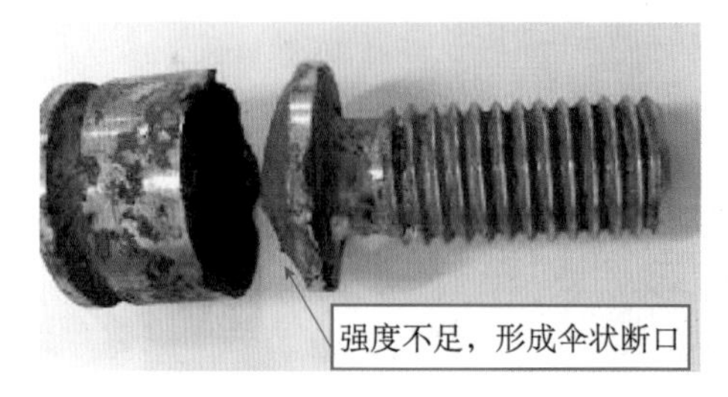

图 4－18　部分螺栓伞状断口情况

机组振动等工况下，过力矩的螺栓将会反复受到影响，并最终断裂。

4.2.4.3　故障处理

针对上述问题，从三个方面对导叶端面密封结构及安装工艺进行优化：

（1）优化密封压板分段，提高压板紧固螺栓数量。向家坝右岸机组导叶端面密封压板有内外两侧压板，为方便端面密封铜条更换，两侧压板均设置为两段。现场检查发现，在不拆除导叶的情况下，若要对导叶端面密封铜条进行更换，外侧压板必须分段才能取出，但内侧压板可以在不分段的情况下取出。因此可以将内侧压板做成整段。整段压板由 6 个螺栓固定在顶盖及底环上，即使有个别螺栓断裂也不会出现压板下沉或上翘的情况。同时，将外侧压板分段进行优化，将两段等分，每块压板上设置 3 个螺栓，防止 1 个螺栓断裂就出现压板下沉或上翘的情况。

（2）优化螺栓设计，提高螺栓强度。为避免活动导叶与压板之间有异物时两者之间的挤压力剪断螺栓，优化螺栓结构，将原螺栓的缩径设计取消，变为圆滑过渡，同时提高螺栓的强度等级。

（3）严控螺栓安装工艺。导叶端面密封回装过程中，应严格使用力矩扳手拧紧压板螺栓，确保力矩满足设计要求，杜绝出现过力矩或力矩不足的现象。

4.2.4.3　处理效果

2020—2021 年度岁修中已完成 5、8 号两台机组的导叶端面密封压板改造，改造过程中严格控制螺栓紧固力矩，目前运行良好，未出现螺栓断裂等异常情况。

4.2.5　导叶端面密封性能下降检查与处理

4.2.5.1　结构介绍

向家坝右岸机组导水机构设置有 28 个活动导叶。活动导叶由上、中、下三部自润滑轴套固定在顶盖与底环上。为减小导叶漏水量，在顶盖、底环上下端面间隙处设置有导叶端面密封。上下端面间隙利用抗重螺栓和可撕垫片进行调节。上端面设计间隙为 0.9～1.1mm，且大于轴向止推块间隙 0.20mm，下端面设计间隙为 0.5～1.0mm。

导叶端面密封由 QAL9－2 密封铜条和其下部的成型橡胶楔块组合而成，密封铜条和成型橡胶楔块靠密封铜条两侧不锈钢压板将其固定在顶盖和底环上。在底环和顶盖过流面上导叶运动范围内设置有不锈钢抗磨板，如图 4－19 所示。

4.2.5.2　故障介绍

机组在提快速门时，液压系统在额定工作压力下无法开启快速门。现场检查压力钢管平压阀处于全开状态，但快速门前后水头压差较大，导致提门时需要的操作力增大。经分析，

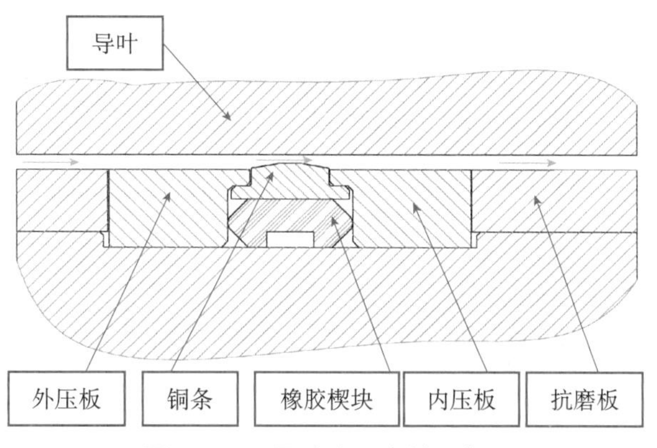

图 4 - 19　导叶端面密封示意图

快速门前后水头压差较大的原因为水轮机导水机构漏水量过大。经计算，当导叶漏水量超过压力钢管平压阀补水量时，快速门前后将一直保持一定的水位差，无法平压，漏水量越大，水位差越大，这将增大快速门液压操作力。超压操作将给快速门启闭系统带来安全隐患，不利于机组安全稳定运行。

机组快速门前后压差过大的直接原因为水轮机导水机构漏水量偏大。通过分析主要有以下三个方面的因素可能引起水轮机导水机构漏水量偏大。

（1）导叶立面间隙不满足要求。如图 4 - 20 所示，导叶全关时，活动导叶之间是刚性接触，导叶之间通过立面金属接触面进行密封。机组检修时，对导叶之间的立面间隙进行测量，所有立面间隙基本为零，个别导叶局部有不超过 0. 1mm 的间隙，但长度较短，立面间隙值均在设计范围内。因此，可以确定导叶立面间隙不是导水机构漏水量偏大的主要原因。

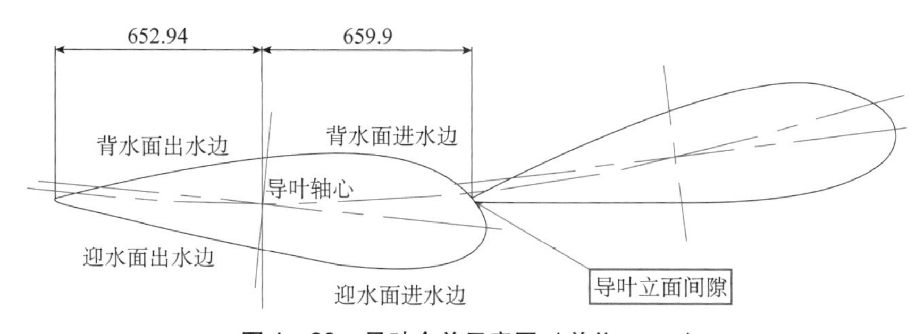

图 4 - 20　导叶全关示意图（单位：mm）

（2）导叶端面总间隙不满足设计要求。活动导叶总端面间隙设计值为 1. 4 ~ 2. 1mm。以 8 号机组为例，检修期间对导叶端面间隙进行了测量，上端面间隙平均值约为 1. 4mm，下端面间隙平均值约为 1. 35mm，上下端面总间隙平均值为 2. 75mm，较设计值平均高出约 1mm，在此条件下，铜条抗压强度以及密封性能将大幅降低。因此，可以确定导叶端面总间隙偏大是导水机构漏水量偏大的主要原因。

（3）导叶端面密封磨损过大。机组检修过程中，对导叶上下端面的铜条进行了检查，发现导叶全关时，铜条与导叶端面未紧密贴合，存在较多的局部间隙，最大间隙达到了 0. 5mm。铜条外观普遍存在明显的磨损痕迹，表面布满密密麻麻的凹坑（如图 4 - 21 所示），凹坑深度实测最大值约 0. 2mm。拆卸导叶下部的旧密封铜条进行测量，得出铜条平均磨损量为0.35mm。因此，可以确定铜条磨损是导水机构漏水量偏大的次要原因。

图4-21　铜条磨损实物图

4.2.5.3　故障处理

在机组不大修的情况下，导叶上下端面总间隙无法调整，经过方案比选，最终采用了下端面更换加厚铜条，并重新分配导叶端面间隙的处理方案。

具体处理方案如下：8号机组导叶上端面间隙平均值约1.40mm，下端面间隙平均值约1.35mm。设计端面间隙值为上端面（1.0±0.1）mm，下端面（0.75±0.25）mm。端面间隙值与设计间隙值相比较，上端面偏大0.4mm，下端面偏大0.6mm。理论上，可以将上部铜条增厚0.4mm，下部增厚0.6mm，考虑到测量误差以及施工难度，最终采用上部铜条厚度保持不变，下部铜条厚度增加0.8mm，并将全部导叶整体提升0.3mm的方案。实际施工时，以0.3mm为提升幅度基准，根据每个导叶实测的上下端面间隙值适当调整其导叶提升量，以达到最佳调整效果。

4.2.5.4　处理效果

经上述处理后，在8号机组导叶全关状态下对导叶立面间隙、铜条端面间隙及拐臂止推环与止推块轴向间隙进行了测量。立面间隙、端面间隙、止推块间隙均在合格范围内，其中导叶全关时铜条与导叶端面之间间隙基本为0，较修前大幅改善。对活动导叶进行开关试验，导叶动作灵活无卡塞，端面密封及压板无剐蹭。

检修后对机组上游压力钢管充水，8号机组快速门前后的水头差由4.7m降到0.9m，快速门液压操作机构提门油压从18.8MPa降至9.3MPa，已恢复至额定工作油压内。快速门提门困难问题得以解决。后续右岸其他机组也按该原则进行了调整，调整后运行良好。

4.3　重要试验

4.3.1　TAH机组稳定性试验

向家坝水电站于2014年5月—7月实施了右岸电站8号机组上游水位370～380m稳定性试验，对向家坝TAH机组在该水位区间的能量指标和稳定特性指标进行了数据采集和分析，为全面掌握机组的运行特性提供了实测资料。

4.3.1.1　试验主要内容

（1）通过对不同水位、不同负荷工况下的机组振动、摆度和压力脉动等各项指标进行测试分析，全面了解机组在不同工况下的运行情况，检验机组稳定性指标是否满足合同要求。

（2）根据稳定性性能测试及分析结果，合理划分机组的安全稳定运行区域，为机组的安全、稳定、高效运行提供数据支撑。

（3）通过水轮机性能试验，了解水轮机的各项能量指标，考察机组的能量特性是否满足合同要求。

（4）通过对比蜗壳差压实测数据和模型试验数据，分析超声波流量计数据测量的准确性，并对蜗壳差压系数进行率定。

（5）通过测量厂房振动数据，考察厂房振动状况。

（6）对水轮发电机组噪声水平进行测量和评定。

按照向家坝右岸地下厂房机组合同文件规定的机组稳定性参数限制、三峡集团精品机组标准和国标划定运行范围。

4.3.1.2 试验数据分析

1. 压力脉动

各压力脉动测点在不同水头下总体趋势一致性较好，尾水进口压力脉动和蜗壳压力脉动除个别水头的个别工况（低负荷）略有超标外，都满足合同保证值。

1）尾水锥管0.3*D*压力脉动

不同水头下尾水锥管0.3*D*压力脉动幅值如图4-22所示（图中标注均采用毛水头+上游水位，下同），由图可见：

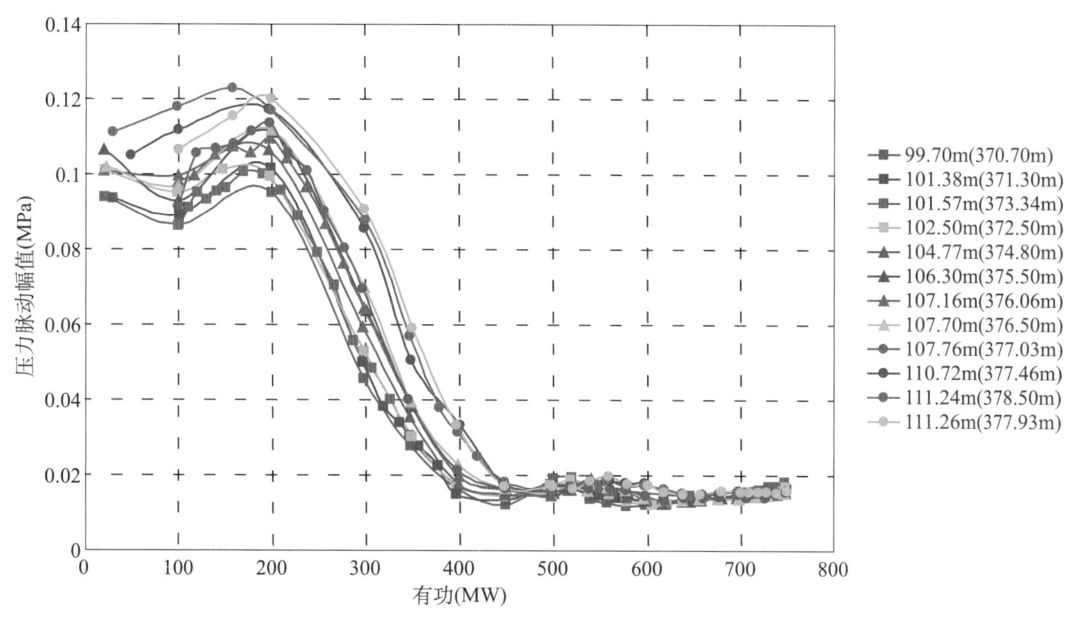

图4-22 试验水头尾水锥管0.3*D*压力脉动幅值图

尾水锥管0.3*D*压力脉动峰峰值在全出力范围内呈现出双峰现象，峰值出现在100~200MW、500~600MW负荷区；随着水头的增加，出现峰值工况点的出力往大负荷区移动，毛水头从99.7m上升到111.26m后，峰值工况点出力从180MW变为200MW。

尾水锥管0.3*D*压力脉动在小负荷区（0~300MW）幅值较大，当负荷为200MW时达到峰值，而后迅速下降并趋于稳定。

小负荷区（小于400MW），相同出力条件下，压力脉动绝对值随水头的上升呈先增大后减小的趋势；高负荷区（大于400MW），相同出力条件下，压力脉动绝对值随水头变化无明显的变化。

尾水锥管0.3*D*压力脉动在0～300MW负荷区，主要频率为小于涡带频率（0.29Hz）的低频成分以及约为35Hz［1.19Hz×30（转轮叶片数的2倍）］的频率成分。

2）无叶区压力脉动

试验水头无叶区压力脉动幅值如图4－23所示，由图可见：

无叶区压力脉动峰峰值在全出力范围内呈现单峰现象，峰值出现在100～300MW负荷区；随着水头的增加，出现峰值工况点的出力往大负荷区移动，101.57m毛水头时，峰值工况点出力约为170MW，110.72m毛水头时，峰值工况点出力约为200MW。

无叶区压力脉动在小负荷区（0～300MW）幅值较大，当负荷为200MW时达到峰值，而后迅速下降并趋于稳定。

小负荷区（小于400MW），相同出力条件下，压力脉动绝对值随水头的上升呈先增大后减小的趋势；高负荷区（大于400MW），相同出力条件下，压力脉动绝对值随水头变化无明显的变化。

无叶区压力脉动在全工况下，主要频率为涡带频率（0.29Hz）、转频（1.19 Hz）、3倍转频以及约为35Hz［1.19Hz×30（转轮叶片数的2倍）］的频率成分。

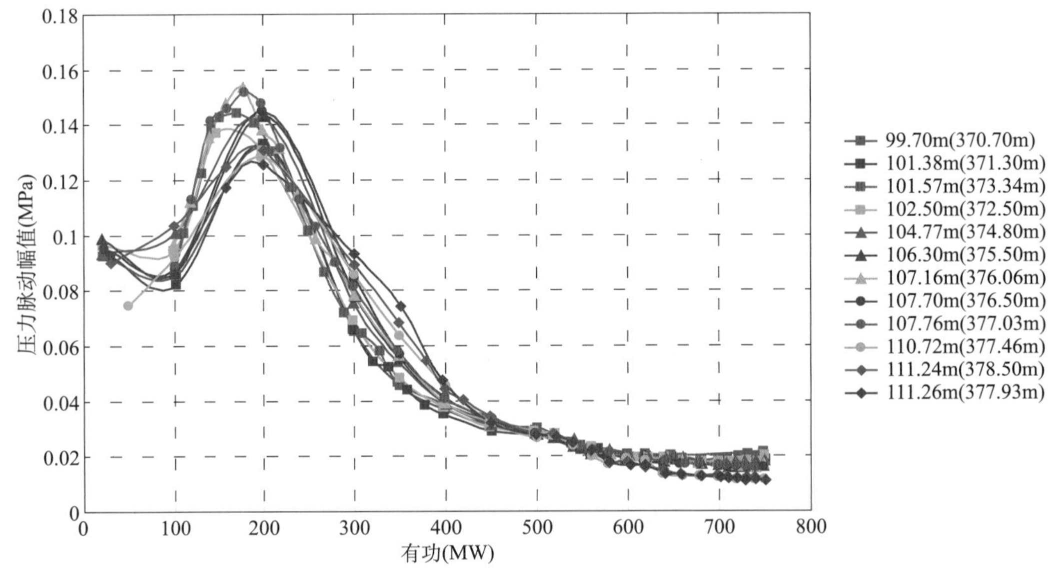

图4－23　试验水头无叶区压力脉动幅值图

3）蜗壳进口压力脉动

试验水头蜗壳进口压力脉动幅值如图4－24所示，由图可见：

蜗壳进口压力脉动峰峰值在全出力范围内呈现出双峰现象，峰值出现在100～200MW、500～600MW负荷区；随着水头的增加，出现峰值工况点的出力往大负荷区移动，毛水头从101.93m上升到111.26m后，峰值工况点出力从170MW变为200MW。

蜗壳进口压力脉动在小负荷区（0 ~ 300MW）幅值较大，当负荷为 200MW 时达到峰值，而后迅速下降并趋于稳定。

小负荷区（小于 400MW），相同出力条件下，压力脉动绝对值随水头的上升呈先增大后减小的趋势；高负荷区（大于 400MW），相同出力条件下，压力脉动绝对值随水头变化无明显的变化。

蜗壳进口压力脉动在全工况下，主要频率为涡带频率（0.29Hz）以及小于转频（1.19Hz）的频率成分。

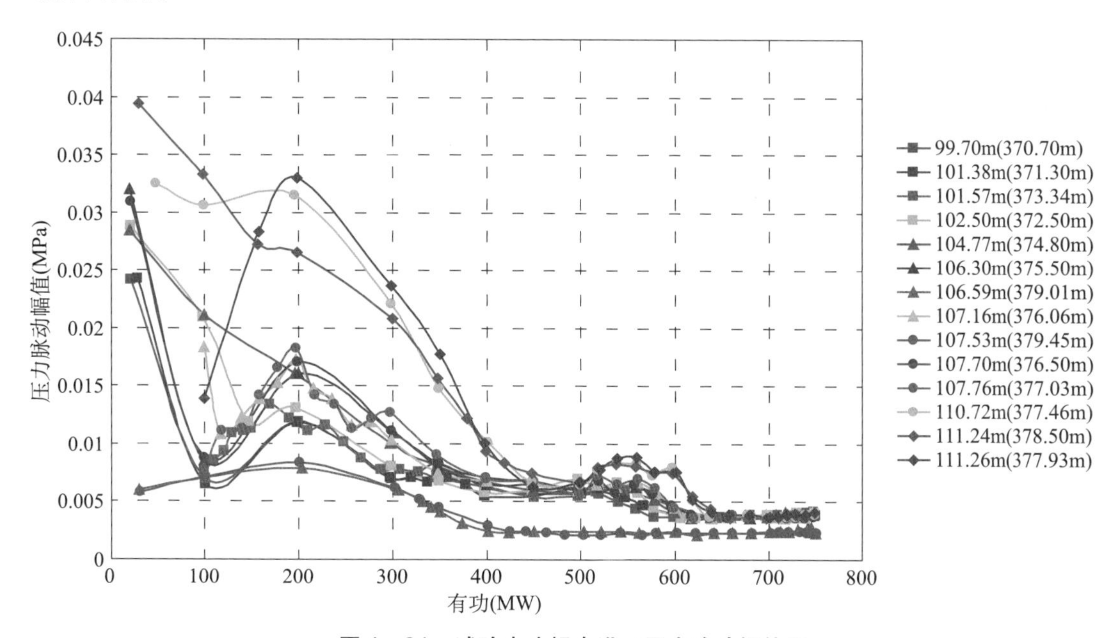

图 4 -24 试验水头蜗壳进口压力脉动幅值图

2. 机组振动

1）上机架振动

试验水头上机架水平与垂直振动幅值随出力的变化关系如图 4 -25 ~ 图 4 -26 所示，由图可见：

上机架水平振动在小负荷区（0 ~ 400MW）幅值较大，而后迅速下降并趋于稳定。

小负荷区（小于 400MW），相同出力条件下，上机架水平振动值随水头的上升有增大的趋势；高负荷区（大于 400MW），相同出力条件下，上机架水平振动值随水头变化无明显的变化。

上机架水平振动 + *Y* 方向在 107.70m 毛水头时，在大负荷区（700 ~ 750MW）存在上翘，毛水头越小上升越明显。

上机架水平振动在全工况下主要频率为小于转频（1.19Hz）的低频成分。

上机架垂直振动 + *X* 方向峰峰值在全出力范围内呈现出单峰现象，峰值出现在 0 ~ 200MW 负荷区；随着水头的增加，出现峰值工况点的出力往大负荷区移动，毛水头从 101.93m 上升到 111.26m 后，峰值工况点出力约从 130MW 变为 200MW。

上机架垂直振动 + *Y* 方向在全出力范围内整体趋势随负荷增大而减小，最后趋于稳定；数据相对上机架垂直振动 + *X* 方向波动大。

小负荷区（小于 400MW），相同出力条件下，上机架垂直振动值随水头的上升有增大的趋

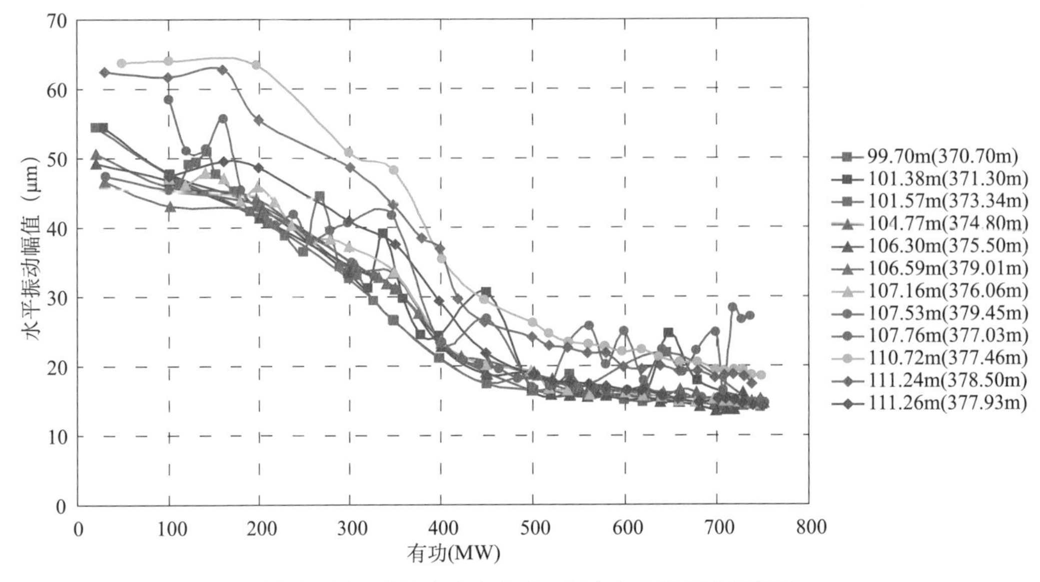

图 4 -25　试验水头上机架 + Y 方向水平振动幅值图

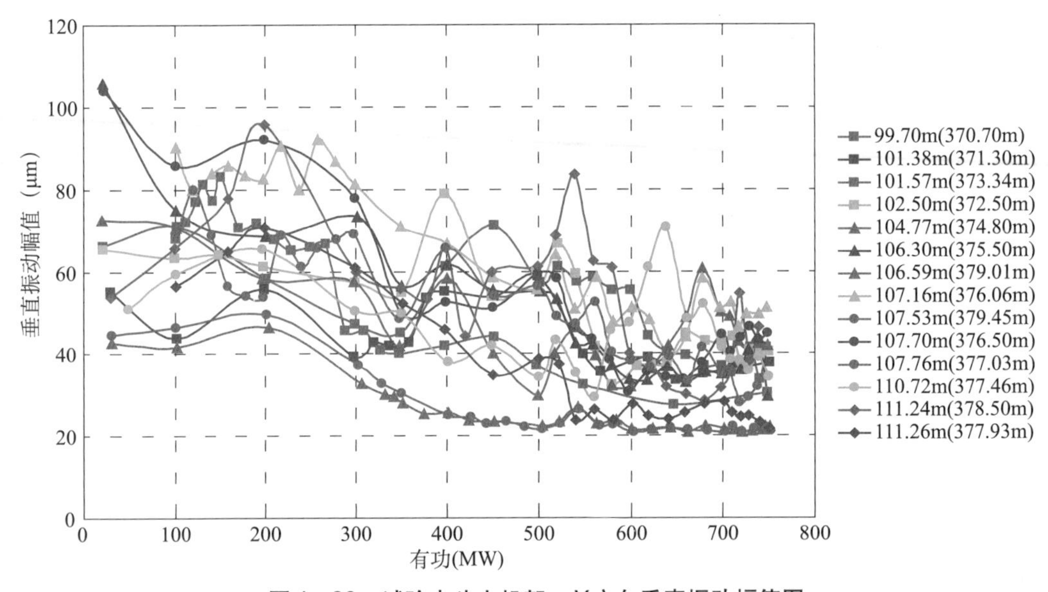

图 4 -26　试验水头上机架 + Y 方向垂直振动幅值图

势；高负荷区（大于400MW），相同出力条件下，上机架垂直振动值随水头变化无明显的变化。

上机架垂直振动 + X 方向在 99.70m、102.45m 毛水头时，在大负荷区（700 ~ 750MW）存在上翘。

上机架垂直振动在全工况下主要频率为小于转频（1.19Hz）的低频成分。

2）下机架振动

试验水头下机架水平、垂直振动幅值与出力的关系如图 4 -27 和图 4 -28 所示，由图可见：

下机架水平振动峰峰值在全出力范围内呈现出单峰现象，峰值出现在 0 ~ 200MW 负荷区；随着水头的增加，出现峰值工况点的出力往大负荷区移动，毛水头从 101.93m 上升到 106.83m 后，峰值工况点出力从 120MW 变为 200MW。

下机架水平振动在小负荷区（0～200MW）幅值较大，而后迅速下降并趋于稳定。小负荷区（小于400MW），相同出力条件下，下机架水平振动值随水头的上升有增大的趋势；高负荷区（大于400MW），相同出力条件下，下机架水平振动值随水头变化无明显的变化。

下机架水平振动在机组全工况下主要频率为涡带频率（0.29Hz）、转频（1.19Hz）以及小于转频的低频成分。

下机架垂直振动峰峰值在全出力范围内呈现出双峰现象，峰值出现在0～200MW、500～600 MW 负荷区；随着水头的增加，出现峰值工况点的出力往大负荷区移动，毛水头101.93m 上升到107.70m 后，峰值工况点出力从120MW 变为200MW。

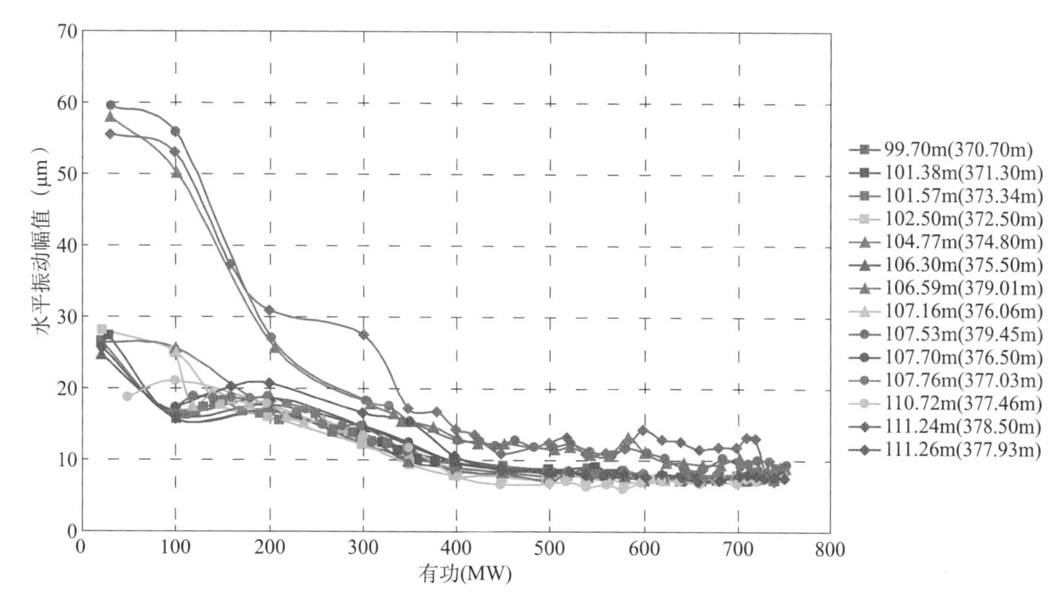

图 4－27 试验水头下机架 + Y 方向水平振动幅值图

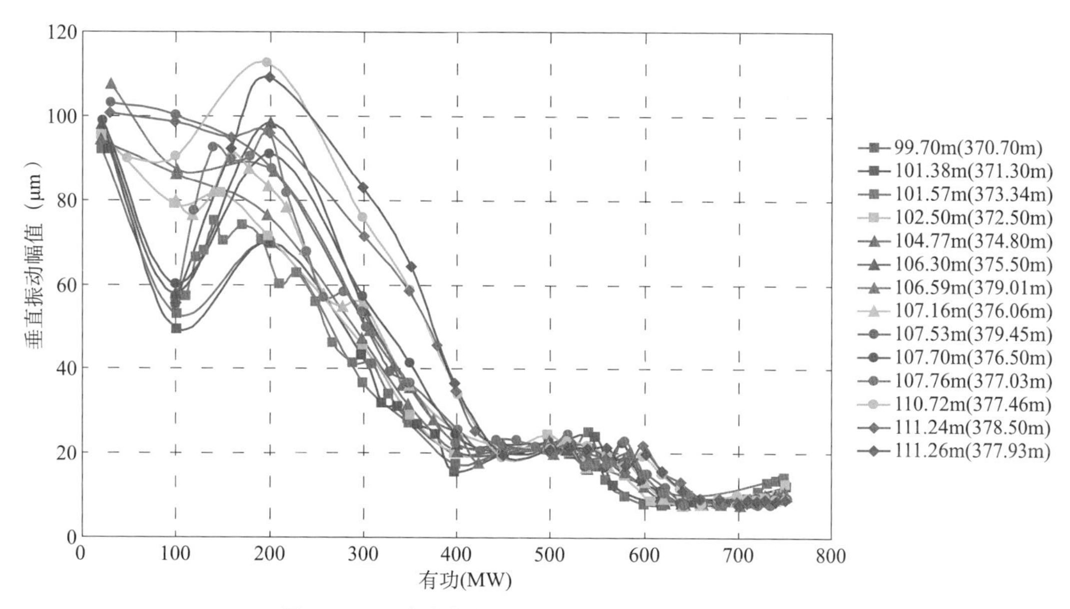

图 4－28 试验水头下机架 + Y 方向垂直振动幅值图

下机架垂直振动在小负荷区（0～200MW）幅值较大，而后迅速下降并趋于稳定。

小负荷区（小于400MW），相同出力条件下，下机架垂直振动值随水头的上升有增大的趋势；高负荷区（大于400MW），相同出力条件下，下机架垂直振动值随水头变化无明显的变化。

下机架垂直振动在全工况下主要频率成分为涡带频率（0.29Hz）、转频（1.19Hz）、2倍转频。

3）顶盖振动

试验水头下顶盖水平与垂直振动幅值如图4－29和图4－30所示，由图可见：

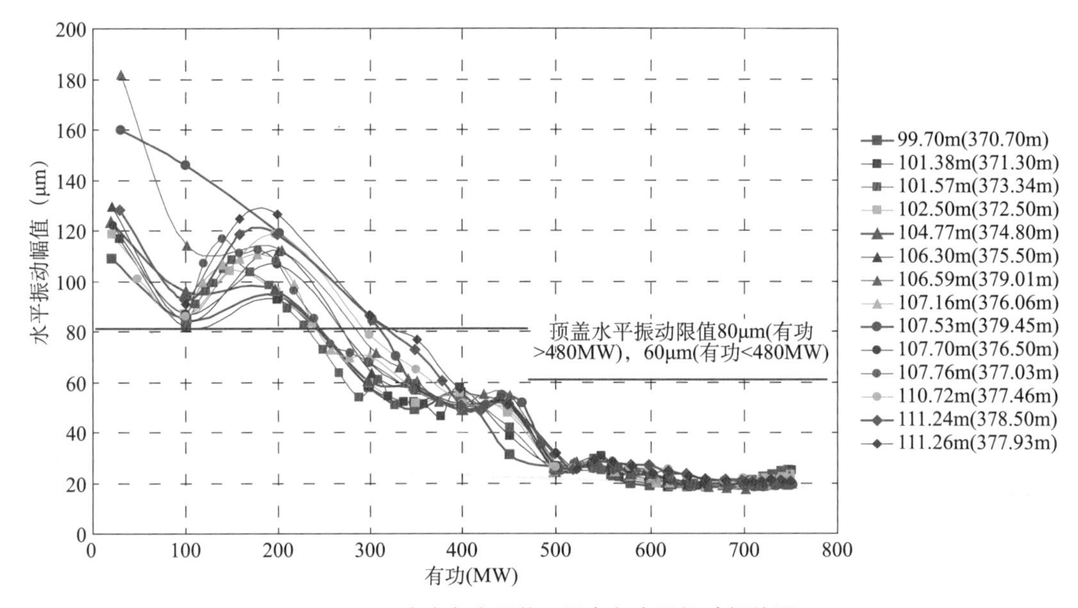

图4－29　试验水头顶盖＋Y方向水平振动幅值图

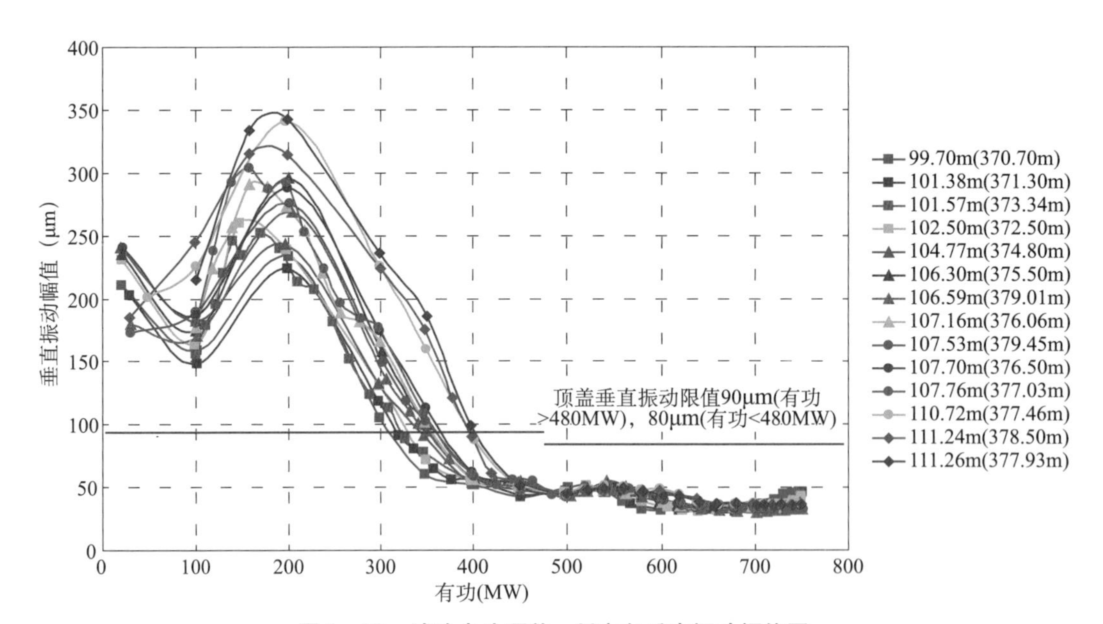

图4－30　试验水头顶盖＋Y方向垂直振动幅值图

顶盖水平振动峰峰值在全出力范围内呈现出双峰现象，峰值出现在 200MW 附近；随着水头的增加，出现峰值工况点的出力往大负荷区移动，毛水头从 101.93m 上升到 107.78m 后，峰值工况点出力从 120MW 变为 240MW。

顶盖水平振动在全出力范围内整体趋势随负荷增大而减小，达到峰值，最后趋于稳定。

小负荷区（小于 400MW），相同出力条件下，顶盖水平振动值随水头的上升有增大的趋势；高负荷区（大于 400MW），相同出力条件下，顶盖水平振动值随水头变化无明显的变化。

顶盖水平振动在全工况下主要频率成分为涡带频率（0.29Hz）、2 倍转频以及值约为 35Hz（1.19Hz×30）的频率。

顶盖垂直振动峰峰值在全出力范围内呈现出单峰现象，峰值出现在 0～250MW 负荷区；随着水头的增加，出现峰值工况点的出力往大负荷区移动，毛水头从 101.93m 上升到 111.26m 后，峰值工况点出力从 170MW 变为 200MW。

顶盖垂直振动在全出力范围内整体趋势随负荷增大而减小，达到峰值，最后趋于稳定。

小负荷区（小于 400MW），相同出力条件下，顶盖垂直振动值随水头的上升有增大的趋势；高负荷区（大于 400MW），相同出力条件下，顶盖垂直振动值随水头变化无明显的变化。

顶盖垂直振动在全工况下主要频率成分为涡带频率（0.29Hz）、转频（1.19Hz）、2 倍转频、35Hz（1.19Hz×30）的频率。

4）定子机座振动

试验水头下定子机座水平与垂直振动幅值如图 4－31、图 4－32 所示，由图可见：

定子机座水平振动峰峰值在全出力范围内呈现出单峰现象，峰值出现在 300～500MW 负荷区；随着水头的增加，出现峰值工况点的出力往大负荷区移动，毛水头从 99.70m 上升到 111.26m 后，峰值工况点出力从 400MW 变为 425MW。

定子机座水平振动在全出力范围内整体趋势随负荷增大而减小，最后趋于稳定。

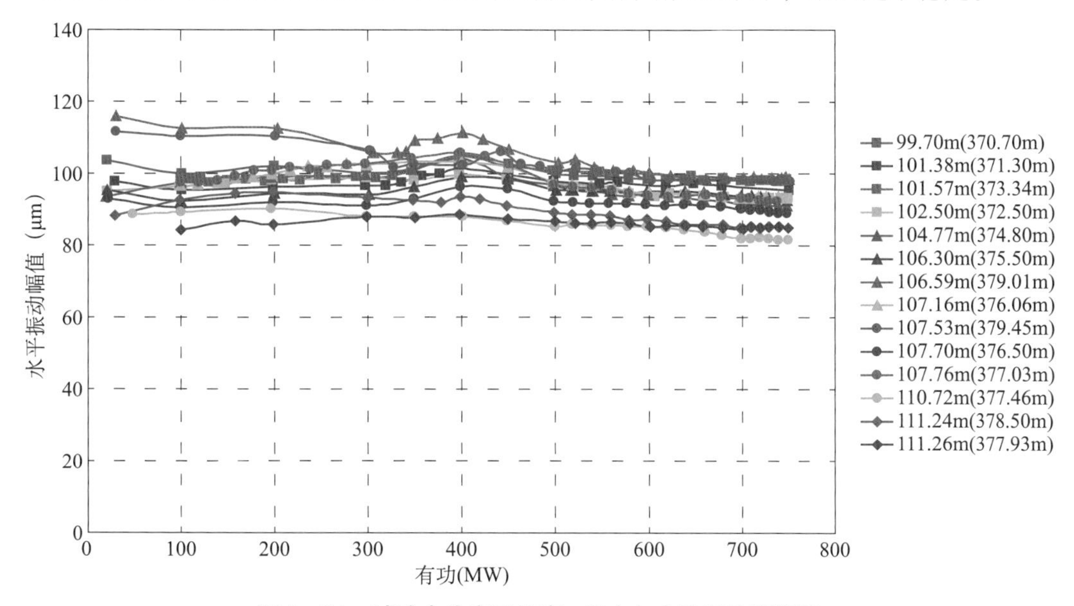

图 4－31　试验水头定子机座＋Y 方向水平振动幅值图

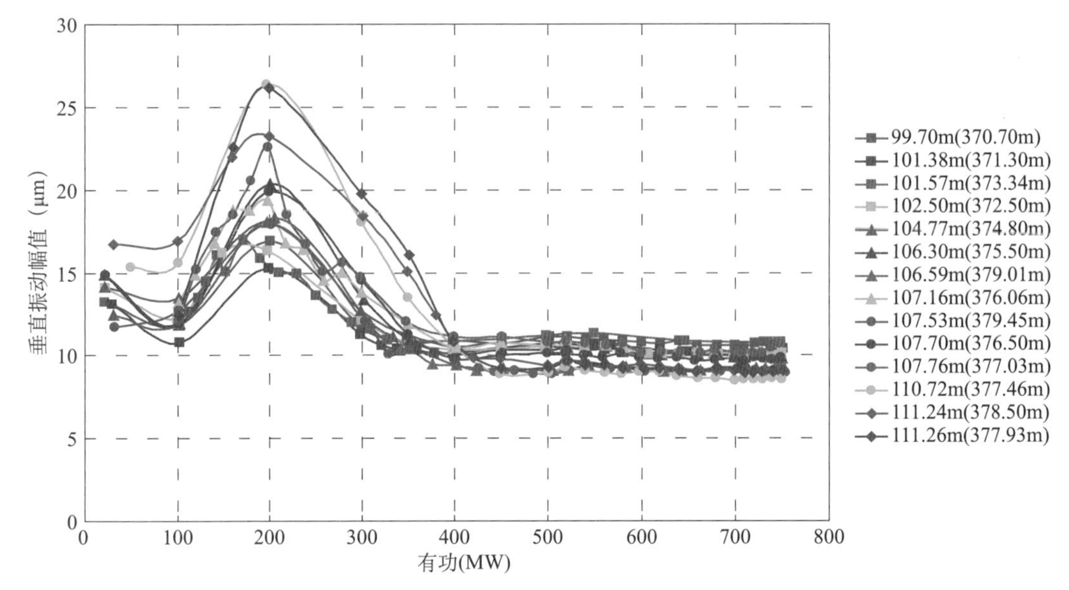

图 4－32　试验水头定子机座＋Y 方向垂直振动幅值图

小负荷区（小于 400MW），相同出力条件下，定子机座水平振动值随水头的上升有增大的趋势；高负荷区（大于 400MW），相同出力条件下，定子机座水平振动值随水头变化无明显的变化。

定子机座水平振动在全工况下主要频率为 4 倍转频和 2 倍转频。

定子机座垂直振动峰峰值在全出力范围内呈现出单峰现象，峰值出现在 100～300MW 负荷区；随着水头的增加，出现峰值工况点的出力往大负荷区移动，毛水头从 101.93m 上升到 111.26m 后，峰值工况点出力从 170MW 变为 200MW。

定子机座垂直振动在全出力范围内整体趋势随负荷增大而减小，达到峰值，最后趋于稳定。

负荷区（小于 400MW），相同出力条件下，定子机座垂直振动值随水头的上升有增大的趋势；高负荷区（大于 400MW），相同出力条件下，定子机座垂直振动值随水头变化无明显的变化。

定子机座垂直振动在全工况下主要频率为 4 倍转频和 2 倍转频。

3. 机组摆度

1）上导摆度

试验水头上导摆度幅值如图 4－33 所示，由图可见：

上导摆度峰峰值在全出力范围内呈现出单峰现象，峰值出现在 300～500MW 负荷区；随着水头的增加，出现峰值工况点的出力往大负荷区移动，毛水头从 99.70m 上升到 111.24m 后，峰值工况点出力从 400MW 变为 425MW。

上导摆度在全出力范围内整体趋势随负荷增大呈先增大后减小的趋势，达到峰值，最后趋于稳定。

小负荷区（小于 400MW），相同出力条件下，上导摆度值随水头的上升有增大的趋势；高负荷区（大于 400MW），相同出力条件下，上导摆度值随水头变化无明显的变化。

毛水头小于 112.35m 时，上导摆度存在上翘现象。

上导摆度在机组出力为 300 ~ 500MW 时为 0.29Hz 的涡带频率，在大负荷区为转频（1.19Hz）。

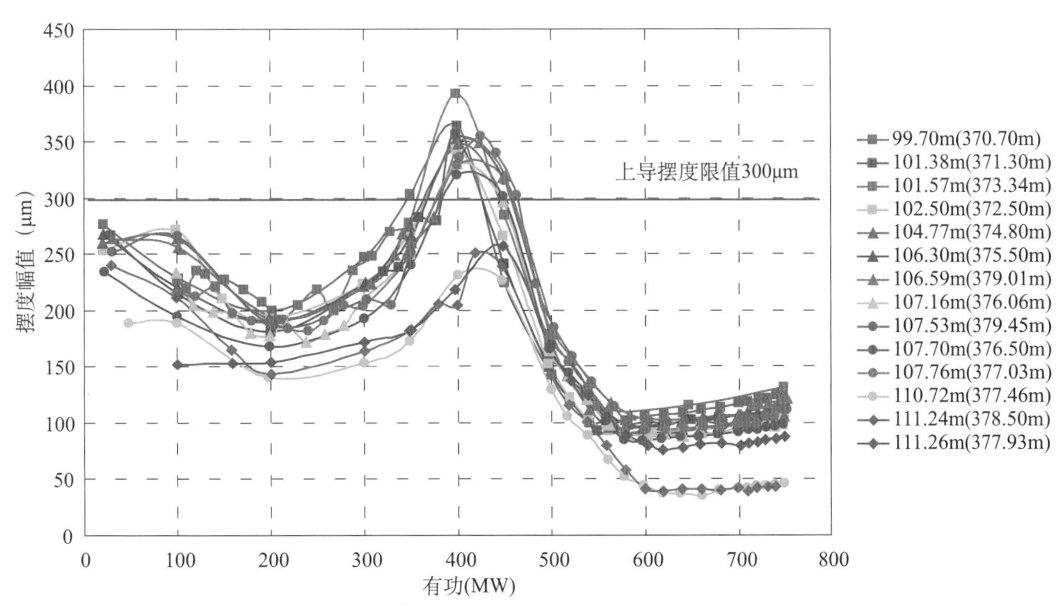

图 4 – 33　试验水头上导 + Y 方向摆度幅值图

2）下导摆度

试验水头下导摆度幅值变化如图 4 – 34 所示，由图可见：

下导摆度峰峰值在全出力范围内呈现出单峰现象，峰值出现在 300 ~ 500MW 负荷区；随着水头的增加，出现峰值工况点的出力往大负荷区移动，毛水头从 99.7m 上升到 111.26m 后，峰值工况点出力从 400MW 变为 450MW。

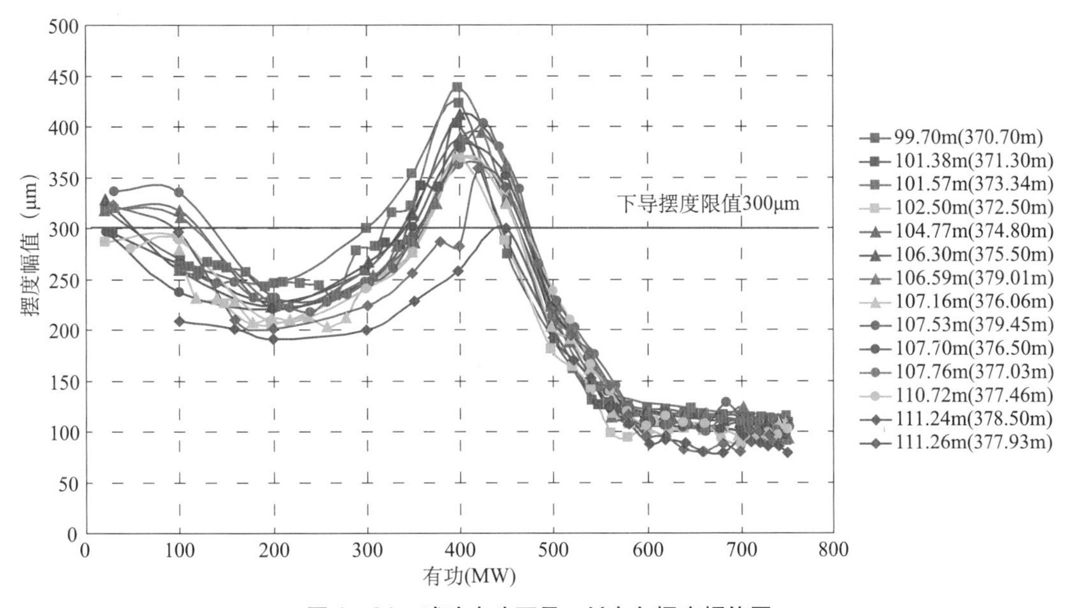

图 4 – 34　试验水头下导 + Y 方向摆度幅值图

下导摆度在全出力范围内整体趋势随负荷增大呈先增大后减小的趋势，达到峰值，最后趋于稳定。

小负荷区（小于400MW），相同出力条件下，下导摆度值随水头的上升有增大的趋势；高负荷区（大于400MW），相同出力条件下，下导摆度值随水头变化无明显的变化。

下导摆度在300～500MW出力下主要频率为涡带频率（0.29Hz）以及小于转频（1.19Hz）的低频分量，在大负荷区为转频（1.19Hz）。

3）水导摆度

试验水头水导摆度幅值变化如图4－35所示，由图可见：

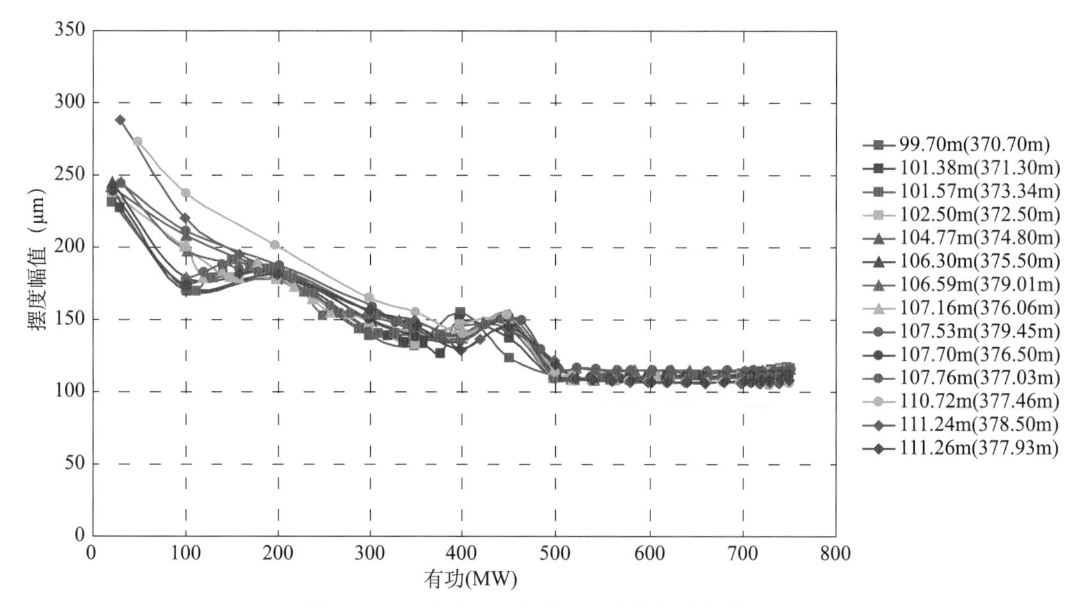

图4－35　试验水头水导＋Y方向摆度幅值图

水导摆度峰峰值在全出力范围内呈现出双峰现象，峰值出现在100～300MW、400～500MW负荷区；随着水头的增加，出现峰值工况点的出力往大负荷区移动。

水导摆度在全出力范围内整体趋势随负荷增大而减小，最后趋于稳定。

小负荷区（小于400MW），相同出力条件下，水导摆度值随水头的上升有增大的趋势；高负荷区（大于400MW），相同出力条件下，水导摆度值随水头变化无明显的变化。

水导摆度在全工况范围内主要频率为转频（1.19Hz）、2倍转频和4倍转频。

4. 噪声

试验水头噪声共有五种，即机头噪声、风洞噪声、水车室噪声、蜗壳门噪声和尾水门噪声。

试验水头噪声A声级曲线如图4－36～图4－40所示，由图可见：

小负荷区（小于400MW），相同出力条件下，机头噪声、风洞噪声、水车室噪声、蜗壳门噪声、尾水门噪声值随水头的上升有增大的趋势；高负荷区（大于400MW），相同出力条件下，各噪声测点随水头变化无明显的变化。

机头噪声峰峰值在全出力范围内呈现出单峰现象，峰值出现在100～300MW负荷区。

机头噪声在全工况下主要频率为小于 35Hz（1.19Hz×30）的频率成分。

风洞噪声在全工况下幅值变化较为平稳。

111.70m、112.35m 毛水头时，风洞噪声在 700～760MW 负荷区存在上翘现象。

风洞噪声在全工况下主要频率为 200Hz 的频率成分。

水车室噪声峰峰值在全出力范围内呈现出单峰现象，峰值出现在 100～300MW 负荷区。

水车室噪声在全工况下主要频率为小于 35Hz（1.19Hz×30）的频率成分。

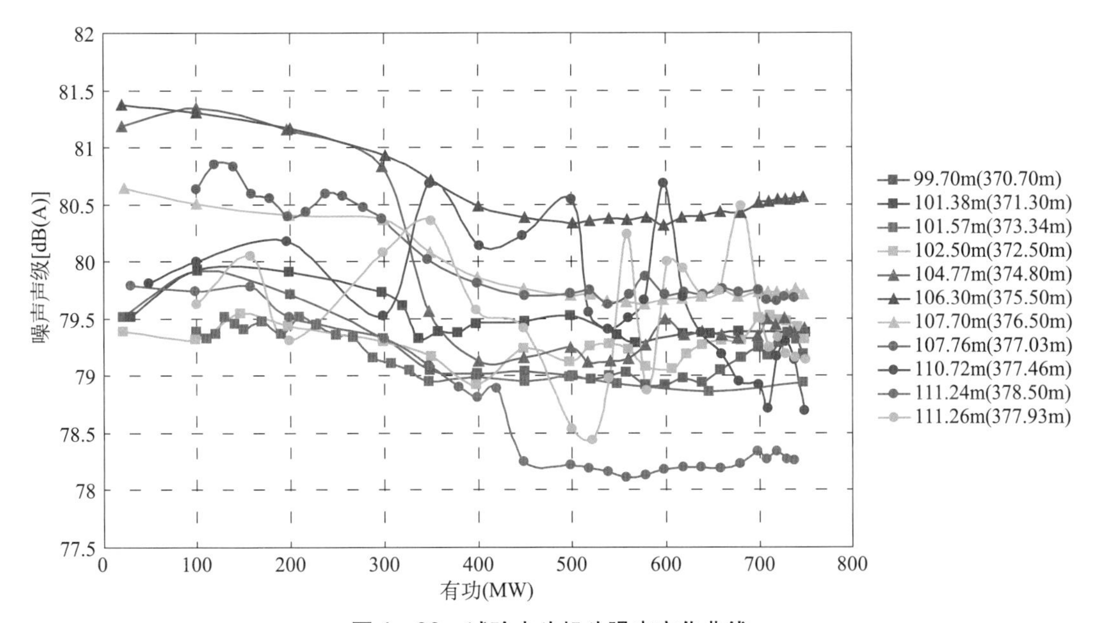

图 4-36　试验水头机头噪声变化曲线

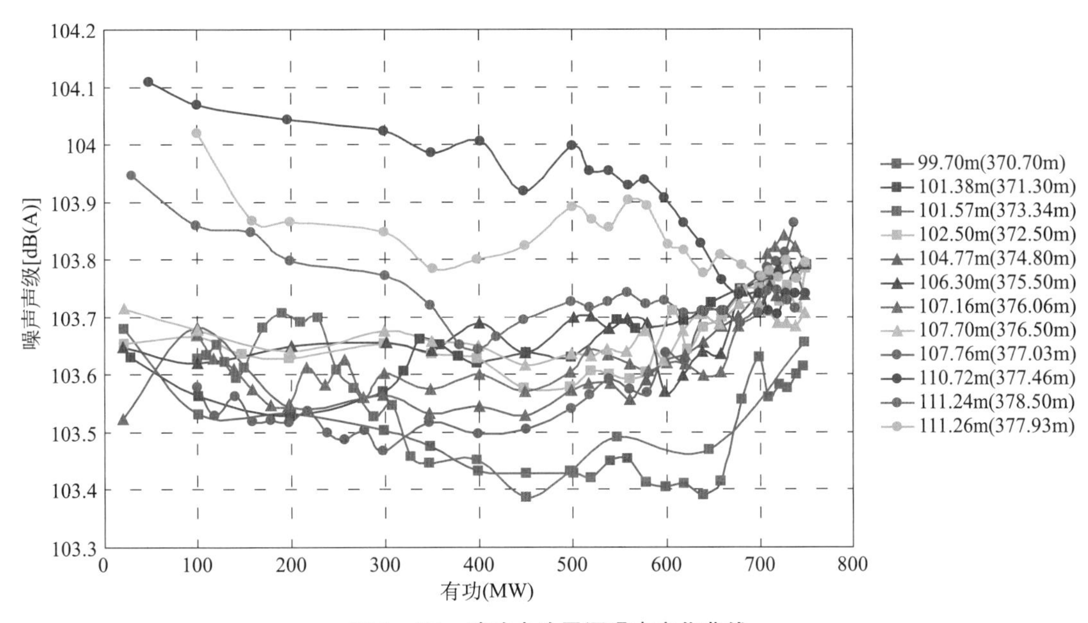

图 4-37　试验水头风洞噪声变化曲线

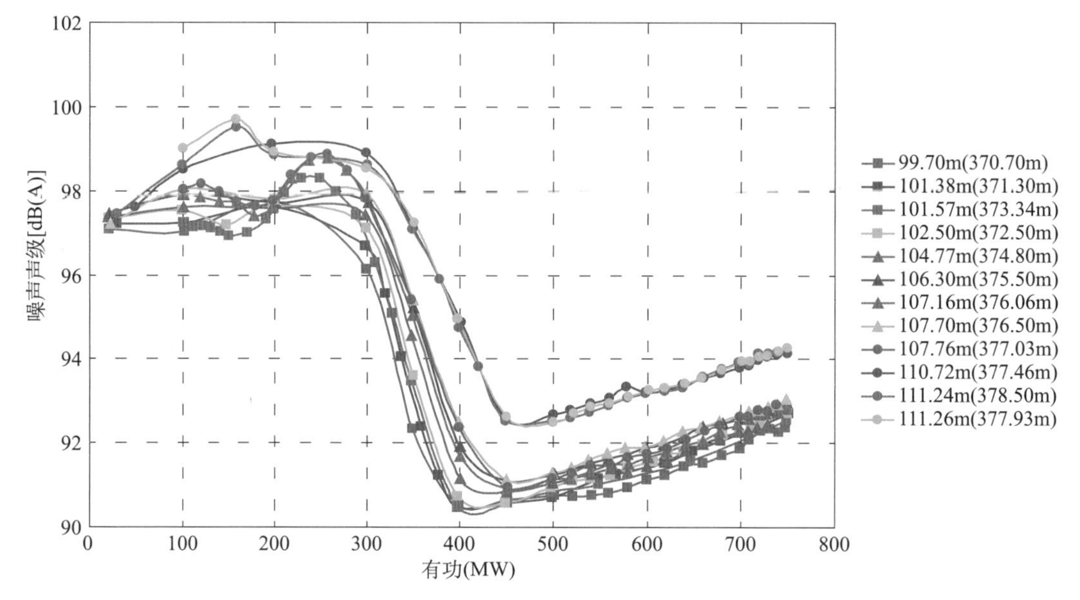

图 4-38 试验水头水车室噪声变化曲线

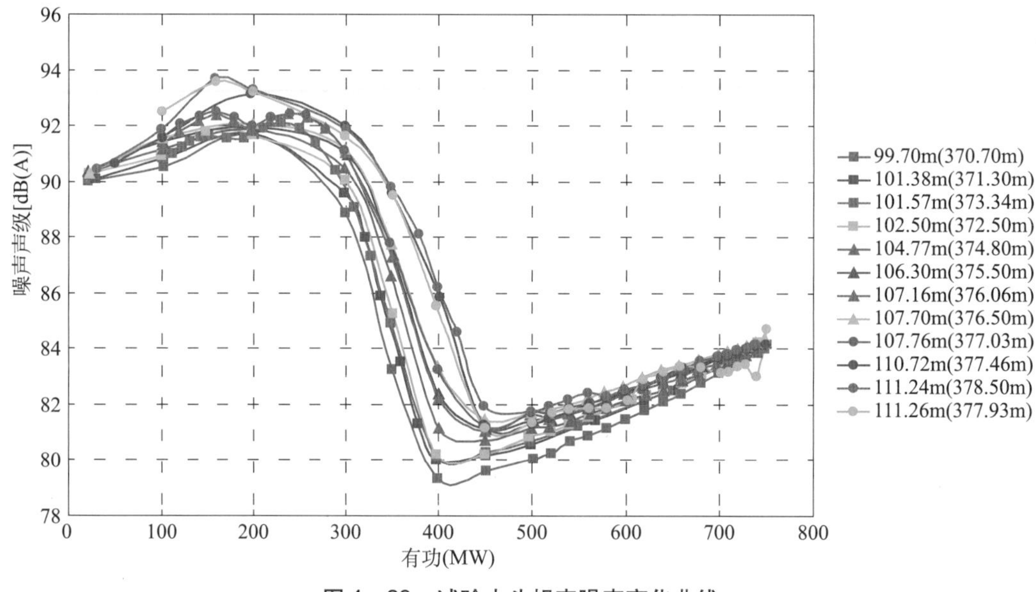

图 4-39 试验水头蜗壳噪声变化曲线

蜗壳门噪声峰峰值在全出力范围内呈现出单峰现象，峰值出现在 100～300MW 负荷区。

尾水门噪声峰峰值在全出力范围内呈现出单峰现象，峰值出现在 100～300MW 负荷区。

5. 厂房振动

由图 4-41 可见：

发电机楼板垂直振动峰峰值在全出力范围内呈现出单峰现象，峰值出现在 100～300MW 负荷区；随着水头的增加，出现峰值工况点的出力往大负荷区移动。

小负荷区（小于 400MW），相同出力条件下，发电机楼板垂直振动值随水头的上升有增大的趋势；高负荷区（大于 400MW），相同出力条件下，发电机楼板垂直振动值随水头变化无明显的变化。

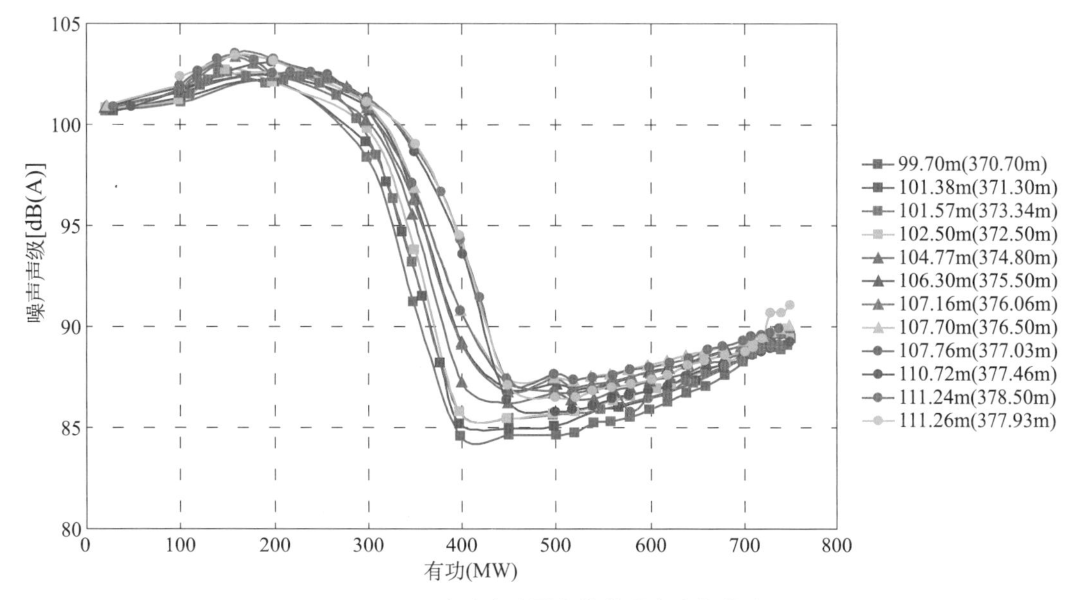

图 4－40 试验水头尾水锥管噪声变化曲线

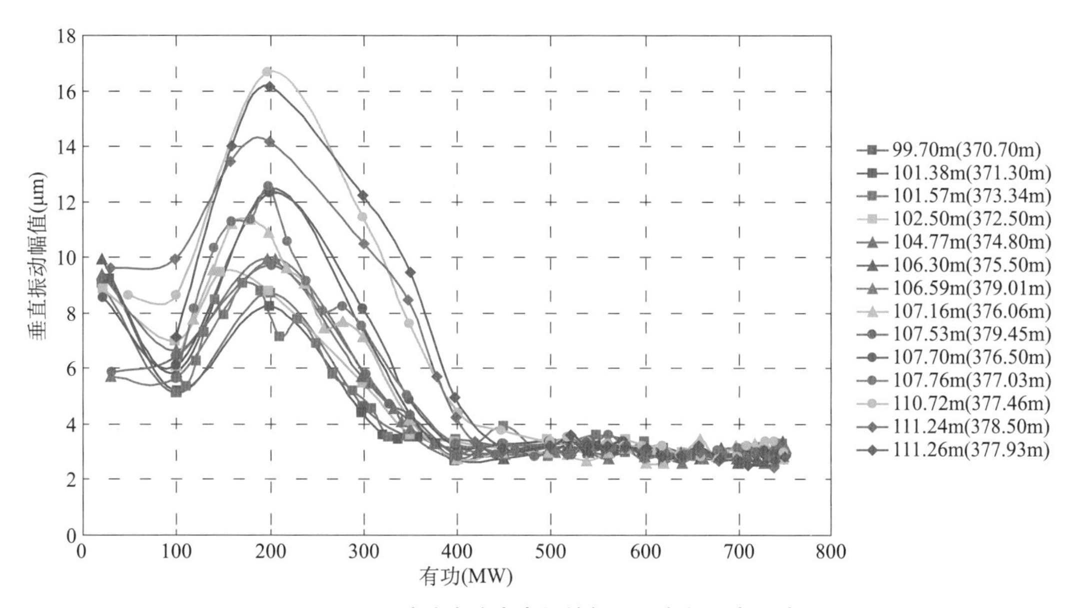

图 4－41 试验水头发电机楼板＋*Y* 方向垂直振动

发电机楼板垂直振动在全工况下主要频率为小于转频的低频成分。

由图 4－42、图 4－43 可见：

风洞墙水平振动峰峰值在全出力范围内呈现出单峰现象，峰值出现在 100～300MW 负荷区；随着水头的增加，出现峰值工况点的出力往大负荷区移动。

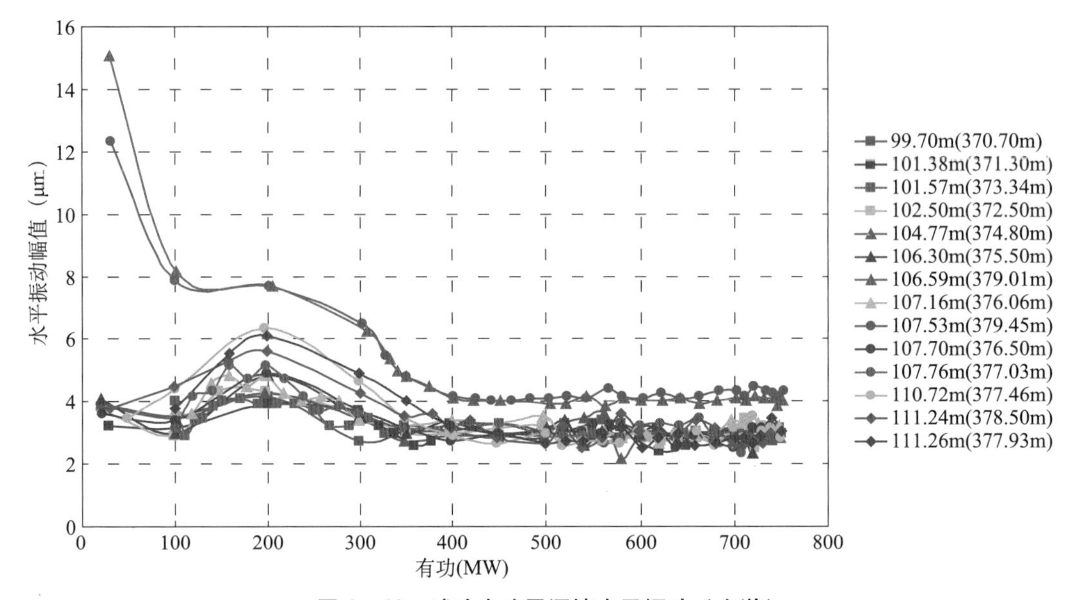

图 4－42　试验水头风洞墙水平振动（上游）

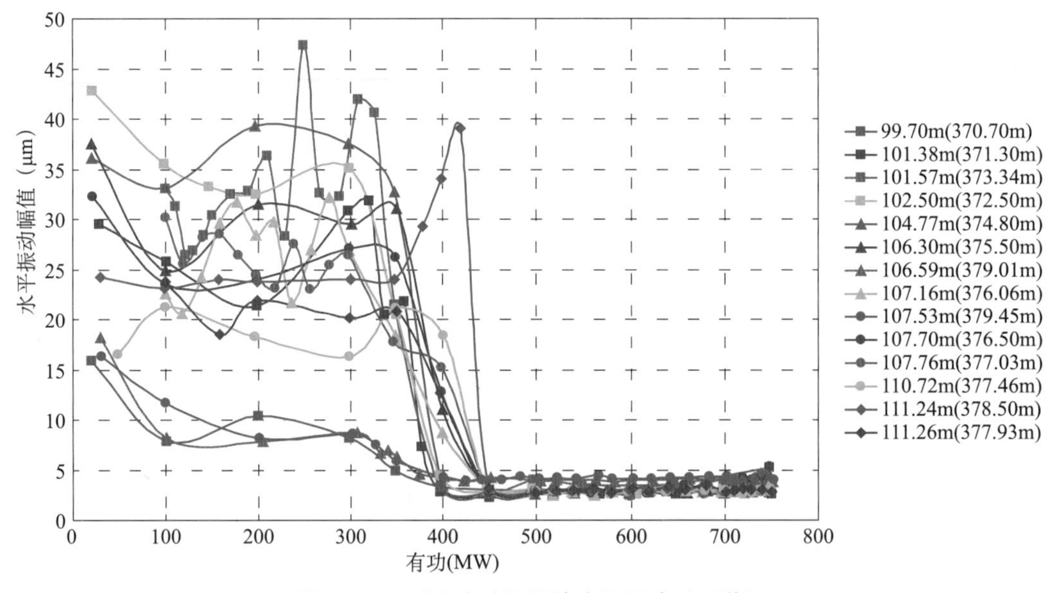

图 4－43　试验水头风洞墙水平振动（下游）

风洞墙水平振动在全出力范围内整体趋势随负荷增大呈先增大后减小的趋势，达到峰值，最后趋于稳定。

小负荷区（小于 400MW），风洞水平振动下游侧相对上游侧数据波动较大。

小负荷区（小于 400MW），相同出力条件下，风洞墙水平振动值随水头的上升有增大的趋势；高负荷区（大于 400MW），相同出力条件下，风洞墙水平振动值随水头变化无明显的变化。

风洞墙水平振动主要频率为小于转频的低频成分。

6. 试验数据与合同保证值的比较

1）压力脉动

由图4－44和图4－45可见：在合同规定工况范围内，在机组大于400MW负荷时，实测尾水锥管0.3D压力脉动、无叶区压力脉动数据均满足合同要求。

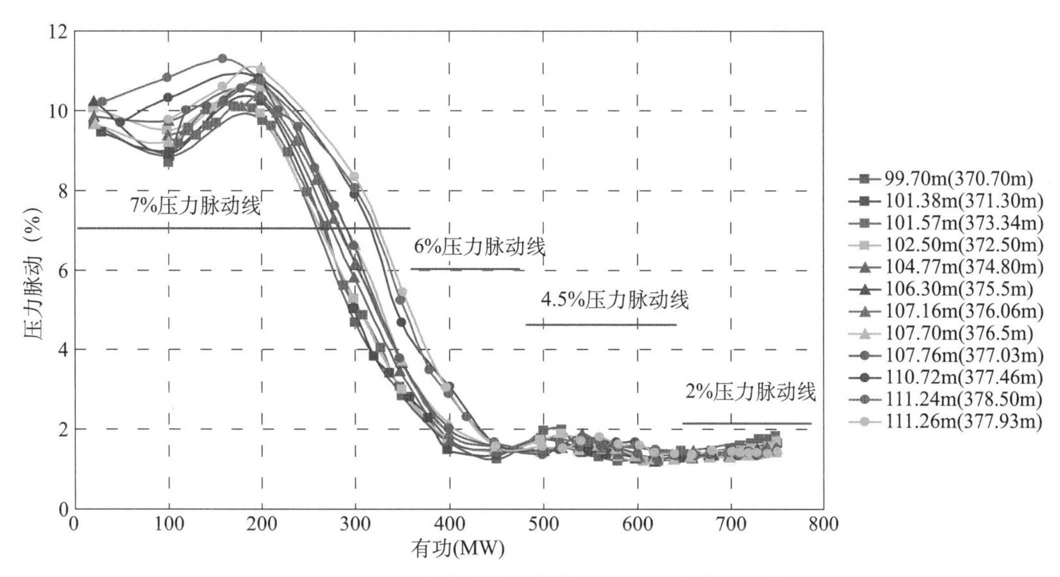

图4－44　试验水头尾水锥管0.3D压力脉动趋势图

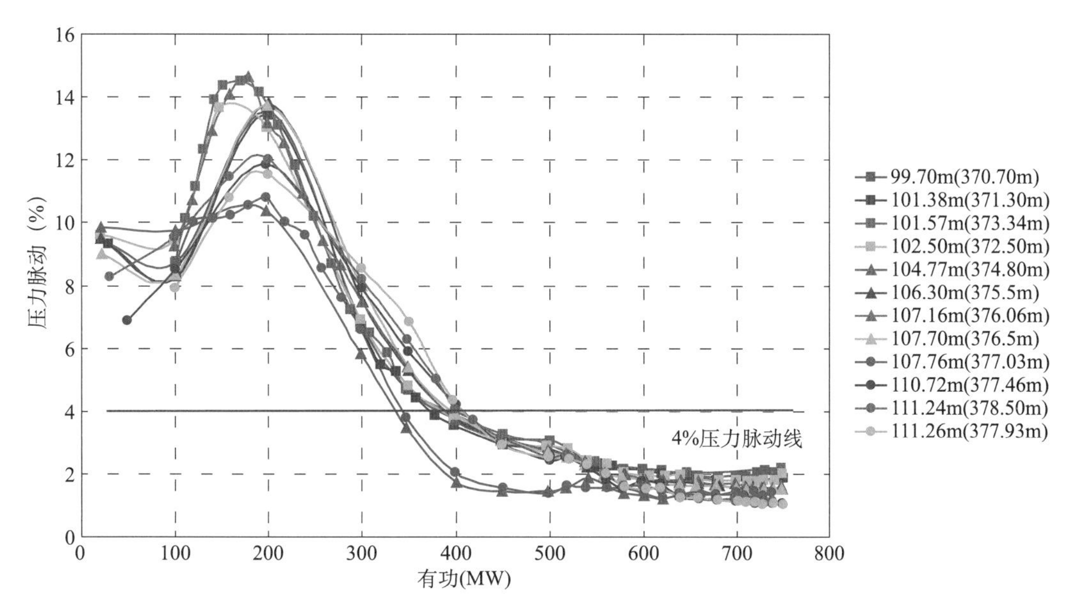

图4－45　试验水头无叶区压力脉动趋势图

2）振动和摆度

由图4－46可见：在合同规定工况范围内，在机组出力大于400MW后顶盖水平振动幅值满足合同保证值。

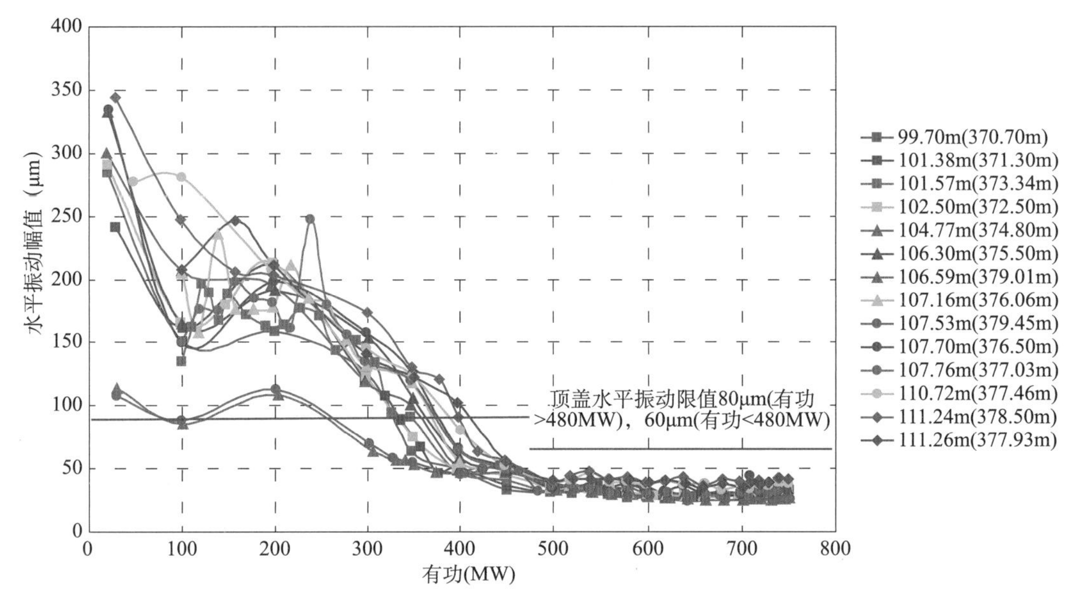

图 4－46　全水头顶盖＋X 方向水平振动趋势图

由图 4－47 可见：各试验水头下，大负荷区接近导叶全开时，顶盖垂直振动存在上翘趋势，且随着水头的升高，开始上翘工况对应的出力逐渐增加。

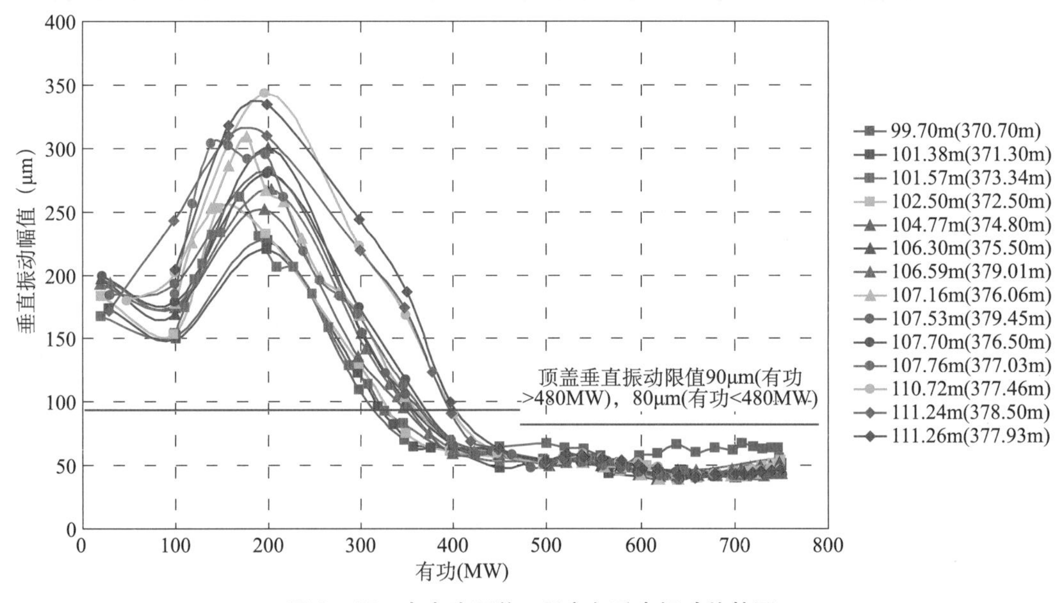

图 4－47　全水头顶盖＋X 方向垂直振动趋势图

由图 4－48 可见：在合同规定工况范围内，水导摆度数据均满足合同要求。

由图 4－49 可见：在合同规定工况范围内，上机架水平振动数据始终满足合同要求。

由图 4－50 可见：在合同规定工况范围内，下机架水平振动数据始终满足合同要求。

由图 4－51 可见：在合同规定工况范围内，在机组出力大于 410MW 后下机架垂直振动幅值满足合同保证值。

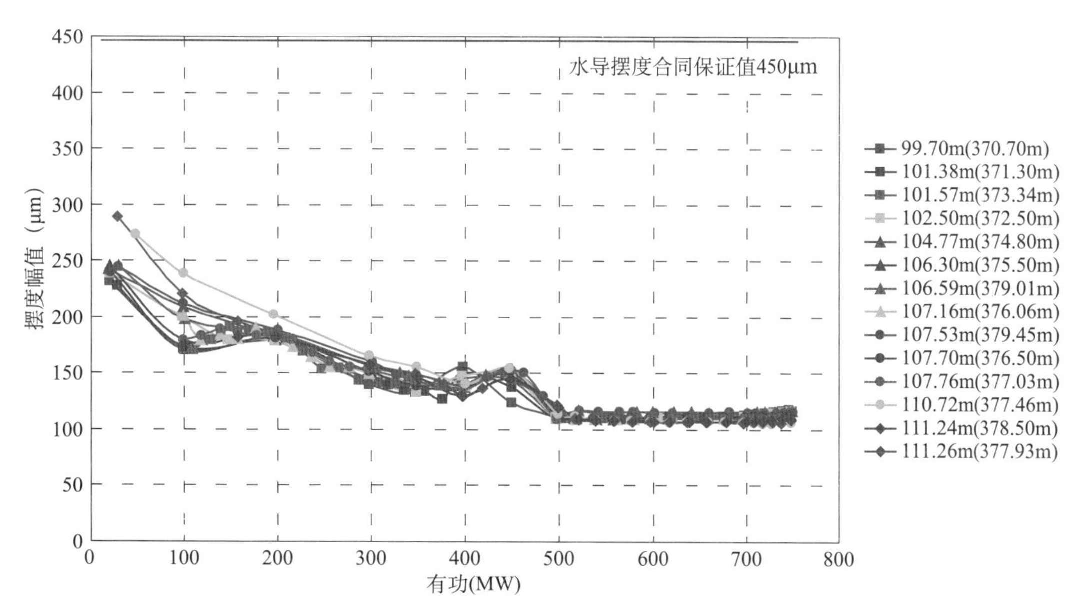

图 4－48　全水头水导＋Y 方向摆度趋势图

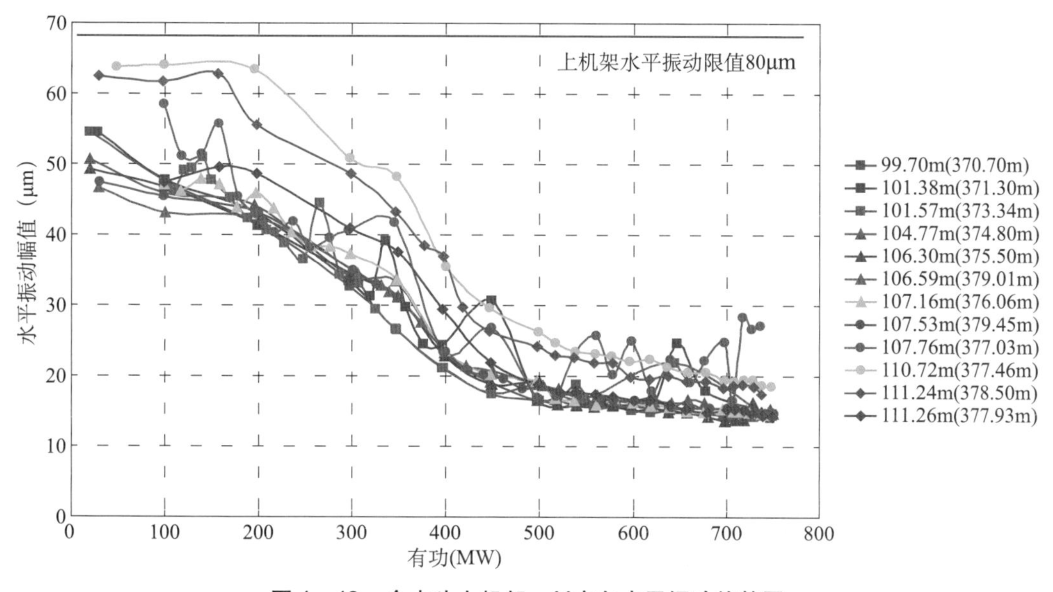

图 4－49　全水头上机架＋Y 方向水平振动趋势图

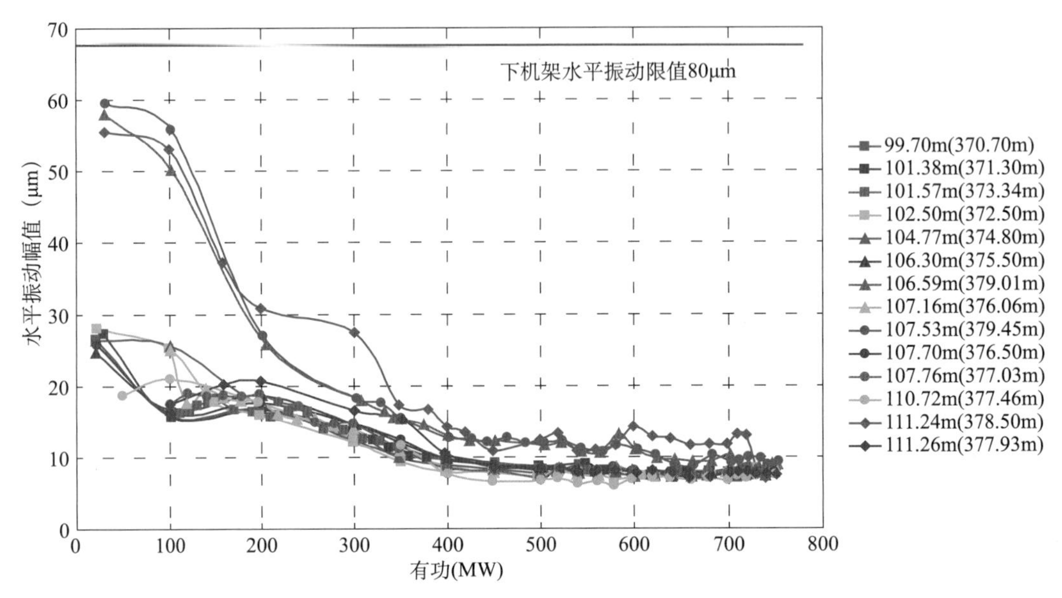

图 4－50　全水头下机架＋Y 方向水平振动趋势图

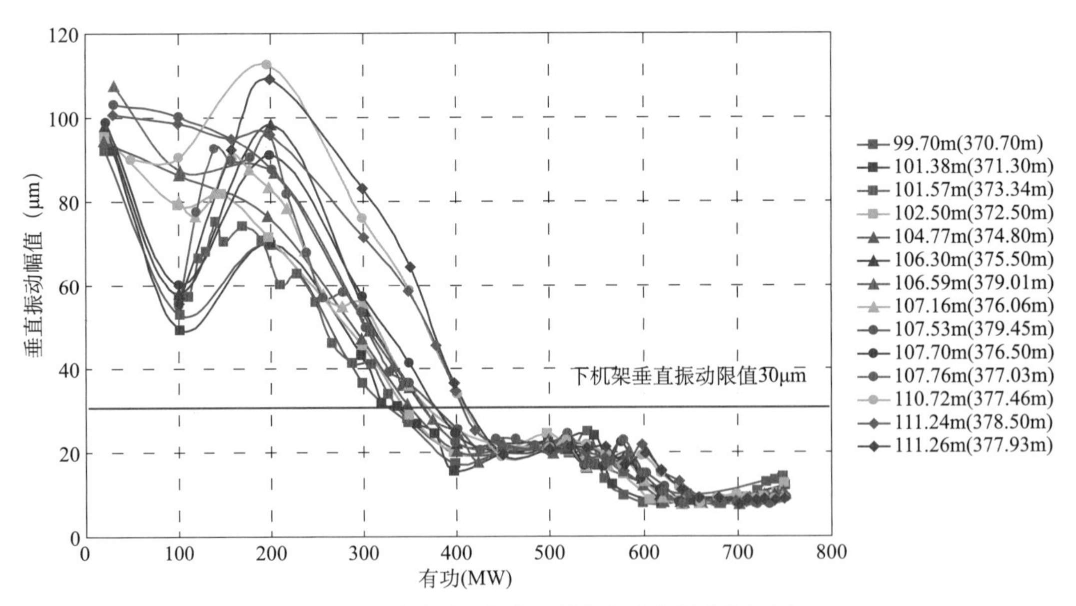

图 4－51　全水头下机架＋Y 方向垂直振动趋势图

由图4－52可见：在合同规定工况范围内，顶盖水平振动幅值在全工况下不满足合同保证值（30μm）、三峡集团精品机组标准规定的限值（80μm）。

由图4－53可见：在300～500MW负荷范围内，上导摆度部分水头数据超过合同保证值，其余工况均满足合同保证值。

由图4－54可见：在300～500MW负荷范围内，下导摆度数据超过合同保证值，其余工况均满足合同保证值。

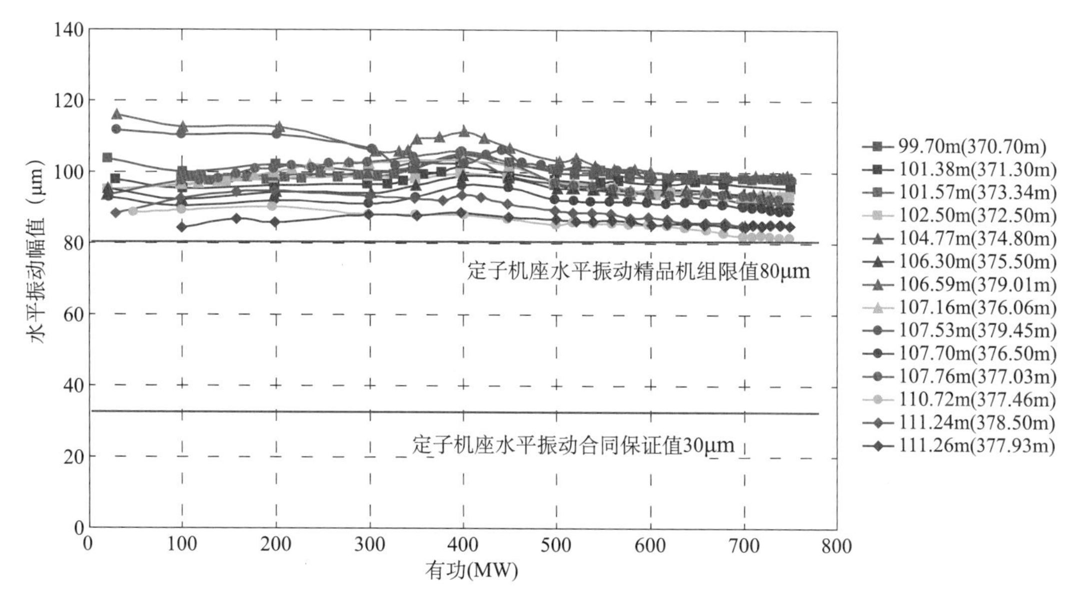

图4－52　全水头定子机座＋Y方向水平振动趋势图

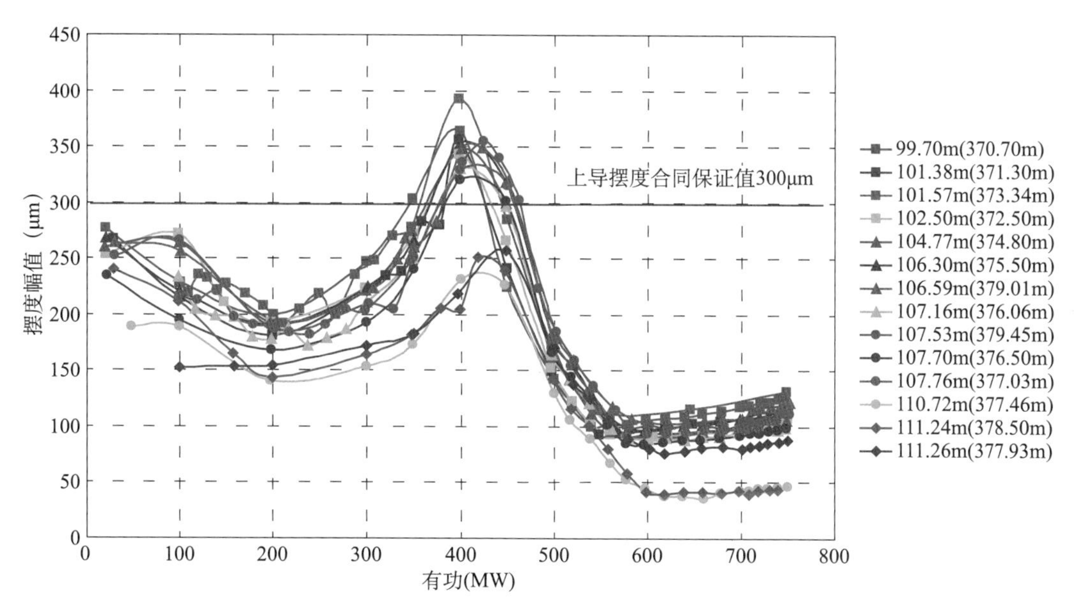

图4－53　全水头上导＋Y方向摆度趋势图

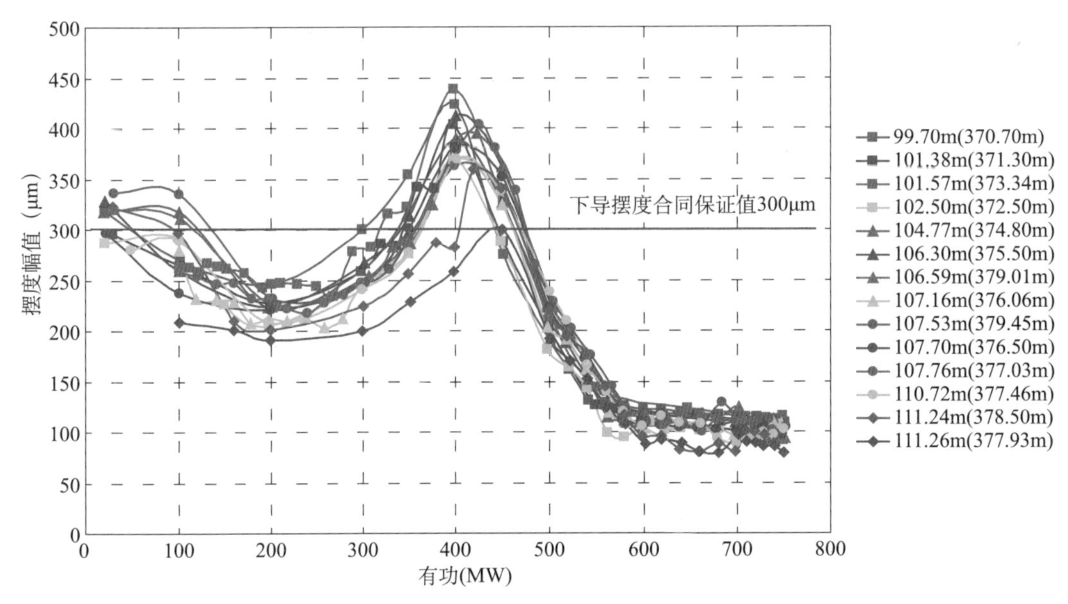

图 4－54　全水头下导 + *Y* 方向摆度趋势图

由图 4－55～图 4－58 可见：在合同规定工况范围内，尾水管噪声在 0～400MW 负荷区超过合同限值，蜗壳噪声在全工况下满足合同保证值；机头噪声、水车室噪声在全工况下都不满足合同要求。

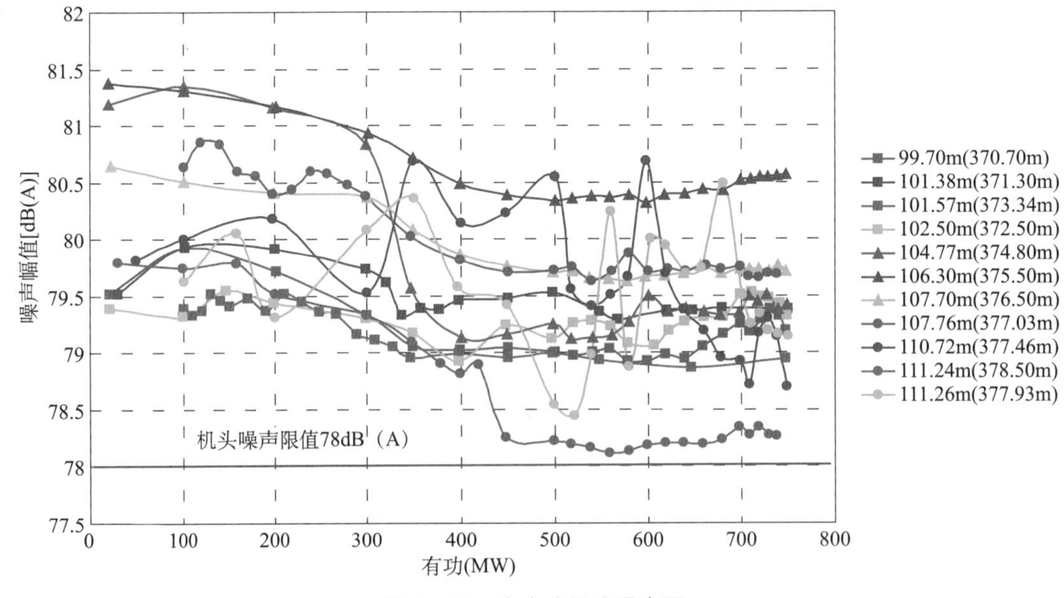

图 4－55　全水头机头噪声图

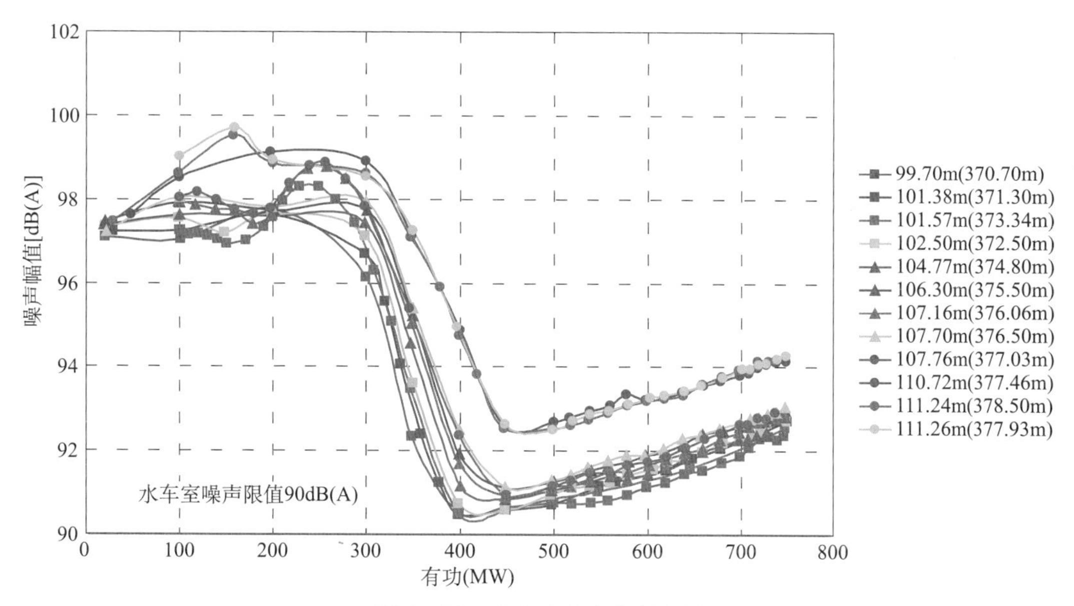

图 4 -56　全水头水车室噪声图

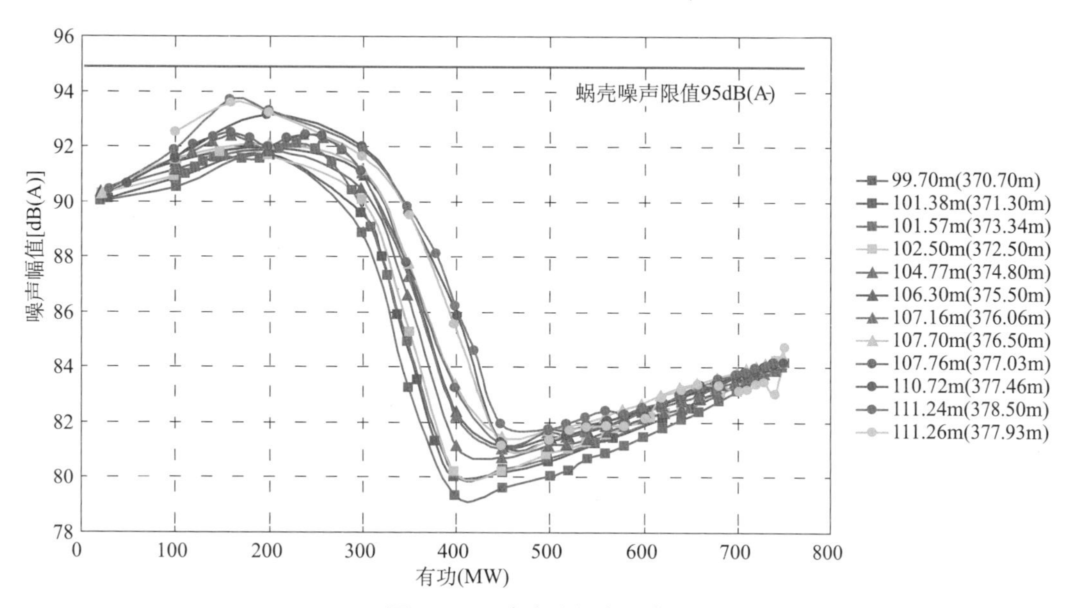

图 4 -57　全水头蜗壳噪声图

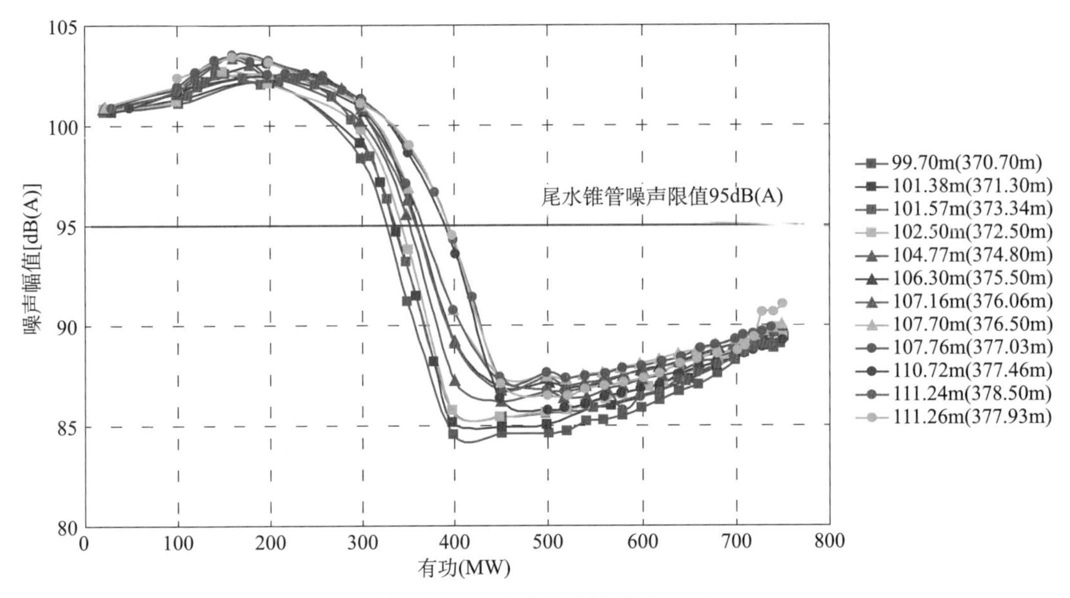

图 4－58　全水头尾水锥管噪声图

4.3.1.3　稳定运行区域划分

根据上述试验数据，按照 TAH 机组合同规定的机组稳定性参数限值、三峡集团精品机组标准和国标划定运行范围，向家坝右岸 TAH 机组不同毛水头下建议运行范围见表 4－2。对应的运转特性曲线如图 4－59 和图 4－60 所示。

表 4－2　TAH 机组不同毛水头下建议运行范围

毛水头（m）	稳定运行范围 发电机出力（MW）		毛水头（m）	稳定运行范围 发电机出力（MW）	
	下限	上限		下限	上限
86.0	376	638	92.0	405	705
86.5	378	643	92.5	408	711
87.0	381	649	93.0	410	716
87.5	383	655	93.5	413	722
88.0	386	660	94.0	415	727
88.5	388	666	94.5	418	733
89.0	391	671	95.0	420	739
89.5	393	677	95.5	422	744
90.0	396	683	96.0	425	750
90.5	398	688	96.5	427	750
91.0	400	694	97.0	430	750
91.5	403	699	97.5	432	750

续表

毛水头（m）	稳定运行范围 发电机出力（MW）		毛水头（m）	稳定运行范围 发电机出力（MW）	
	下限	上限		下限	上限
98.0	435	750	106.0	474	750
98.5	437	750	106.5	476	750
99.0	440	750	107.0	479	750
99.5	442	750	107.5	481	750
100.0	444	750	108.0	484	750
100.5	447	750	108.5	486	750
101.0	449	750	109.0	488	750
101.5	452	750	109.5	491	750
102.0	454	750	110.0	493	750
102.5	457	750	110.5	496	750
103.0	459	750	111.0	498	750
103.5	462	750	111.5	501	750
104.0	464	750	112.0	503	750
104.5	466	750	112.5	506	750
105.0	469	750	113.0	508	750
105.5	471	750			

注：8 号机组试验最大负荷只做到 750MW，因此稳定运行区上限按照 750MW 确定。

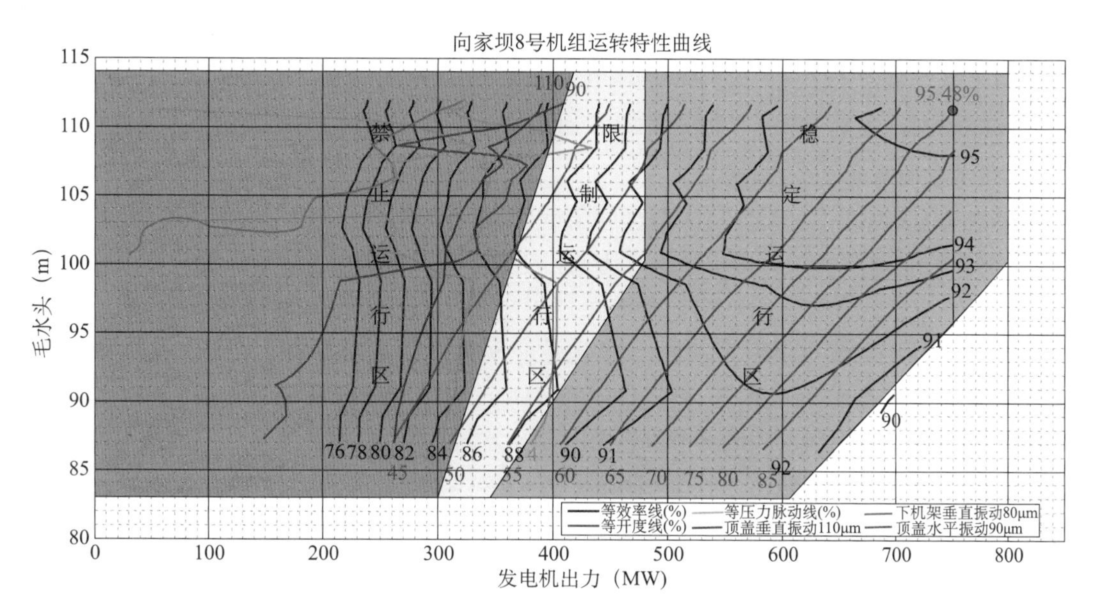

图 4－59　试验水头 TAH 机组发电机稳定运行区

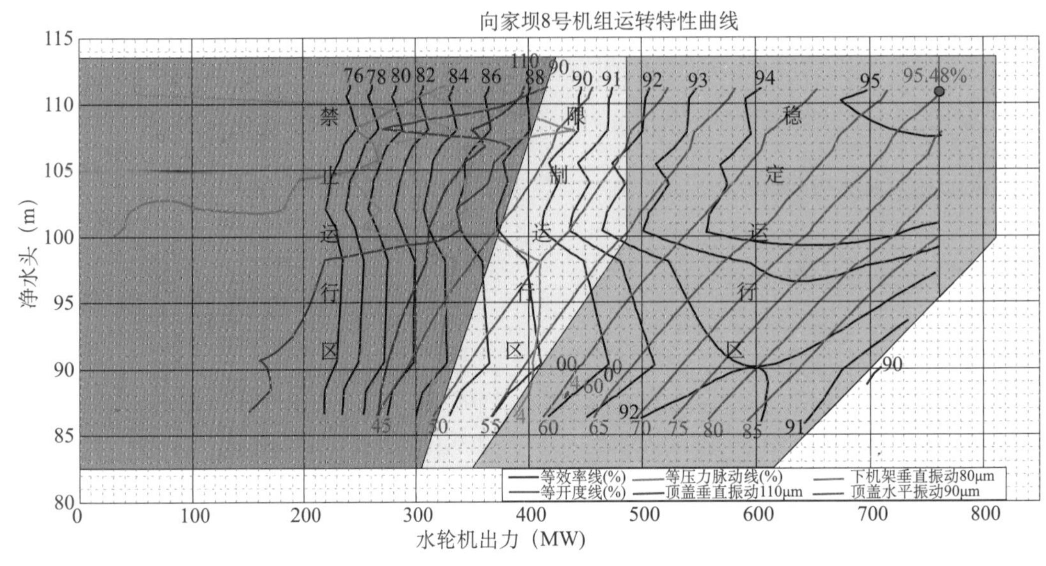

图 4－60　试验水头 TAH 机组水轮机稳定运行区

4.3.2　HEC 机组稳定性试验

向家坝电厂于 2014 年 5 月—9 月完成了 1 号机组上游水位 370～380m 下的稳定性及能量特性试验，通过试验，对 HEC 机组在该水位区间的能量指标和稳定特性指标进行了数据采集和分析，为全面掌握机组的运行特性提供了实测资料。试验内容、试验方法、仪器仪表和测点布置与《右岸 8 号机组稳定性试验技术报告》相同。

4.3.2.1　试验数据分析

1. 压力脉动

各压力脉动测点在不同水头下总体趋势一致性较好，尾水锥管 0.3*D* 压力脉动和无叶区压力脉动除个别水头的个别工况（低负荷）略有超标外，均满足合同保证值。

1）尾水锥管 0.3*D* 压力脉动

不同水头下尾水锥管 0.3*D* 压力脉动幅值如图 4－61 所示（图中标注均采用毛水头＋上游水位，下同），由图可见，尾水锥管 0.3*D* 压力脉动峰峰值随负荷变化的总体趋势是先增大后减小，在小负荷区随着负荷的增大而增大，在大负荷区随着负荷的增大而减小。

在低水头时（毛水头小于 97.48m）呈现单峰现象，峰值出现的工况是出力约为 300MW 时；在中高水头（毛水头大于 97.48m，小于 111m）时呈现三峰现象，峰值出现的工况分别是出力约为 200MW、350MW 和 450MW 时；在高水头时（毛水头大于 111m）呈现双峰现象，峰值出现的工况分别是出力约为 200MW 和 450MW 时。

在毛水头小于 97.48m 时，在大负荷区存在比较明显的上翘，且随着水头的上升，开始出现上翘的出力往大负荷区移动（93m 毛水头时开始出现上翘的出力为 700MW，97.5m 毛水头时开始出现上翘的出力为 740MW）。

频率主要为小于转频（1.25Hz）的低频成分。

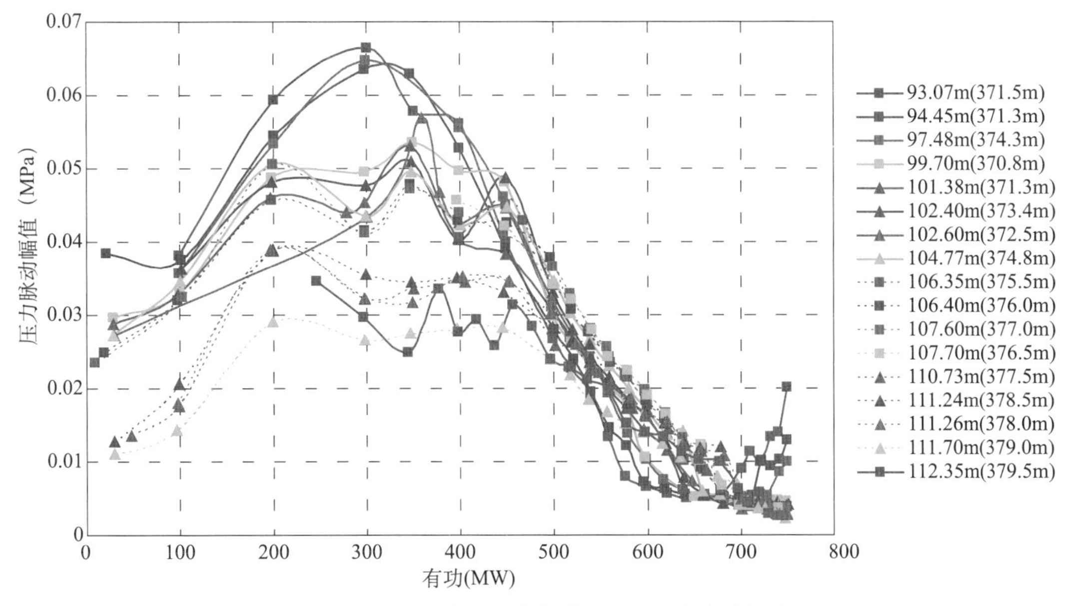

图 4 -61　不同水头尾水锥管 0.3*D* 压力脉动幅值图

2）无叶区压力脉动

不同水头下无叶区压力脉动幅值如图 4 -62 所示，由图可见，无叶区压力脉动在全工况下幅值较小（小于 0.05MPa）且较平稳，满足机组稳定运行标准。

个别水头（110.73m、111.24m、111.26m）在机组出力为 300MW 时出现单峰极大值（最大值 0.047MPa），其他水头无明显的峰值。

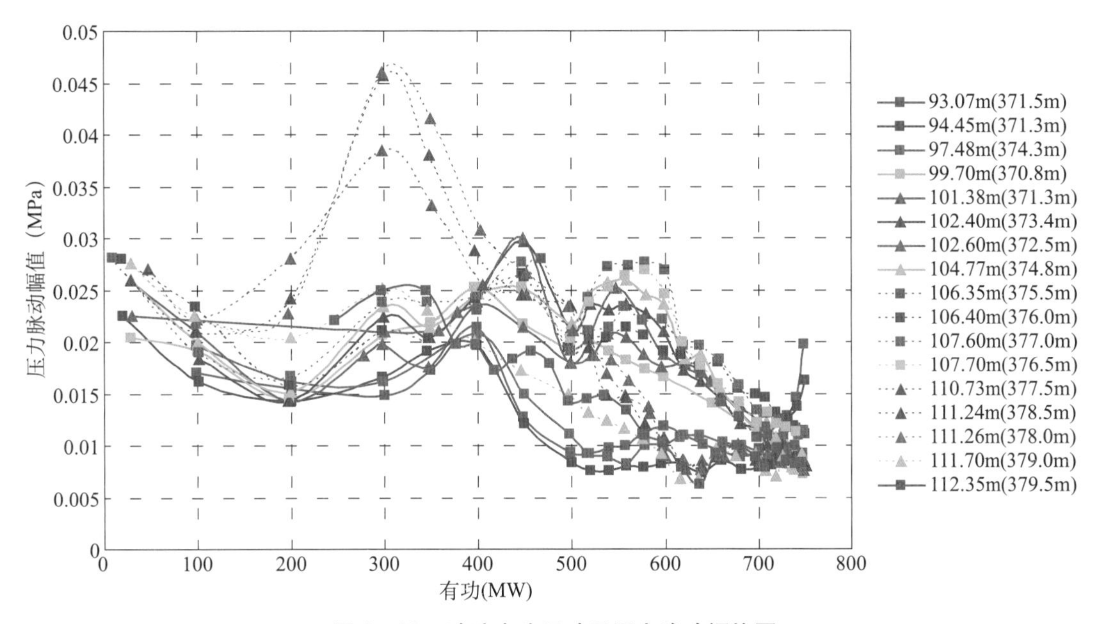

图 4 -62　试验水头无叶区压力脉动幅值图

在毛水头小于94.45m时，在大负荷区存在比较明显的上翘，且随着水头的上升，开始出现上翘的出力往大负荷区移动，93.07m毛水头时开始出现上翘的出力为720MW，97.45m毛水头时开始出现上翘的出力为730MW。

频率主要为小于转频（1.25Hz）的低频分量。

3）尾水锥管1.0*D*压力脉动

不同水头下尾水锥管1.0*D*压力脉动如图4－63所示，由图可见，尾水锥管1.0*D*压力脉动峰峰值在小负荷区（出力小于400MW），随着出力的增加逐步增大，在大负荷区（出力大于400MW）随着出力的增大逐渐减小。

在大负荷区峰峰值迅速下降，且随着水头的增加，迅速下降开始出现的出力工况点存在向大负荷移动的趋势，其中93.07m毛水头时，迅速下降的工况点出力约为560MW，112m毛水头时迅速下降的工况点出力约为677MW。

低水头时（毛水头小于97.48m），在导叶接近全开时，峰峰值存在明显的上翘趋势，且随着水头的上升，开始出现上翘工况的出力逐步增大，其中：93.07m毛水头时开始出现上翘工况的出力约为699MW；94.45m毛水头时，开始出现上翘工况的出力约为710MW；97.48m毛水头时，开始出现上翘工况的出力约为740MW。

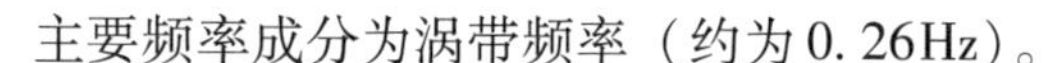
主要频率成分为涡带频率（约为0.26Hz）。

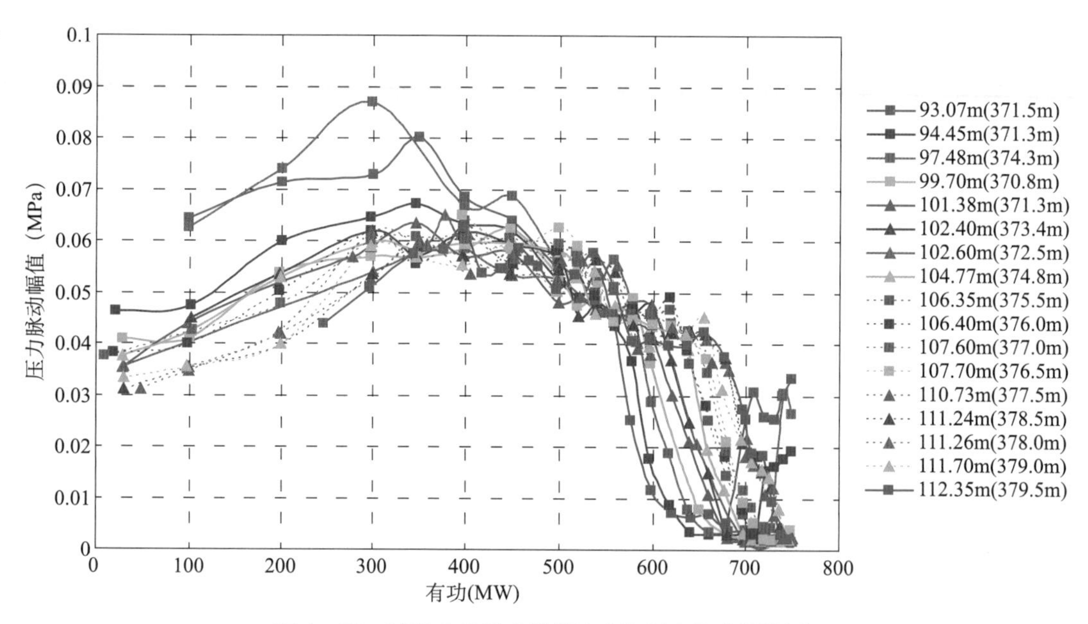

图4－63　试验水头尾水锥管1.0*D*压力脉动幅值图

4）顶盖压力脉动

不同水头下顶盖压力脉动幅值如图4－64所示，由图可见，顶盖压力脉动总体趋势是：在全工况下随着出力的增加逐步减小，在小负荷区（出力小于350MW）压力脉动较大，在大负荷区（出力大于350MW，小于700MW）压力脉动较小。

在全工况下未出现明显的单峰或多峰状况。

在毛水头小于102.60m时，在大负荷区（720MW附近）存在比较明显的上翘。

频率主要为小于转频的低频成分。

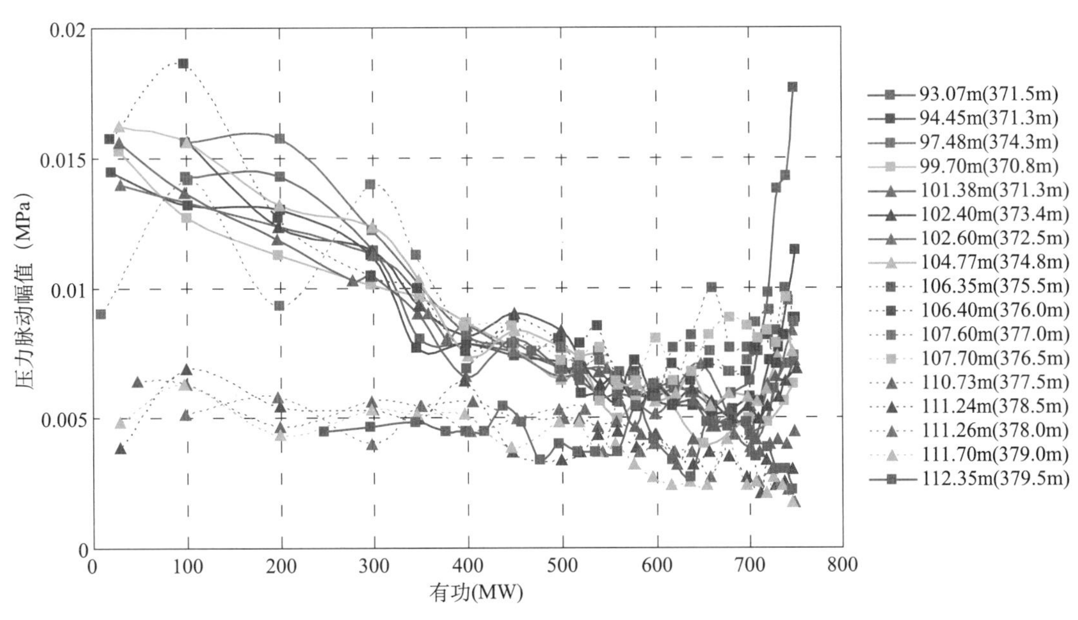

图4-64　试验水头顶盖压力脉动幅值图

5）底环与转轮下环间压力脉动

不同水头下底环与转轮下环间压力脉动幅值如图4-65所示，由图可见，底环与转轮下环间压力脉动在小负荷区（小于200MW）随着负荷增大而增大，在机组负荷大于200MW、小于500MW范围内，幅值比较平稳且较大，在大负荷区（500MW以上）随着负荷的增大而减小。

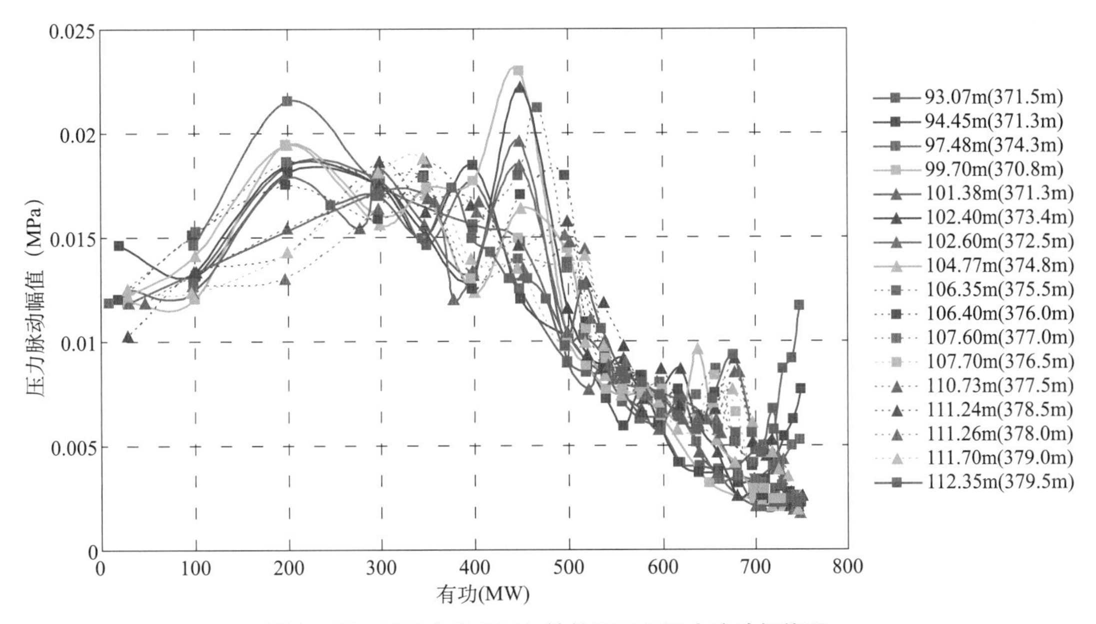

图4-65　试验水头底环与转轮下环间压力脉动幅值图

在毛水头大于 99.70m、小于 106.35m 时，在机组出力为 200MW 和 450MW 时各出现峰值，呈现出双峰值状态，其他水头为单峰值，峰值出现在出力为 200MW 时。

在毛水头小于 97.48m 时，在大负荷区（718MW 附近）存在比较明显的上翘。

频率主要为小于转频（1.25Hz）的低频成分。

2. 机组振动

1）上机架振动

不同水头下，上机架水平与垂直振动幅值随出力的变化关系如图 4-66～图 4-67 所示，由图可见：

上机架水平振动峰峰值在全出力范围内呈现出单峰现象，峰值出现在 200～350MW 负荷区；随着水头的增加，出现峰值工况点的出力往大负荷区移动，毛水头从 93m 上升到 111m 过程中，峰值工况点出力从 200MW 上升到 300MW。

上机架水平振动在小负荷区（0～300MW）幅值较大，达到峰值，而后迅速下降并趋于稳定。

上机架水平振动在机组出力大于 400MW 后，主要频率成分为转频和涡带频率。

上机架垂直振动峰峰值在全出力范围内呈现出单峰现象，峰值出现在 200～350MW 负荷区；随着水头的增加，出现峰值工况点的出力往大负荷区移动，毛水头从 93m 上升到 111m 过程中，峰值工况点出力从 200MW 上升到 300MW。

上机架垂直振动在小负荷区（0～300MW）幅值较大，达到峰值，而后迅速下降并趋于稳定。

上机架垂直振动在全工况下主要频率成分为转频。

上机架垂直振动在毛水头小于 94.45m 时存在翘尾现象，开始出现上翘工况的出力约为 718MW，在 730MW 时达到最大值后开始回落。

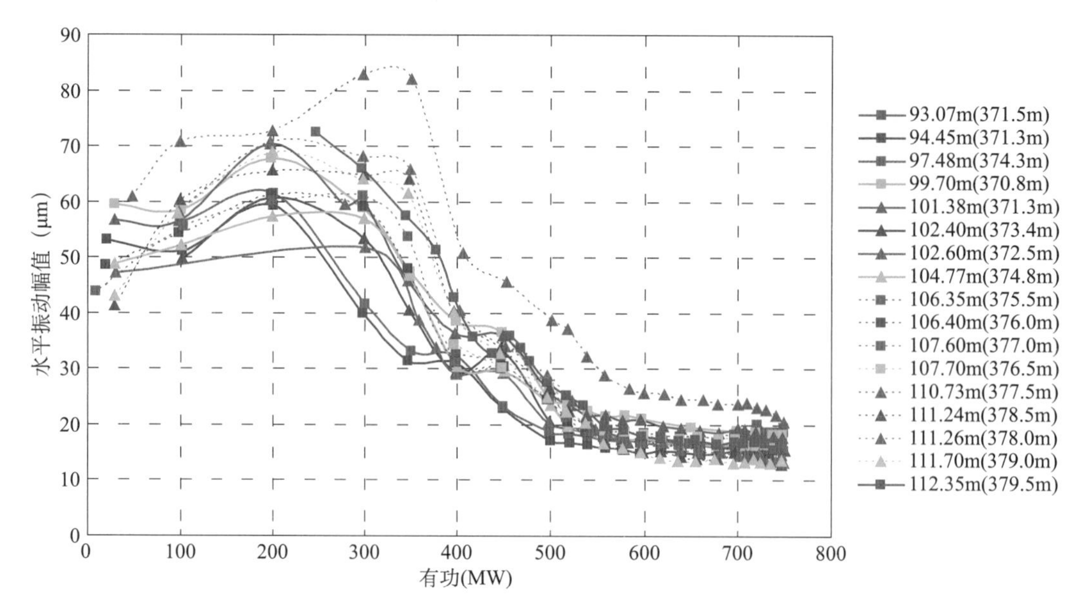

图 4-66　试验水头上机架 +Y 方向水平振动幅值图

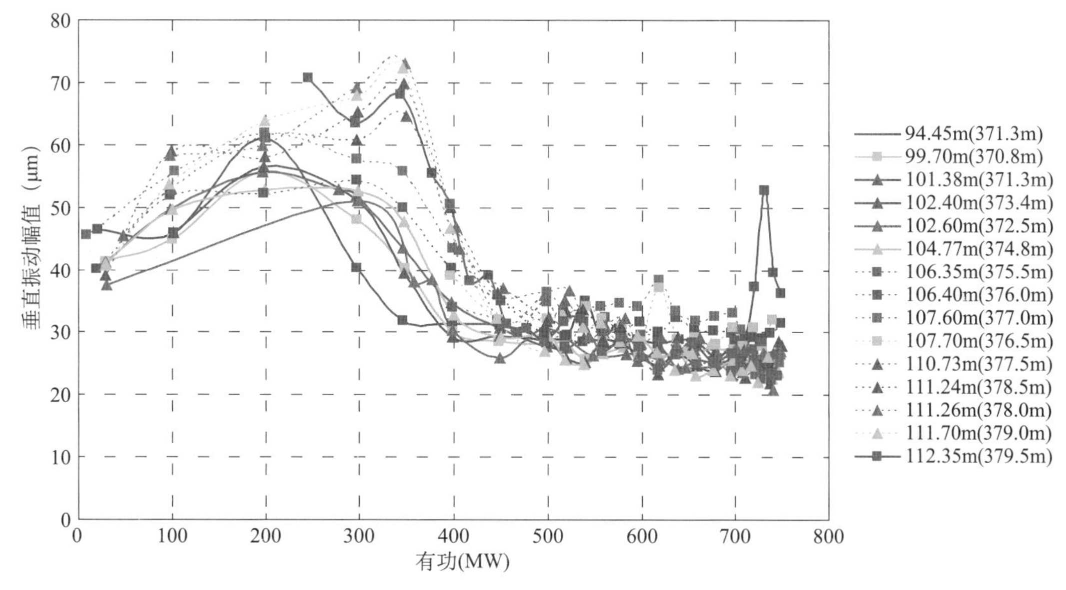

图 4－67　试验水头上机架 + Y 方向垂直振动幅值图

2）下机架振动

不同水头下，下机架水平与垂直振动幅值与出力的关系如图 4－68、图 4－69 所示，由图可见：

下机架水平振动峰峰值在全出力范围内呈现出单峰现象，峰值出现在出力为 200MW 时；随着水头的增加，在机组出力 200MW 时的振动峰峰值也相应增加，呈现出很强的规律性，毛水头从 93m 上升到 112m 时，峰峰值从 35μm 增加到 280μm。

下机架水平振动在小负荷区（0～300MW）幅值较大，达到峰值，而后迅速下降并趋于稳定，在高负荷区（400～650MW），振动幅值较小且稳定。下机架水平振动在毛水头小于 97.5m 时存在比较明显的翘尾现象，毛水头从 93m 上升到 97.5m 过程中，开始出现上翘工况的出力从 620MW 增加到 660MW；下机架水平振动 + X 方向比 + Y 方向翘尾更为明显。

下机架水平振动的主要频率成分为转频和涡带频率。

下机架垂直振动峰峰值在全出力范围内呈现出单峰现象，峰值出现在出力为 200MW 时；随着水头的增加，在机组出力 200MW 时的振动峰峰值也相应增加，呈现出很强的规律性，毛水头从 93m 上升到 112m 时，峰峰值从 2μm 增加到 25μm。

下机架垂直振动在小负荷区（0～300MW）幅值较大，达到峰值，而后迅速下降并趋于稳定，在高负荷区（400～650MW），振动幅值较小且稳定。

下机架垂直振动 + X 方向在毛水头小于 97.5m 时存在比较明显的翘尾现象，毛水头从 93m 上升到 97.5m 过程中，开始出现上翘工况的出力从 720MW 增加到 740MW。

下机架垂直振动的主要频率成分为小于转频的低频分量。

3）顶盖振动

不同水头下，顶盖水平与垂直振动幅值如图 4－70、图 4－71 所示，由图可见：

顶盖水平振动峰峰值在全出力范围内呈现出单峰现象，峰值出现在出力为 200MW 时，

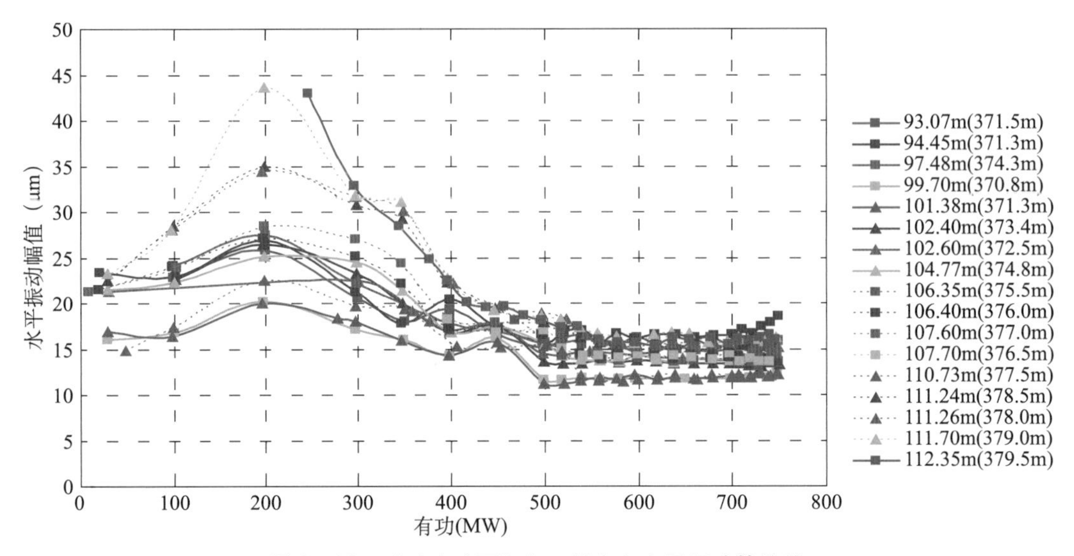

图 4-68　试验水头下机架 + Y 方向水平振动等值线

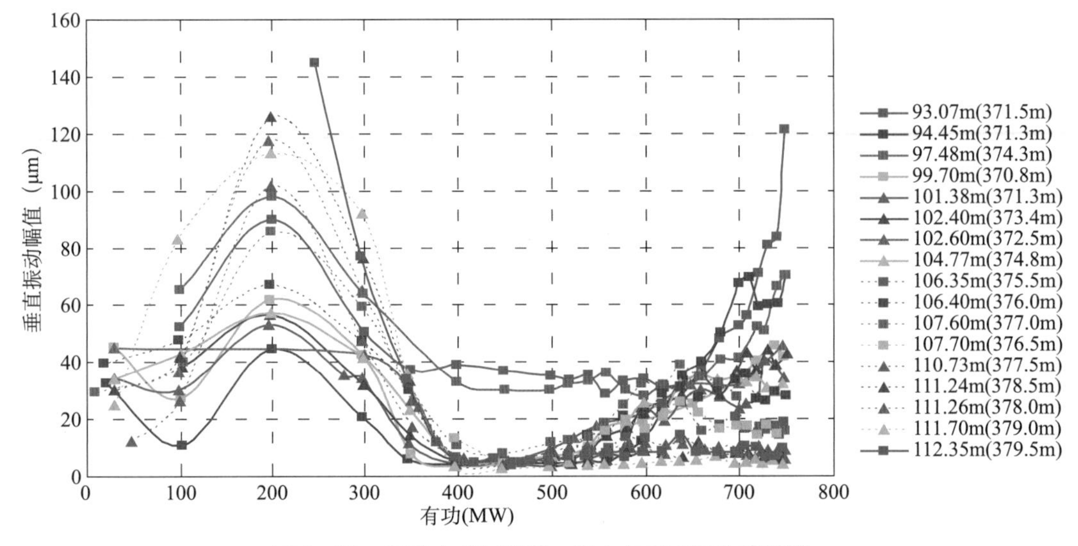

图 4-69　试验水头下机架 + Y 方向垂直振动等值线

随着水头的增加，在机组出力 200MW 时的振动峰峰值也相应增加，呈现出很强的规律性，毛水头从 93m 增加到 111m 时，峰峰值从 87μm 增加到 226μm，个别工况甚至达到了 350μm。

顶盖水平振动在小负荷区（0 ~ 300MW）幅值较大，达到峰值，而后迅速下降并趋于稳定，在高负荷区（400 ~ 700MW），振动幅值较小且稳定。

顶盖水平振动在毛水头小于 97.5m 时存在比较明显的翘尾现象，且开始出现上翘工况的出力随着水头的增大逐步增大；顶盖水平振动 + X 方向比 + Y 方向翘尾更为明显。

顶盖水平振动在机组出力 400 ~ 490MW 时的主要频率成分为 0.26Hz 左右的涡带频率和转频，在大负荷区（518 ~ 750MW）主要是转频。

顶盖垂直振动峰峰值在全出力范围内呈现出单峰现象，峰值出现在出力为 200MW 时，随着水头的增加，在机组出力 200MW 时的振动峰峰值也相应增加，呈现出很强的规律性，毛水头从 93m 增加到 112m 时，峰峰值从 201μm 增加到 288μm，个别工况甚至达到了 350μm。

顶盖垂直振动在小负荷区（0～300MW）幅值较大，达到峰值，而后迅速下降并趋于稳定，在高负荷区（400～700MW），振动幅值较小且稳定。

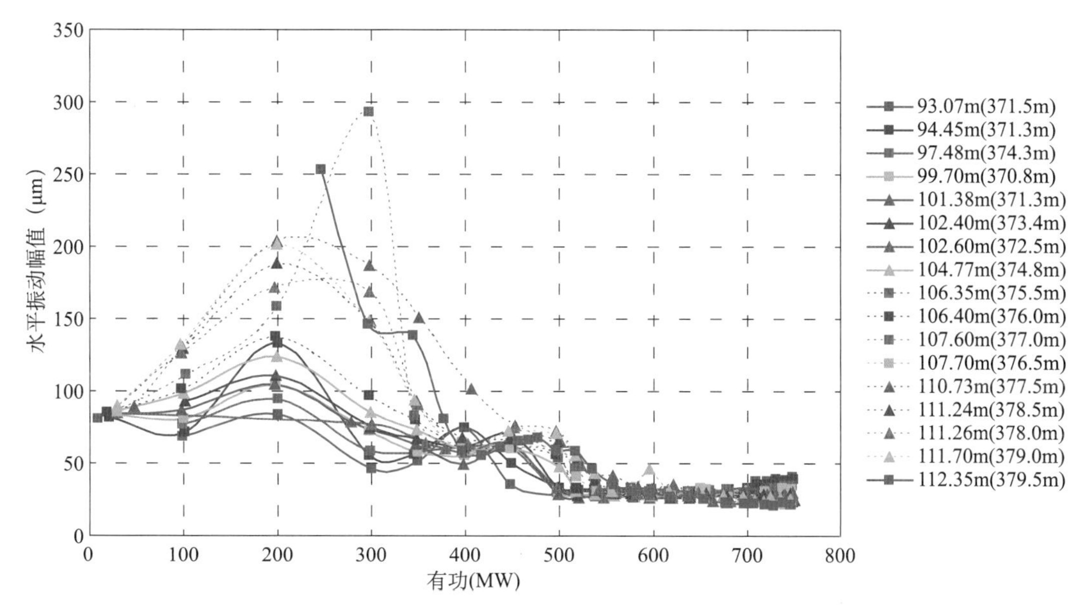

图 4－70　试验水头顶盖＋Y 方向水平振动幅值图

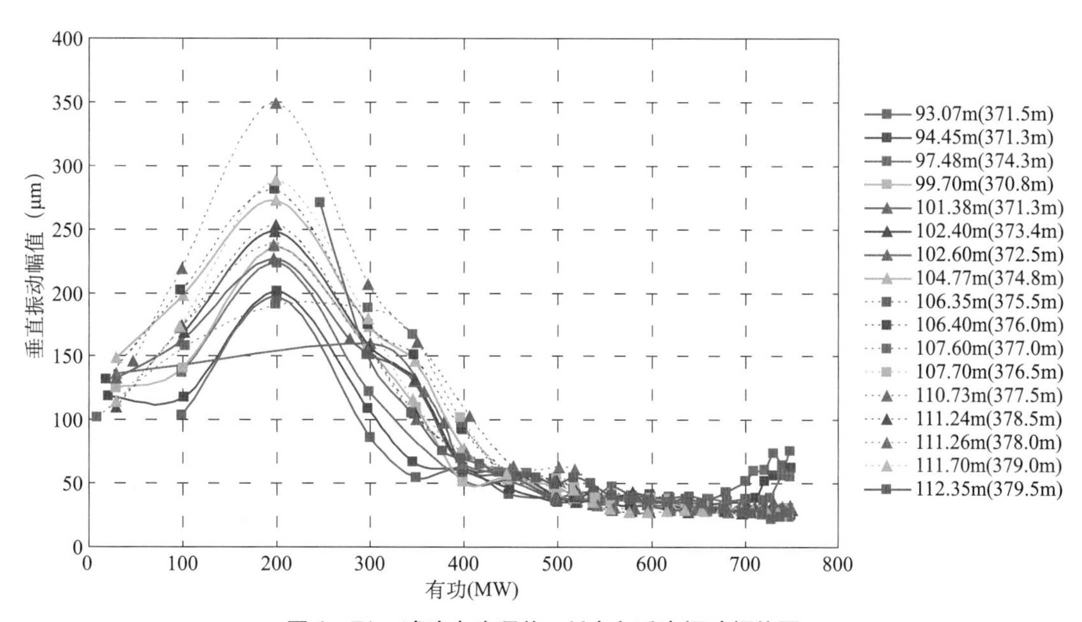

图 4－71　试验水头顶盖＋Y 方向垂直振动幅值图

顶盖垂直振动 + Y 方向在毛水头小于 97.45m 时存在比较明显的翘尾现象，毛水头从 93m 上升到 97.5m 的过程中，开始出现上翘工况的出力从 680MW 增加到 726MW。

顶盖垂直振动在机组出力 400 ~490MW 时的主要频率成分为 0.26Hz 左右的涡带频率和转频，在大负荷区（518 ~750MW）主要是转频。

4）定子机座振动

不同水头下，定子机座水平与垂直振动幅值如图 4 -72、图 4 -73 所示，由图可见：

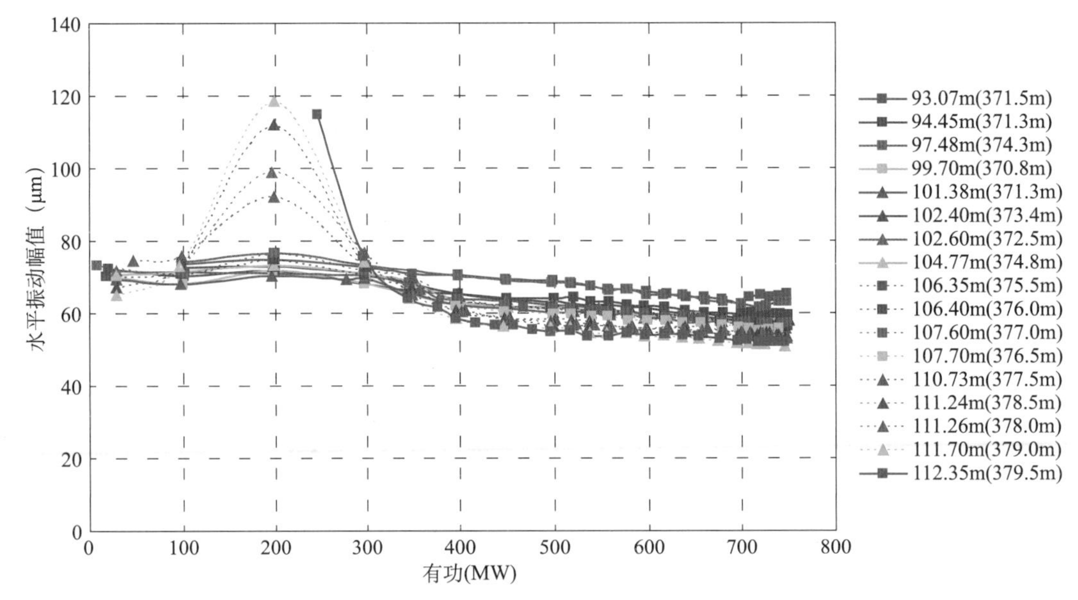

图 4 -72　试验水头定子机座 + X 方向水平振动幅值图

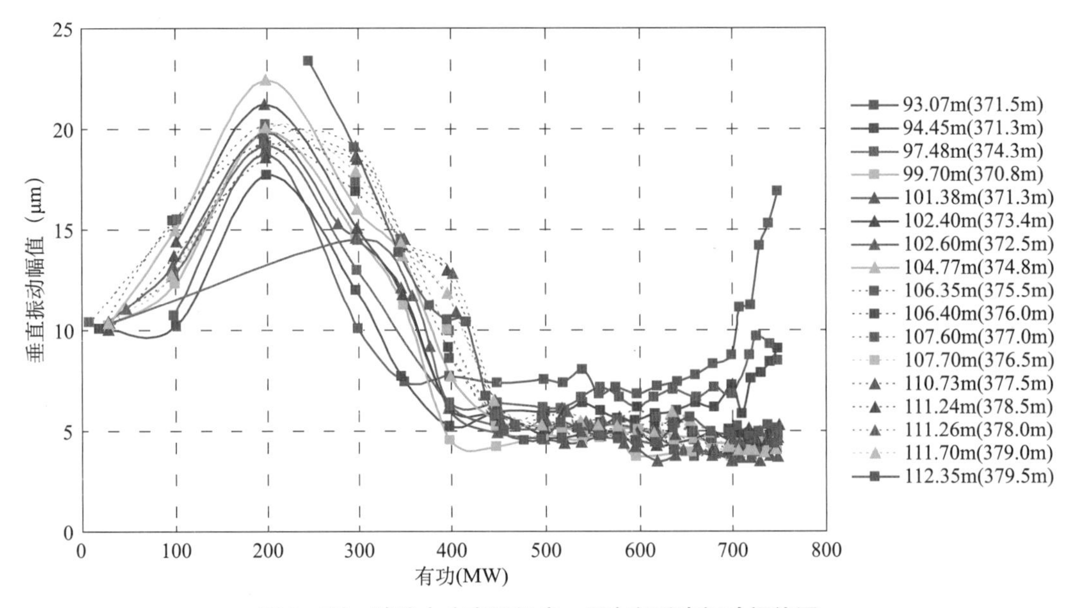

图 4 -73　试验水头定子机座 + Y 方向垂直振动幅值图

定子机座水平振动峰峰值在全出力范围内呈现出单峰现象，峰值出现在出力为 200MW 时，随着水头的增加，在机组出力 200MW 时的振动峰峰值也相应增加，呈现出很强的规律性，毛水头从 93m 增加到 111m 时，峰峰值从 75μm 增加到 118μm。

定子机座水平振动在小负荷区（0 ~ 300MW）幅值较大，达到峰值，而后迅速下降并趋于稳定，在高负荷区（400 ~ 750MW），振动幅值较小且稳定。

定子机座水平振动无明显翘尾现象。

定子机座水平振动主要频率成分为 3 倍转频、1 倍转频、4 倍转频和 2 倍转频。

定子机座垂直振动峰峰值在全出力范围内呈现出单峰现象，峰值出现在出力为 200MW 时；随着水头的增加，在机组出力 200MW 时的振动峰峰值也相应增加，呈现出很强的规律性，毛水头从 93m 增加到 112m 时，峰峰值从 16μm 增加到 20μm。

定子机座垂直振动在小负荷区（0 ~ 300MW）幅值较大，达到峰值，而后迅速下降并趋于稳定，在高负荷区（400 ~ 750MW），振动幅值较小且稳定。

定子机座垂直振动在毛水头小于 97. 5m 时存在比较明显的翘尾现象。

定子机座垂直振动主要频率成分为转频。

3. 摆度

1）上导摆度

不同水头下，上导 + X、+ Y 方向摆度幅值如图 4 – 74、图 4 – 75 所示，由图可见：

上导摆度最大值随着水头的增加向高负荷区移动，在高水头（毛水头 110. 73 ~ 112. 35m）时有比较明显的双峰，出现峰值时的机组出力为 350MW 和 450MW，低水头（毛水头 93. 07 ~ 106. 35m）时呈单峰状态，出现峰值时的机组出力为 400MW。

上导摆度在小负荷区（0 ~ 300MW）幅值较大，在机组出力为 300 ~ 500MW 出现峰值，在高负荷区（600 ~ 750MW），振动幅值较小且稳定。

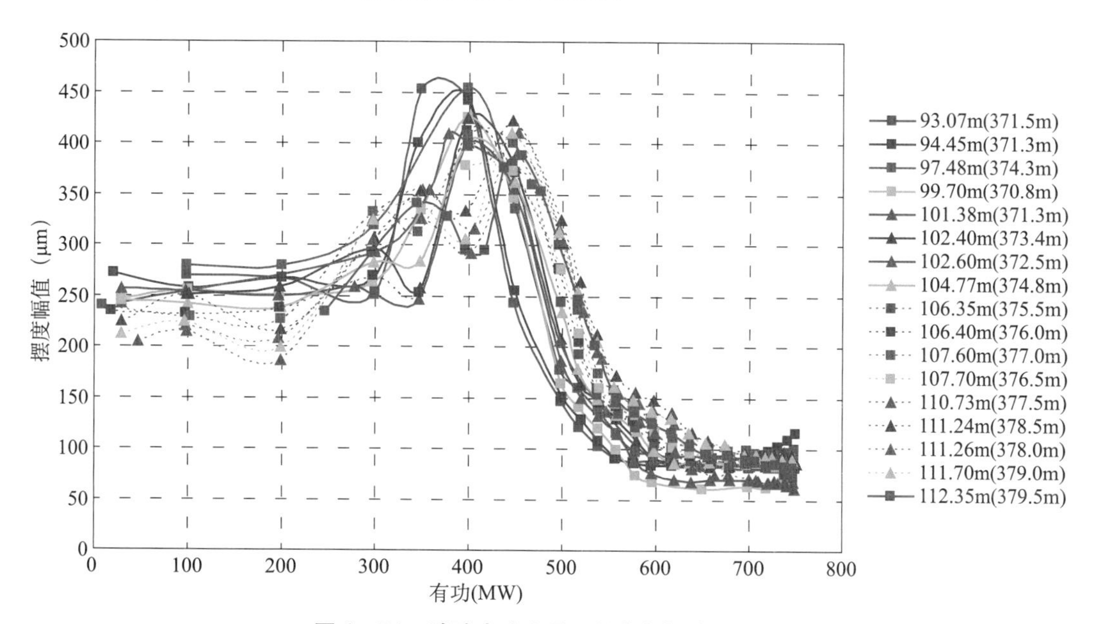

图 4 – 74　试验水头上导 + X 方向摆度幅值图

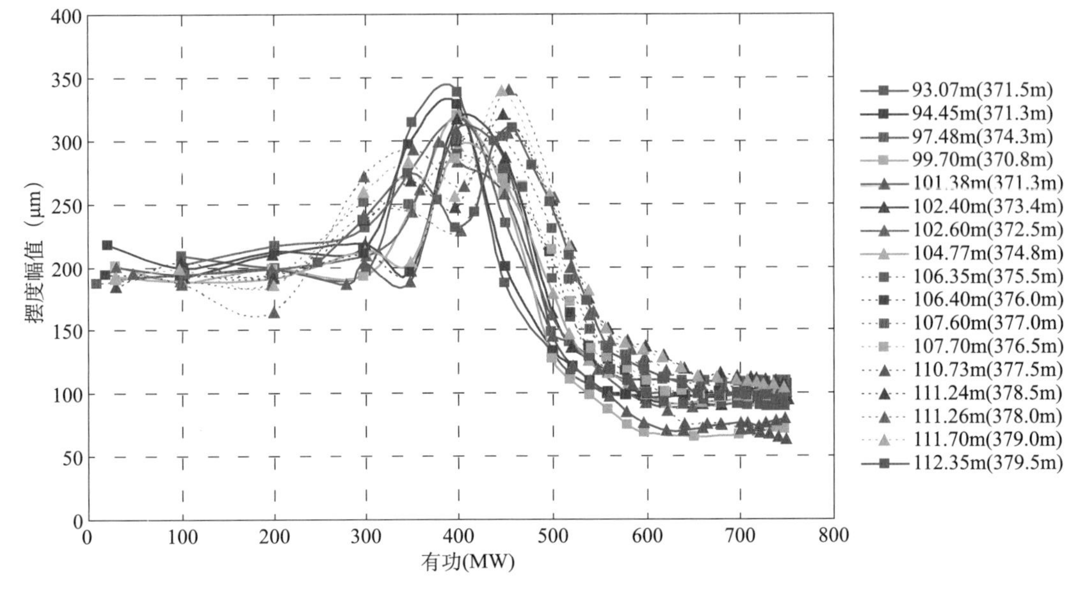

图 4－75　试验水头上导＋Y 方向摆度幅值图

在机组出力大于 400MW 以上，在机组出力相同的情况下，随着水头的增加，上导摆度幅值变大。

上导摆度＋X 方向在毛水头小于 94.5m 时有轻微翘尾现象，且开始出现上翘工况的出力随着毛水头的升高而逐渐增大：93.07m 毛水头时，在 710MW 开始出现上翘；94.5m 毛水头时，在 730MW 开始出现上翘。＋Y 方向无上翘现象。

上导摆度主要频率成分为转频和 2 倍转频。

转频分量在整个负荷范围内都存在，且其转频分量幅值随负荷变化不大。

2）下导摆度

不同水头下，下导摆度幅值变化如图 4－76、图 4－77 所示，由图可见：

下导摆度最大值随着水头的增加向高负荷区移动，在高水头（毛水头 110.73 ~ 112.35m）时有比较明显的双峰，出现峰值时的机组出力为 350MW 和 450MW，低水头（毛水头 93.07 ~ 106.35m）时呈单峰状态，出现峰值时的机组出力为 400MW。

下导摆度在小负荷区（0 ~ 300MW）幅值较大，在机组出力为 300 ~ 500MW 出现峰值，在高负荷区（600 ~ 750MW），振动幅值较小且稳定。

在机组出力相同的情况下，随着水头的增加下导摆度幅值变大，在机组出力大于 560MW 以后下导摆度幅值趋于稳定。

下导摆度在毛水头小于 94.5m 时有轻微翘尾现象。

下导摆度主要频率成分为转频和 2 倍转频。

在机组出力为 300 ~ 560MW 区间主要频率成分为 0.26Hz 左右的涡带频率和转频，下导摆度在大负荷区主要频率成分为转频和 2 倍转频，其中，转频分量在整个工况下都存在且幅值随出力变化不大。

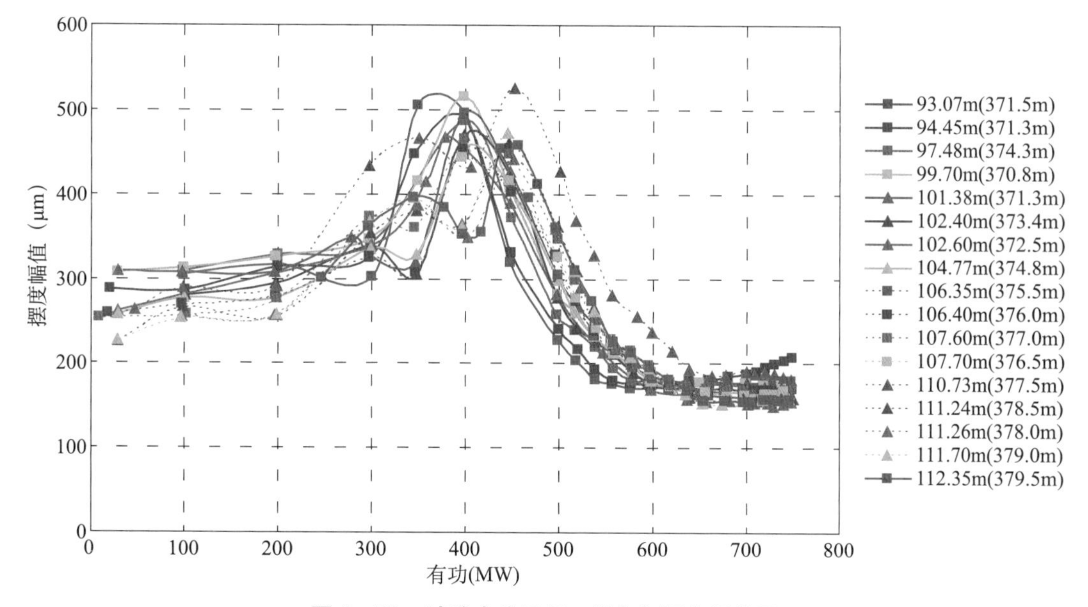

图 4 –76　试验水头下导 + X 方向摆度幅值图

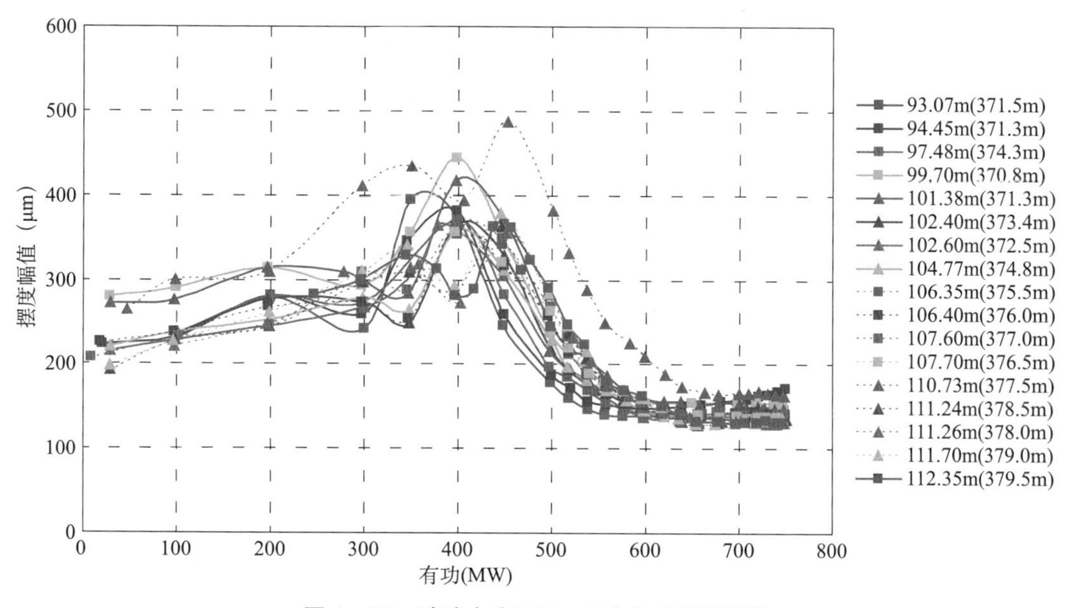

图 4 –77　试验水头下导 + Y 方向摆度幅值图

3）水导摆度

不同水头下，水导摆度幅值变化如图 4 –78、图 4 –79 所示，由图可见：

水导摆度在高水头（毛水头 110. 73 ~ 112. 35m）时有比较明显的双峰，出现峰值时的机组出力为 200MW 和 450MW，低水头（毛水头 93. 07 ~ 106. 35m）时呈单峰状态，出现峰值时的机组出力为 400MW。

水导摆度在小负荷区（0 ~ 300MW）幅值较大，在机组出力为 300 ~ 500MW 出现峰值，在高负荷区（500～750MW），振动幅值较小且稳定。

水导摆度在毛水头小于 94.45m 时有轻微翘尾现象。

水导摆度在机组出力为 300～560MW 区间主要频率成分为 0.26Hz 左右的涡带频率和转频，大负荷区（大于 600MW）的主要频率成分是转频和 2 倍转频。

在相同工况下水导 $+X$ 方向比 $+Y$ 方向幅值约大 20μm。

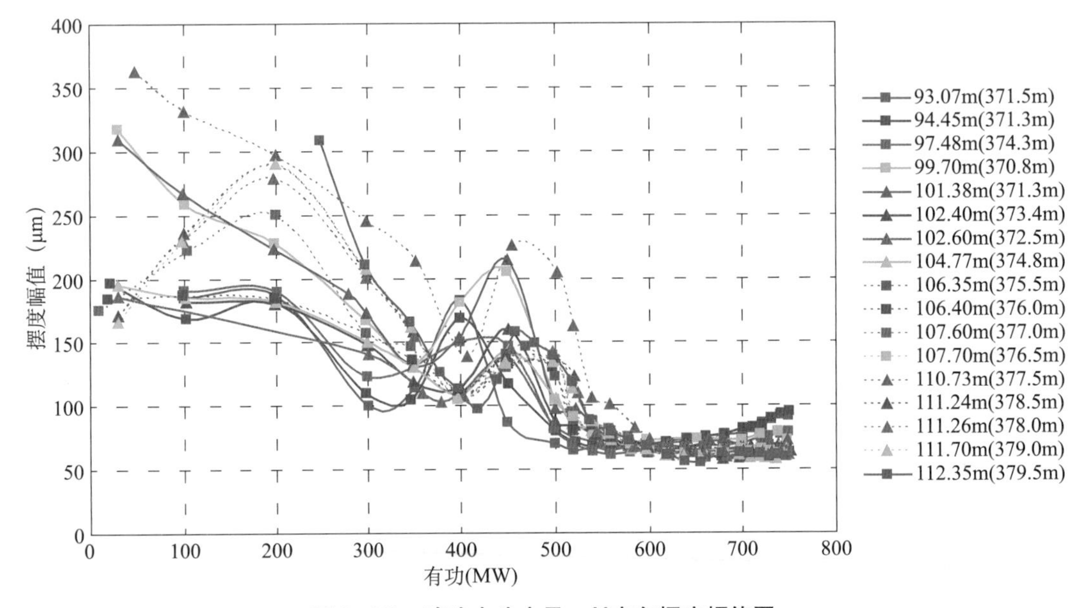

图 4－78　试验水头水导 $+X$ 方向摆度幅值图

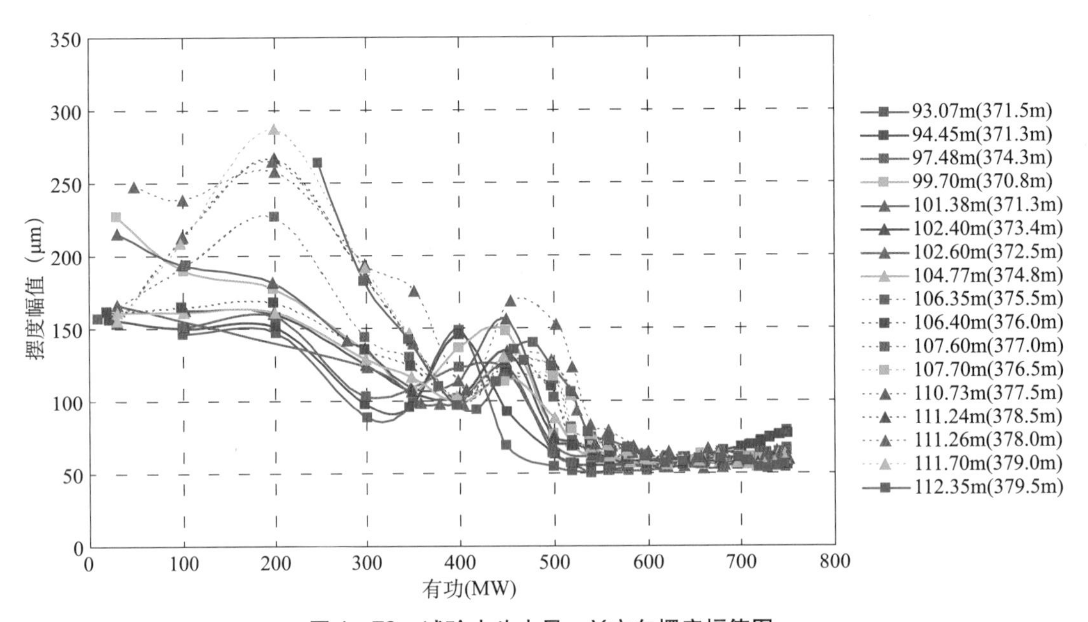

图 4－79　试验水头水导 $+Y$ 方向摆度幅值图

4）噪声

噪声共5个测点：机头噪声、风洞噪声、水车室噪声、蜗壳门噪声和尾水门噪声。

不同水头下，噪声A声级曲线如图4－80～图4－84所示，由图可见：

全工况下机头噪声平稳，总体变化不大，在相同出力下，水头越高，噪声越大，在全工况下机头噪声频率成分比较复杂，25Hz和125Hz为主要频率成分。

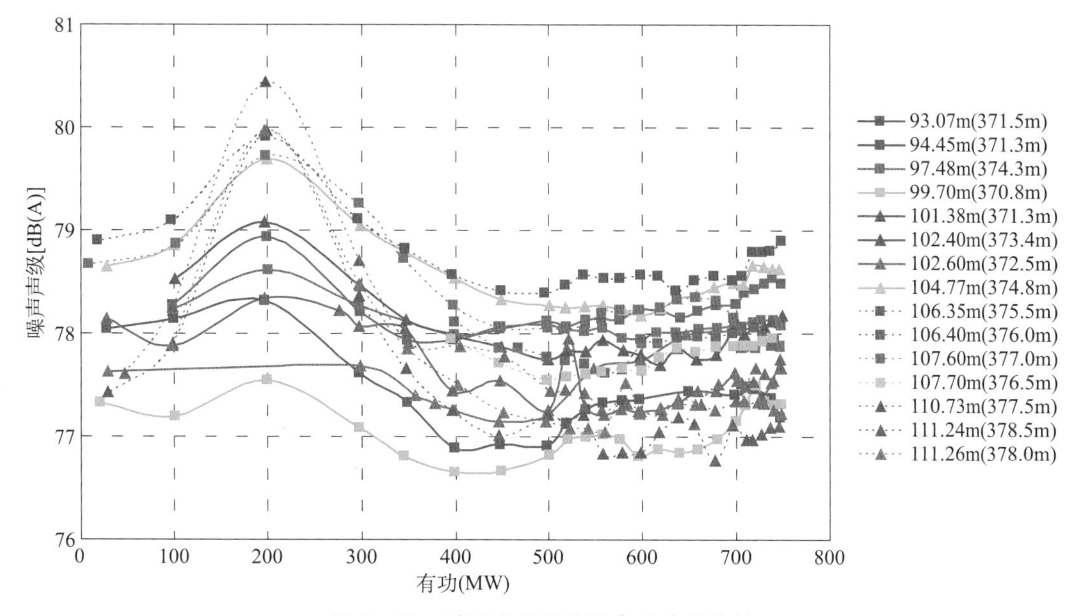

图4－80　试验水头机头噪声A声级趋势

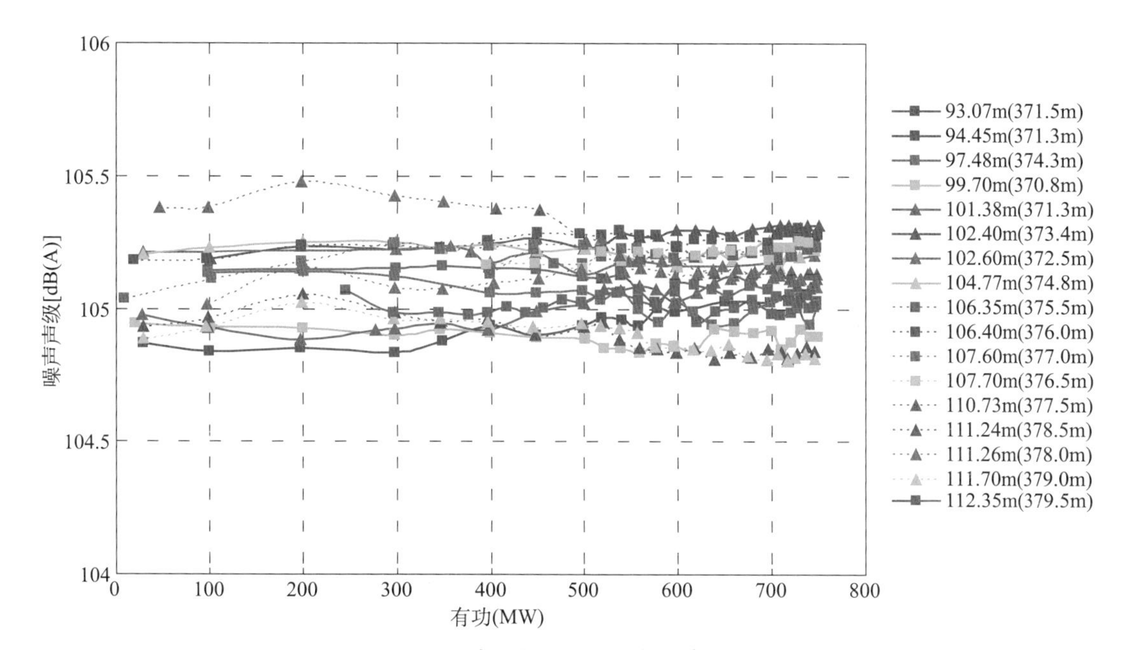

图4－81　试验水头风洞噪声A声级趋势

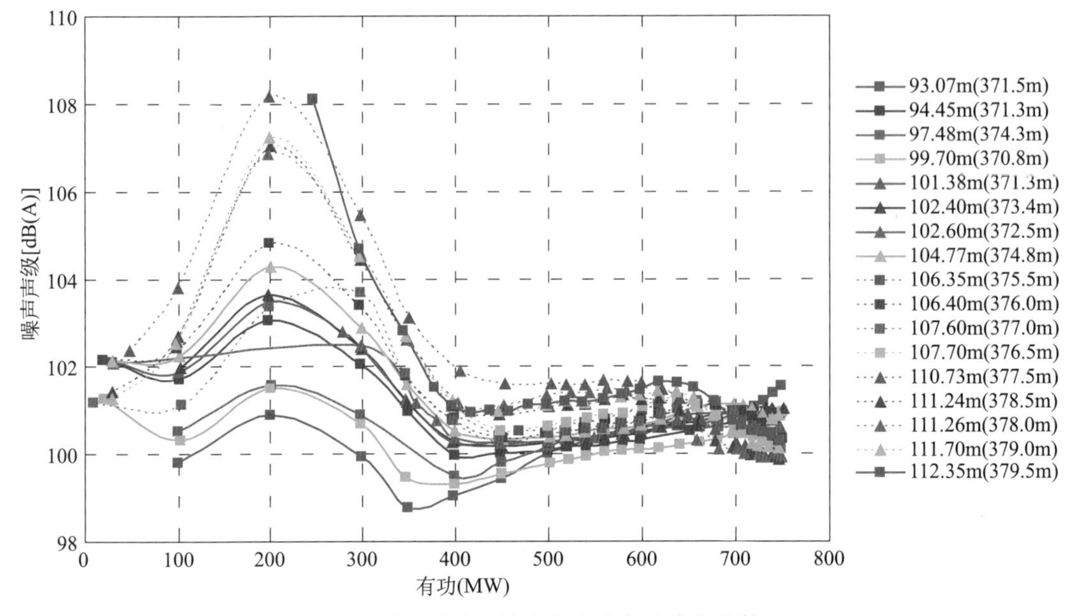

图 4-82 试验水头水车室噪声 A 声级趋势

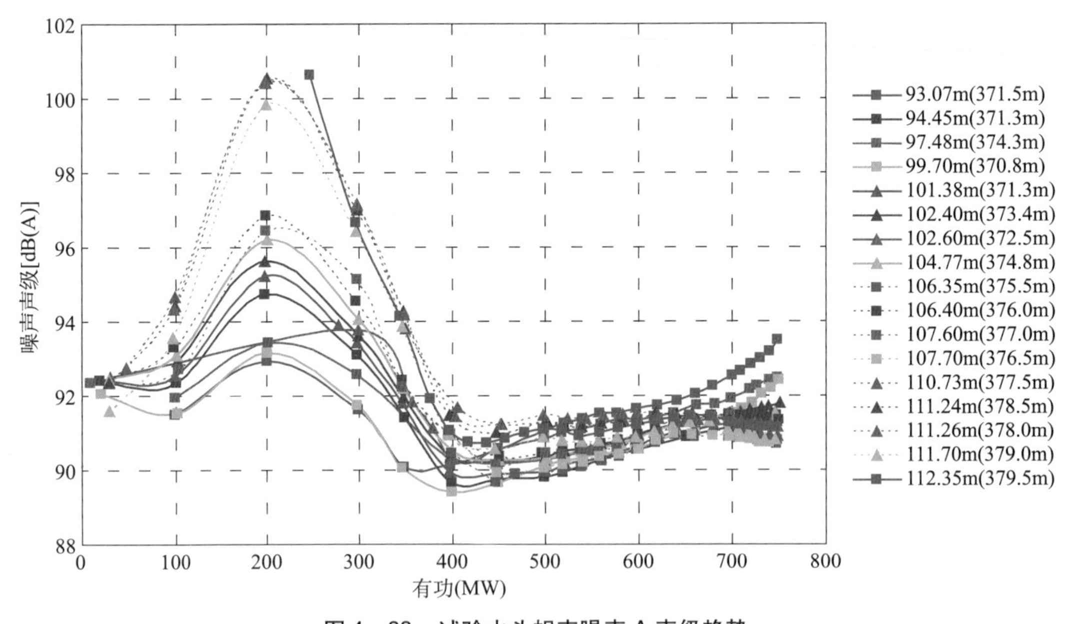

图 4-83 试验水头蜗壳噪声 A 声级趋势

全工况下风洞噪声平稳，变化很小，其频率成分比较复杂，主要是 6Hz 和工频的整数倍。

全工况下水车室噪声在机组出力大于 400MW 以后比较平稳，变化不大，其频率成分比较复杂，主频是大约 10Hz 的频率成分，在机组出力为 200MW 时水车室噪声出现各水头下的最大值，其主频大约是 21.4Hz 的频率成分。

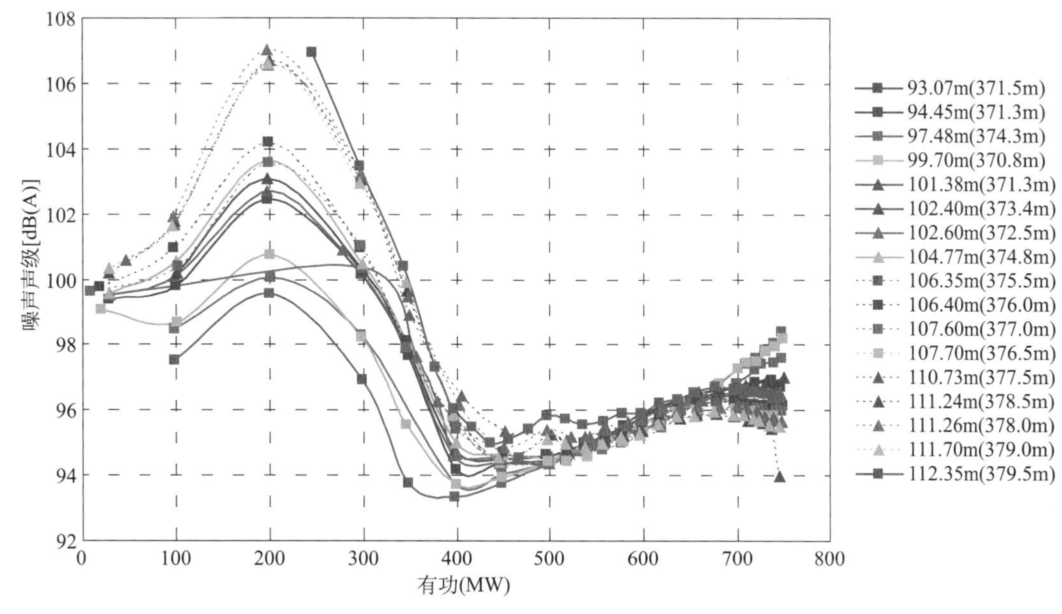

图4-84 试验水头尾水门噪声A声级趋势

全工况下蜗壳门噪声在机组出力大于400MW以后比较平稳，变化不大，其频率成分比较复杂，主频是7Hz和18Hz的频率成分，在机组出力为200MW时蜗壳门噪声出现当前水头下的最大值，其主频是大约21.4Hz的频率成分。

全工况下尾水门噪声在机组相同出力的情况下随着负荷的增大而逐渐增大，其主频为7Hz，在机组出力为200MW时尾水门噪声出现当前水头下的最大值，其主频是大约21.4Hz的频率成分。

水车室、蜗壳门和尾水门噪声表现出了相同的特征，在全出力范围内，出力200MW时噪声达到高峰值，而后逐步下降，出力400MW左右，噪声达到低峰值，而后小幅增加。

5. 厂房振动

不同水头下厂房各测点振动幅值图如图4-85~图4-87所示，由图可见：

风洞墙水平振动趋势非常相似，在小负荷区振动幅值较大，在机组出力大于400MW时较小且平稳，在相同负荷下风洞墙振动幅值随水头的升高而降低，风洞墙水平振动的频率成分主要是0.1~0.3Hz的低频分量。

风洞墙垂直振动趋势相同，在小负荷区振动幅值较大，在机组出力大于400MW时较小且平稳，风洞墙垂直振动的频率成分主要是小于转频的低频分量。

发电机层楼板垂直振动在全工况下的振动幅值很小且稳定，主要频率成分是小于转频的低频分量。

6. 试验数据与合同保证值的比较

1）压力脉动

实测尾水锥管0.3*D*压力脉动趋势图如图4-88所示。由图可见：在合同规定工况范围内，除99.70m以下毛水头在机组负荷小于400MW时超过合同保证值外，实测尾水锥管0.3*D*压力脉动数据均满足合同要求。

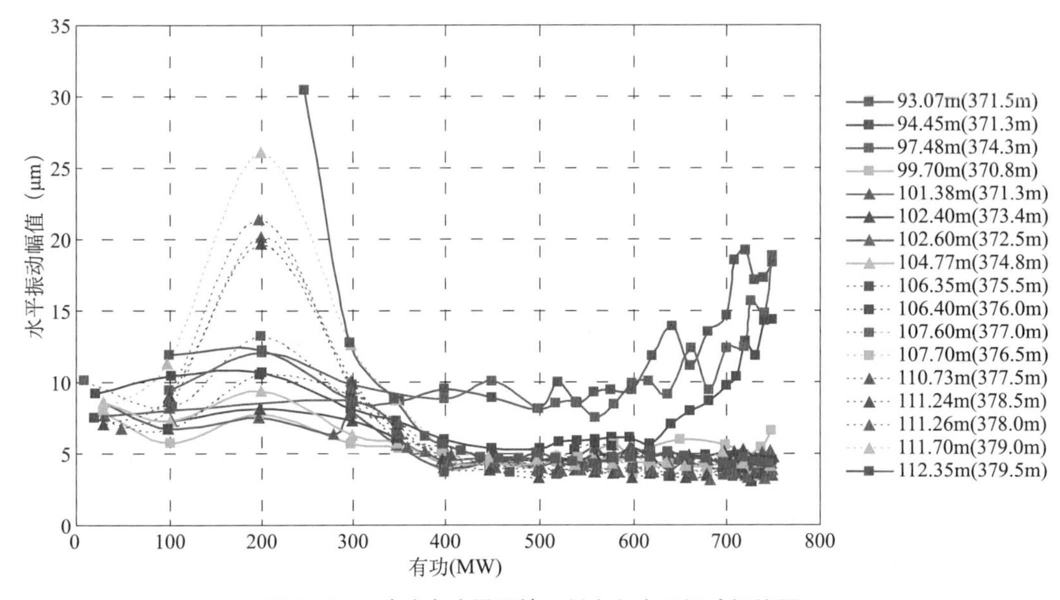

图 4-85　试验水头风洞墙 + Y 方向水平振动幅值图

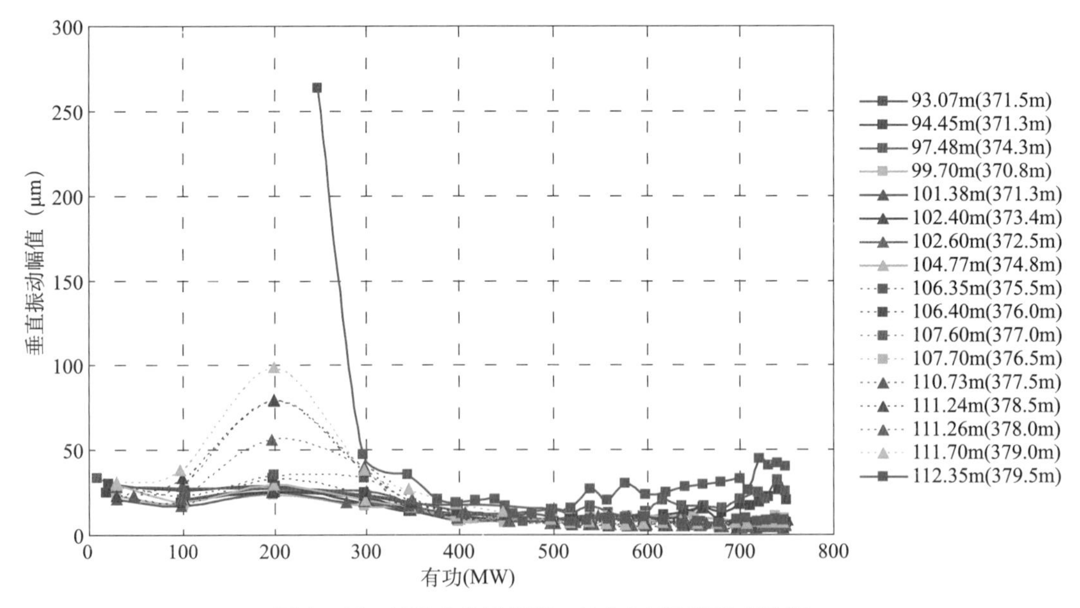

图 4-86　试验水头风洞墙 + Y 方向垂直振动幅值图

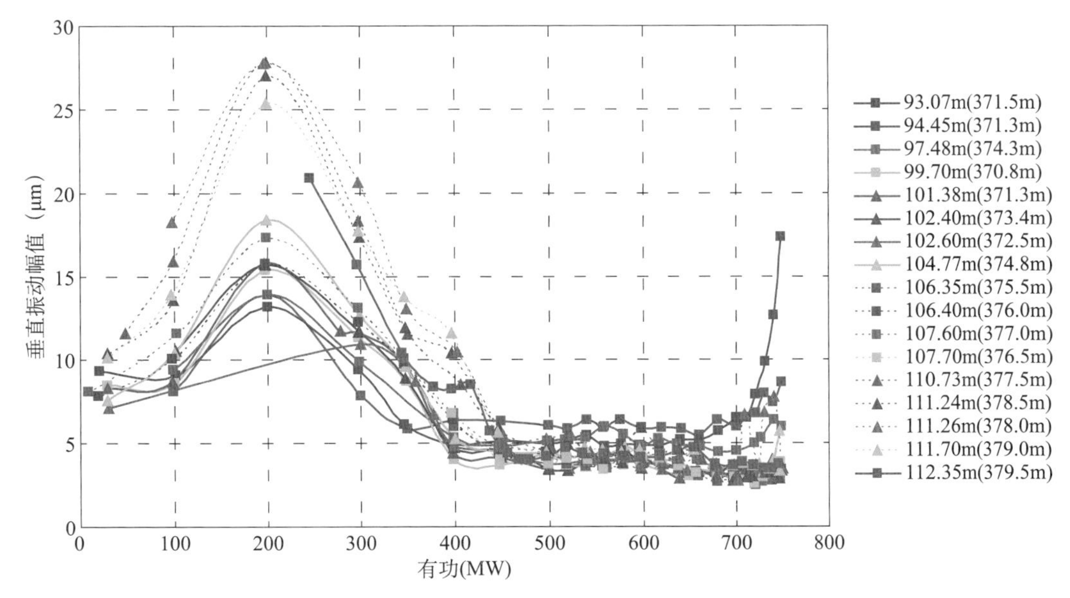

图 4 －87　试验水头发电机楼板 + Y 方向垂直振动幅值图

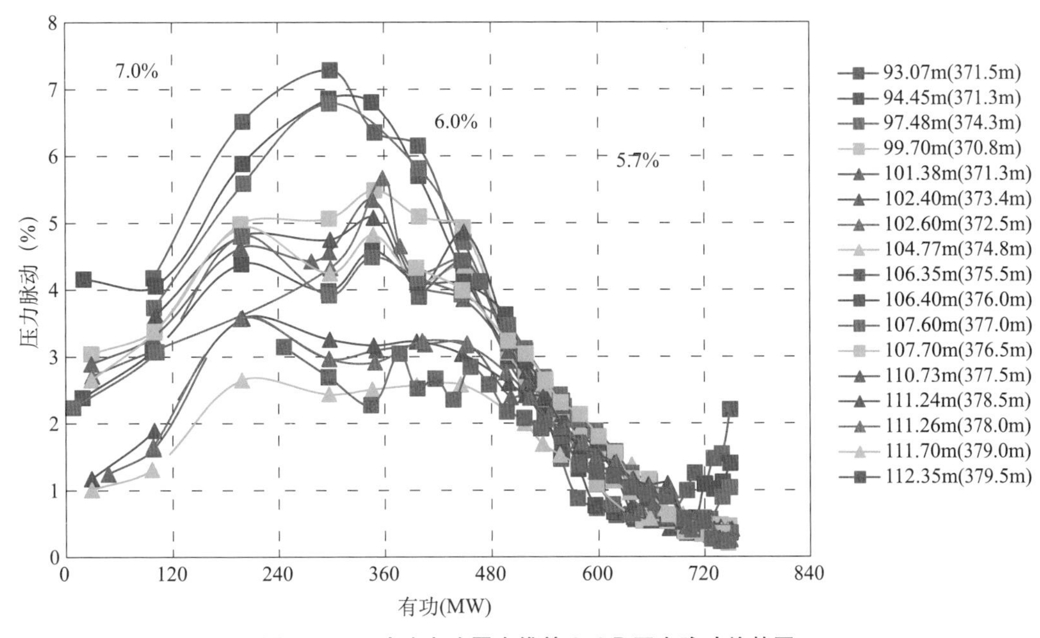

图 4 －88　试验水头尾水锥管 0. 3D 压力脉动趋势图

实测无叶区压力脉动趋势图如图 4 －89 所示。由图可见：在合同规定工况范围内，除 110. 73 ~ 111. 70m 毛水头在机组负荷为 260 ~ 370MW 时超过合同保证值外，实测无叶区压力脉动数据基本满足合同要求。

2）振动和摆度

由图 4 －90 可见：在合同规定工况范围内，除 93. 07 ~ 97. 48m 毛水头在机组负荷为 740 ~

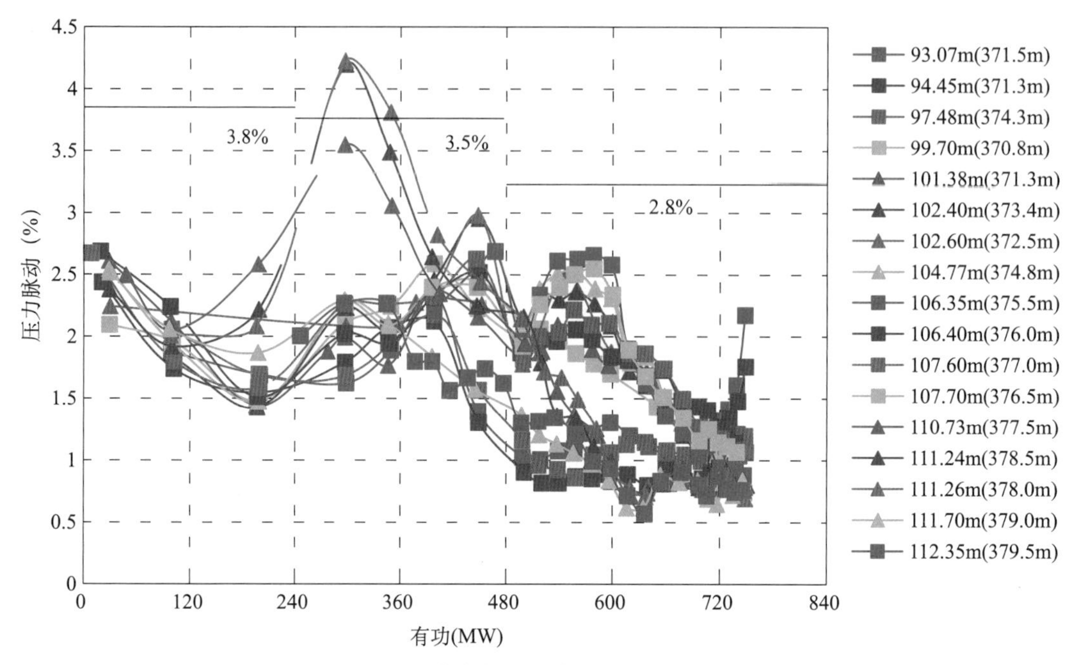

图 4－89　试验水头无叶区压力脉动趋势图

750MW 时超过合同保证值外，在机组出力大于 500MW 后顶盖水平振动幅值均满足合同保证值。

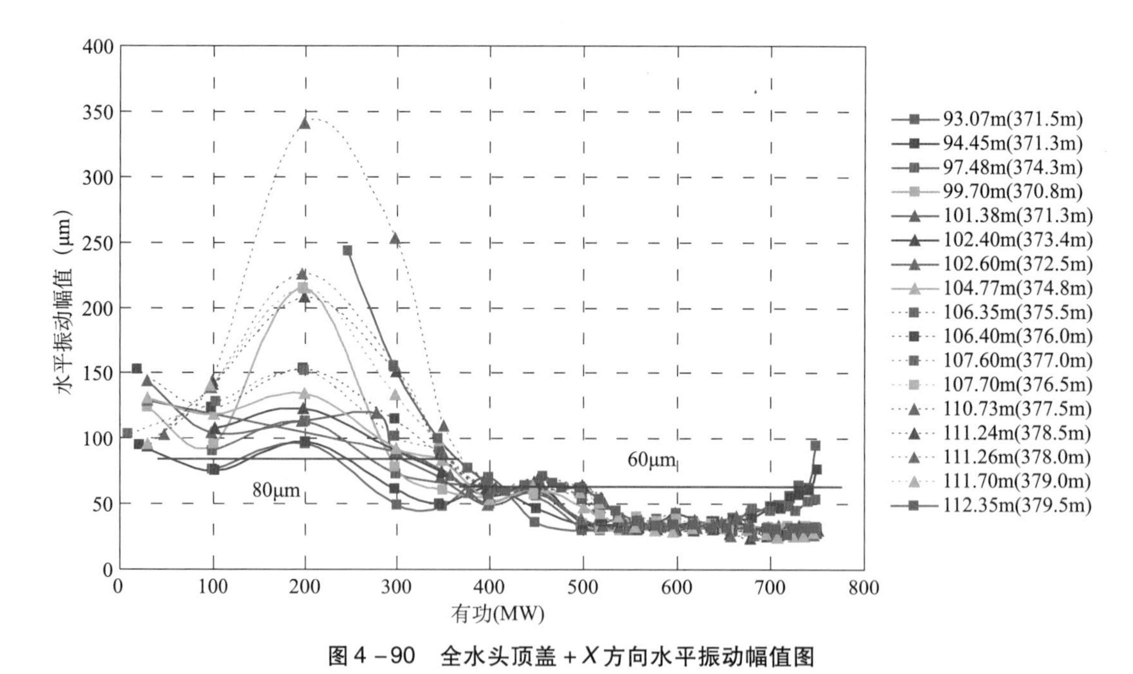

图 4－90　全水头顶盖 + X 方向水平振动幅值图

由图 4－91 可见：在合同规定工况范围内，顶盖垂直振动在机组出力超过 420MW 以后均满足合同要求。

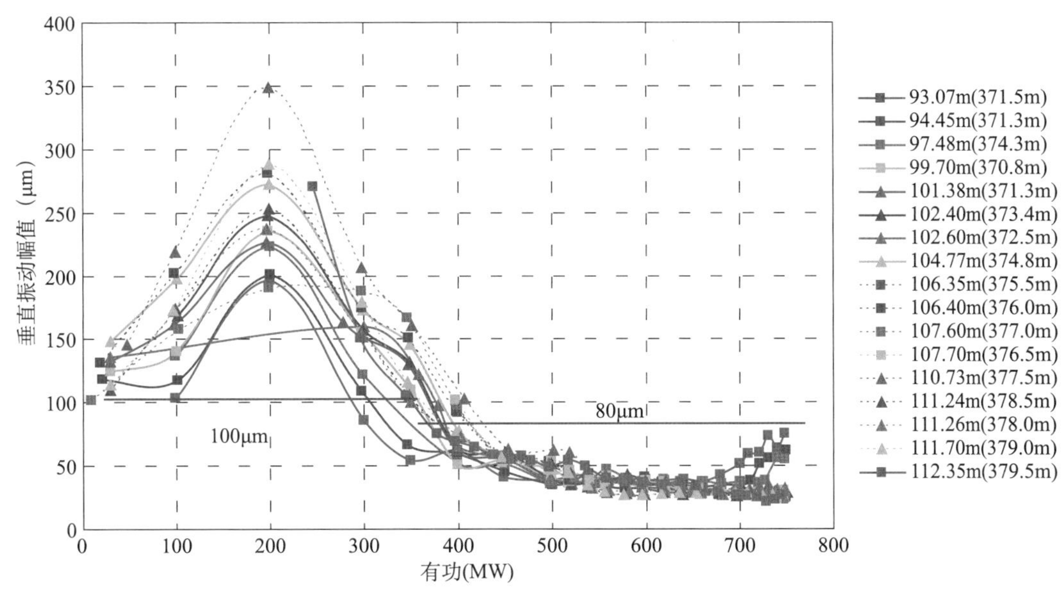

图4－91　全水头顶盖＋Y方向垂直振动趋势图

由图4－92可见：在合同规定工况范围内，在机组出力大于500MW后，水导摆度数据满足合同要求。

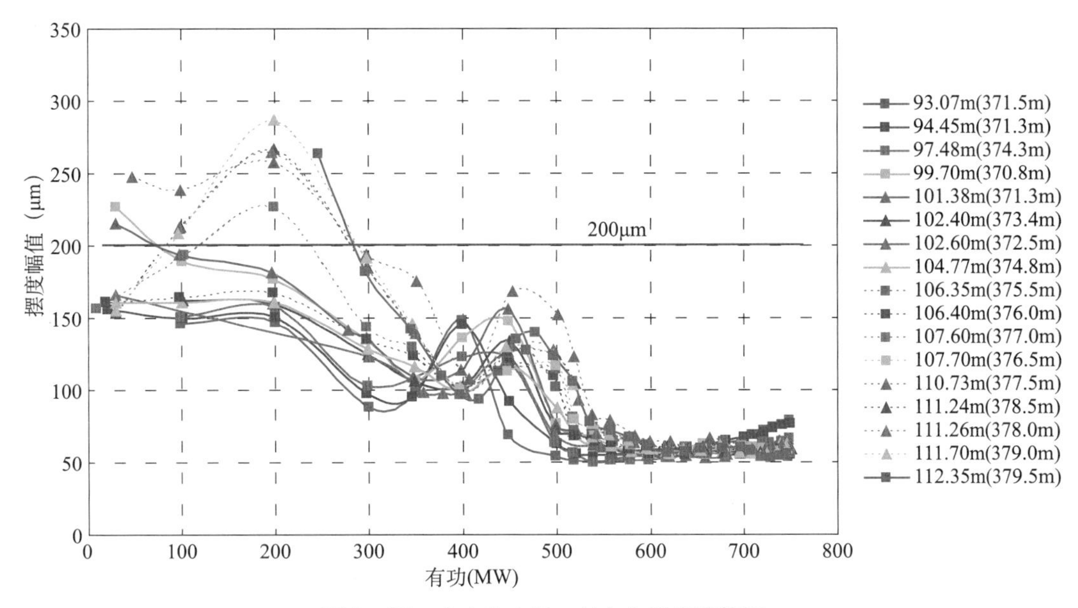

图4－92　全水头水导＋Y方向摆度趋势图

由图4－93可见：在机组出力大于350MW以上，上机架水平振动数据均满足合同要求。

由图4－94可见：在合同规定工况范围内，除94.45m毛水头在机组出力为750MW时大于合同保证值外，机组出力在大于420MW以后，下机架水平振动数据始终满足合同要求。

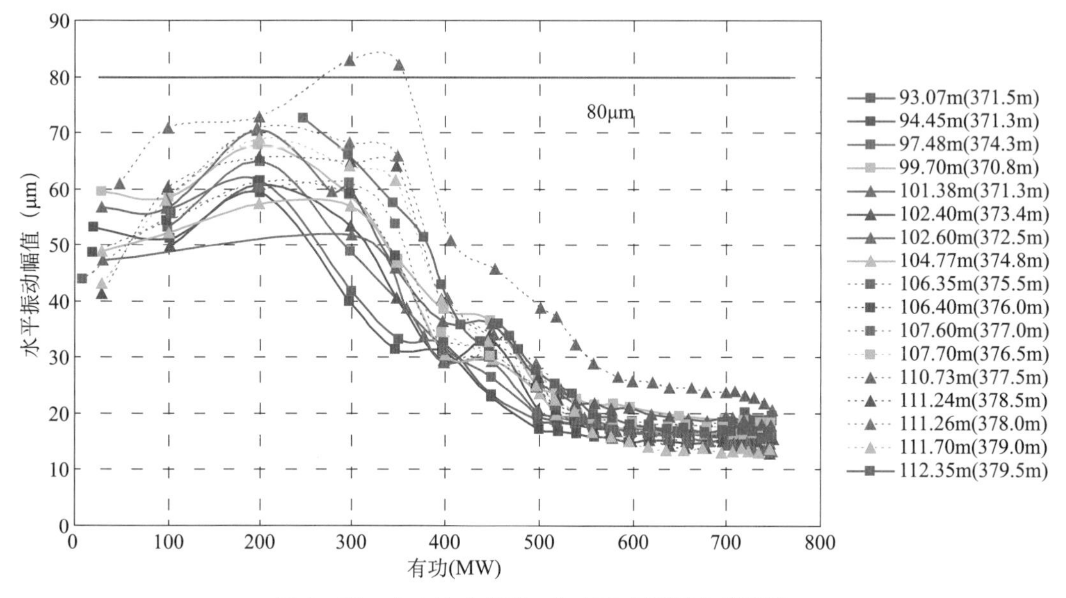

图 4－93　全水头上机架＋Y 方向水平振动趋势图

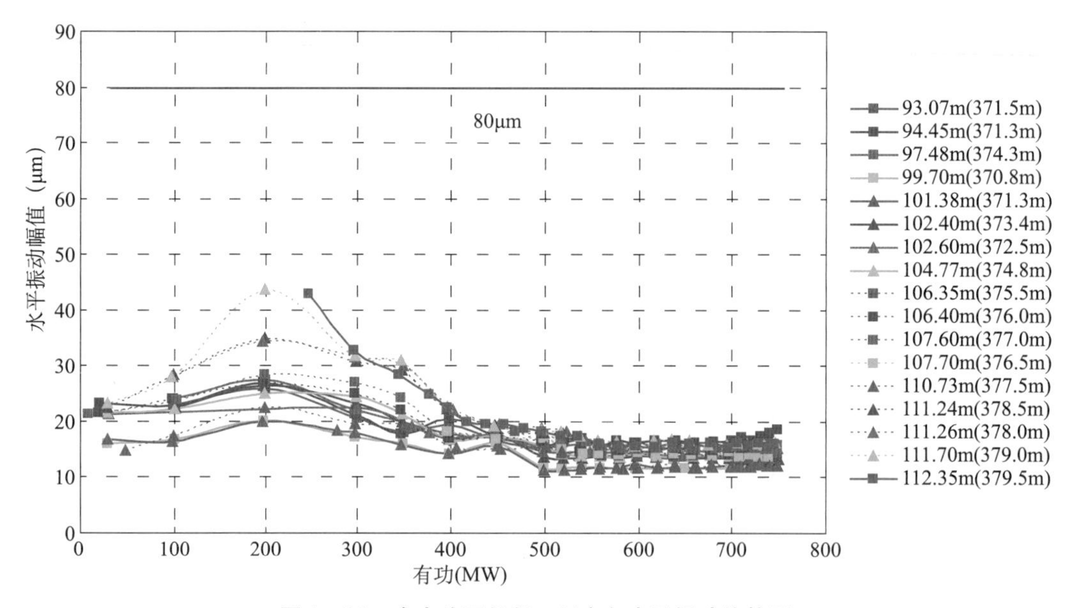

图 4－94　全水头下机架＋Y 方向水平振动趋势图

由图 4－95 可见：在合同规定工况范围内，下机架垂直振动数据在机组出力大于 250MW 后满足合同要求。

由图 4－96、图 4－97 可见：在合同规定工况范围内，定子机座水平振动通频幅值与带通（0.5～5Hz）幅值分量都大于合同保证值（30μm），但通频幅值分量满足三峡集团精品机组标准规定的限值（150μm）。

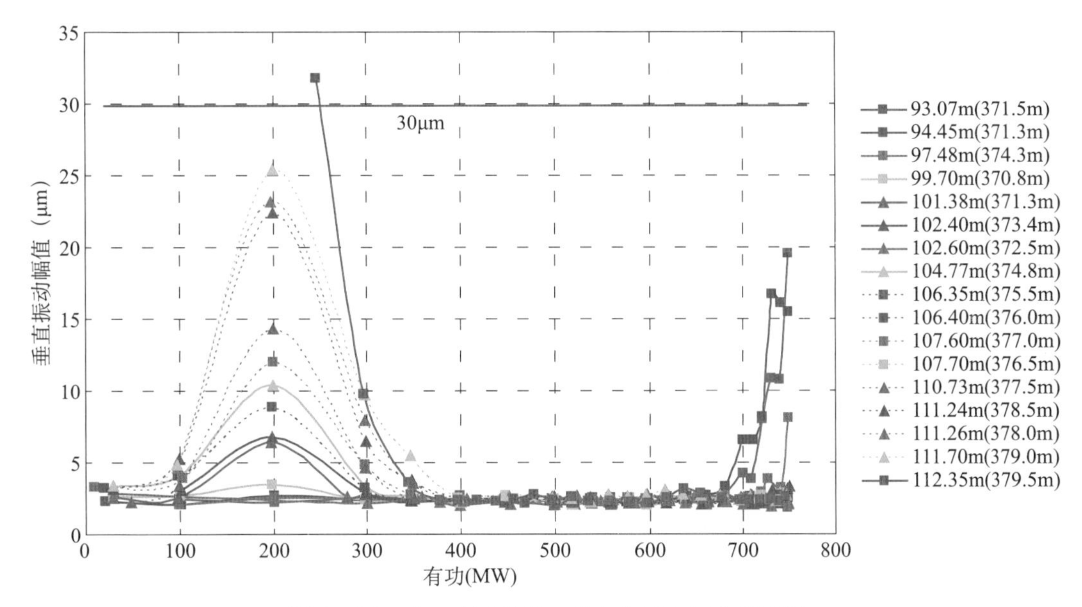

图4－95　全水头下机架＋*X*方向垂直振动趋势图

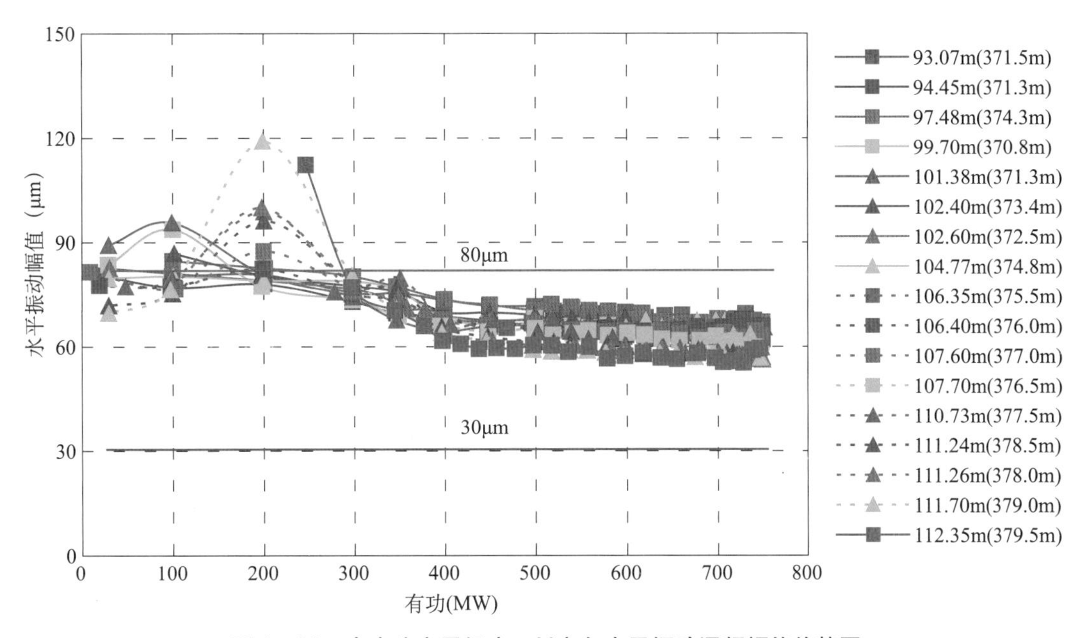

图4－96　全水头定子机座＋*Y*方向水平振动通频幅值趋势图

由图4－98可见：在合同规定工况范围内，机组出力大于600MW后上导摆度数据满足合同要求。

由图4－99可见：在合同规定工况范围内，下导摆度数据都不满足合同要求，但以三峡集团精品机组下导摆度限值（250μm）为标准，机组出力大于550MW以上满足三峡集团精品机组标准。

由图4－100可见：在合同规定工况范围内，部分工况下机头噪声数据不满足合同要求［小于78dB（A）］。

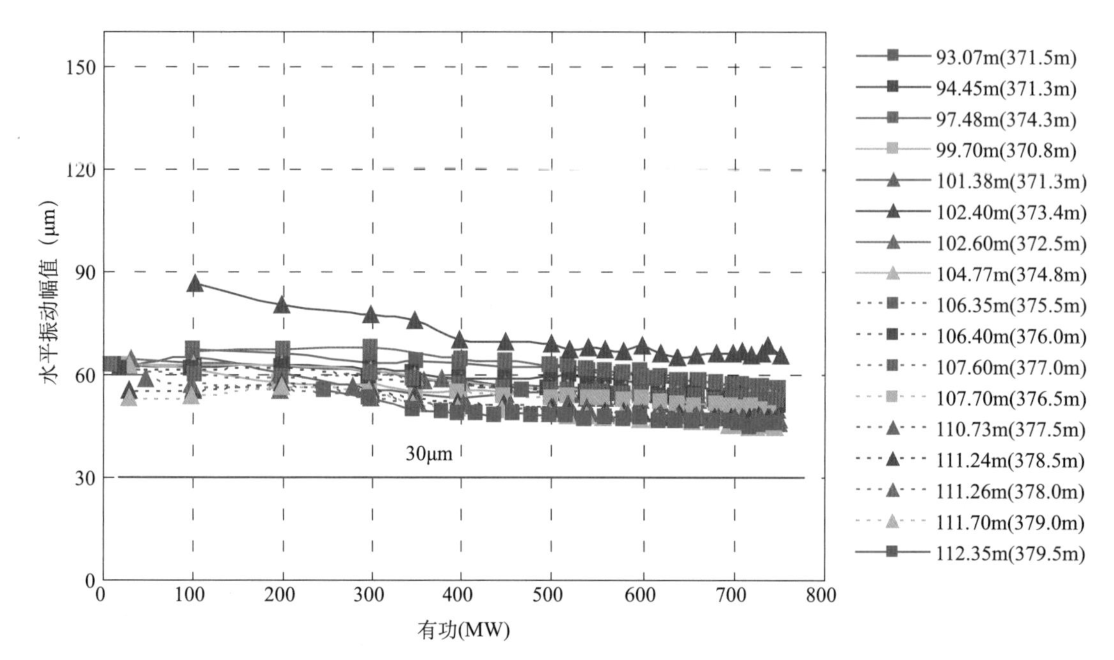

图 4－97　全水头定子机座＋*Y* 方向水平振动 0.5～5Hz 带通幅值趋势图

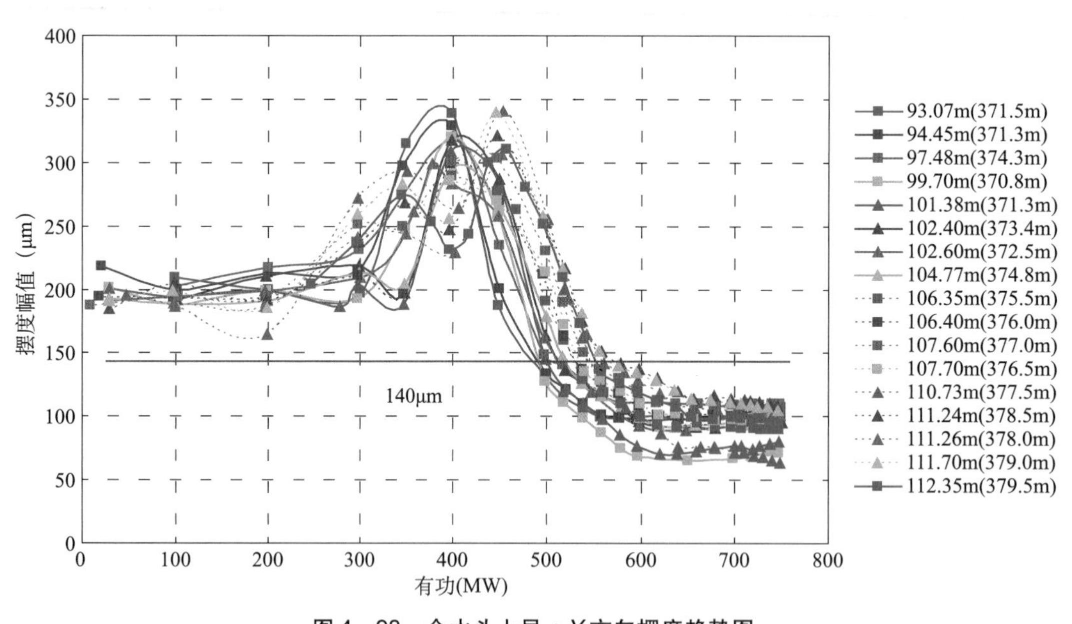

图 4－98　全水头上导＋*Y* 方向摆度趋势图

由图 4－101 可见：在合同规定工况范围内，各水头水车室噪声数据均不满足合同要求［小于 90dB（A）］。

由图 4－102 可见：在合同规定工况范围内，机组出力大于 330MW 后蜗壳门噪声数据满足合同要求［小于 95dB（A）］。

由图 4－103 可见：在合同规定工况范围内，尾水门噪声在低水头时部分负荷满足合同要求，高水头时大多数数据不满足合同要求［小于 95dB（A）］。

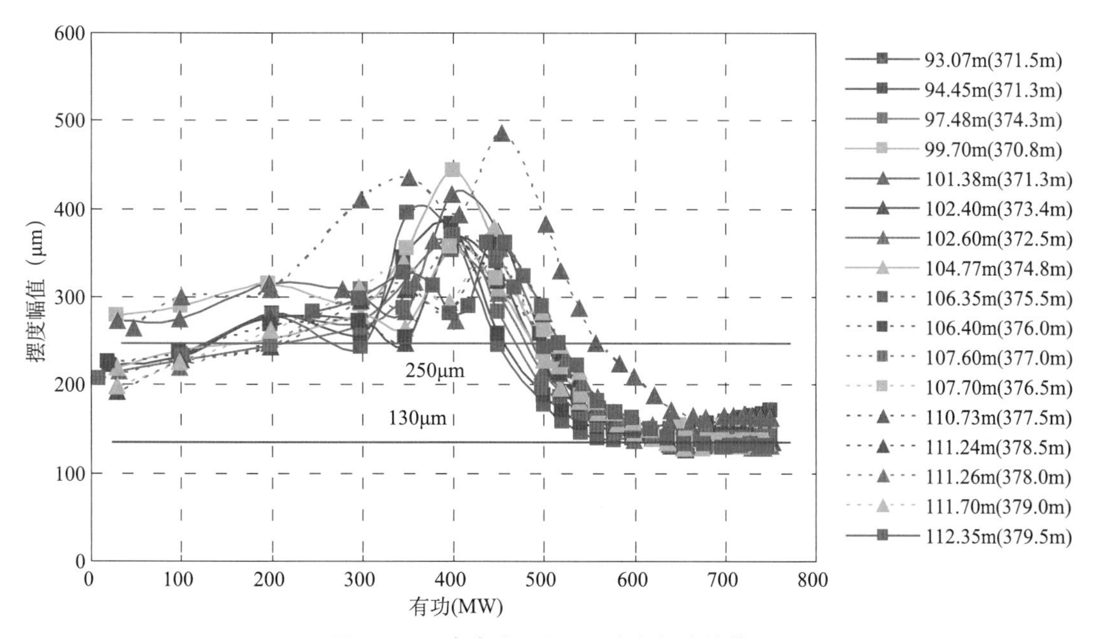

图 4－99　全水头下导＋*Y* 方向摆度趋势图

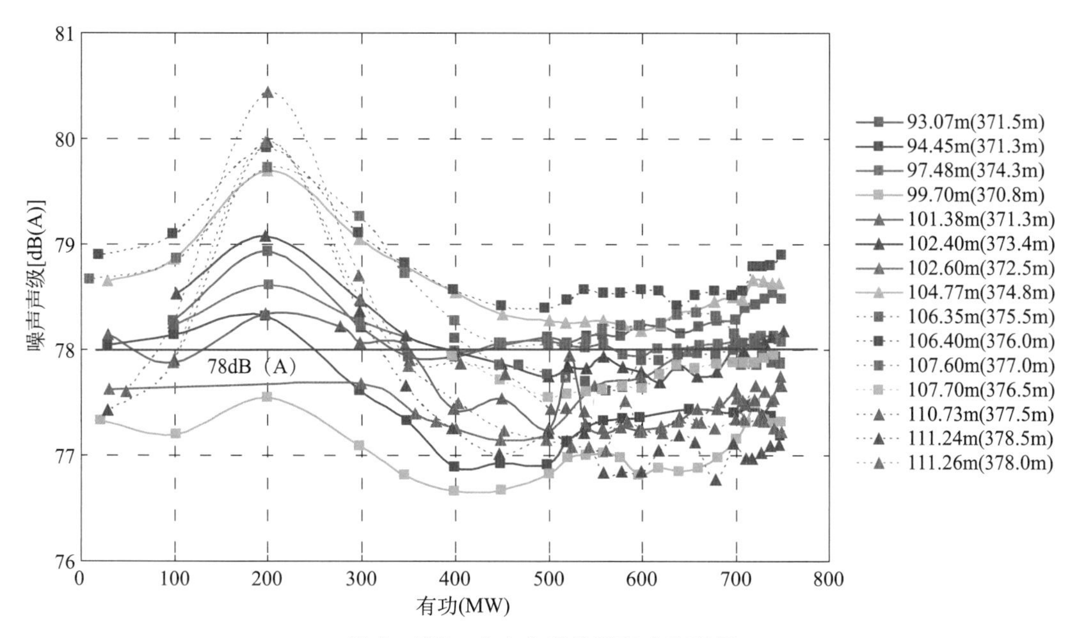

图 4－100　全水头机头噪声 A 声级图

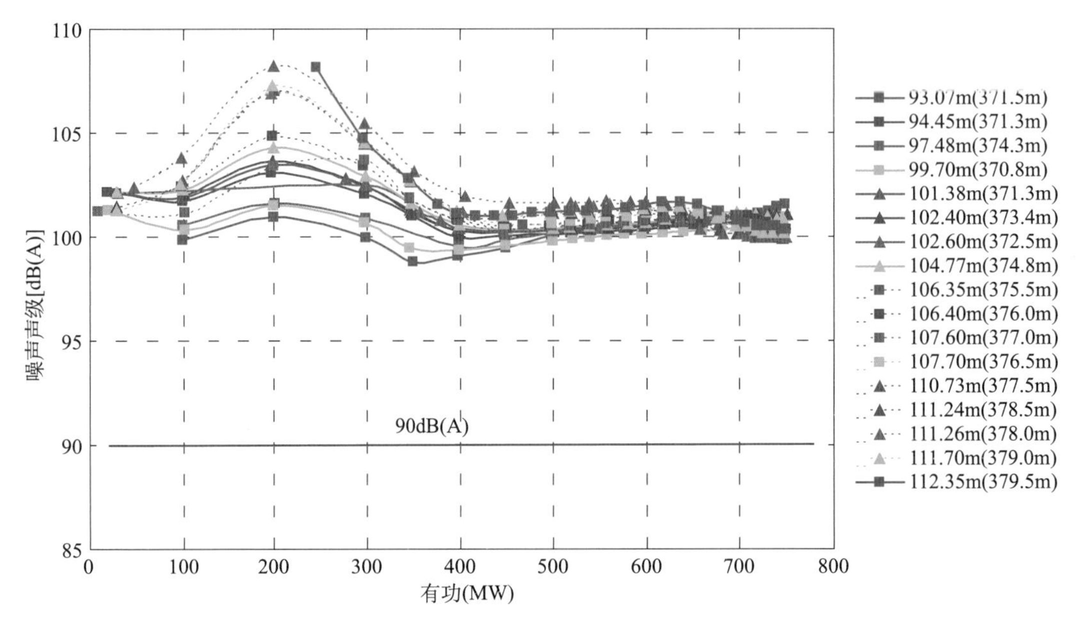

图 4－101　全水头水车室噪声 A 声级图

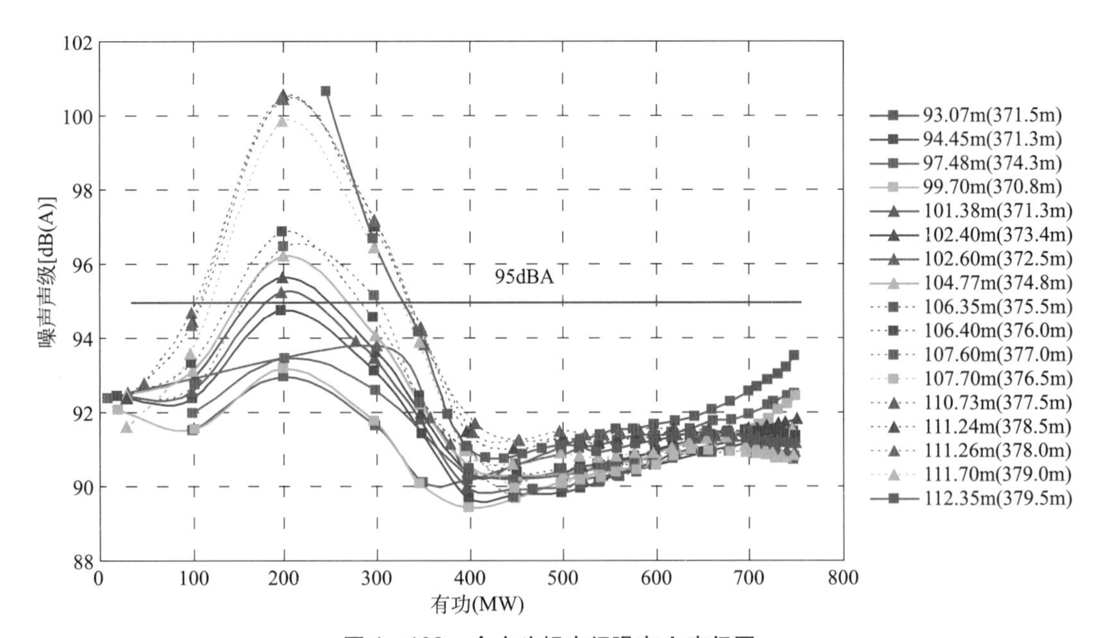

图 4－102　全水头蜗壳门噪声 A 声级图

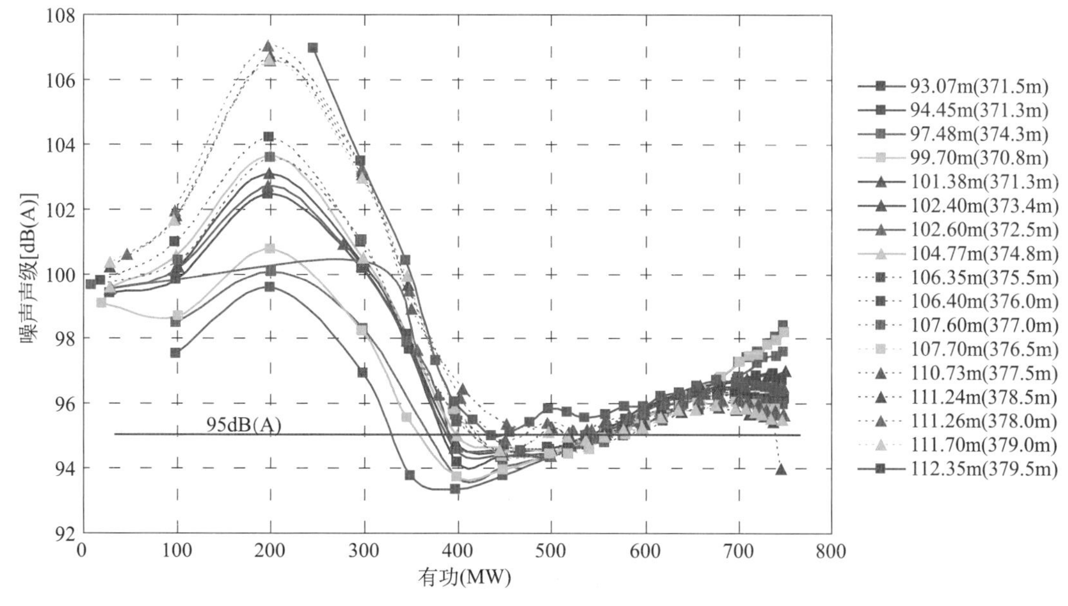

图4-103　全水头尾水锥管门噪声A声级图

4.3.2.2　稳定运行区域划分

根据上述试验数据，按照HEC机组合同规定的机组稳定性参数限制、三峡集团精品机组标准和国标划定运行范围，向家坝左岸HEC机组不同毛水头下建议运行范围见表4-3。对应的运转特性曲线如图4-104、图4-105所示。

表4-3　向家坝左岸HEC机组稳定运行范围

毛水头（m）	稳定运行范围（MW）		限制运行范围（MW）	
	下限	上限	下限	上限
93.0	460	750	400	460
93.5	462	750	402	462
94.0	464	750	404	464
94.5	466	750	406	466
95.0	468	750	408	468
95.5	470	750	411	470
96.0	472	750	413	472
96.5	474	750	415	474
97.0	476	750	417	476
97.5	478	750	419	478
98.0	481	750	421	481
98.5	483	750	423	483
99.0	485	750	425	485
99.5	487	750	427	487
100.0	489	750	429	489
100.5	491	750	432	491
101.0	493	750	434	493

续表

毛水头（m）	稳定运行范围（MW）		限制运行范围（MW）	
	下限	上限	下限	上限
101.5	495	750	436	495
102.0	497	750	438	497
102.5	500	750	440	500
103.0	502	750	442	502
103.5	504	750	444	504
104.0	506	750	446	506
104.5	508	750	449	508
105.0	510	750	451	510
105.5	512	750	453	512
106.0	514	750	457	514
106.5	516	750	460	516
107.0	518	750	462	518
107.5	520	750	465	520
108.0	522	750	468	522
108.5	524	750	470	524
109.0	526	750	472	526
109.5	528	750	474	528
110.0	530	750	476	530
110.5	533	750	478	533
111.0	535	750	480	535
111.5	537	750	482	537
112.0	539	750	485	539
112.5	542	750	487	542
113.0	545	750	490	545

注：1 号机组试验最大负荷只做到 750MW，因此稳定运行区上限按照 750MW 确定。

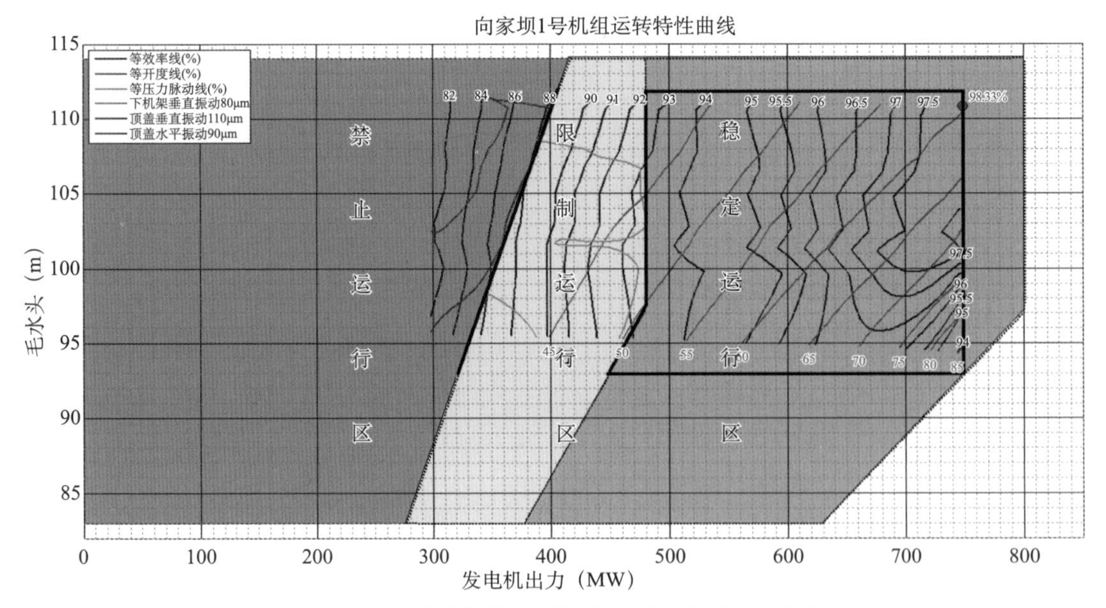

图 4－104　试验水头下 HEC 机组发电机稳定运行区

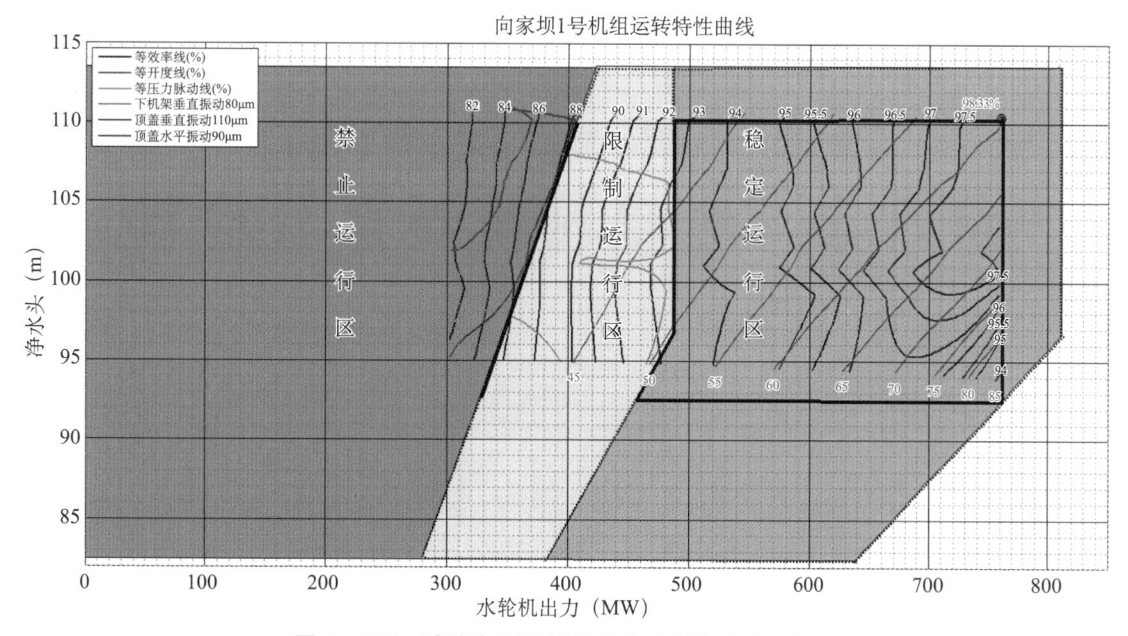

图 4－105　试验水头下 HEC 机组水轮机稳定运行区

第5章　发电机机械部分检修

5.1　概述

向家坝左右岸电站水轮发电机均为立轴、半伞式结构，冷却方式均为全空冷，即定子绕组、定子铁心和转子绕组均为空气冷却，采用密闭双路循环无风扇结构空气冷却方式。发电机机械部分由定子、转子、下机架及推导轴承、上机架及上导轴承、轴系及辅助设备等部分组成。

发电机定子由定子机座、定子铁心、定子绕组以及定子附属结构等构成。向家坝水电站发电机定子机座均采用斜支臂结构。定子铁心的主要作用是支撑定子绕组并形成发电机磁路的一部分。发电机转子由转子中心体、转子支臂、磁轭、磁极以及转子附属结构等构成。

机架是上导轴承的支撑部件。向家坝水电站机组上机架为非荷重机架，不承受轴向载荷，其径向负荷包括转子不平衡力、气隙不均匀引起的单边磁拉力、半数磁极短路引起的不平衡力等。上导轴承布置于上机架中心上导油槽内，共有10块上导瓦。下机架是荷重机架，主要承受推力轴承传递的机组转动部分重量及轴向水推力，同时还承受下导轴承传递的径向负荷。推导轴承布置于下机架中心推导油槽内，其中共有下导瓦16块、推力瓦24块。

发电机轴系由上端轴及下端轴共同组成。其中上端轴上连集电环，并为励磁引线提供安装位置，靠上导轴承承受并支撑自身摆度。下端轴下连水轮机轴，二者通过螺栓、销套连接。上下端轴靠转子中心体连接成为一个整体，二者之间的发电机将水轮机传递来的机械能源源不断地转换为电能输出。

发电机机械部分辅助设备主要包括高压油减载系统、制动与顶起系统、油雾粉尘吸收系统、轴承冷却系统、空气冷却系统等设备。

值得一提的是，TAH和HEC机组定子、转子、机架大量采用斜支臂结构，这有利于减小径向变形导致的机组中心偏移，降低结构件热膨胀引起的不均匀径向载荷，增强结构本身的稳定性。

5.2　技术专题

5.2.1　TAH机组推导冷却器水箱端盖密封改进

5.2.1.1　故障现象

向家坝右岸TAH机组下机架支臂上均匀对称布置有8个推导冷却器，设计冷却水流量

$144m^3/h$，每个冷却器冷却水额定流量为 $18m^3/h$。自投运以来，经过3年左右的运行，陆续发现部分冷却器的冷却水流量存在偏低现象，特别是2015年2月份以来，8号机组推力冷却器中的7、8号冷却器先后出现了流量降低的现象，流量最终维持在约 $6.6m^3/h$，仅约为额定冷却水流量的1/3。在冷却水流量下降后，对应区域的推力瓦温升高了1.0～1.2℃，可见推导冷却水流量下降对推力瓦温有不利影响。在机组倒换技术供水方向后，冷却水流量能够全部或部分恢复。此后，右岸TAH机组多台推导冷却器均发现存在冷却水流量显著偏低的现象。

5.2.1.2　原因分析

1. 水箱密封结构

图5－1所示是右岸TAH机组的推导冷却器结构设计和冷却水流向示意图，冷却器整体圆柱形，中部为油腔，上下端部为水箱，上下水箱各有一个端盖板，通过螺栓把合在冷却器本体法兰面上。冷却器水路为四程，因此冷却器下部水箱被隔水筋板分割为3个腔，上部水箱被隔水筋板分割为2个腔。端盖与本体之间设计有3mm厚的丁腈橡皮平面密封，可防止冷却器上下端盖漏水及冷却器水箱各腔室之间相互串水。

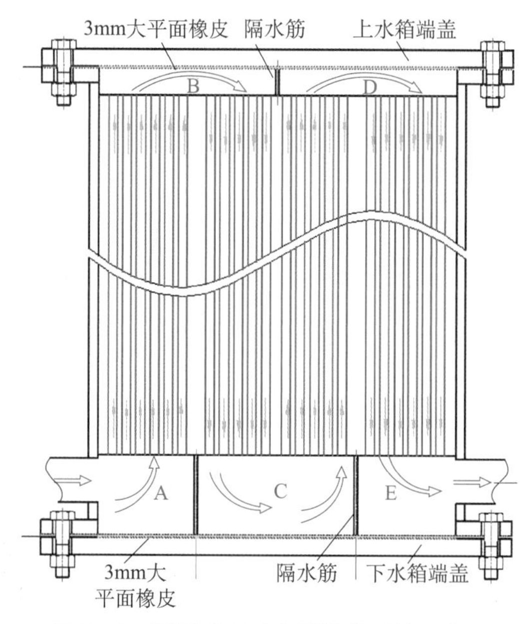

图5－1　TAH推导冷却器结构设计示意图

图5－2为向家坝右岸机组推导冷却器上下水箱端盖密封为大平面橡皮密封的实物照片。该橡皮厚3mm，既是保证冷却水不会溢出的对外密封材料，同时也是实现各个水腔之间不会串水的内部密封材料。整块橡皮拆下时还较为完整，但与端盖之间已经完全脱离，且靠近隔水筋处已开始出现裂缝。

2. 冷却水偏低的微观分析

推导冷却器运行时，承受水流正压力的橡皮部分仍能够紧贴在端盖上，但承受水流负压的橡皮部分会有剥离水箱端盖的趋势。而冷却水是每隔一段时间就会倒换一次以确保冷却水管路不会产生淤积和堵塞。推导冷却器水腔中正对紫铜管管芯的这部分橡皮，受正反向供水

图 5-2　TAH 推导冷却器水箱端盖内部隔水密封实物照片

的影响，时间一长，橡皮与端盖之间的胶水逐渐失效，有脱离冷却器水箱端盖的趋势，如图 5-3 所示。

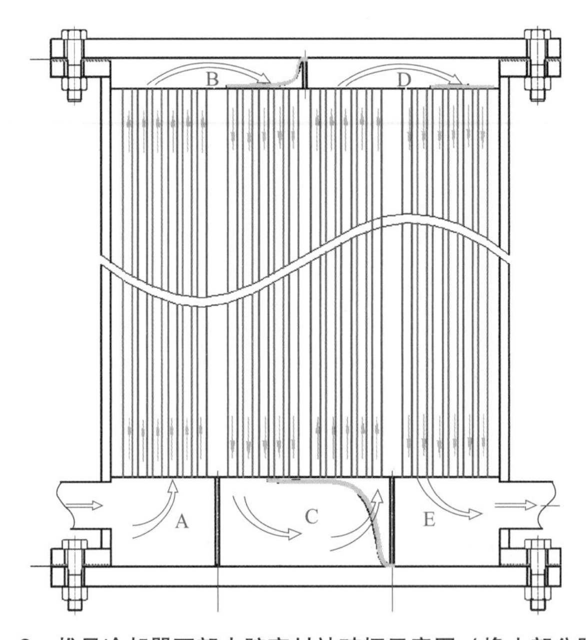

图5-3　推导冷却器下部水腔密封被破坏示意图（橡皮部分脱落）

在冷却水正反向供水的反复冲击以及压力波动下，各水腔正对冷却紫铜管管芯的密封橡皮陆续出现部分或全部破损、脱落，剥离或脱落的橡皮不同程度地堵塞与水箱相连的紫铜管，造成冷却器过水流量降低，大幅影响冷却效果。如图 5-3 所示，B 腔和 C 腔的橡皮已部分脱落，D 腔的橡皮完全破碎，脱落和破碎的橡皮遮住了冷却水的过流通道，造成冷却水流量异常下降。而在反向供水后，因水流方向改变，B 腔和 C 腔原先紧贴并遮挡冷却紫铜管管芯的橡皮被冲开，D 腔的橡皮被冲起，随机贴在水腔上，使得推导冷却器水流量基本或完全恢复。由于 B 腔、C 腔的橡皮没有完全剥落，在下一次的技术供水定期倒换之后，这部分剥落的橡皮会再一次地遮住冷却水腔的紫铜管，再次造成冷却水流量异常偏低的问题。冷却

器的横截面为 ϕ400mm，横截面四等分之后，冷却水有效过水面积，也即水流方向的横截面积并不大，只要被遮挡部分管芯之后，有效过水面积就会较大程度地减小，最终表现为整个推导冷却器的水流量异常偏低。

5. 2. 1. 3　改进措施

推导冷却器端盖密封分为两部分：一部分为橡皮圆环垫，尺寸与法兰把合面大小一致，防止冷却水外漏，这部分不变；另一部分为隔水筋的密封，长度与隔水筋等长，其断面结构如图 5 - 4 所示。换型后运行至今未发生冷却水流量异常、冷却效率下降的缺陷，设备运行稳定。

安装时，将该特殊密封上部缺口卡在分隔筋两侧，并用胶水固定，再将圆环密封垫固定在法兰位置，端盖装上后，法兰处的圆环密封垫被紧紧压住，分隔筋的特殊密封也被紧紧压住，从根本上解决了橡皮脱落引起堵塞的隐患。

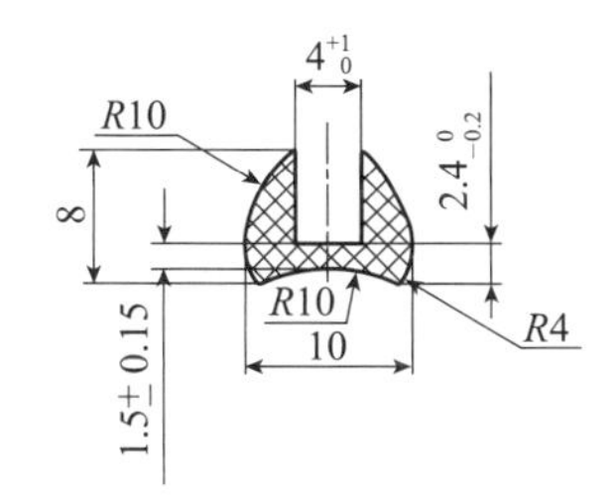

图 5 - 4　右岸机组推导轴承冷却器“凹”形密封结构图（单位：mm）

5. 2. 1. 4　效果评价

采用图 5 - 4 中的“凹”形密封条对右岸 TAH 机组推导冷却器的上下水箱端盖密封进行批量更换。更换后的新密封运行以来，未发生过冷却水流量异常的缺陷，冷却水流量和冷却效率表现优异。

上述“凹”形密封结构同样可用于左岸哈电机组的推导冷却器水箱密封。目前已在左岸哈电机组多个推导冷却器的水箱上安装了该型号的密封条，均运行良好，未出现密封条破损而影响冷却器水流量的情况。

5. 2. 2　TAH 机组推导轴承及空冷器冷却水管更换

5. 2. 2. 1　故障现象

向家坝右岸机组投运 2 ~ 3 年后，推导轴承和空冷器冷却水环管和支管陆续出现漏水缺陷，漏点主要发生在管道焊缝本体以及焊缝附近的母材部位，同时管道本身也陆续出现砂眼渗水情况。冷却水管的材质为 1Cr18Ni9，漏水缺陷经排水、补焊后一段时间再次出现漏水情况，同时又有新的漏点出现，以 8 号机组为例，空冷器冷却水管漏点最多时达 20 多处。随着漏水的愈演愈烈，2014—2015 年岁修中陆续对右岸 4 台机推导轴承和 2 台机的空冷器冷却水管进行了更换（TAH 主机厂家提供管材，材质 1Cr18Ni9 未变，但壁厚增加至 6mm）。但改造后的冷却水管也未能达到理想效果，3 ~ 4 年后又陆续出现漏水情况，漏点主要集中在管道焊缝及其附近的母材处。至 2020 年右岸 4 台机的推导轴承和空冷器冷却水管焊缝锈蚀已较为严重，焊缝的漏点可焊性显著降低，部分漏点出现多次焊接修复仍然漏水的情况，同时漏点附近经多次动火修复，材料的安全稳定性已显著降低。

5.2.2.2 原因分析

右岸机组推导轴承和空冷器冷却水管最开始的渗漏，在材质成分检验未发现显著异常的情况下，倾向于认为是材质不良以及壁厚偏薄（推导环管壁厚4.5mm，支管壁厚3mm；空冷器环管壁厚3～3.5mm），因此协商主机厂重新供货，并增加了壁厚（推导环管壁厚增加至6mm，支管增加至5mm；空冷器环管壁厚增加至6～8mm）。同时严格控制焊接工艺，316L不锈钢焊丝氩弧焊打底，A102手把焊条满焊。

更换同型号材质3～4年后，又陆续出现管道焊缝及其附近母材砂眼漏水的缺陷，且随着运行时间的增加，该类缺陷逐步增多。2020年度，7号机组推导环管焊缝漏点两次动火补焊依旧失败，焊缝的漏点可焊性显著降低，冷却水管的漏水问题日渐增多，漏水问题逐渐成为威胁机组安全稳定的较大问题。通过材质取样检验化学成分，未发现显著异常。通过对1Cr8Ni9不锈钢材质的研究分析，由于该型号不锈钢含碳量较高（标准：≤0.15%），形成的碳化铬较多，固溶体中含铬量较少，耐腐蚀性能就会明显降低，在长期的水流冲刷和气蚀作用下，焊缝及其附近的母材加快锈蚀，最终形成砂眼漏水；而装配中焊缝可能承受的较大应力，造成了应力腐蚀，则加速了焊缝腐蚀这一进程。与1Cr18Ni9相比，向家坝左岸推导轴承和空冷器冷却水管材质采用的1Cr18Ni9Ti，由于增加了Ti元素，左岸冷却水管的耐腐蚀性明显好很多，投运至今，仅出现过少量几处漏水的情况。

5.2.2.3 改进措施

通过对市场上常见、可以获取的不锈钢牌号进行研究，锁定了316L（022Cr17Ni12Mo2）这种改性不锈钢材质。该材质由于大幅度降低了碳含量（标准：≤0.030%），增加了Mo元素，使得该不锈钢型号拥有优异的抗点蚀能力，可以安全地应用于含 Cl^- 等卤素离子环境，耐腐蚀性能更优。

同时配焊和装配中严格控制焊接工艺，对所有要焊部位及周边30mm范围内的铁锈、油污、水分及保护性油漆进行清除，直至露出金属光泽。焊接坡口间隙最大不应超过2mm。焊接标准执行TI-IE－010A，焊缝等级按图纸要求执行。对不锈钢的存储、运输、吊装、焊接、铲磨等操作按标准TI-IE－035B执行。参加焊接的焊工必须具备焊接资格认证。焊缝要进行100%无损检验，缺陷按正式焊接规范要求修复至合格。

配管和装配过程中尽量避免增加额外的内应力，从而确保冷却水管的高可靠性和较长的使用寿命。

5.2.2.4 效果评价

2020—2021年度中已对向家坝5、8号机组推导轴承和空冷器冷却水管路更换为022Cr17Ni12Mo2材质，焊缝PT检测合格，充水无漏水。因运行时间较短，效果待时间检验。

5.2.3 HEC机组发电机空冷器管路改造

5.2.3.1 故障现象

向家坝左岸电站发电机空冷器环管为埋管形式，水源取自266m高程下游副厂房技术供水总管，空冷器进出水管路在水轮机层、机坑墙体内以埋管方式引入风洞内，接入空冷器，如图5－5所示。自3号机组投产以来，在3号机组段266m高程地面、机坑墙体、楼梯间、水车室进人廊道等多处产生渗漏水。为检查漏水源头，2015年3月，根据《向家坝3号机组水轮机机坑墙体充水检查方案》对3号机组技术供水埋管部分进行了漏水部位排查，结果显示，漏水源为发电机空冷器埋管，如图5－6所示。

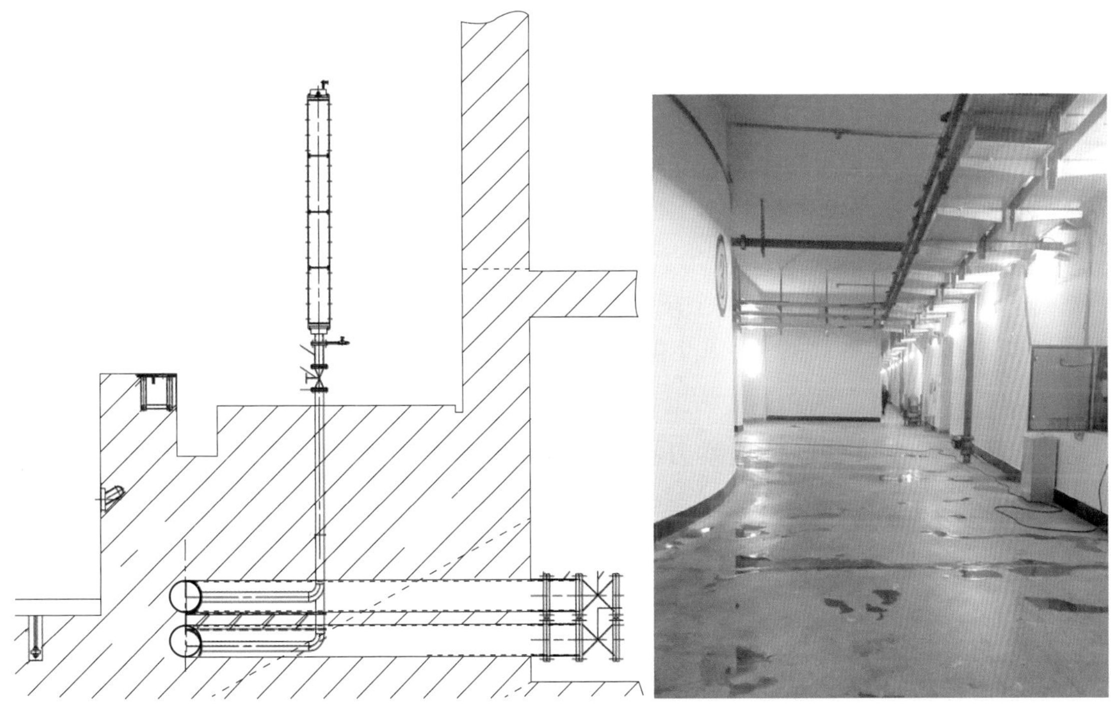

图5－5　HEC发电机空冷器进出水管路布置　　图5－6　3号机组发电机空冷器埋管漏水情况

5.2.3.2　原因分析

经检漏试验，找出了主要的漏水点位于左岸266m高程3号机组段主厂房地面，漏点有多处，与空冷器冷却水埋管的布置位置基本一致。漏点的出现可能与局部焊接工艺控制不良，或者埋管受温度影响局部应力过大有关。

5.2.3.3　改进措施

由于因3号机组发电机空冷器进出水管路的埋管存在部分渗漏缺陷，且无技术手段精确查找并处理漏点，且2015年以来至2018年，左岸4台机组中已有3、2号两台机组出现了埋管漏水，为了保障机组冷却水管路可控、可靠以及方便维护和维修，经审慎研究，决定将左岸机组冷却水埋管废除和封堵，并重新设计明管，逐年改造实施。新设计的3号机组发电机空冷器供排水总管要在266m高程穿墙进入机坑内定子机座外围，因此需要在3号机组段266m高程风洞室侧墙开孔，详见《向家坝3号机组风罩钻孔技术措施》。由于空冷器冷却水埋管改明管工作量较大，需结合专项检修实施，单台机组施工工期按照45天控制。为避免改造后的明管表面产生结露，影响设备安全稳定运行，在明管全部施工完成后，采用管路防结露材料对新管路进行包扎，绑扎牢固，外观整洁。

现场除做好施工区域与运行设备的物理隔离外，还需要重点做好发电机定子、空冷器、端子箱、元器件等设备的安全防护。重点是管道的焊接工艺，要求如下：

（1）管道接头或焊接弯头应根据管壁厚度选择适当的焊接坡口的型式和尺寸，一般壁厚不大于4mm 时，选用I 形坡口；壁厚大于4mm 时，应采用70°角的 V 形坡口，对口间隙及钝边均为 0 ~2mm。管道对口错口应不超过壁厚的 20%，但最大不超过 2mm。

（2）焊缝表面应有加强高，其值为 1 ~2mm；遮盖面的宽度，I 形坡口为 5 ~6mm，V 形坡口要盖过每边坡口约 2mm。

（3）焊缝表面应无裂纹、夹渣和气孔等缺陷。咬边深度应小于 0.5mm，长度不超过焊缝长的 10%，且最大不大于 100mm。

（4）焊接的工艺要求及焊缝的内部质量应符合 GB 50683—2011《现场设备、工业管道焊接工程施工质量验收规范》。

5.2.3.4　改造效果

截至 2022 年 5 月，已完成向家坝左岸 3、2、1 号机组空冷器冷却水埋管的改造工作，埋管改为明管后稳定运行至今，其中最早改造的 3 号机组已安全运行超过 3 年未出现漏水现象。

5.2.4　定子铁心拉紧螺杆预紧力不足检查处理

5.2.4.1　缺陷发现

向家坝左右岸机组发电机定子铁心在工地以 1/3 的叠片方式交错叠装，以形成一个整体连续的铁心。定子铁心通过拉紧螺杆把合。螺杆由绝缘套筒导入以避免接触定子铁心。定子铁心的拉紧系统可以确保定子铁心内的永久压力。所有的拉紧螺杆都与碟簧配合使用，以便保证长时间运行后，拉紧力仍可以维持。

在向家坝左右岸机组岁修中发现，定子铁心压紧螺杆存在预紧力不足的现象。以右岸 8 号机组为例，定子绝缘螺杆设计拉伸力为 114.3kN，设计伸长值 6.58mm，液压拉伸器液压缸面积为 $1728mm^2$，设计拉伸力对应的油压值为 66MPa 的拉伸器对 8 号机组定子铁心拉紧螺杆进行了抽检，抽查了 7 颗定子铁心拉紧螺杆，具体检查情况见表 5 -1。结果表明检查拉紧螺杆的残余拉伸力和拉伸值与设计值相比均普遍偏小，大约相当于设计预紧力的 60%。

表 5 -1　8 号机组定子铁心拉紧螺杆抽检结果

序号	螺栓编号	实测压力值（MPa）	设计压力值（MPa）	残余伸长值（mm）	设计伸长值（mm）
1	83	39	66	4.00	6.58
2	178	39	66	4.00	6.58
3	179	43	66	4.17	6.58
4	180	36	66	3.58	6.58
5	181	37	66	3.55	6.58
6	281	38	66	3.78	6.58
7	336	38	66	3.70	6.58

同样的方式，对右岸 6 号机组定子铁心拉紧螺杆进行抽检，共抽检了 11 根，检查拉紧螺杆的残余预紧力与设计值相比也普遍偏小，大约也只有设计值的 60%。而对左岸 2 号机组

的定子铁心拉紧螺杆进行抽检，共抽检了9根，实测定子拉紧螺栓的残余预紧力约23～25MPa，相当于设计预紧力41.8MPa的55%多一点。

5.2.5.2　原因分析

查阅安装记录，左右岸机组定子铁心拉紧螺杆实际拉伸值满足设计要求。综合以上数据可知，目前向家坝左右岸机组定子铁心拉紧螺杆拉伸压力、伸长值与装机时相比均有所下降。若此下降趋势持续保持或者加剧，将给机组安全稳定运行带来隐患。

定子铁心拉紧螺杆伸长量降低是由于定子铁心冲片在长期运行和高温作用下漆膜收缩造成的。在当前使用的涂漆材料和压紧系统下，这个问题是普遍存在的。目前，在行业内采用相同压紧系统机组的实际运行情况表明，在螺杆正常残余预紧力下，定子铁心可以保持足够的紧度，不会影响机组的安全稳定运行。定子铁心拉紧螺杆在运行后预紧力降低至设计值的多少才会影响定子铁心运行状态目前尚无标准。

5.2.4.3　处理措施

向家坝右岸机组厂家在查阅了检查情况之后，认为现有抽查的数据表明尽管定子铁心拉紧螺杆相比于安装标准已有明显下降，但下降的幅度仍在可接受范围内，且各定子铁心拉紧螺杆的残余预紧力基本均匀，可继续运行，但须定期跟踪。向家坝左岸机组厂家在查阅了检查情况之后，认为目前螺杆预紧力较设计值已显不足，建议择机重新拉紧拉杆，拉紧值按2.9～3.3mm控制，同时应定期检查螺杆伸长量，如果低于上述值，应重新拉紧。基于上述意见，向家坝电厂对定子螺杆进行了如下处理：

（1）对左岸2号机组定子绝缘螺杆全部按主机厂家给定范围的平均值3.1mm的伸长量进行了全面拉伸。整个拉伸过程中，有31个螺栓在压力达到要求值时未松动，故未对其进行处理，其余螺栓均有松动，已全部按要求拉伸。左岸其他3台机组也对定子铁心螺杆进行了抽查，情况与2号机组类似，均按照主机厂家给定范围的平均值3.1mm的伸长量进行了全面拉伸。

（2）对右岸4台机组定子铁心拉紧螺杆残余预紧力进行抽查，结果显示定子绝缘螺栓现有伸长量均大于3mm，在厂家给定的安全区间内，经研判暂不影响机组正常运行，故未做进一步处理。

鉴于该情况的普遍性，电厂机械专委会经研究后认为定子铁心拉紧螺杆的问题未完全解决，尚可能留有安全隐患，与主机厂家沟通商议后，决定对左右岸8台机组定子铁心拉紧螺杆按照设计的伸长量进行全面拉伸。此项工作已于2020—2021岁修年度内全部完成。

5.2.4.4　效果评价

2019—2020年度对左右岸8台机定子铁心拉紧螺杆残余预紧力进行抽查和处理后，机组运行良好，定子机座、定子铁心振动和三部轴承摆度各指标良好，无异常和超标情况。2020—2021年度对左右岸8台机组定子铁心拉紧螺杆全部按照设计伸长值进行了全面拉伸，目前机组定子各指标运行良好，效果待进一步跟踪。

5.2.5　TAH机组气隙挡风板缺陷分析与处理

5.2.5.1　故障现象

向家坝右岸机组为全空冷发电机组，空气循环方式为双路循环，即冷空气同时从转子上下方的孔洞进入转子内部，再从转子磁轭、定子绕组吹出，经过空冷器冷却后进入新的循环。为保证更多的冷风进入定子绕组，在定子上下端部均设置有气隙挡风板，用以遮挡空气间隙，防止热风逸出。定子气隙挡风板为分块式非金属板。向家坝右岸机组空气间隙为31.5mm，空间较狭窄，考虑到挡风板强度与现场安装位置，将气隙挡风板设计成上下两层错开叠装配合的形式以便更好地封堵空气间隙。每层挡风板共84块，每块长710mm，挡风板上设计有三个固定耳柄，通过3颗M8螺栓固定在定子齿压板上，螺栓通过蝶形弹簧防松。左侧为下层挡风板，右侧为上层挡风板，上下层挡风板之间错开1/2长度安装，如图5-7所示。

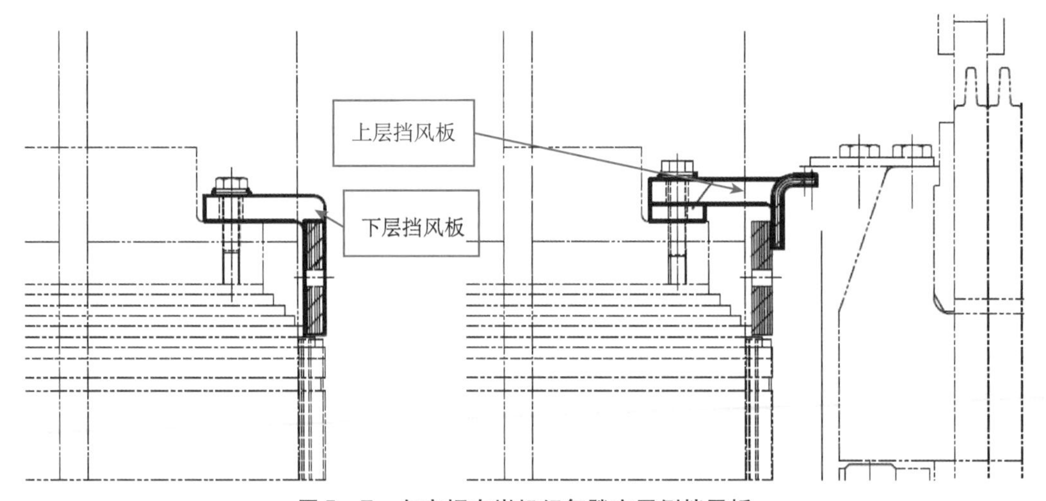

图5-7　向家坝右岸机组气隙定子侧挡风板

向家坝右岸机组投产运行几年后，检查定子侧气隙挡风板，发现存在两方面的缺陷：一是气隙挡风板耳柄与本体连接处存在裂纹，少数耳柄断裂，如图5-8所示；二是由于大批量的气隙挡风板固定螺栓预紧力不足，有部分螺栓存在松动甚至少数螺栓出现被剪断的现象，如图5-9所示。

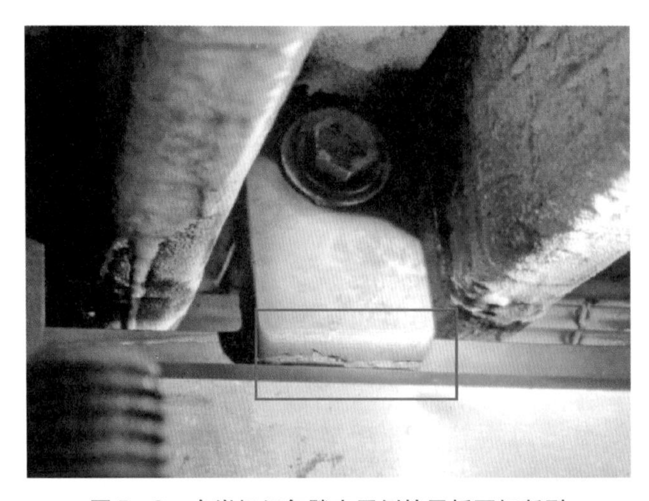
图5-8　右岸机组气隙定子侧挡风板耳柄断裂

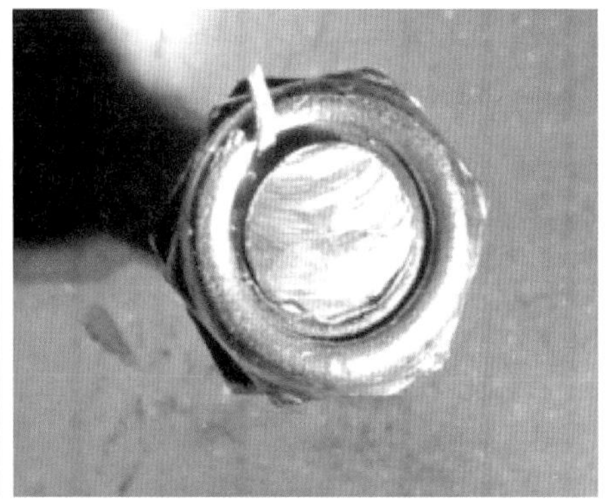

图 5－9　右岸机组气隙定子侧挡风板固定螺栓被剪断（右侧螺母为辅助取出的螺母）

5.2.5.2　原因分析

1）挡风板固定耳柄出现裂纹的主要原因

（1）材质强度不足。目前向家坝右岸机组使用的气隙挡风板材质为 HM49。该材质强度较低，且在浇注过程中排气不理想，导致材料内部存在很多空气泡，这将进一步导致材料强度降低。挡风板在运行时，伴随定子铁心的振动，三个固定耳柄受到的力度不一致，将可能导致耳柄产生裂纹或者直接断裂。

（2）耳柄与挡风板连接部位本体尺寸偏小。目前挡风板与耳柄连接部分本体厚度仅 5mm，较为单薄，在强度方面的安全系数不足，在极端运行工况下，将会导致耳柄根部出现裂纹。

（3）安装工艺控制不严。在安装时，三个耳柄对应的定子齿压板螺栓孔高程不一致，需要在固定耳柄下部加装绝缘垫片，以便调平三个耳柄安装高度。绝缘垫片分 1mm、2mm、4mm、8mm 四种规格，绝缘垫片加得太少或加得太多，都将给固定耳柄造成不必要的内应力。三个耳柄安装示意图如图 5－10 所示。

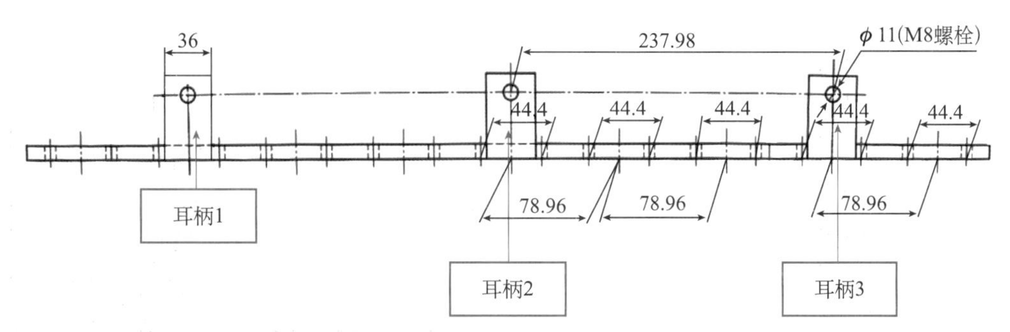

图 5－10　三个耳柄安装示意图（单位：mm）

2）耳柄固定螺栓预紧力不足的主要原因

气隙挡风板安装时，每个耳柄均由一颗 M8 螺栓固定，螺栓下方有一个平垫和一个蝶形弹垫防松。M8 螺栓设计预紧力为 12N·m，在实际运行过程中，该防松措施不足以保持预紧力，在定子铁心振动影响下，螺栓预紧力逐渐变小，慢慢出现螺栓预紧力不足的问题；同时个别螺栓预紧力变小后，蝶形弹簧处于自由状态，在定子铁心振动影响下，不断切割 M8 不锈钢螺栓，导致螺栓断裂，严重威胁机组的安全稳定运行。

5.2.5.3 改进措施

1）挡风板材质优化

为加强挡风板材质强度，将现有的 HM49 层压玻璃毡板更换为 SMC 材质，SMC 是一种主要应用于电气场所的片状模塑料，里面加有玻璃纤维，各项性能得到大幅增强。SMC 材质的拉伸强度及弯曲强度相较于 HM49 得到了极大的提升，两种材质的强度对比见表 5－2。

表 5－2　HM49 和 SMC 两种材质机械性能对比（单位：MPa）

强度	材质	
	HM49	SMC
拉伸强度	0.1	90
弯曲强度	40	220

为加强挡风板耳柄根部强度，将挡风板本体与耳柄连接部分厚度由 5mm 变为 9mm，使连接强度得到了较大的提升，挡风板尺寸变化前后的对比图如图 5－11 所示。

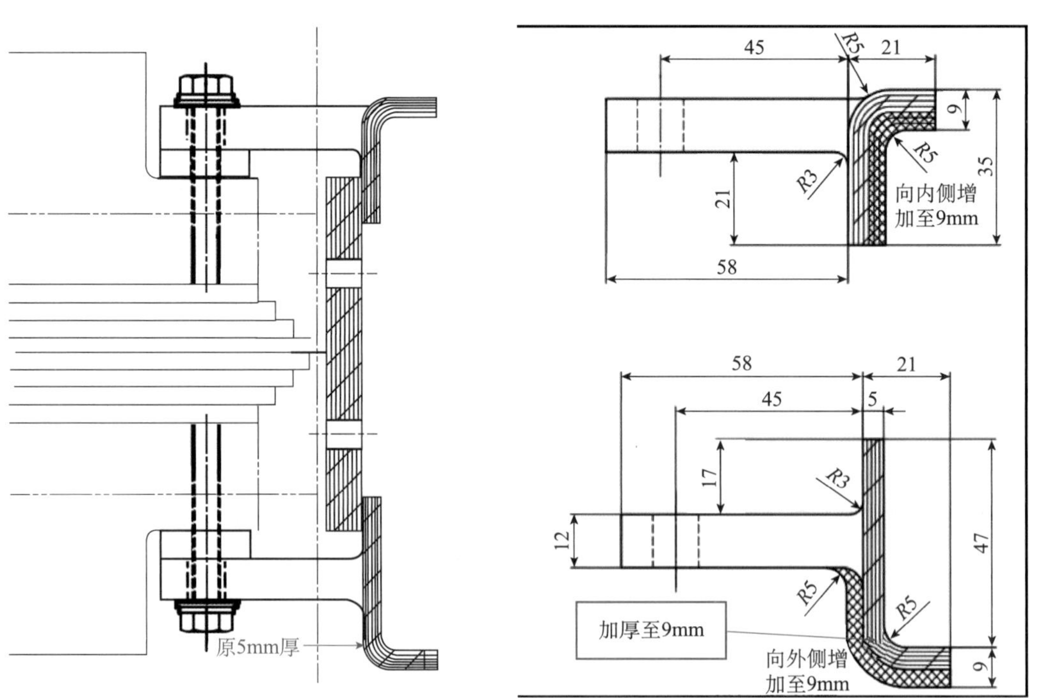

图 5－11　向家坝右岸机组气隙定子侧挡风板尺寸对比（右侧为加厚的挡风板）（单位：mm）

2）气隙挡风板紧固工艺优化

现有的防松措施仅仅只有一个蝶形弹垫。为防止螺栓松动，将普通螺栓改为带法兰盖螺栓，在螺栓下方重新设计了一个三耳止动垫片，如图 5－12 所示。安装时，将三耳止动垫片折弯紧贴在挡风板耳柄上，确保平垫不发生松动位移。安装挡风板螺栓时，严格控制三个固定耳柄安装高程，确保挡风板无内应力存在，同时严格使用力矩扳手拧紧螺栓，确保螺栓预紧力完全满足设计要求。

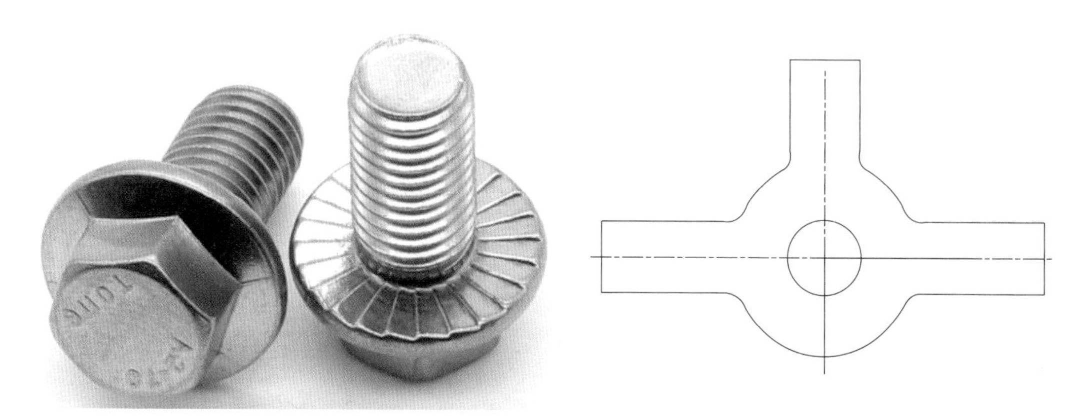

图 5－12　带法兰盖螺栓＋三耳止动垫片组合

5. 2. 5. 4　效果评价

至 2022 年 5 月，向家坝右岸 8、7、5 号三台机组气隙侧挡风板和紧固方式已完成优化处理，其中 8 号机组气隙挡风板和紧固方式完成优化后已运行超过 3 年。目前尚未出现挡风板耳柄裂纹及固定螺栓预紧力不足的问题。

5. 2. 6　HEC 机组推导冷却器油腔串水处理与改进

5. 2. 6. 1　故障现象

向家坝左岸 HEC 机组推导油槽均采用外置油冷器对油槽中的热油进行冷却，冷却介质为水，冷却水取自机组技术供水总管，推导冷却器布置在下架上，每台机对称布置 8 个，设计工作压力 0. 5MPa，单个冷却器运行流量不小于 $41m^3/h$。

2019 年初左岸一台机组推导油槽油混水报警传感器触发报警逻辑，经紧急取样化验，发现推导油槽底部水分含量已严重超标，一个或多个推导冷却器出现了油水互串现象，导致油槽中进入了水分，必须立即处理。

5. 2. 6. 2　原因分析

向家坝左岸 HEC 机组冷却器主要由冷却器壳体、紫铜管、承管板、水箱等组成。冷却器铜管管芯束设计为可抽出式结构，上部油腔和水箱之间通过两层耐油橡皮条进行密封，防止油水互串。

图 5－13 所示为左岸机组推导冷却器上端部结构，上端面有三片法兰，分别是水腔法兰、密封法兰及壳体法兰。上端部法兰密封处放大后的细节如图 5－14 所示，在密封法兰两边有密封 1、密封 2 两道密封。密封 1 既可以阻止水向壳体外渗漏，也可以阻止油与水之间相互流窜。密封 2 既可以阻止油向壳体外渗漏，又可以阻止油与水之间相互流窜。但如果密封 1 和密封 2 同时出现问题，则不可避免会出现油水混合的情况。

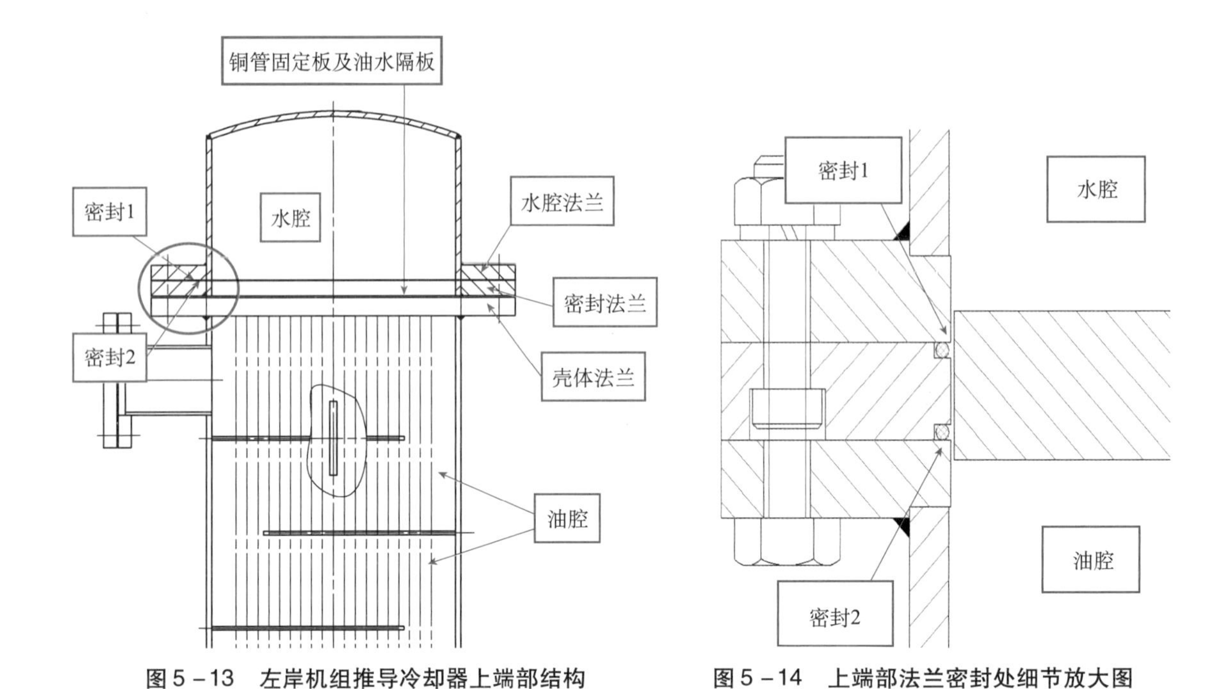

图 5－13　左岸机组推导冷却器上端部结构　　图 5－14　上端部法兰密封处细节放大图

冷却器下端面也是 3 个法兰，分别是壳体法兰、隔板法兰及水腔法兰，如图 5－15 所示。铜管直接通过胀管工艺固定在隔板法兰上，隔板法兰将油和水直接隔开，此种设计只要隔板法兰不穿孔、胀管结构不损坏，则可以确保油水不相串。壳体法兰及水腔法兰分别设计有一道密封，起到阻止油水外漏的作用，如图 5－16 所示。

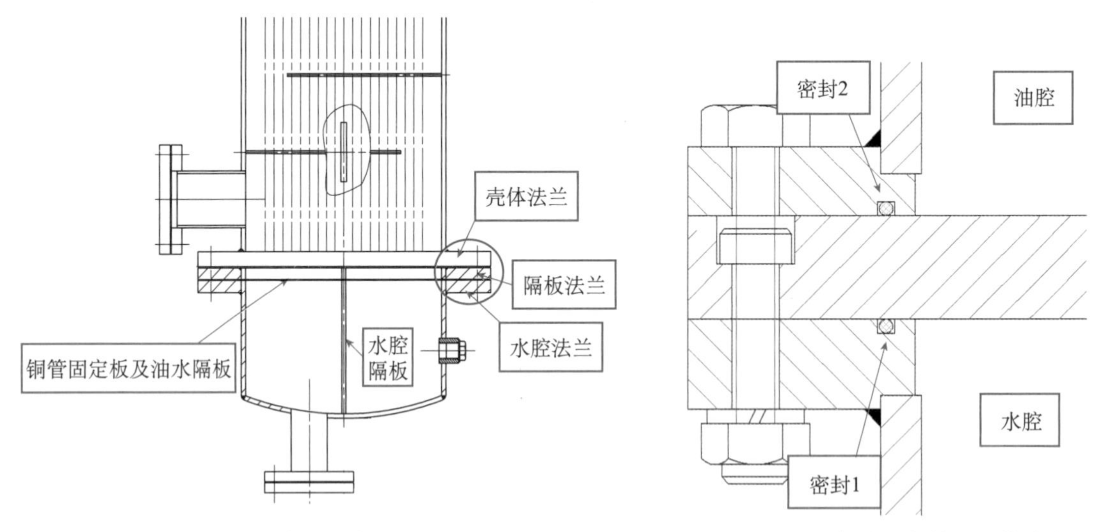

图 5－15　左岸推导冷却器下端部结构　　图 5－16　下端部法兰密封处细节放大图

根据上述结构分析，本次油槽进水可能是上端面水腔密封 1 与油腔密封 2 同时失效所导致，也可能是冷却器铜管或者隔板法兰损坏所导致。最终漏水原因需要故障处理时进一步确定。

5.2.6.3　处理措施

对机组 8 个推导冷却器油腔逐一进行打压试验，发现 2 个推导冷却器不能保压，油腔中的油进入了水腔。对上端盖油腔密封和水腔密封更换后再次打压，试验合格，说明这2个推导油槽油混水的原因为油腔密封与水腔密封同时失效，而非铜管胀管结构损坏。

作为临时应急手段，将推导油槽彻底排油并清扫，同时更换上端盖油腔和水腔的两层密封后，各推导冷却器工作情况良好，未再发生油混水故障。

作为永久解决办法，需要对推导冷却器油腔和水腔的分隔重新进行设计制造。由于油腔和水腔均为有压腔，在承管板胀管处设计一个空腔，空腔与大气相通，这样无论是油腔还是水腔的胀管结构失效，发生泄漏时都会形成外漏，以便及时示警和妥善处理。同时将铜管壁厚增加至1.5mm，承管板和水腔都改为更耐腐蚀的022CR7Ni12Mo2材质，这样既可确保冷却器本质安全性，也可延长使用寿命。

5.2.6.4　效果评价

向家坝左岸机组推导冷却器更换油腔和水腔的分隔密封后，运行超过1年，均未再出现油水互串的现象。此后于2020—2021年度岁修中，对向家坝左岸3台HEC机组（有1台机因故错过了检修窗口）更换了新的推导冷却器，投运后运行良好，未出现异常情况。

5.2.7　推力轴承运行油膜厚度监测装置应用

5.2.7.1　装置介绍

向家坝3、8号机组分列左右岸厂房，推力轴承在线监测系统预设两套机旁柜，通过光缆与左右岸辅助盘室的趋势系统交换机连接，与向家坝主设备状态在线趋势分析系统进行数据通信。机柜内部的数据采集调理盒接收并调理各路传感器信号；服务器上布置有监测与采集程序，现地存储监测数据，当网络发生故障时，保障现地数据的完整。

1）推力轴承在线监测系统的主要技术要求和指标

（1）选型采购硬件设备，完成与电站计算机监控系统的接入与调试，保证增设的硬件系统运行可靠、数据稳定。

（2）将新系统数据通过电站趋势分析系统发布，提高系统应用的便利性与实时性。

（3）数据采集要求每秒至少一个点。数据存储容量不小于10年的机组运行数据。

油膜厚度监测装置设备构成包括硬件和软件两个部分。

2）系统硬件

（1）油膜厚度测量传感器。对推力瓦油膜厚度进行测量，采用非接触电涡流传感器。

（2）油膜监测系统机柜。作为监测系统下位机，为系统提供电源供应和数据中转功能。油膜厚度监测数据除了在现地机柜进行实时显示和数据存储外，下位机机柜还负责向监控和趋势系统进行通信和转发。

（3）数据采集装置。包含传感器前端供电、调理和数据采集模块。

（4）网络设备。包括光纤盒、交换机、光缆等设备，主要构成整个监测系统传感器到现地下位机机柜，再到左右岸计算机室的网络连接系统。

3）软件功能

推导轴承油膜厚度监测系统包括系统登录、用户管理、主监视图、数据表格、历史趋势等功能。系统登录主界面和监测主界面分别如图5-17、图5-18所示，系统历史数据查询和历史趋势查询界面分别如图5-19、图5-20所示。

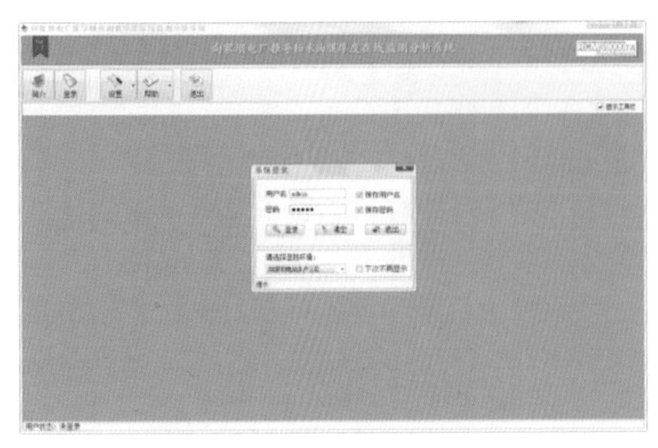

图 5－17　系统登录主界面

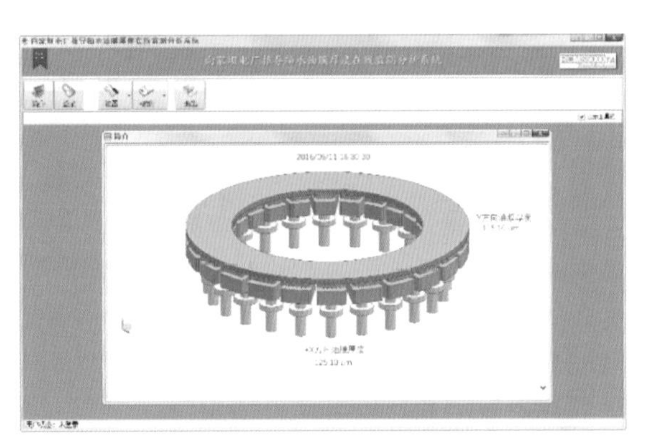

图 5－18　系统监视主界面

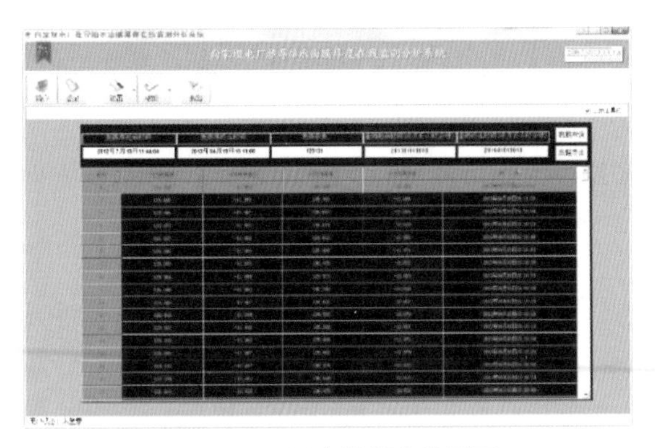

图 5－19　历史数据查询界面

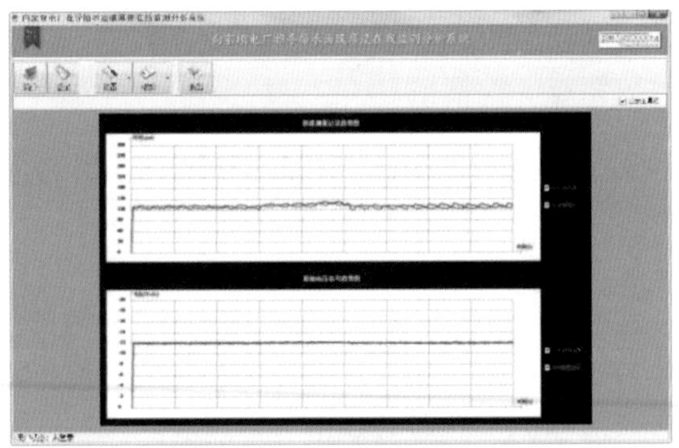

图 5－20　历史趋势查询界面

5.2.7.2　油膜厚度监测装置运行情况

自 2017 年 4 月底接入趋势分析系统以来，向家坝水电站推力轴承运行油膜厚度监测装置已完成试运行测试。试运行期间，系统积累了大量监测数据，中水科技完成了数据分析及应用评估报告。综合分析与评估结果，总结如下：

（1）机组开停机过程中的推力轴承油膜厚度数据变化趋势较准确地反映了推力瓦油膜随机组转速、有功功率的变化过程，体现了高压减载系统的操作节点与结果，数据真实可靠，变化趋势及规律符合一般逻辑认识。

（2）机组在稳定工况下运行时，油膜厚度随机组有功功率的变化趋势并不剧烈，仅在负荷调节时发生明显波动，但很快恢复至稳定值，且与负荷调节之前的稳定值相差很小，具体表现为：当有功功率突然升高时，油膜厚度快速减小至某一极小值，随后再逐步增大恢复至稳定值；当有功功率突然减小时，油膜厚度快速增大至某一极大值，随后再逐步减小恢复至稳定值。

推力瓦油膜厚度随有功功率的增加有减小的趋势，但数值变化很小，趋势并不显著；$+Y$ 和 $+X$ 两个方向的推力瓦油膜厚度在机组运行期间的变化趋势基本一致，未见明显差异，数值相差不大。

（3）机组在试运行期间，稳态工况下的推力瓦油膜厚度变化范围及最小油膜厚度见表 5－3。

表 5－3 推力瓦油膜厚度变化范围一览表 （单位：μm）

机组	时段	推力瓦油膜厚度		最小油膜厚度	最小厚度测点
		进油边	出油边		
3 号	2017 年 5 月	165～250	35～72	35.8	1 号瓦出油边内侧
	2017 年 6 月	127～230	2～80	2.3	1 号瓦出油边内侧
	2017 年 7 月	138～265	15～104	15.4	1 号瓦出油边内侧
	2017 年 8 月	151～270	22～107	22.6	1 号瓦出油边内侧
	2017 年 9 月	148～274	25～108	25.8	1 号瓦出油边内侧
8 号	2017 年 5 月	151～205	30～71	30.7	24 号瓦出油边内侧
	2017 年 6 月	150～192	25～62	25.7	24 号瓦出油边内侧
	2017 年 7 月	146～191	23～59	23.9	6 号瓦出油边内侧
	2017 年 8 月	141～187	17～59	17.6	6 号瓦出油边内侧
	2017 年 9 月	140～197	23～78	23.1	6 号瓦出油边内侧

说明：表中所列油膜厚度数据均为油膜相对厚度值。

（4）试运行期间，3 号机组在稳定工况下出现一些较低的油膜厚度数值，最小油膜厚度均出现在 1 号瓦出油边内侧测点处。进一步检查发现，很低的油膜厚度数值均在机组开机并网不久后出现，此时机组已调至稳定负荷运行，油膜虽趋于稳定，但厚度值很低；随着机组运行时间的延长，油膜厚度值逐渐回升，最终达到稳定。这可能是由于机组在开机并网后，推力瓦油膜经过一段时间达到的稳定状态也仅是初步稳定状态，推力轴承的整体润滑性能随着运行时间的增长逐步达到最佳平衡状态；达到稳定所需时长与机组并网至稳定的时长有关，若机组在较短时间内（30min 内）调至稳定负荷，油膜稳定时长也相对较短；若机组升负荷过程较慢，油膜则需要更长的时间才能达到最终稳定状态。

（5）报告中图表均以按照机组运行周期（开机—运行—停机）划分后的油膜相对厚度值绘制，这一方法的合理性有待长期运行数据的支持或检验；但目前来看，机组开机前的油膜绝对厚度值（基准值）是一个随机量，并未随季节、工况的不同存在某种单一的变化特性；然而，单个测点在多次开机前的油膜厚度波动并不大，保持相对稳定，仍可供运行优化参照。3、8 号两台机组所有油膜厚度测点在各次开机前的绝对厚度值见表 5－4。

表 5－4 3、8 号机组推力瓦油膜开机前绝对厚度变化一览表 （单位：μm）

序号	3 号机组							
	1 号推力瓦油膜厚度				7 号推力瓦油膜厚度			
	进油边外侧	进油边内侧	出油边外侧	出油边内侧	进油边外侧	进油边内侧	出油边外侧	出油边内侧
1	-0.82	-35.28	-29.58	-30.3	16.38	-44.46	-13.44	3.3
2	5.78	-27.81	-47.94	-12.57	-12.52	-43.12	-63.12	-38.98
3	-8.74	-29.49	-10.08	-17.8	19.31	-50.11	-18.16	4.2
4	-6.86	-19.46	-9.14	-15.41	23.81	-53.07	-14.62	7.85
5	-15.22	-29.46	-41.72	-48.72	31.56	-60.06	-29.82	-32.6
6	1.02	-24.94	-36.46	-23.5	26.16	-46.88	-42.96	-27.3
7	7.52	-1.76	-1.64	-11.04	45.62	-28.76	-15.44	-1.72
8	-10.64	-11.24	-30.76	-25.38	-5.9	-53.9	-60.78	-47.54
9	1.2	-29.44	-40.44	-41.06	29.4	-51.05	-31.56	-27.59

续表

序号	8 号机组							
	24 号推力瓦				6 号推力瓦			
	进油边外侧	进油边内侧	出油边外侧	出油边内侧	进油边外侧	进油边内侧	出油边外侧	出油边内侧
1	29.80	13.83	14.32	23.55	-9.02	0.33	4.38	-5.68
2	29.97	7.75	12.23	29.12	-8.97	6.03	-7.20	1.58
3	33.77	10.05	6.53	39.70	-9.36	5.46	4.84	-7.39
4	36.73	22.70	11.30	36.07	-13.67	16.45	-2.85	-3.53
5	38.21	15.83	12.66	26.09	-14.72	9.48	1.62	-12.87
6	21.61	23.74	18.90	38.35	-5.97	-0.54	8.17	-3.10
7	27.05	14.72	6.58	43.77	-13.92	20.80	16.65	-1.05
8	38.63	18.93	13.05	40.21	-9.97	17.72	19.86	-2.28
9	33.48	16.35	21.15	29.25	-2.52	15.28	7.18	-1.83
10	29.98	18.62	16.33	46.67	5.02	15.50	14.83	-0.97
11	29.48	16.22	4.5	41.2	-0.8	28.22	12.55	-13.05
12	21.82	12.8	5.9	17.8	-14.17	10.05	-2.58	-14.12

表 5-4 中所列油膜厚度数据为开机前油膜绝对厚度值，正值意味着在开机前（或停机时），传感器探头距镜板的距离较初始安装时增大了某一数值；负值意味着在开机前（或停机时），传感器探头距镜板的距离较初始安装时减小了某一数值。

从表中可以看出，若仍使用初始安装位置作为油膜厚度值的计算（即推力瓦距镜板位置变化量的计算），某些测点的油膜厚度值与真实的推力瓦油膜厚度值相差可能会较大。因此，本报告推荐以推力瓦油膜相对厚度值（任意时刻的绝对厚度值减掉开机前的绝对厚度值）代表真实的油膜厚度。

5.2.7.3 油膜厚度监测装置优化方向

鉴于系统运行稳定性及维护灵活性，油膜厚度监测装置数据处理系统可做进一步优化。

（1）将每台机组各个测点各次开机前的数值去掉一个最大值和一个最小值，其余数值求平均值，结果见表 5-5。

表 5-5 推力瓦油膜开机前绝对厚度平均值一览表 （单位：μm）

3 号机组	1 号推力瓦油膜厚度				7 号推力瓦油膜厚度			
	进油边外侧	进油边内侧	出油边外侧	出油边内侧	进油边外侧	进油边内侧	出油边外侧	出油边内侧
	-2.72	-24.55	-28.31	-23.72	20.10	-48.94	-30.48	-17.24
8 号机组	24 号推力瓦				6 号推力瓦			
	进油边外侧	进油边内侧	出油边外侧	出油边内侧	进油边外侧	进油边内侧	出油边外侧	出油边内侧
	31.03	16.01	11.78	34.73	-8.84	11.71	6.48	-5.18

处理后的机组各个测点历次开机前的数值变化趋势如图5-21、图5-22所示。从图中可以看出，8号机组开机前的各个测点数值变化较3号机组更为平稳。

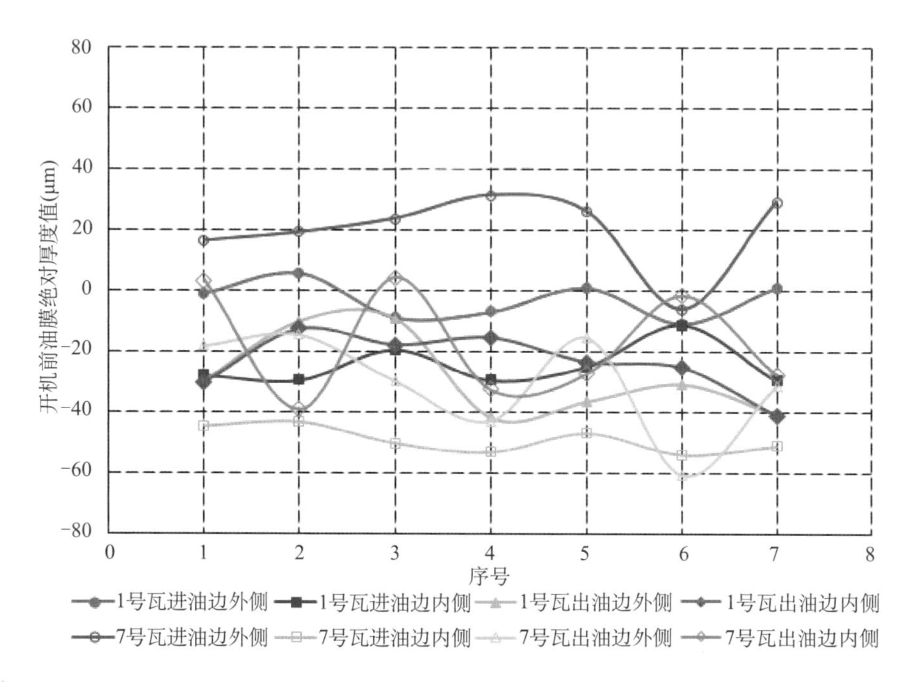

图5-21 3号机组历次开机前各测点油膜绝对厚度变化趋势曲线

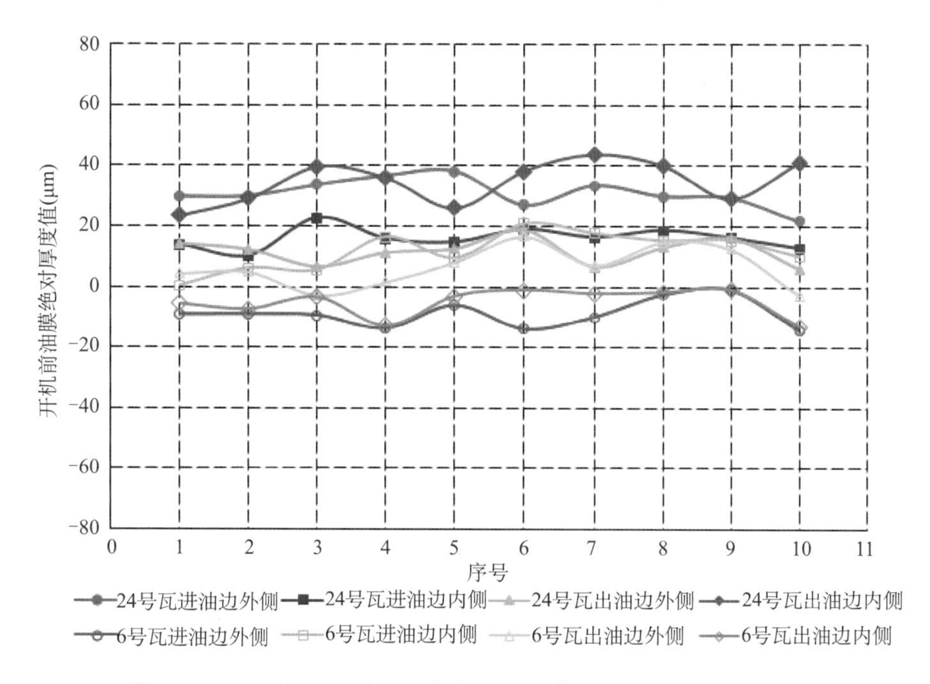

图5-22 8号机组历次开机前各测点油膜绝对厚度变化趋势曲线

（2）将现场软件中“截距”一项由初始安装距离值改为减去历次开机前厚度平均值的数值，调整数值见表5-6。

表 5-6　软件测点调整值一览表　（单位：μm）

机组	测点名称	安装方位	截距（初始安装位置）	调整后数值
3 号	1 号瓦进油边外侧	$+Y$	-3806	-3803
	1 号瓦进油边内侧	$+Y$	-3704	-3679
	1 号瓦出油边外侧	$+Y$	-3859	-3831
	1 号瓦出油边内侧	$+Y$	-3874	-3851
	7 号瓦进油边外侧	$+X$	-3723	-3743
	7 号瓦进油边内侧	$+X$	-3555	-3506
	7 号瓦出油边外侧	$+X$	-3779	-3748
	7 号瓦出油边内侧	$+X$	-3717	-3700
8 号	24 号瓦进油边外侧	$+Y$	-3766	-3797
	24 号瓦进油边内侧	$+Y$	-3748	-3764
	24 号瓦出油边外侧	$+Y$	-3761	-3773
	24 号瓦出油边内侧	$+Y$	-3753	-3788
	6 号瓦进油边外侧	$+X$	-3685	-3676
	6 号瓦进油边内侧	$+X$	-3753	-3765
	6 号瓦出油边外侧	$+X$	-3843	-3850
	6 号瓦出油边内侧	$+X$	-3743	-3738

调整后，现地软件中显示的油膜厚度值即为油膜相对厚度值。但值得指出的是，调整值的确立是以多次开机前的数据计算出的，由于每次机组停机时长不同，开机前的数值必然受随机因素影响，因此，应该尽量多次地积累开机前数据，以做进一步的优化和调整。此外，本次调整是对本时段内机组状态做出的，可持续应用至机组下一次检修前；当机组再次检修后（尤其是油槽检修后），传感器初始安装位置、多次开机前平均值需要重新计算和确认。

5.2.7.4　小结

项目所有研究报告中涉及的相关油膜厚度数据均是对于传感器安装位置而言，不能代表推力瓦其他任一处的油膜厚度及特性；根据目前测点数据推算推力瓦其他部位油膜厚度的方法是不准确且不严谨的；推力瓦油膜的整体分布与变化特性的得出，仍须引入其他辅助量如变形量、压力量等做深入的分析与探究。

5.3　地震对机组运行稳定性的影响

5.3.1　机组地震工况设计

向家坝水电站基本地震烈度是 7 度，地震加速度设计为垂直方向 0.10g，水平方向 0.20g。

5.3.1.1　TAH 机组的地震工况

向家坝右岸电站机组地震垂直附加加速度为 0.1g，水平附加加速度为 0.2g。根据主机厂设计计算，发电机定子机座在全负荷以及地震工况下，水平位移 4.86mm，切向位移

6.23mm，轴向位移4.29mm。下机架及顶盖设计允许调整变形量不小于2mm。向家坝TAH机组地震工况位移及综合应力分布如图5-23所示。

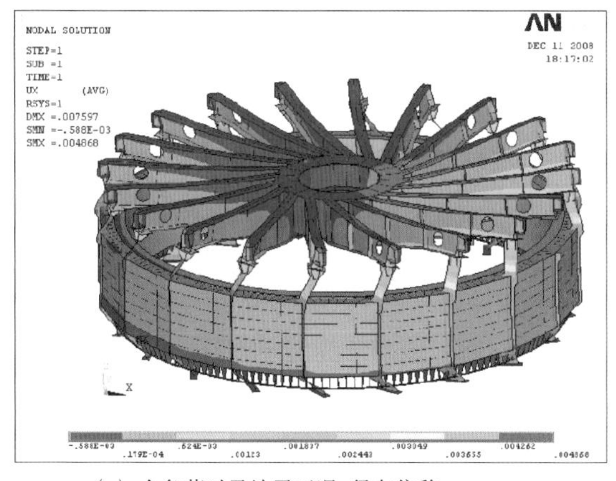

(a) 全负荷以及地震工况，径向位移

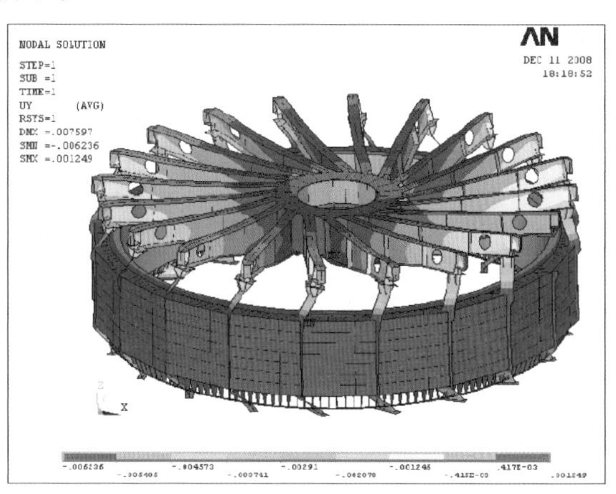

(b) 全负荷以及地震工况，切向位移

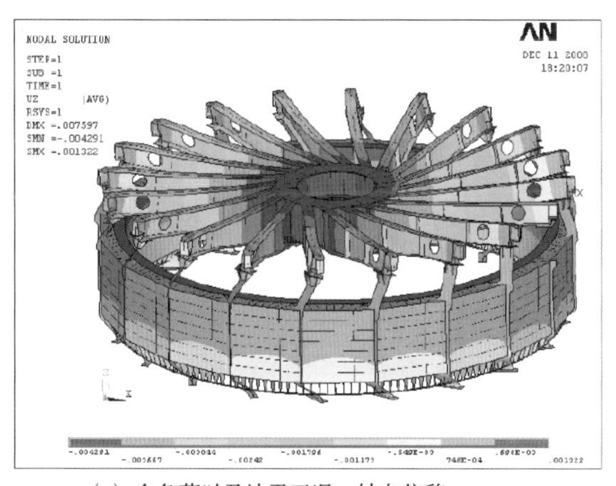

(c) 全负荷以及地震工况，轴向位移

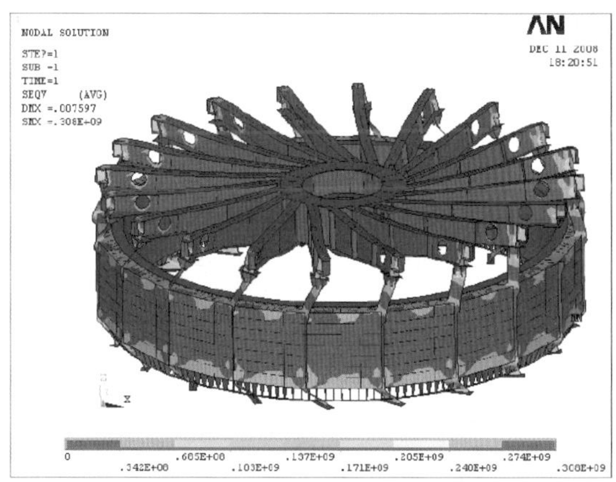

(d) 全负荷以及地震工况，综合应力

图5-23　向家坝TAH机组地震工况位移及综合应力分布

5.3.1.2　HEC机组的地震工况

根据HEC机组设计制造合同规定（向家坝左右岸两种机组此规定相同），发电机结构强度应满足承受地震烈度为7度的要求，按水平加速度0.20g、垂直加速度0.10g计算。在机组临时过载同时伴随地震情况下，卖方设计的设备将能承受垂直方向0.10g和水平方向0.20g地震加速度的载荷，在这种极端载荷下非转动部件的应力不得超过最大许用应力值的133%，转动部件的剪应力不超过许用拉应力的50%。

HEC主机厂按高于合同要求标准进行计算，即临时过载地震工况条件为：额定工况+8度地震，水平加速度0.25g，垂直加速度0.15g，按此进行有限元计算，并满足要求。

计算结果显示，在临时地震过载工况下，发电机的总体应力分布、拉应力分布、压应力分布均满足合同要求。临时过载地震工况下，定子机座最大环向位移为-8.848mm、最大轴向位移3.464mm，上机架最大径向位移5.521mm、最大环向位移-10.38mm、最大轴向位移5.877mm。向家坝HEC机组地震工况位移及综合应力分布如图5-24所示。

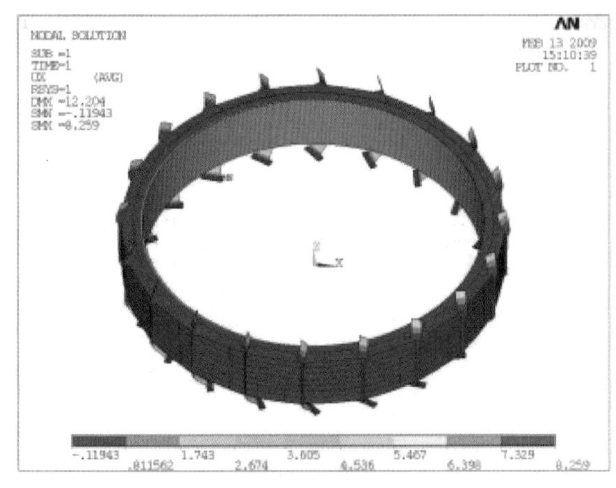

(a) 额定工况定子径向位移分布

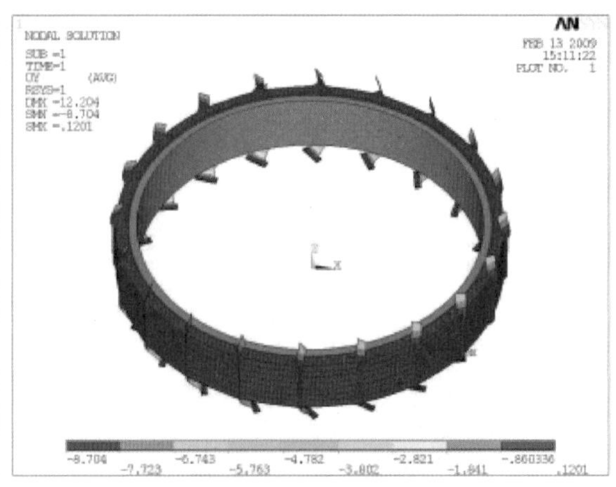

(b) 额定工况定子环向位移分布

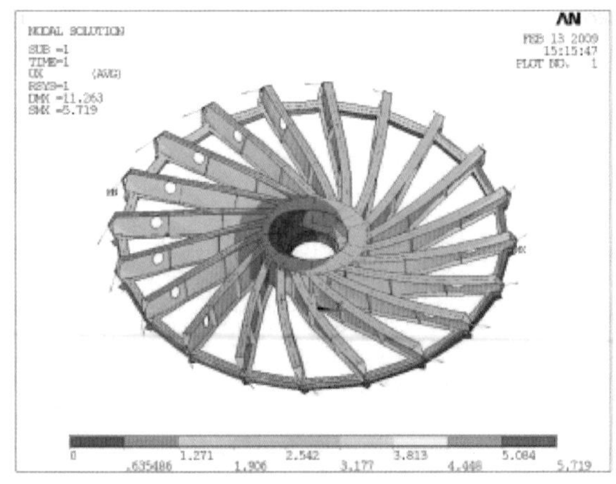

(c) 额定工况上机架径向位移分布

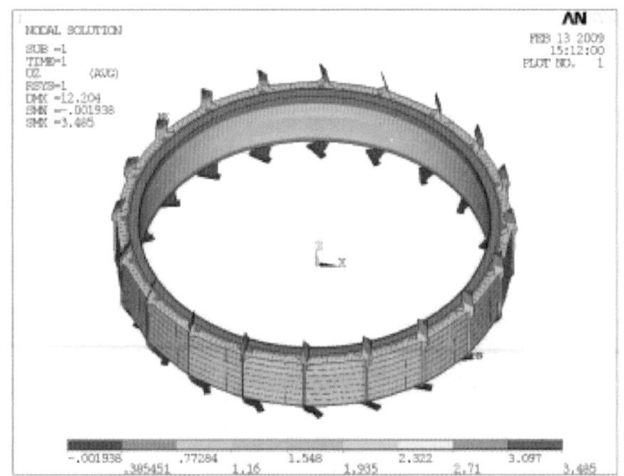

(d) 额定工况定子轴向位移分布

图 5－24　向家坝 HEC 机组地震工况位移及综合应力分布

5.3.2　两次地震对机组运行情况的影响

以 2014 年云南两次地震时向家坝左右岸机组固定部分振动幅值的变化情况来说明地震对机组运行的影响。

（1）2014 年 8 月 3 日 16 时 30 分在云南省昭通市鲁甸县（北纬 27.1°，东经 103.3°）发生 6.5 级地震，震源深度 12km。

（2）2014 年 8 月 17 日云南永善地震最新消息：8 月 17 日 6 时 7 分在云南省昭通市永善县发生 5.0 级地震，震源深度 12.6km。

两次地震分别以左岸 1 号机组（HEC 机组）、右岸 8 号机组（TAH 机组）为例进行分析，测得的振动数据见表 5－7。

表 5－7　两次地震对机组运行振动数据影响　　（单位：μm）

1 号机组	正常运行值	8·3 地震最大值	8·17 地震最大值	合格值	一级报警	二级报警	设计极限值
上机架 X	15	620	59	≤90	150	300	5521

续表

1号机组	正常运行值	8·3地震最大值	8·17地震最大值	合格值	一级报警	二级报警	设计极限值
上机架Y	19	486	126	≤90	150	300	5521
上机架Z	171	460	196	≤90	150	300	5877
定子机座X	61	603	107	≤90	150	300	8392
定子机座Y	63	468	53	≤90	150	300	8392
定子机座Z	12	192	41	≤90	150	300	3464
定子铁心水平	59	703	99	≤90	150	300	未给出
定子铁心垂直	20	446	63	≤90	150	300	未给出
下机架X	18	505	67	≤90	150	300	未给出
下机架Y	19	479	27	≤90	150	300	未给出
下机架Z	55	182	64	≤90	150	300	3440
顶盖X	65	278	74	≤90	150	300	未给出
顶盖Y	77	446	79	≤90	150	300	未给出
顶盖Z	98	270	91	≤90	150	300	未给出
8号机组	正常运行值	8·3地震最大值	8·17地震最大值	合格值	一级报警	二级报警	设计极限值
上机架X	21	620	46	≤90	150	300	4860
上机架Y	14	486	62	≤90	150	300	4860
上机架Z	105	460	109	≤90	150	300	4290
定子机座X	123	603	138	≤90	150	300	4860
定子机座Y	102	468	126	≤90	150	300	4860
定子机座Z	7	179	31	≤90	150	300	4290
定子铁心水平	123	703	165	≤90	150	300	4860
定子铁心垂直	42	446	65	≤90	150	300	4290
下机架X	14	597	29	≤90	150	300	≥2000
下机架Y	11	479	47	≤90	150	300	≥2000
下机架Z	22	182	34	≤90	150	300	≥2000
顶盖X	30	278	58	≤90	150	300	≥2000
顶盖Y	30	446	86	≤90	150	300	≥2000
顶盖Z	134	270	170	≤90	150	300	≥2000

两次地震对向家坝左右岸机组运行的影响分析如下：

（1）两次地震对机组运行的摆度数据、机组出力、机组轴向窜动无影响。

（2）8·3地震比8·17地震对机组振动数据影响较大。

（3）两次地震后的30s内，机组的振动数据都恢复正常。

第6章　发电机电气部分检修

6.1　概述

6.1.1　发电机概述

向家坝水电站共安装混流式水轮发电机组8台：左岸坝后厂房安装4台HEC机组，发电机采用SF800—80/20400型发电机；右岸地下厂房安装4台TAH机组，发电机采用SF800—84/19990型发电机。发电机采用立轴半伞式三导轴承结构，下导与推力采用推导联合轴承。左岸HEC发电机组额定转速75r/min，定子绕组采用8分支并联，右岸TAH发电机组额定转速71.4r/min，定子绕组采用7分支并联，中性点接地方式均采用高电阻接地方式（即中性点通过单相变压器一次线圈接地，二次线圈接一组负载电阻）。发电机冷却方式采用强迫端部回风无风扇磁轭通风冷却系统（全空冷），即定子绕组、定子铁心和转子绕组采用空冷的发电机。左岸HEC机组制动采用电气/机械制动的方式，右岸TAH机组采用机械制动的方式。

向家坝水电站左右岸机组主要参数见表6－1。

表6－1　向家坝水电站左右岸机组主要参数

主要参数	单位	HEC	TAH
发电机型号		SF800—80/20400	SF800—84/19990
发电机功率 P_N	MW	800	800
功率因数 $\cos\varphi$		0.9	0.9
发电机容量 S_N	MVA	888.9	888.9
额定电压 U_N	kV	20	23
额定电流 I_N	A	25 660	22 313
额定转速 n_N	r/min	75	71.4
飞逸转速 n_r	r/min	150	143
额定频率 f_N	Hz	50	50
相数 m		3	3
定子铁心外径 D_a	mm	20 400	19 990
定子铁心内径 D_i	mm	19 410	19 000

续表

主要参数	单位	HEC	TAH
定子槽数 Z		840	756
极数 $2P$		80	84
接线方式		Y	Y
定子绕组绝缘		F 级	F 级
转子绕组绝缘		F 级	F 级
冷却方式		全空冷	全空冷

6.1.2　发电机诊断运行情况

发电机整体运行状况平稳，定子绕组、铁心、转子绕组等温度均在正常范围内，温度变化趋势平稳，其中定子绕组温度最大值小于 81℃（报警值 115℃）、铁心温度最大值小于 75℃（报警值 105℃）、转子绕组温度小于 81℃（转子绕组温度为计算值）。大负荷运行情况下集电环温度基本维持在 70～90℃，无明显电刷过热及打火现象。发电机局放幅值和次数变化均比较稳定，局放幅值均在 300mV 以内。

6.2　技术专题

6.2.1　TAH 发电机上挡风板过热问题

6.2.1.1　问题描述

投运初期，检修期间先后发现，TAH 发电机挡风板靠近出口处存在过热的问题（如图 6－1、图 6－2 所示），2013—2014 年度检修期间针对挡风板过热问题，将所有 TAH 发电机出口位置挡风板先后更换为低导磁的不锈钢材质，2014—2015 年度检修期间发现不锈钢材质的挡风板仍存在过热的问题。

图 6－1　6 号发电机挡风板顶部（B 相）

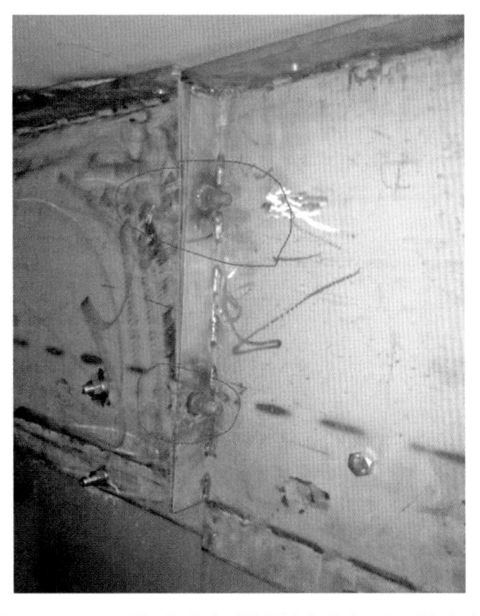

图 6－2　6 号发电机挡风板垂直面（B 相）

6.2.1.2 过热原因分析

（1）主引出线处电流较大，磁场复杂，会有电磁感应现象，局部产生涡流，在涡流流过的回路上电阻较大的位置发热较严重，是一个逐步恶性循环的过程。在垂直挡风板连接面以及连接螺栓处表现得特别明显，有灼烧痕迹。

（2）不同机组的水平挡风板处固定螺栓的过热情况不完全一样，可能的原因是接触电阻有差异，接触越好的地方，电阻越小，发热就越小。

6.2.1.3 解决方案选择

（1）通过增加螺栓绝缘、挡风板之间绝缘截断电流通路。优点：快速，工作量较小，螺栓得到保护。缺点：与现场操作关系较大，可靠性较低。

（2）把有关挡风板及支臂焊接成整体。优点：操作简单，消除了螺栓风险。缺点：影响电站以后的维护。

（3）更换主引出线周围挡风板为玻璃钢挡风板。优点：消除了电磁感应。缺点：强度较差，制造周期长。

（4）更换主引出线周围挡风板和螺栓为不锈钢（非导磁）。优点：减小了电磁感应，周期较短，现场操作较简单。缺点：没有完全消除电磁感应。

6.2.1.4 结论

2015 年汛前将 TAH 发电机出口位置挡风板更换为完全不导磁的玻璃钢材质，经过汛期大负荷后，检查无过热现象，目前运行情况良好。

6.2.2 TAH 发电机定子绕组端部电晕问题

6.2.2.1 现象

机组投运后 TAH 机组定子线棒表面陆续检查到了不同程度的电晕现象，且呈增长趋势，具体情况见表 6－2。

表 6－2 TAH 机组发电机电晕情况统计表

机组号	2015—2016 年度岁修统计	2016—2017 年度岁修统计	2017—2018 年度岁修统计
5	30 处（1 处较严重）	52 处（1 处较严重）	75 处（1 处较严重）
6	261 处（35 处较严重）	432 处（104 处较严重）	130 处（36 处较严重）
7	43 处	57 处	106 处
8	7 处	40 处	未见较严重点

6.2.2.2 分析及跟踪措施

TAH 机组发电机端部斜边垫块放电的情况出现在较高电压的相间线棒斜边垫块处（每隔 6 根线棒），在线棒槽口处未发现电晕。电晕产生原因有线棒端部防晕设计问题、斜边垫块绑扎质量问题、现场油污和灰尘问题等，目前这些电晕暂时不影响发电机运行。

6.2.2.3 处理方案

1. 电晕产生原因

线棒端部电晕产生的主要原因有：

（1）安装间隔垫块时，在表面出现尖角毛刺、线棒与垫块之间的间隙、绑扎带卷边等缺陷。

（2）电晕放电现象基本发生在相间线棒之间的间隔垫块上，这些位置的电位较高，当存在小的间隙、毛刺等缺陷时就会产生局部电晕放电。

（3）环境因素影响，当油污、粉尘等堆积在线棒端部，易加剧电晕的形成和发展。

2. 电晕程度划分

按电晕发展程度以及处理范围将电晕点划分为严重、较严重、轻微三个等级。

1）严重电晕点

垫块与线棒间存在间隙和毛刺，玻璃丝带空鼓，存在严重连续贯通性的灼伤痕迹，面漆碳化呈黑色，内部垫块已损伤，应拆除垫块重塑防晕结构，如图6－3所示。

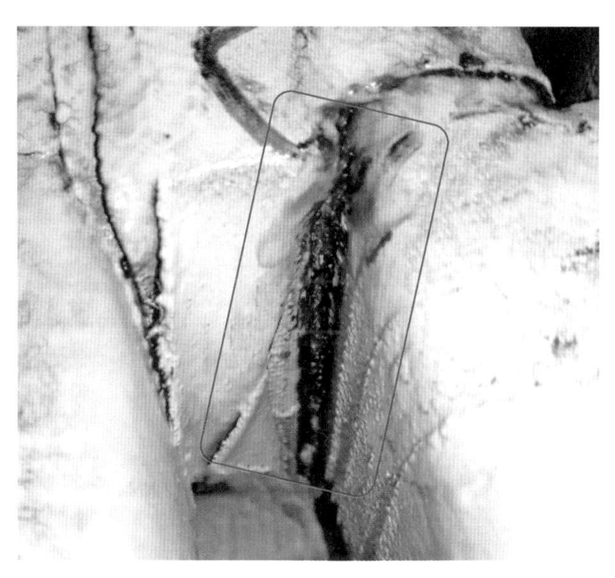

图6－3　严重电晕

2）较严重电晕点

垫块绑扎玻璃丝带空鼓，玻璃丝带边沿存在间隙和毛刺，放电痕迹明显，应拆除垫块表面玻璃丝带重新绑扎，如图6－4所示。

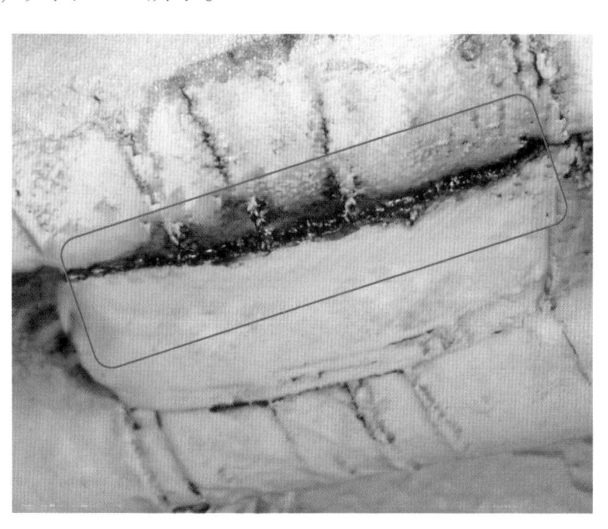

图6－4　较严重电晕

3）轻微电晕点

线棒与垫块表面存在间隙和毛刺，有轻微放电痕迹，应消除尖端毛刺和小间隙，并使用温室环氧胶填充封堵，如图 6 –5 所示。

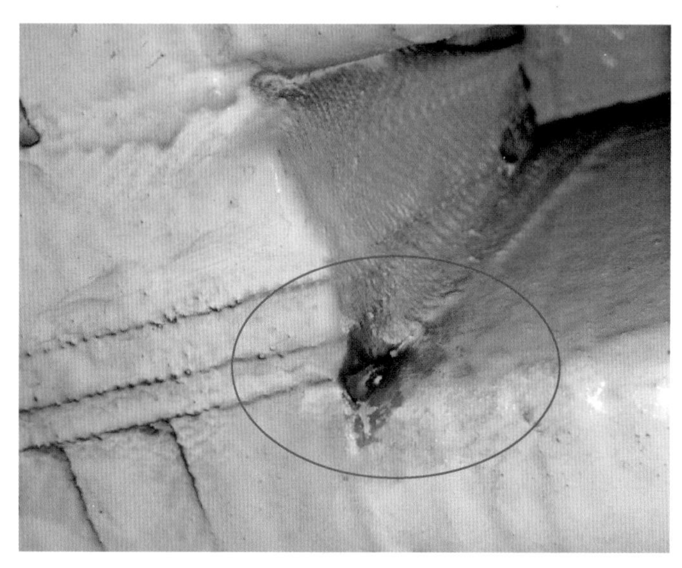

图 6 –5　轻微电晕

3. 施工前技术条件

（1）电晕处理前，应确保发电机组电气一次检修安全措施完备无误。

（2）检查到货各类材料齐全，均在有效期内，对 EP274 树脂进行固化试验，确保胶漆质量良好。

（3）根据固化试验结果对上述胶漆进行配置，要求技术人员应提前预估用量，做到即配即用，减少浪费。

（4）用机电清洗剂对定子绕组进行清洗，去除油污和灰尘。

（5）对需要处理电晕点的相邻线棒进行防护。

4. 不同等级电晕处理方案

1）严重电晕点处理

主要施工步骤：拆除玻璃丝带→拆除垫块→表面处理→垫块回装→玻璃丝带绑扎→涂刷 LL16、底漆、面漆。

（1）拆除玻璃丝带、拆除垫块。

①要求不损伤相邻设备，且不损伤所在线棒表面的高阻带。

②拆除部位线棒表面打磨直到看见黑色高阻带，且在两端各留有 10mm 搭接距离，搭接部位漆面成坡口连接。

（2）表面处理。

①用砂布缠绕在木板或层压板打磨线棒表面，清除放电痕迹，表面应光滑。

②线棒表面的防电晕带应轻微打磨，如图 6 –6 所示。

③打磨完毕后，用大功率吸尘器清理打磨留下的尘渣（不能使用压缩气吹）。

图6-6 表面处理

④按工艺文件要求（参见表6-3）调配高阻防晕漆LL16，搅拌充分，无颗粒无絮状物，调配好后涂刷在线棒修复区表面，搭接面至少涂刷10mm长的连接面。

（3）垫块回装。

①根据垫块大小剪裁好适形毛毡，并将其浸渍在配制好的EP274中，要求浸渍充分，晾至半干待用（以不流胶，不滴胶，但仍然不失柔韧性为参考标准）。

②待修复区胶漆固化后，将半干适形毛毡U形包裹调整好厚度的垫块后，用手塞入线棒间隔，与原垫块位置相同，垫块表面与线棒表面平齐；必要时，可用未浸渍漆胶的适形毡包裹垫块后进行预安装，以调整垫块厚度。

③垫块厚度调整：合适的垫块厚度以用一层聚酯毡包裹垫块能很容易用手塞入为参考标准，如图6-7所示。对过厚的垫块用刀劈开，减薄间隔垫块的厚度，如图6-8所示。注意：垫块表面覆盖高阻防晕漆LL16，劈开后须重新涂刷LL16，如图6-9所示。对过薄的垫块用不同厚度的垫片增加垫块的厚度，如图6-10所示。

④垫块包裹前应检查表面防晕漆有无损伤，若有损伤可补刷高阻防晕漆LL16。

图6-7 垫块塞入

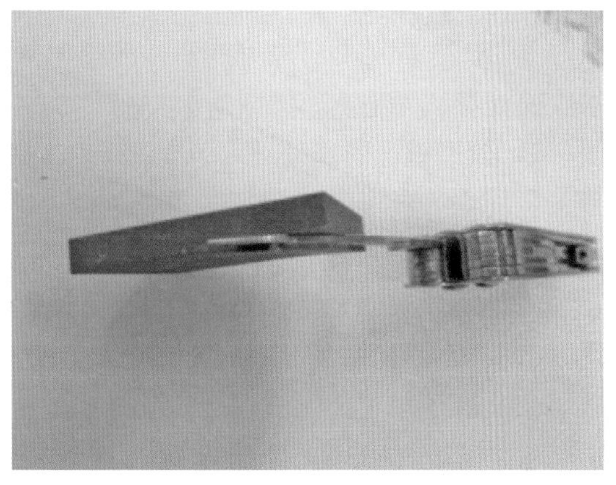

图6-8 垫块劈开

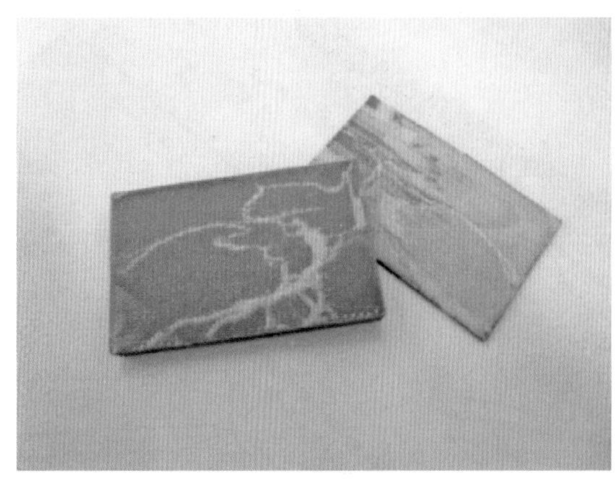

图 6－9　劈开后的垫块表面

图 6－10　不同厚度的垫块

（4）玻璃丝带绑扎。

①用玻璃丝带对线棒及斜边垫块进行绑扎，采用十字形半叠绕绑扎，切向四层，径向三层；每绑扎一层刷一次半导体电树脂 EP274，要求玻璃丝带浸渍充分。

②绑扎间隔垫块必须在毛毡内半导体电树脂 EP274 固化前完成。

③整体绑扎完成后再次对绑扎表面进行涂刷，可分多次涂刷，要求玻璃丝带浸渍充分。

④绑扎玻璃丝带时应没有漆瘤或皱褶，线棒表面必须平整。

⑤玻璃丝带应紧贴在线棒表面及垫块上，无任何间隙或沟槽。玻璃丝带应包紧。

⑥在树脂的固化期间（树脂应该是黏性的，但不完全硬化），必须切除过量的玻璃丝带。

⑦在绑带完全硬化后，打磨掉表面毛刺尖角。

（5）涂刷 LL16、底漆、面漆。

①绑扎带固化后，涂刷配置好的 LL16，要求涂刷均匀，无滴挂，无流淌，无遗漏，漆膜厚度不小于 50μm；固化后对漆膜表面进行打磨，要求表面光滑，无毛刺，无漆瘤。

②LL16 固化并打磨完成后，涂刷配置好的 GK128 漆，固化后对漆膜表面进行打磨，要求表面光滑，无毛刺，无漆瘤。

③GK128 固化并打磨完成后，涂刷配置好的 DK222 漆，固化后对漆膜表面进行打磨，要求表面光滑，无毛刺，无漆瘤。

2）较严重电晕点处理

主要施工步骤：

拆除玻璃丝带→表面处理→腻子填充→玻璃丝带绑扎→涂刷 LL16、底漆、面漆。

（1）拆除玻璃丝带：同“1）严重电晕点处理”部分所述。

（2）表面处理：同“1）严重电晕点处理”部分所述。

（3）腻子填充。

①配制填充腻子。配制比例（重量）：EP274 ∶ Filler69（碳化硅粉）∶ 云母粉（400 目）＝160 ∶ 35 ∶ 35（详见表 6－3）。要求：搅拌均匀，成不流动的腻子。

②填充间隙。用 2mm 厚窄条环氧板或戴超薄防护手套，用上述配制好的腻子填充线棒与垫块之间的间隙，线棒与垫块的接触直角用腻子涂抹成 R 角。填充应饱满，包带时能挤出少量的多余树脂为佳。

（4）玻璃丝带绑扎：同“1）严重电晕点处理”部分所述。

（5）LL16、底漆、面漆涂刷：同“1）严重电晕点处理”部分所述。

3）轻微电晕点处理

主要施工步骤：

表面处理→腻子填充→涂刷 LL16、底漆、面漆。

（1）表面处理：用砂布缠绕在木板或层压板上，打磨线棒表面，清除放电痕迹以及玻璃丝带表面的尖角毛刺，表面应光滑。

（2）腻了填充：同“1）严重电晕点处理”部分所述。

①无卷边的小间隙，清理放电痕迹后直接用腻子填充间隙。

②有卷边的间隙，应去除卷边，清理放电痕迹后用腻子填充间隙。

（3）LL16、底漆、面漆涂刷：同“1）严重电晕点处理”部分所述。

5. 电晕处理胶漆配制工艺

表 6－3　TAH 机组发电机电晕处理胶漆配制工艺

序号	名称	组分	配比	配料名称	桶上标称	用途、用法	固化条件及时间	配置后储存时间
1	EP274	A	10	Basic Resin EP114（主要成分）	HIME457059 P9000	（1）先把组分 A 和 C（填充剂）混合均匀，再与组分 B（固化剂）混合，搅拌均匀。 （2）用于浸渍适形毛毡，玻璃丝带涂刷。 （3）用于配制填充腻子	23℃ 下，不小于 24h	23℃下，不大于 3h
		B	4	Hardeder 184 固化剂	HIME45706 1P9001			
		C	14	Filler 69 填充剂（碳化硅粉末）	Filler 69			
2	填充腻子	A	160	EP274		（1）填充腻子，用于填充线棒与垫块或绑扎带之间的间隙。 （2）搅拌均匀，成不流动的腻子。 （3）可适当增加或减少 EP274 用量来调节腻子黏稠度	23℃ 下，不小于 24h；15℃下，不小于 48h	23℃下，不大于 3h
		B	35	Filler 69 填充剂（碳化硅粉末）	Filler 69			
		C	35	云母粉（400 目）				
3	LL16	A	10	Resin-1 树脂	HIFE450018	（1）高阻半导体漆，用于间隔块、绑扎带、线棒端部防晕处理。 （2）涂刷最小厚度 50μm	23℃ 下，不小于 24h	23℃下，不大于 2h
		B	1.05	Hardener 103 固化剂	HIFE450021			

续表

序号	名称	组分	配比	配料名称	桶上标称	用途、用法	固化条件及时间	配置后储存时间
4	GK128	A	5	HAQN 400004 P1	605130001	（1）底漆，用于铁心、线棒表面涂刷。 （2）涂刷最小厚度 30μm	20℃下，15h 后可涂刷下一层；30℃下，7.5h 后可涂刷下一层	20℃下，不大于 10h
		B	1	HAQN 400004 P2	855000049			
	SPEC8			Lot：0000847674	Art：990000152	GK128 稀释剂		
5	DK222	A	4	HCSN 400207 P1 树脂	571810001	（1）底漆，用于铁心、线棒表面涂刷。 （2）涂刷最小厚度 30μm	20℃下，15h 后可涂刷下一层；30℃下，7.5h 后可涂刷下一层	20℃下，不大于 10h
		B	1	HIFE 450099 固化剂	857000019			
	SPEC24			HZN451019 稀释剂	HZN451019（ART：990000997）	DK222 稀释剂		

6.2.2.4 结论

向家坝水电站右岸 TAH 机组发电机定子线棒端部电晕处理取得了良好效果。其电晕处理所应用的新材料、新工艺，对高电压绝缘领域以及行业内线棒电晕相似问题具有很高的参考价值。

在新材料的应用上，主要体现在 EP274 及填充腻子中。两者均加入了 Filler 69 填充剂（碳化硅粉末），这是一种化学性能稳定、导热系数高的半导体材料，可降低线棒端部表面的电阻率，改善线棒端部电场分布，有效避免或降低电晕现象。

此外，向家坝水电站 TAH 电晕处理优化了工艺流程，尤其强调在垫块安装、玻璃丝带绑扎以及线棒防晕结构的处理上的工艺和要求。向家坝水电站形成的这套完整且成熟的电晕处理工艺，对国内外高电压等级、大容量发电机的电晕处理提供了很好的参考方案。

6.2.3 HEC 发电机定子绝缘盒与灌注胶存在间隙的问题

6.2.3.1 现象

机组检修期间，对左右岸各台机组定子线棒下端进行检查时，发现左岸 HEC 机组部分绝缘盒外壳与绝缘盒胶体间存在间隙，间隙长度 20 ~ 100mm，宽度 1 ~ 2mm，深度 10 ~ 30mm，如图 6 – 11 所示。

6.2.3.2 分析及跟踪措施

初步分析认为造成上述现象的原因为：

（1）绝缘盒压制时表面有脱模材料，使用前需要用酒精或丙酮清洗干净，如果清洗不

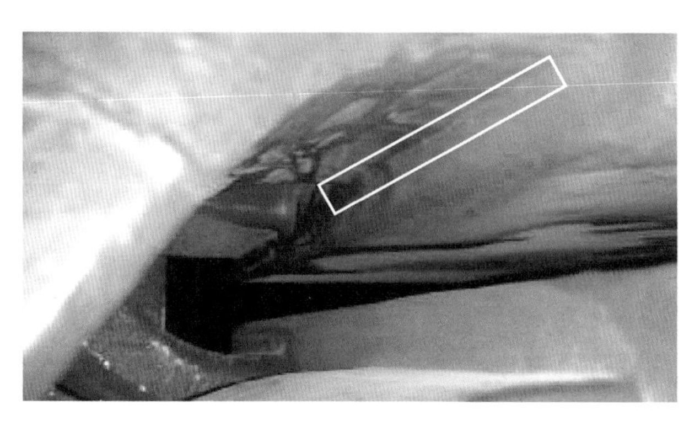

图 6－11　HEC 发电机绝缘盒与灌注胶开裂

好，填入的灌注胶与绝缘盒之间黏结不好，在机组运行过程中由于热应力、电磁力等作用，致使灌注胶与绝缘盒之间出现裂纹/缝隙。

（2）安装工艺以及具体操作过程质量控制不好。

6.2.3.3　结论

从目前情况来看，如果仅沿壳体内边缘有裂纹，而不是胶体裂纹，不影响设备运行，岁修期间对缝隙较大的部位进行灌胶处理。

6.2.4　TAH 机组集电环系统优化

6.2.4.1　概述

向家坝右岸电站 4 台 TAH 发电机集电环系统自 2013 年机组大负荷运行以来，普遍存在电刷温度偏高以及集电环打火等问题，其中集电环温度为 105～130℃，电刷温度为 125～150℃，电刷局部高温超过 200℃，期间共计处理集电环打火缺陷超过 40 次。

由于机组在当前运行工况下励磁电流仅为 3100A 左右，尚未达到励磁电流为 3692A 的额定工况，因此在机组额定工况下集电环系统的温度会更高、打火情况会更严重，同时，目前电刷结构以及安装形式不便于带电更换电刷，存在一定的安全隐患。因此，鉴于上述原因有必要对向家坝右岸电站 TAH 机组集电环系统进行优化。

6.2.4.2　优化方案

（1）采用 HDK－1 型刷握，高低座间隔布置，可带电拆卸，一只刷握配一只电刷，刷握数量由原来的 36 只/极增加至 51 只/极。

（2）电刷采用原装进口的产品牌号为 E468，尺寸为 34mm×38mm×64mm。额定工况下，电刷电流密度小于 10A/cm^2。

（3）导电环采用整圆形式，整体镀锌，与励磁电缆接头处镀银，刷座等通电流接触部位镀银。

（4）集尘罩与集电环间形成一个相对密闭的腔体，只有刷握的端头部分在集尘罩中，手柄及大部分留在集尘罩外。

（5）碳粉收集装置采用功率 1.5kW 的原装进口风机，每台机圆周布置 3 台。利用碳粉收集装置从集尘罩吸风口将密闭腔体内热空气吸走，加速空气循环，在加强除尘效率的同时，降低集电环及电刷的温度。

（6）在大轴补气系统管路处采用短刷握，方便电刷的拆装，其余位置采用常规刷握。

（7）对上导电环采取防护措施，避免在更换电刷的时候，头、肩等身体部位误碰上导电环。

（8）大轴补气系统管路在集电环室内重新布置，垂直段紧靠集电环罩内壁，大轴补气进气管直径改为 $\phi370$mm，如图 6－12 所示。

（9）大轴补气系统管路的法兰面避免在集电环、电刷等带电部位上方。

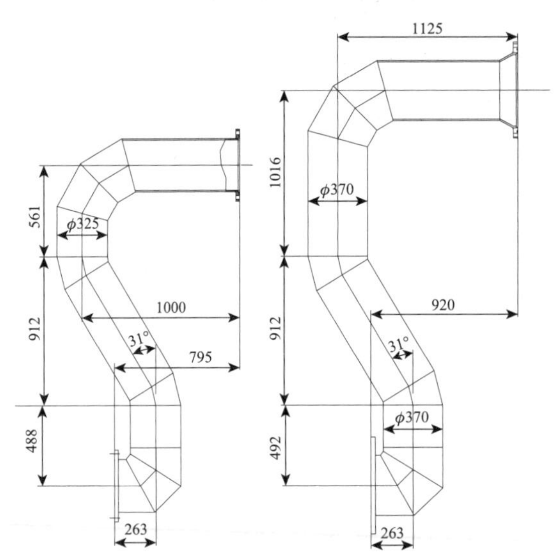

图 6－12　大轴补气系统管路优化（单位：mm）

6.2.4.3　检验及验收标准

检验及验收标准见表 6－4。

表 6－4　验收标准

序号	见证内容	验收标准
1	新导电环安装	导电环与大轴同心度满足要求；导电环水平度和高度符合要求；焊接环、旧座环点焊牢固
2	励磁电缆检查	励磁电缆表面无积尘，无破损，无放电痕迹，各电缆接头部位无过热，各接头螺栓应紧固
3	集电环系统检查	集电环系统整体应清洁、无异物；刷握支架绝缘支柱固定应牢固，刷握距离集电环表面应有 3～4mm 间隙，集电环外表面应光洁、无变色、过热现象以及积碳，凹槽外边缘无麻点、刷印及沟纹
4	碳粉吸收装置检查	碳粉吸收电机工作正常，无卡涩；碳粉吸收内外罩安装固定牢固

6.2.4.4　实施情况小结

（1）向家坝右岸电站 TAH 发电机集电环系统优化后，在同等运行工况下，与优化前相比：集电环、导电环温度降低约 25℃，电刷温度降低约 50℃，优化后效果比较明显。集电环系统优化如图 6－13 所示；集电环系统优化前后对比如图 6－14、图 6－15 所示。

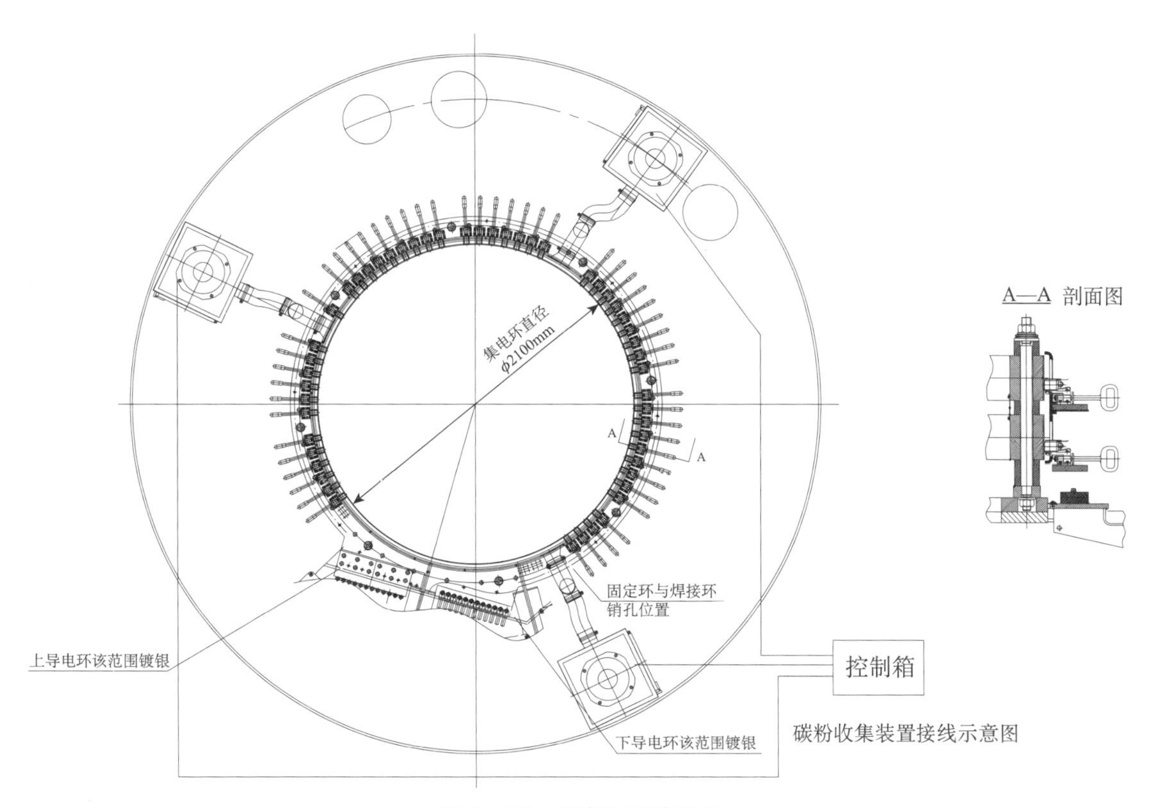

图 6－13　集电环系统优化

图 6－14　原集电环系统

图 6－15　优化改进后的集电环系统

（2）向家坝右岸电站 TAH 发电机集电环系统优化项目曾获得《第二届全国设备管理创新成果（2014—2015）》二等奖。该项目的主要创新点有：

①单位载流密度优化。增加电刷数量（将原设计的 30 个/极改进为 51 个/极），降低了电刷载流密度，将有效载流密度由 13.6A/cm^{2}降低至 7～8A/cm^{2}范围。

②电刷布置方式优化。电刷布置方式由单元组半圆布置改为单只整圆布置，降低碳粉堆积引起电刷卡涩发热。电刷高、中、低波浪式布置。提高电刷与集电环接触面的散热效果，降低电刷滑动摩擦对集电环的磨损。

③电流通路优化。电流经导电环以环网方式流入电刷。减小导电环自身电阻对电流分布的影响，电流分布更均衡，解决了个别电刷温度过高问题，提高了集电环系统的运行可靠性。

④碳粉收集装置优化。

（a）密闭罩优化。集电环系统密闭罩内外热交换速率快慢取决于其内部负压的大小，要求进气总口径和内部封闭空间要小，排气口径及排气功率要大。密闭罩上下边沿与集电环面的间隙为主要进气口，间隙距离由原来的 20mm 改为 5mm，密闭罩立面与集电环面距离由 250mm 改为 20mm，密闭罩立面高度由 480mm 改为 440mm。经计算，优化后的密闭罩进气口截面积为 $0.0659m^2$，内部空间有效体积 $0.0580m^3$，排气口截面积 $0.0236m^2$。

（b）风路优化。为降低风阻，排气口与密闭罩连接采用三通管，分管与密闭罩连接采用斜喇叭口方式，主管与碳粉吸收装置相连，直径为 100mm，两根分管与密闭罩连接，直径为 200mm；连接软管安装选择最短路径，尽可能避免拐弯。

（c）风机优化。碳粉吸收装置具备碳粉吸收和强迫散热功能。通过有限元计算集电环系统单位时间发热量，并结合密闭罩结构，布置 3 台单机功率为 1500W、风量 $1200m^3/h$ 的碳粉吸收装置，机组满负荷运行时，能够将电刷接触面温度维持在 60～70℃，集电环面温度维持在 65～75℃，满足机组稳定运行要求。

（d）碳粉收集优化。原有的滤袋收集碳粉时，由于静电的原因，碳粉附着在滤袋表面，造成风路堵塞，降低了单位风量。新设计的滤筒式碳粉收集装置采用折叠扇叶结构，滤筒的通风小孔数量大幅增加，所选材料可削弱碳粉静电吸附，减小了风道的风阻，提高风机的有效抽气功率。同时，可对滤筒定期拆卸进行冲洗，提高使用效率。

6.2.5 发电机局部放电系统数据分析

6.2.5.1 局部放电数据回顾

7 号发电机自调试、投运后局部放电数据一直比较稳定，但自 2012 年 12 月 16 后 C 相放电数据突然变大，之后数据比较稳定，呈缓慢增长趋势。从 2012 年 12 月 16 日到 2013 年 1 月 9 日，C 相放电增长了约 200mV，增幅约 20%，从 2013 年 1 月 9 日后数据波动相对较大，范围从 1200～1600mV。如图 6－16 所示。

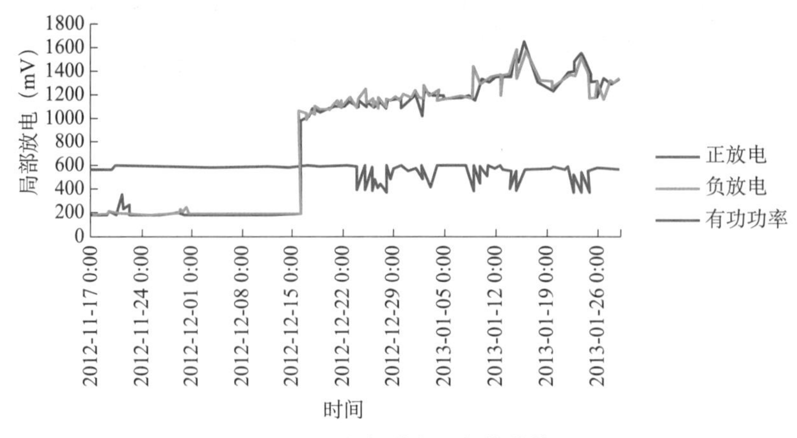

图 6－16　C 相放电、负荷趋势图

6.2.5.2　局部放电增大原因分析

图 6－17 是 C 相局部放电 12 月 15 日数据突变前后三维对比图，从图中可以看出，C 相增加了一个较大的放电点，该放电点放电幅值较大，放电分布在 35°～105°和 215°～285°两个相角区间，这两个区间相差 180°，呈对称状态。该放电点是一个单相的对地放电，和 A、B 相之间没有关系。根据其对称特性，该放电部位应发生在空气中，检修时应首先检查裸露导体部位。

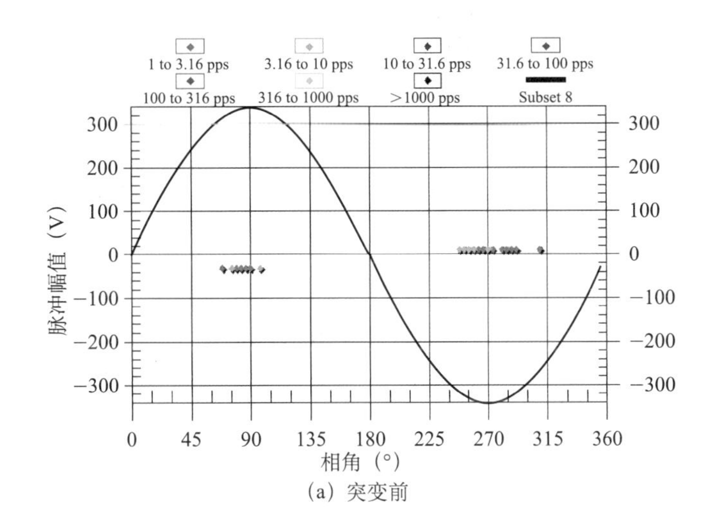

(a) 突变前

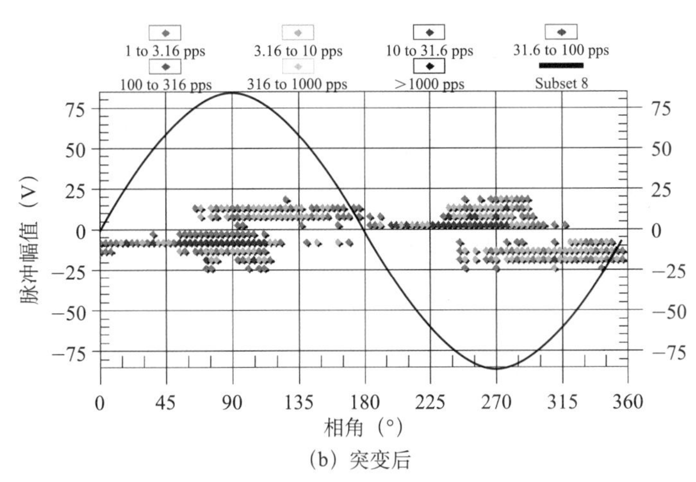

(b) 突变后

图 6－17　C 相局部放电数据突变前后三维对比图

6.2.5.3　结论

C 相局部放电数据大的起因是由于 12 月机组负荷变化引起振动变化，从而造成放电点（新增加的点）松动或者电气接触不良。机组波动的根本原因是负荷调整后机组振动变化。但该部位正负半周放电特性对称，放电只和电压有关系，且重复性好，这些特性表明放电发生在空气中。只有空气中的放电呈对称性，且电压降低时（交流电周期中）能自恢复绝缘性能。

6.2.6 汇流环连接问题

向家坝水电站 TAH 机组汇流环原设计中考虑到受力的问题，特在汇流环接头处设有软连接，并安装空心绝缘盒。后在安装和调试期间出现绝缘盒与周围物体距离近造成放电的现象。综合现场安装调试实际情况，对机组汇流环连接结构进行了更改，更改后有三种结构，如图 6 - 18 ~ 图 6 - 21 所示。

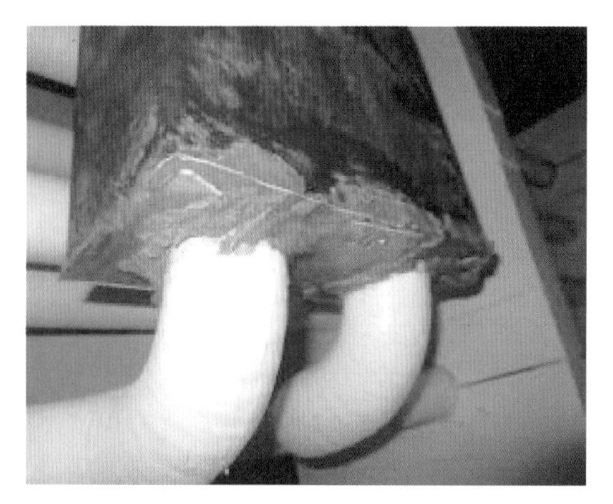

图 6 - 18　绝缘盒环氧胶填充结构

图 6 - 19　绝缘盒原设计结构

图 6 - 20　汇流环软连接

图 6 - 21　汇流环 Ω 形硬连接

（1）保留部分汇流环软连接以及空心绝缘盒结构。

（2）部分汇流环软连接改为 Ω 形外包绝缘的硬连接。

（3）发电机汇流环绝缘盒与绝缘支撑间距小于 80mm 的用环氧胶填充。

6.2.7 发电机部分线棒槽口绑绳断裂问题

6.2.7.1 现象

左岸电站 HEC 发电机检修期间，发现定子绕组槽口挡风板存在部分玻璃丝绑绳断裂现象。断裂的玻璃丝绳为浸渍了环氧树脂胶（HEC56102）的 ϕ3mm 玻璃丝纤维管（空心结构)，如图 6 - 22 所示。

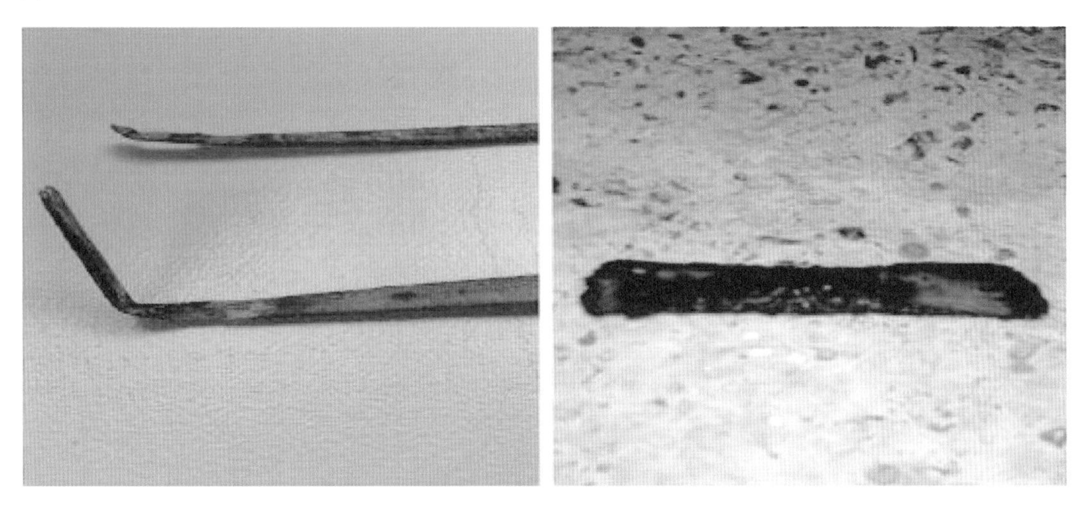

图 6 - 22　断裂的槽口绑绳

6.2.7.2　分析、处理及结论

该现象仅 1 台发电机发生，初步判断断裂原因为该批次玻璃丝纤维管强度不足，安装工艺粗糙。按照工艺要求，使用固化试验合格的环氧树脂胶（HEC56102）浸渍 ϕ5mm 玻璃丝绳，对玻璃丝纤维管断裂部分重新绑扎，如图 6 - 23 所示。

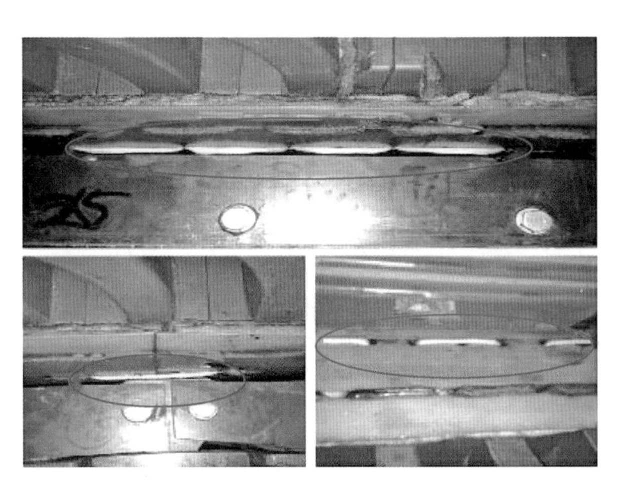

图 6 - 23　完成绑扎的玻璃丝绳

第 7 章 调速器检修

7.1 概述

7.1.1 调速器机械控制系统

调速器机械控制系统主要由油压装置系统、主配压系统、分段关闭系统、事故配压系统及接力器组成，通过这些系统的相互协同，很好实现了机组的正常开停机、事故状态下的紧急停机以及正常运行时机组负荷调整的操作。

常规 C 修项目包括压油泵及组合阀试验及检查、各部滤芯检查更换、压力表及安全阀送检、各管路接头及法兰螺栓紧固检查、各部件外观检查、升压及修后试验等工作。B 级及以上检修项目包括各管路清洗、接头及法兰密封更换、回油箱清洗、压力油罐及压力气罐清洗、接力器检修、压油泵检修、组合阀拆解检修、隔离阀以及主配压阀等主要阀体拆解检修等。

7.1.2 调速器电气控制系统

向家坝水电站每台机组调速器电气部分采用双套奥地利 B&R 公司 32 位可编程计算机控制器（PCC）组成不同控制结构的独立的双通道控制系统，在控制上可实现双通道自动控制 + 电手动，实现对机组导叶开度、频率、有功功率的独立冗余控制。当一套控制器发生故障时，自动无扰切至另一套控制器工作。

调速器电气柜内主要布置的设备：两套 PCC 控制器（即 A 套、B 套，采用 B&R 2005 系列 PCC）、一套触摸屏控制显示系统（HMI）、冗余电源系统、测速系统、变送器、继电器、电柜操作按钮等。每个控制器由 1 个电源模块、1 个 CPU 模块、2 个 DI 模块、1 个 DO 模块、4 个模拟量混合模块及 1 个数字量混合模块组成。

向家坝水电站每台机组调速器电气部分具有控制器冗余、开关量 I/O 冗余、模拟量 I/O 冗余、电源冗余、测频单元冗余、位移传感器冗余、电液转换器冗余等大量冗余设计，保证了调速器的可靠、稳定运行。

调速器电气控制系统常规年度检修项目包括盘柜整体检查及清扫、端子检查及紧固、调速器及转速装置控制器检查、触摸屏检查、电源及控制回路检查、自动化元件检查及校核、程序备份与定值/参数检查、继电器检查/校验和定期更换、转速装置校验等。

7.1.3　调速器液压控制系统

向家坝水电站调速器液压系统控制部分主要包括调速器控制柜、三台大油泵控制柜、一台小油泵控制柜、辅助控制箱、回油箱端子箱及一些辅助控制设备等，主要安装在水轮机层。

左右岸电站调速器液压系统控制部分均采用施耐德 Quantum 双冗余热备 PLC 控制系统，实现对调速器液压系统的压力液位控制。双 CPU 具有各自独立的电源，并可实现与 I/O 采集模块完全无扰动的通道切换。交叉备份的结构设计使任一 CPU 的退出都不会影响系统的工作。大油泵采取软启动器启动方式，软启动器安装在大油泵控制柜内，而小油泵则是直接启动方式。

液压控制系统常规年度检修项目包括盘柜整体检查及清扫、端子检查及紧固、PLC 及触摸屏检查、电源及控制回路检查、自动化元件检查及校核、程序备份与定值/参数检查、继电器检查/校验和定期更换、开关/接触器及软启动检查等。

7.2　技术专题

7.2.1　调速器频率测量及防误动优化

7.2.1.1　项目概述

频率测量是影响水电机组运行的关键因素之一。调速器作为机组转速的控制计算核心，同时也承担着向监控系统上送转速信号的任务，其测频环节的稳定性和可靠性至关重要。因此，测频回路的设计是否完备和对转速信号的处理机制是否完善，将直接决定机组运行的安全性和可靠性。

目前，大型水电机组的测频方式主要以残压测频和大轴齿盘测频为主，调速器系统接收来自机端 PT 或机组大轴齿盘探测器的信号以测量机组转速，通过对测量的转速值进行控制算法运算，输出控制导叶接力器动作的信号，以达到控制机组转速的目的。

残压测频信号取自发电机机端电压互感器，具有精度高、成本低、安装简单等优点，但也存在着一些问题，如易受干扰，低转速时信号较低或严重失真等，故需同其他可靠测频方式配合使用，以增强机组测频系统的可靠性。

齿盘测频是一种机组转速的直接测量方式，其可靠性和可信度日益增强，为机组的稳定可靠运行提供了保障。通过齿盘测频方式解决残压测频信号源不可靠的问题，对于改善水轮机调速器性能，保证机组安全可靠运行具有十分重要的意义。

7.2.1.2　测频回路系统构成

基于可编程控制器测频回路的硬件构成如图 7－1 所示。机端 PT、隔离变及安装在水轮发电机组大轴上的齿盘与电磁式接近开关分别组成了残压及齿盘频率信号产生单元。由信号滤波电路、整形电路和可编程控制器构成了频率信号测量单元。利用高速数字输入模块及控制器内部的时间处理单元，可大大提高测频精度，增强机组测频的稳定性。

7.2.1.3　数字测频计算方法

基于可编程控制器的数字测频计算方法如图 7－2 所示。原始测频信号经过滤波和整形

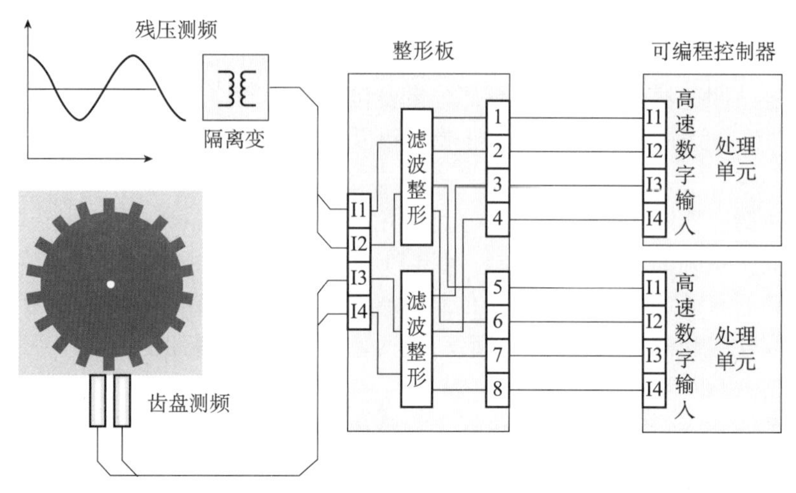

图 7－1　测频回路的硬件构成

后，变成同频率的方波信号。该方波信号经过隔离电路后通过高速数字输入通道进入可编程控制器。在进行软件分频后，可编程控制器利用其内部的高速计数时钟读取方波信号两相邻上升沿之间的计数值 N，则所测频率即为 $f=f_c/N$，其中 f_c 为控制器内部计数器的计数频率。

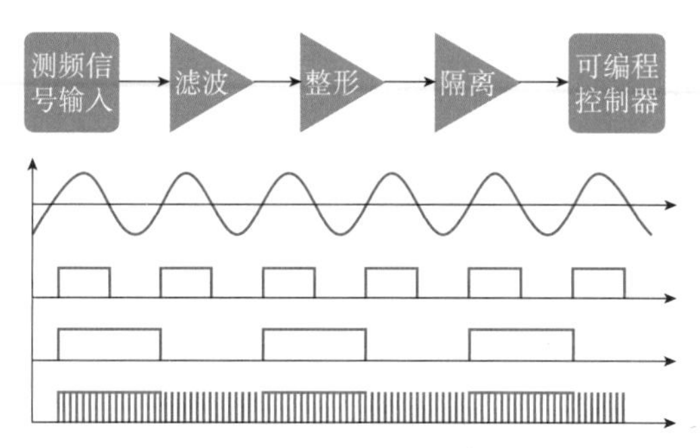

图 7－2　数字测频计算方法

7.2.1.4　测频软件处理机制

测频软件中对于各路转速信号的处理机制也是保证机组测频可靠性的关键。向家坝水电站每套调速器或测速装置控制器均冗余配置多路 PT 或齿盘信号，针对不同的工况进行优选和处理。测频信号软件处理逻辑如图 7－3 所示。

当机组处于空载和负载态时：优先选择残压测频信号；当残压测频信号出现故障时，选择齿盘测频信号；当所有频率信号均出现故障时，将根据运行工况报机频故障或强制机频为 50Hz 以保证机组的稳定调节。

当机组处于开机和停机态时：优先选择齿盘测频信号；当齿盘测频信号出现故障时，选择残压齿盘测频信号；当所有频率信号均出现故障时，机频取 0Hz 并报机频故障，以保证机组的正常开停机和低转速下的稳定测频。

7.2.1.5　齿盘测频出现的问题

虽然基于可编程控制器的数字测频方式在大型水电机组中已得到大量应用，但齿盘测频方式因其自身的特性和软硬件缺陷，在开停机过程中发生信号跳变的情况仍然存在，该情况

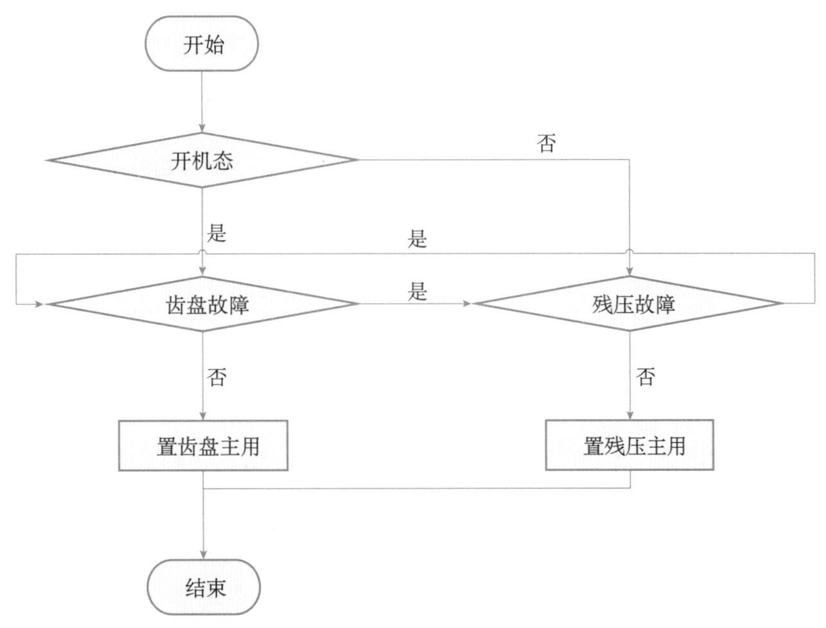

图 7 -3　测频信号软件处理逻辑图

影响机组的正常控制和运行监视，严重时还可能引起监控系统的事故流程误动。

向家坝水电站机组投运初期曾多次出现因转速异常跳变引起转速超调的情况，其趋势数据曲线如图 7 -4 所示。从图中可以看出机组在开机后不久转速出现了异常波动，后恢复正常。当机组转速上升超过额定转速后，导叶开始回关，由于机组惯性出现了一定量的超调，后稳定至空载额定转速。

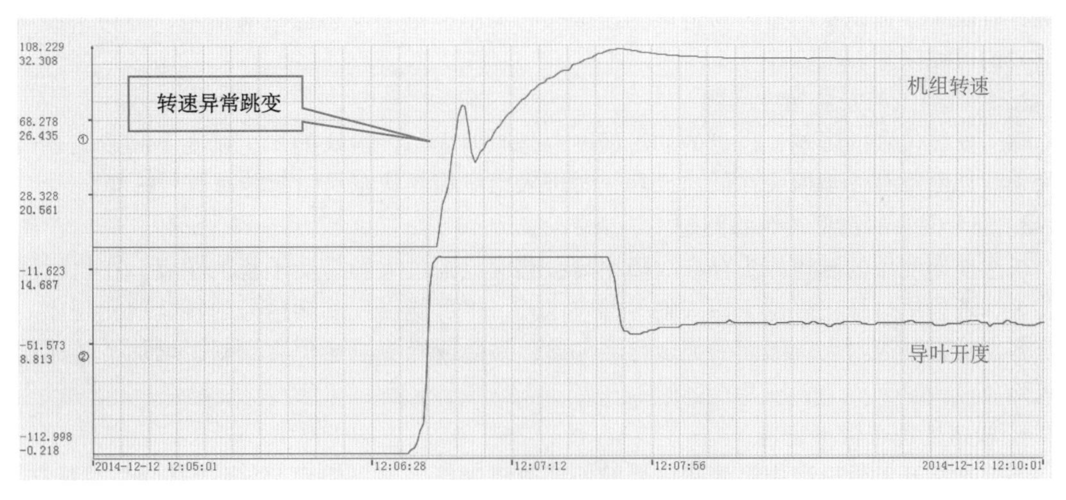

图 7 -4　机组开机过程转速跳变录波曲线

经过现场分析检查，造成此次开机过程中转速异常原因为单路齿盘测频信号低速下发生异常跳变，导致调速器提前进入空载状态，从而改变了开机动态过程。此外，在停机至转速为零后，转速装置测速信号也可能发生异常跳变，严重时将导致机组电气过速接点动作，监控停机流程误动的情况。其趋势数据曲线如图 7 -5 所示。从图中可以看出机组在转速刚降至零点后即出现了持续性跳变。经现场检查，为转速装置单个齿盘传感器处于临界感应区域，造成了信号高低电平的快速变化。

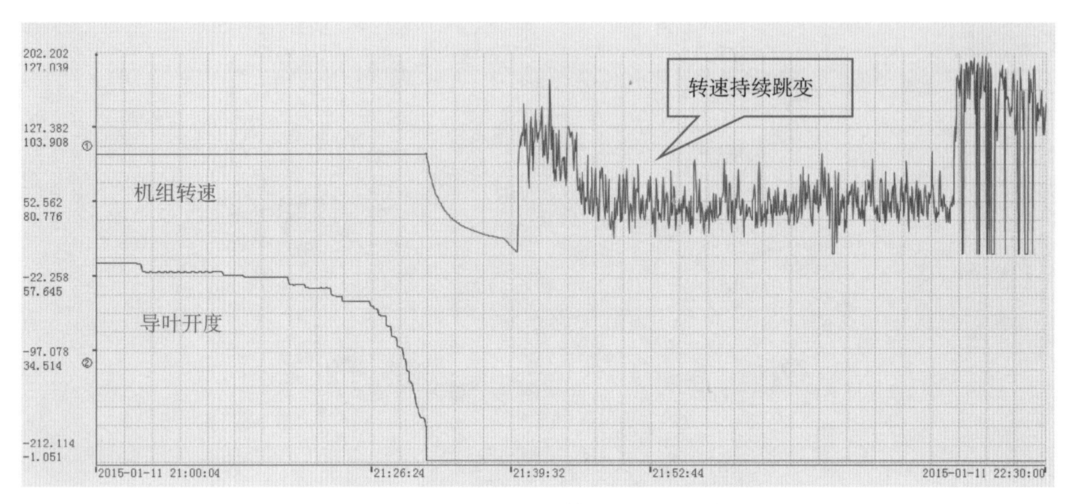

图 7－5　机组停机过程转速跳变录波曲线

7.2.1.6　问题原因分析

1. 齿盘安装位置问题

出现上述问题的机组，其测速齿盘安装于机组发电机下机架大轴上，齿带由金属材料铸造而成，齿块为焊接金属块，二者采用焊接方式连成一个整体。该结构造成了齿盘的整体重量及转动惯量均较大，且存在安装固定困难、机组运行过程中易下滑等问题。另外，该位置测速探头固定支架仅能安装于下机架内壁上，在机组运行过程中存在较大振动及较强的电磁干扰，且设备表面积灰严重，易造成测速探头的工作不稳定及感应距离偏差，不利于齿盘测频信号的可靠采集。

2. 齿盘加工与安装精度问题

除了安装位置的影响，齿盘的加工精度也是原因之一，齿块的加工精度不高造成了凸块边缘未与切面垂直，当探头在低速或静止时进入感应临界状态易引起转速信号跳变。

3. 齿盘探头的选型及调整问题

机组前期使用的测速探头存在故障率高、感应范围过大和易受干扰的缺点。在机组静止状态下，若齿块边缘正好位于探头临界感应位置，将可能出现测频信号的持续跳变现象。另外，各探头安装面与大轴弧面的弧度存在偏差，易造成探头测量位置倾斜，增加了转速误动的风险。

4. 转速处理逻辑不完善

调速器在开停机过程中对测频信号的处理逻辑为：当 PT 转速信号大于某阈值时优选 PT 信号；当 PT 转速信号小于该阈值时，优选齿盘信号；两路齿盘信号无故障情况下取转速高者。由于 PT 信号在低速下不能稳定检测，若测速信号防跳变逻辑不完善，当某一路齿盘信号发生跳变时，将会引起调速器转速的误开出，影响机组的稳定运行。

7.2.1.7　防误动优化策略

针对前期安装机组齿盘测频系统的硬件缺陷，向家坝水电站进行了合理改进：将齿盘测速装置安装位置改至水导油槽上方；对齿盘的制造工艺及现场安装精度进行了严格要求；根据齿盘实际情况对探头固定支架进行了重新调整，且对测速探头进行了重新选型。同时，为提高测频的精度和稳定性，防止测频信号的异常跳变，则通过优化测频计算逻辑、完善数字滤波及优选策略来实现，具体逻辑框图如图 7－6 所示。

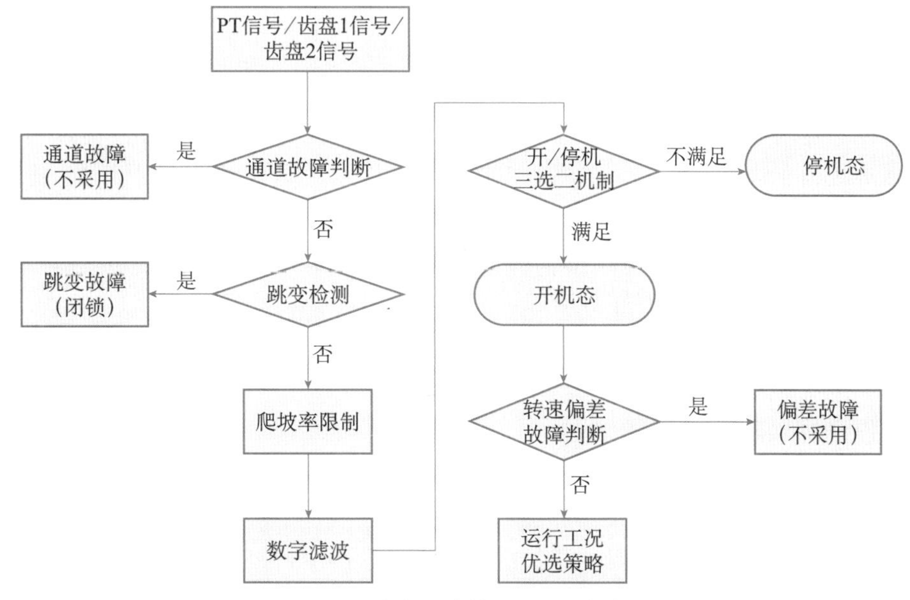

图 7－6　优化后的转速处理逻辑框图

1）增加跳变检测及爬坡率限制

在每个测速通道的测量处理模块中，增加跳变检测功能，对跳变的转速尖峰信号进行滤除，若信号跳变后保持，则屏蔽该通道信号，并报跳变故障，从源头去除跳变信号。同时，对各路转速信号的上升及下降速率进行限制，使得转速的变化速率在正常调节范围内，这将有效削弱测频信号快速变化对转速输出的影响，提高测频的稳定性。

2）数字滤波

消除齿盘测频装置干扰信号目前最常用的方法是采用数字滤波策略。根据先进先出原则把连续周期测频值看成一个队列，队列长度固定为 N，对 N 个测频值进行大小比较后，剔除最大值和最小值，再对其余测频值进行算术平均运算，获得滤波后的测值。这样就有效避免了齿盘加工精度的影响，虽然计算的频率有一定滞后性，但对转速较低的水电机组影响甚小，不影响机组的转速控制。

3）开/停机过程优选策略

原齿盘测频优选策略为多选一，为避免单路信号异常对机组开停机控制及监视的影响，将优选策略优化成三选二策略，即选择两路测频值进行组合判断输出。具体优选策略为：

根据机组残压测频信号及齿盘测频信号的实际检测情况，分别设定相应门槛值 f_1 和 f_2，当残压测频信号高于 f_1，齿盘测频信号 1 高于 f_2，齿盘测频信号 2 高于 f_2，三者中至少有两者满足条件，则流转至开机状态，执行正常的转速优选策略；当残压测频信号低于 $f_1-\delta$（δ 为死区值），齿盘测频信号 1 低于 $f_2-\delta$，齿盘测频信号 2 低于 $f_2-\delta$，三者中至少有两者满足条件，则流转至停机状态，屏蔽所有转速输出。

4）转速偏差优选策略

为防止某一路测频信号存在偏差或失真影响调速器对转速的调节，进一步完善对测频信号的故障判断功能，在开机后的转速处理逻辑中增加了三选二表决算法：在三路测频信号均无故障的情况下，某一路测频信号与其他两路测频信号偏差超过阈值f_0，则判断该路信号异常，不予采用，其余信号参与优选策略。

7.2.1.8　优化效果

优化策略实施后，机组开停机过程各种状态下不同控制器的转速测值一致且过渡平滑。经过优化，调速器对于机组转速的采集、处理及上送更加准确，在机组开停机过程中和停止后，可有效屏蔽由于齿盘测速探头与测速齿带处于临界位置而引起的跳变信号，避免了转速跳变信号误开出导致机组事故停机流程启动的问题。同时，机组从停机态转入开机过程态或由停机过程态转入停机态的状态转换过程也可准确测速，避免了出现机组提前进入停机态或转入开机过程态后无转速信号的异常情况发生。

7.2.2　调速器涉网功能及参数优化

7.2.2.1　调速器功率控制策略优化

向家坝右岸电站引水道较长，机组进行有功功率调节时，产生的水锤效应强，影响调速器的有功功率调节品质，在极端情况下甚至有可能引起机组有功功率大幅波动或振荡。另外，向家坝机组尾水管采用“双机一洞”的布置方式，即两台机组共用一个尾水洞，两台机组在进行导叶调节时，尾水会相互影响，导致机组净水头瞬时波动频繁，从而恶化机组有功功率调节品质。

针对该问题，向家坝水电站在不改变调速器硬件架构的前提下，对调速器的有功功率调节模型进行了合理优化，提高了调速器有功功率调节品质，满足了电网对机组有功功率调节及一次调频功能的要求。

在最初的设计中，调速器只有一个开度 PID 计算模块，调速器在接收到 LCU 下发的功率给定值后，通过一个变积分计算转换模块，将功率给定值换算成开度给定值，与开度反馈值的差值再进入开度 PID 模块进行 PID 计算。优化前的功率调节模型如图 7－7 所示。

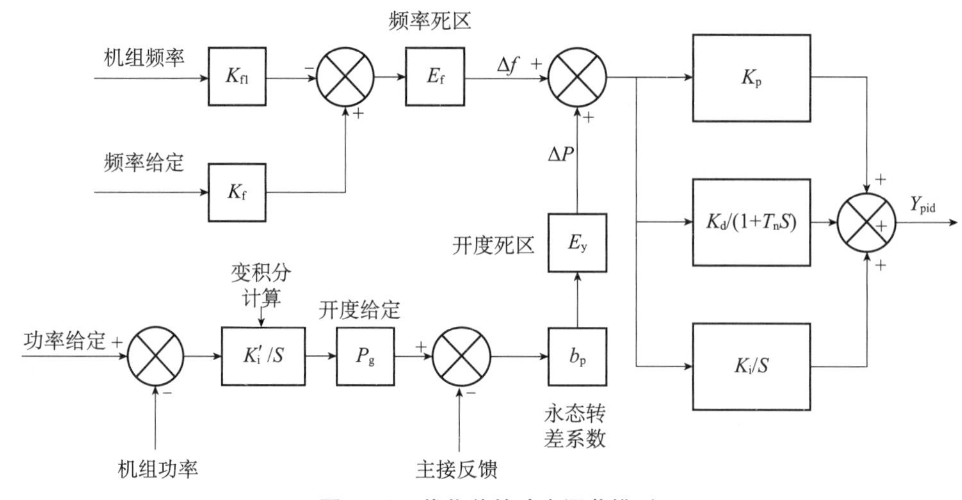

图 7－7　优化前的功率调节模型

此模型存在的问题在于投入一次调频功能后，频差和功率差分别进入开度PID模块进行计算，在功率给定不变的情况下，一旦出现频差，调速器调节导叶，导致机组功率发生变化，则变积分计算过程启动后，由于功率差值始终存在，积分计算过程将一直持续，无法进入平衡，无法满足一次调频功能要求。

经过优化后，功率差值和频率差值在经过调节后，能够相互抵消，形成新的平衡点，从而使调速器具备功率模式下的频率调节功能。另外，由于功率PID模块较原变积分模块多了一个比例计算过程，在较小的积分参数下，通过适当的比例参数K_p设置，可有效加快功率初始调节速度，更好满足一次调频的速动性要求。优化后的功率调节模型如图7－8所示。

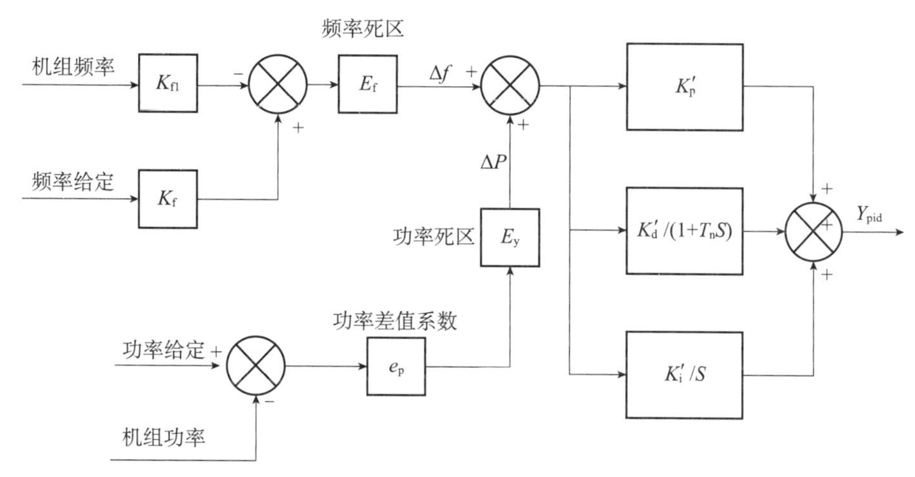

图7－8　优化后的功率调节模型

7.2.2.2　孤网控制模式功能优化

为适应新的西南区域电网运行方式，完善向家坝水电站调速系统孤网模式的控制逻辑功能，确保电网安全稳定运行，对向家坝调速器孤网逻辑功能进行了功能优化。主要包括两个方面：

（1）通过软件功能优化，实现了孤网手动模式及自动识别模式的自动切换。

（2）通过触摸屏实现了相关孤网控制参数的监视和修改。

经过电科院现场无水及有水试验，验证了向家坝调速器孤网PID控制逻辑及切换控制逻辑和进入孤网运行特性。

7.2.2.3　小网控制模式功能优化

为适应西南和华中电网异步互联运行要求，降低超低频振荡风险，根据国调中心对西南水电机组调速系统参数优化调整技术方案，向家坝水电站进行了机组调速系统小网控制模式优化专项工作。主要优化内容包括：

（1）对原有并网控制模式进行了修改完善，增加小网运行方式，即在保留原来的功率模拟量方式的基础上（取消功率脉冲量方式），调速器形成大网功率给定模式、小网功率给定模式、大网开度调节模式、小网开度调节模式和孤网模式5种并网模式。

（2）对大网、小网及孤网控制模式的切换逻辑进行了优化。

①通过调速器触摸屏可实现机组并网时大网、小网的优先选择。

②机组并网状态下，通过监控系统或调速器触摸屏可实现5种调速器控制模式的切换。

③除可手动切至孤网控制模式外，其余4种并网控制模式下若机组频率偏差满足自动切孤网运行条件将自动切至孤网模式运行，且不会自动退出。

④手动退出孤网模式将退至切换前（大网或小网下）的开度模式。

（3）对大网、小网及孤网控制模式的控制和运行参数进行了优化。

①形成空载PID参数、孤网PID参数、大网功率PID参数、大网开度PID参数、小网功率PID参数、小网开度PID参数6组参数。

②各控制模式下的频率死区、限幅、切换死区、延时等参数统一在触摸屏上修改。

7.2.2.4 监控系统与一次调频配合逻辑优化

为更好满足西南电网电厂侧一次调频与AGC、监控系统协调控制技术要求，增强机组功率调节的可靠性和稳定性，向家坝水电站对原有一次调频同AGC协调策略进行了进一步优化。

优化内容主要包括：

（1）取消原有功率和开度模式下一次调频动作期间及动作后延时期间对负荷调节命令的闭锁逻辑。

（2）优化小网开度模式下LCU侧功率增减同一次调频动作的配合逻辑：在无新的负荷设定命令的时候保证一次调频动作的有效性；在有新的负荷设定的情况下保证负荷调整的优先性。

（3）增加负荷反向调节闭锁功能：在电网频率超过门槛频率时不执行调度AGC反向负荷调节指令。

（4）增加开度调节模式下LCU有功增减命令正确性判断功能。

7.2.3 调速器主配频繁调节问题处理

7.2.3.1 主配频繁调节现象

向家坝水电站多台机组运行过程中，出现调速器主配频繁调节现象，严重影响机组安全稳定运行。该问题主要现象表现为当机组导叶设定值稳定不变时，机组导叶开度出现持续增大或减小趋势，调速器主配出现周期性调节，若主配调节周期小于某一阈值，则将这种现象称为主配频繁调节现象。机组主配频繁调节录波曲线如图7-9所示。

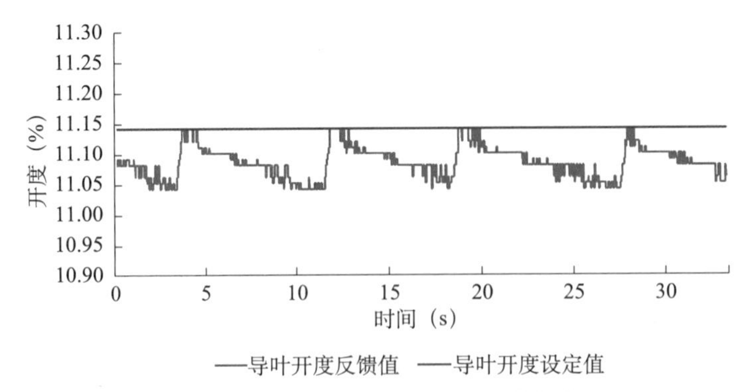

图7-9 机组主配频繁调节录波曲线

主配频繁调节会导致导叶开度小幅频繁波动、主配阀芯位置频繁抽动、液压跟随系统耗油量异常变大、液压系统油泵频繁启停、回油箱油温升高以及液压随动系统磨损加剧等一系列问题，对机组设备产生不良影响，严重威胁并网机组的安全稳定运行。

机组并网运行过程中出现主配频繁调节现象时，如果在并网状态下处理则风险很高，而在停机或空载状态下处理又会造成弃水或减少有效发电时间，影响发电效益。因此，如何在不停机、不影响机组正常运行情况下解决主配频繁调节问题就显得非常有价值有意义。

7.2.3.2 理论研究和原因分析

经对调速器液压系统进行数学建模研究分析，导致主配频繁调节现象的直接原因是，在调速器调节稳定后，机组导叶开度持续增大或减小。这主要与以下几个因素有关：

（1）液压随动系统比例阀和主配中位未整定准确，导致调速器调节稳定后主配复中的位置偏移主配实际中位，致使导叶开度定向持续变化，引起频繁调节。

（2）主配传感器测量主配位置信号不准确，比例阀驱动信号输出不准确，存在温漂现象。特别是当传感器周围温度环境存在明显变化时，此因素对主配位置信号测量和比例阀驱动信号影响更显著。主配反馈信号和比例阀驱动信号产生温漂，会导致调速器调节稳定后主配复中的位置偏移主配实际中位，致使导叶开度定向持续变化，引起频繁调节。

调速器液压随动系统闭环结构建模示意图如图7－10所示。

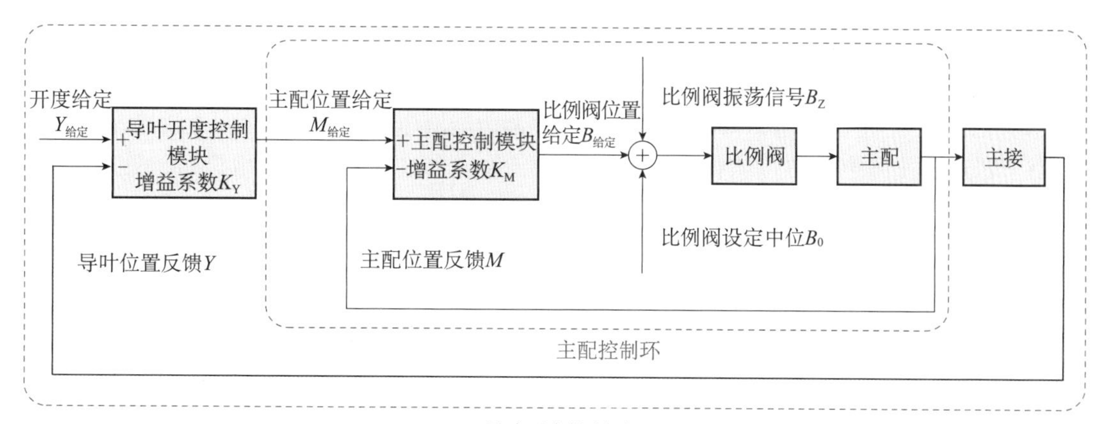

图7－10 调速器液压随动系统闭环结构建模示意图

当调速器液压随动系统静态平衡时，各变量必然满足以下关系：

$$\Delta Y \cdot K_Y = M_{给定} \tag{7-1}$$

$$(M_{给定} - M) \cdot K_M = B_{给定} \tag{7-2}$$

$$B_{给定} + B_0 = B_{0实际} \tag{7-3}$$

当$|Y_{给定} - Y| \leqslant Y_{死区}$时

$$\Delta Y = 0 \tag{7-4}$$

由式（7－2）、式（7－3）可以得到：

$$(M_{给定} - M) \cdot K_M = B_{0实际} - B_0 \tag{7-5}$$

由式（7－1）、式（7－2）、式（7－3）、式（7－4）可以得到：

$$M = (B_0 - B_{0实际}) / K_M \tag{7-6}$$

由式（7－5）明显可以看出：

当$M = M_{给定}$时，$B_0 = B_{0实际}$；当$M > M_{给定}$时，$B_0 > B_{0实际}$；当$M < M_{给定}$时，$B_0 < B_{0实际}$。这就是一种调速器比例阀中位自动整定和纠偏方法，即若$M = M_{给定}$，则比例阀中位设定值B_0设

置合理，等于比例阀实际中位值 $B_{0实际}$；若 $M \neq M_{给定}$，则比例阀电气中位漂移，比例阀中位设定值 B_0 设置不合理，需调整 B_0，直到 $M = M_{给定}$ 为止即调整完毕。

由式（7-6）明显可以看出：

若比例阀中位设定值 B_0 设置合理，$B_0 = B_{0实际}$，则 $M = M_{给定} = 0$，主配位置被调速器电控系统调节到主配电气设定的中位。

精确定位主配电气中位的方法就是确定主配死区上下限对应的主配位置反馈通道值 M_1 和 M_2，或者通过自动改变主配中位设定值，找到使导叶具有关和开趋势的对称调节周期点 M_1 和 M_2，取 M_1 和 M_2 的中间值做主配电气中位 $M_{中}$。

测量主配位置信号的传感器由于受温度变化、电源电压不稳等因素的影响，不可避免输出信号存在温漂现象，即主配位置反馈信号发生漂移，从而调速器主配电气中位产生偏移，设零漂偏移量为 ΔM，则主配位置实际反馈 $M_{实际} = M - \Delta M = -\Delta M$。

当主配电气中位产生严重偏移，导致主配位置实际反馈 $M_{实际}$ 超过主配死区时，导叶开度反馈开始变化。当 $\Delta M > 0$，$M_{实际}$ 小于主配死区下限时，导叶开度反馈 Y 开始减小，若纠偏则需要增加主配电气中位设定值；当 $\Delta M < 0$，$M_{实际}$ 大于主配死区上限时，导叶开度反馈 Y 开始增大，若纠偏则需要减小主配电气中位设定值。

当导叶开度超过导叶控制死区时，调速器液压随动系统静态平衡被暂时打破，调速器液压随动系统开始驱动比例阀、主配以及接力器动作，将导叶开度反馈 Y 调节至导叶开度给定 $Y_{给定}$ 附近位置，当导叶开度进入导叶控制死区时，调速器液压随动系统又恢复至静态平衡状态。

由于调速器主配电气中位漂移的持续作用，导致这个过程周而复始地进行，这就是调速器液压随动系统的动态平衡。主配电气中位的漂移情况越严重，这个过程的周期就越短，调速器主配及导叶调节就越频繁。

7.2.3.3 方法探索

为解决向家坝调速器存在的主配频繁调节问题，从原因入手，对调速器液压随动系统进行深入研究，提出了一系列比例阀和主配电气中位自动诊断、整定和纠偏的技术方法。该方法可广泛应用于使用比例阀（或比例阀+步进电机等冗余配置）及主配、接力器作为执行机构形式的水轮发电机组，能够对调速器的闭环调节过程进行监视和诊断，一旦发现调速器由于调速器主配和比例阀电气中位漂移或者中位整定不准确等原因导致调速器调节性能下降，则自动启动整定或纠偏功能，对主配和比例阀电气中位进行修正，从而保证调速器调节性能稳定，实现主配和比例阀电气中位自适应。同时此方法也适用于机组停机检修时，调速器比例阀和主配电气中位的自动整定。

1. 基于液压随动系统静态平衡的调速器比例阀中位的自动调整方法

该方法创造性革新了调速器检修时传统的调速器比例阀中位人工作业方法，替代人工，提高检修效率和精度，实现比例阀中位的自动诊断和智能整定或纠偏，同时也提高调速器电控系统智能化水平和容错能力，提升设备运行稳定性和可靠性，实现设备精益检修和精益运行，解决由于调速器液压随动系统比例阀中位整定不准确或产生温漂导致的主配频繁调节问题。

1）调速器比例阀中位的自动整定方法

调速器比例阀中位的自动整定方法步骤如下：

步骤1：调速器电气控制系统采集主配位置反馈 M、主配位置给定 $M_{给定}$ 等数据。

步骤2：检测调速器液压随动系统是否处于静态平衡，判据为：主配位置给定 $M_{给定}$ 保持不变，若满足就进行调速器比例阀中位自诊断，否则等待满足判据条件。

步骤3：进行调速器比例阀中位漂移自诊断，判据为：主配位置反馈 M 等于主配位置给定 $M_{给定}$。若 $M = M_{给定}$，则此时比例阀中位设定值 B_0 设置合理，等于比例阀实际中位值 $B_{0实际}$，进入主配电气中位诊断环节；若 $M \neq M_{给定}$，则比例阀中位漂移，比例阀中位设定值 B_0 设置不合理，执行步骤4，进行比例阀电气中位整定。

步骤4：进行比例阀电气中位整定，若 $M < M_{给定}$，以比例阀中位设定值最高单位精度 i 为步长，逐渐增大比例阀中位设定值 B_0，返回步骤3；若 $M > M_{给定}$ 时，以 i 为步长逐渐减小比例阀中位设定值 B_0，返回步骤3。增大或减小比例阀中位设定值 B_0 的周期或速度可采用一些优化策略提高调整效率和精度。

调速器比例阀中位参数自动诊断及整定方法流程图如图7-11所示。

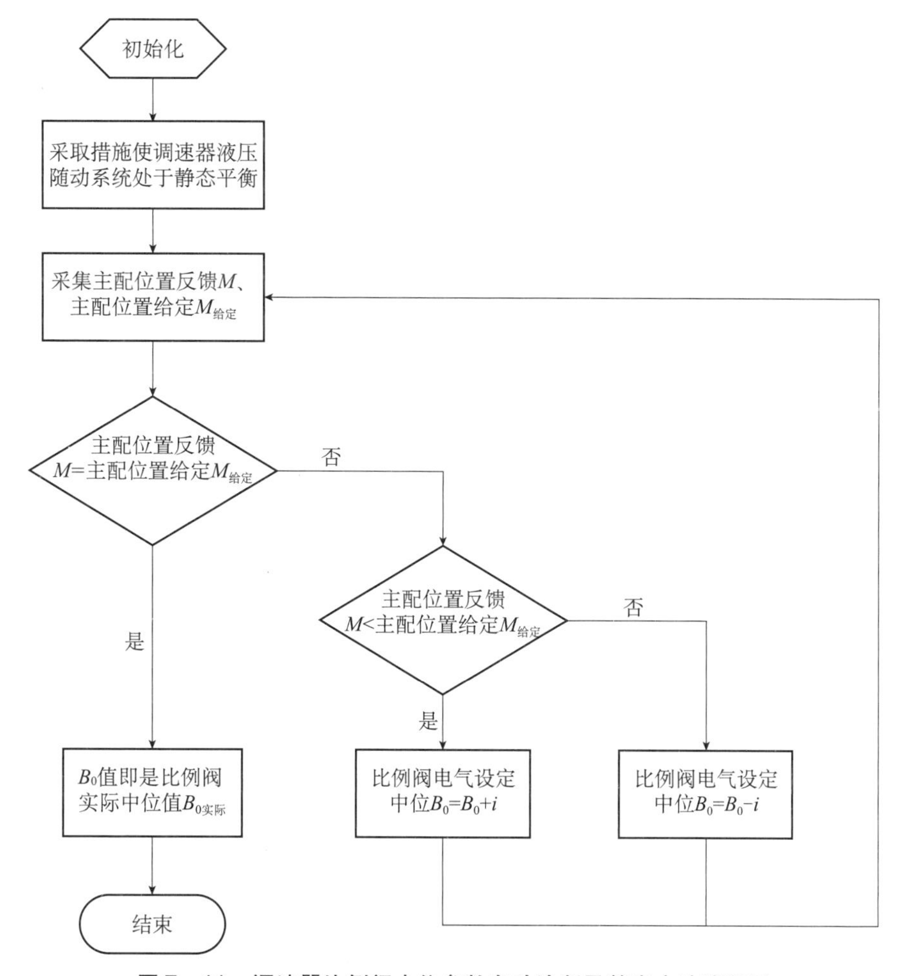

图7-11　调速器比例阀中位参数自动诊断及整定方法流程图

2）优化改进的比例阀中位自动诊断和整定方法

比例阀中位自动诊断和整定方法实际应用中，由于比例阀的动作死区不可能缩小到一个点，且主配位置反馈 M 存在测量误差，导致比例阀中位自动诊断和整定效果不佳，需对原方法进行优化。此外，为了避免控制系统频繁进行比例阀中位整定，需差异化设置启动整定判据和停止整定判据。

结合实际应用情况，找到一种优化改进的比例阀中位自动诊断和整定方法，具体的整定方法步骤如下：

步骤1：调速器电气控制系统采集主配位置反馈 M、主配位置给定 $M_{给定}$ 等数据。

步骤2：检测调速器液压随动系统是否处于静态平衡，判据为：主配位置给定 $M_{给定}$ 保持不变，若满足就进行调速器比例阀中位自诊断，否则等待满足判据条件。

步骤3：进行调速器比例阀中位漂移自诊断，判据为：主配位置反馈 M 与主配位置给定 $M_{给定}$ 差值的绝对值小于 ε，ε 根据主配位置传感器测量精度和比例阀实际动作死区大小综合确定。若 $|M-M_{给定}| \leq \varepsilon$，则此时比例阀中位设定值 B_0 设置合理，等于比例阀实际中位值 $B_{0实际}$，进入主配电气中位诊断环节；若 $|M-M_{给定}| > \varepsilon$，则比例阀中位漂移，比例阀中位设定值 B_0 设置不合理，执行步骤4，进行比例阀电气中位整定。

步骤4：进行比例阀电气中位整定，停止整定判据为：主配位置反馈 M 与主配位置给定 $M_{给定}$ 差值的绝对值小于 ε'，ε' 根据主配位置传感器测量精度和比例阀实际动作死区大小综合确定。若 $M-M_{给定} < -\varepsilon'$，以比例阀中位设定值最高单位精度 i 为步长，逐渐增大比例阀中位设定值 B_0，返回步骤3；若 $M-M_{给定} > \varepsilon'$ 时，以 i 为步长逐渐减小比例阀中位设定值 B_0，返回步骤3。增大或减小比例阀中位设定值 B_0 的周期或速度可采用一些优化策略提高调整效率和精度。

优化改进后的比例阀中位自动诊断和整定方法流程图如图7-12所示。

2. 调速器液压随动系统中位自诊断自定位自适应方法

该方法创造性革新了调速器检修时传统的调速器主配压阀电气中位人工作业方法，通常应用于机组检修时，替代人工，实现主配电气中位的自动诊断和智能整定，提高检修效率和精度，同时也提高调速器电控系统智能化水平和容错能力，提升设备运行稳定性和可靠性，实现设备精益检修和精益运行，解决由于调速器液压跟随系统主配电气中位整定不准确或产生温漂导致的主配频繁调节问题。

1）调速器主配中位自动整定方法

方法步骤如下：

步骤1：调速器电控系统实时采集调速器液压随动系统主配位置反馈 M，导叶开度反馈 Y 等数据。

步骤2：检测当主配位置反馈 $|M| \leq \varepsilon$ 稳定不变时，导叶开度反馈 Y 的变化趋势。

步骤3：若导叶开度反馈 Y 逐渐减小，则调速器电控系统控制主配试验信号 $M_{试验}$ 以主配位置给定 $M_{给定}$ 的最高单位精度 j 为步长，逐渐增大；自动判断导叶开度反馈 Y 开始不变和开始增大的临界点，将临界点的主配位置反馈通道值 $M_{通}$ 记录为主配的关方向动作死区 $M_{关}$ 和开方向动作死区 $M_{开}$。

步骤4：若导叶开度反馈 Y 逐渐增大，则调速器电控系统控制主配试验信号 $M_{试验}$ 以主配位置给定 $M_{给定}$ 的最高单位精度 j 为步长，逐渐减小；自动判断导叶开度反馈 Y 开始不变和开始减小的临界点，将临界点的主配位置反馈通道值 $M_{通}$ 记录为主配的关方向动作死区 $M_{开}$ 和开方向动作死区 $M_{关}$。

步骤5：调速器电控系统最终自动将调速器主配的动作死区中间值 $(M_{关}+M_{开})/2$ 设为调速器主配位置反馈通道采样通道电气中位 $M_{中}$，即完成了调速器主配中位自动整定，返回主配电气中位自动诊断环节。

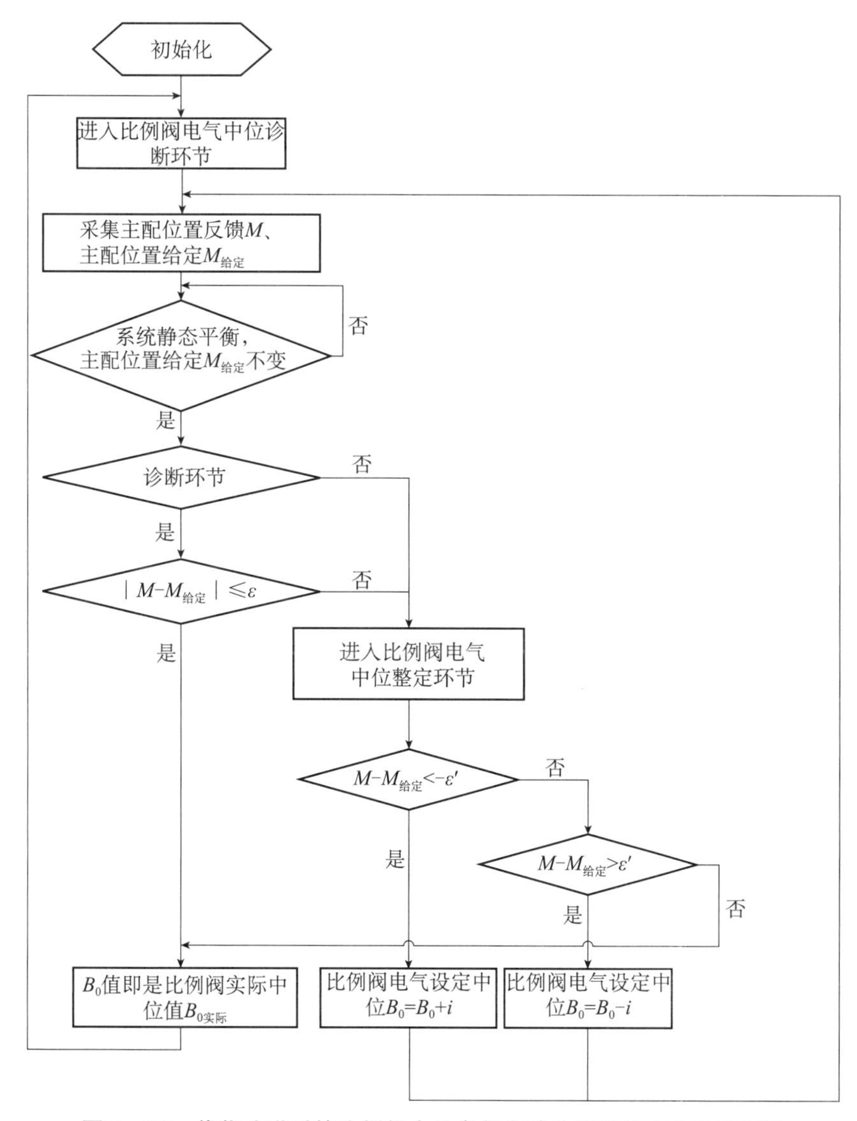

图 7－12　优化改进后的比例阀中位参数自动诊断及整定方法流程图

方法示意图如图 7－13 所示。

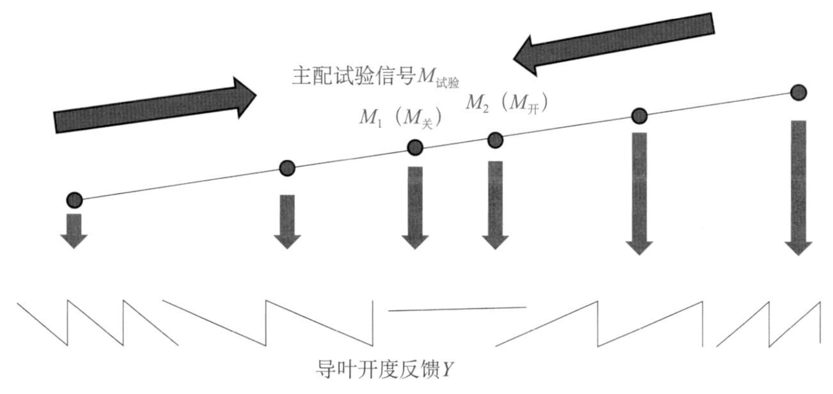

图 7－13　调速器主配中位自动整定方法示意图

2）调速器主配中位改进型自动整定方法

主配中位自动整定方法实际应用中，由于导叶开度传感器测量精度不够，测量值会出现小幅往复跳变情况，很难判断出导叶开度反馈 Y 变化趋势，导致主配中位自动整定效果不佳。考虑导叶开度反馈 Y 变化速度与主配位置给定 $M_{给定}$ 调节周期成反比，导叶开度反馈 Y 变化趋势判断难度大，主配位置给定 $M_{给定}$ 调节周期测量简单，可以将导叶开度反馈 Y 变化趋势判断转化成主配位置给定 $M_{给定}$ 调节周期测量。

方法步骤如下：

步骤 1：调速器电控系统实时采集调速器液压随动系统导叶开度给定 $Y_{给定}$、主配位置给定 $M_{给定}$ 等数据。

步骤 2：检测当导叶开度给定 $Y_{给定}$ 稳定不变时，实时计算主配位置给定 $M_{给定}$ 调节周期。

步骤 3：若主配位置给定 $M_{给定}$ 调节周期小于阈值 T 且主配位置给定 $M_{给定}$ 为关向调节时，则在整个主配电气中位定位过程中，将主配中位设定值减小最高单位精度值，调整周期与主配位置给定 $M_{给定}$ 调节周期正相关；若主配位置给定 $M_{给定}$ 调节周期小于阈值 T 且主配位置给定 $M_{给定}$ 为开向调节时，则在整个主配电气中位定位过程中，将主配中位设定值增加最高单位精度值，调整周期与主配位置给定 $M_{给定}$ 调节周期正相关。

步骤 4：检测主配位置给定 $M_{给定}$ 调节周期是否满足以下判据。若主配位置给定 $M_{给定}$ 调节周期增大过程中首次大于阈值 T' 时，记录此时主配中位设定值 M_1；若主配位置给定 $M_{给定}$ 调节周期减小过程中首次小于阈值 T' 时，记录此时主配中位设定值 M_2；若未确定 M_2 则返回步骤 1。

步骤 5：调速器电控系统最终自动将调速器主配中位设定值中间值 $(M_1+M_2)/2$ 设为调速器主配位置反馈通道采样通道电气中位 $M_{中}$，即完成了调速器主配中位自动定位，进入比例阀电气中位漂移自动诊断环节。

主配中位设定值调整周期越长，主配位置给定 $M_{给定}$ 调节周期测量越精确，最终主配电气中位设定值越接近主配电气中位实际值。

方法示意图如图 7－14 所示。

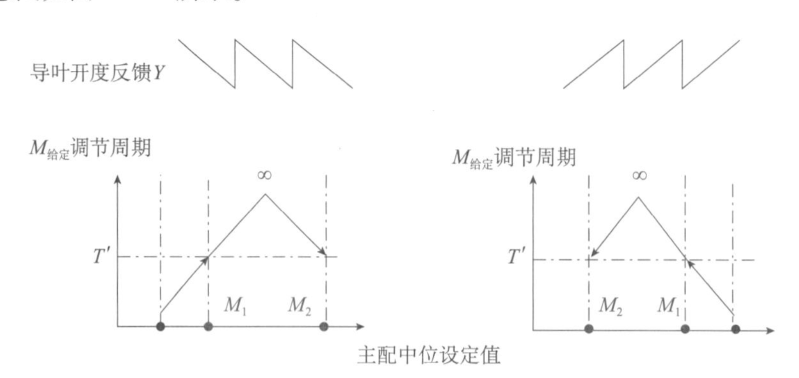

图 7－14 调速器主配中位改进型自动整定方法示意图

3）调速器主配中位不诊断自动整定方法

结合实际应用情况，找到一种不必进行调速器主配中位诊断，直接进行主配中位自动整定的方法，具体的整定方法步骤如下：

步骤 1：调速器主配电气中位根据主配机械中位初设。

步骤2：调速器电控系统实时采集调速器液压随动系统导叶开度给定 $Y_{给定}$、主配位置给定 $M_{给定}$ 等数据。

步骤3：检测当导叶开度给定 $Y_{给定}$ 稳定不变时，实时计算主配位置给定 $M_{给定}$ 调节周期。

步骤4：以主配中位设定值最高单位精度值为步长，周期性增加主配中位设定值，若主配位置给定 $M_{给定}$ 调节周期减小过程中首次小于阈值 T' 时，记录此时主配中位设定值 M_1，主配中位设定值返回主配电气中位初设值。

步骤5：以主配中位设定值最高单位精度值为步长，周期性减小主配中位设定值，若主配位置给定 $M_{给定}$ 调节周期减小过程中首次小于阈值 T' 时，记录此时主配中位设定值 M_2。

步骤6：调速器电控系统最终自动将调速器主配中位设定值中间值 $(M_1+M_2)/2$ 设为调速器主配位置反馈通道采样通道电气中位 $M_{中}$，即完成了调速器主配中位自动定位，整定完毕。

主配中位设定值调整周期越长，主配位置给定 $M_{给定}$ 调节周期测量越精确，最终主配电气中位设定值越接近主配电气中位实际值。

方法示意图如图7－15所示。

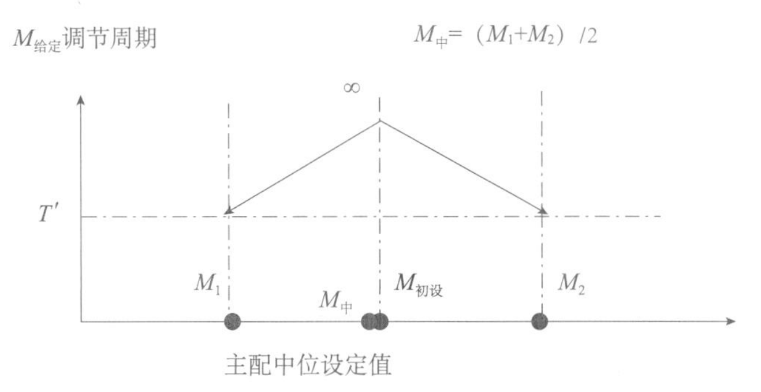

图7－15 调速器主配中位不诊断自动整定方法示意图

4）调速器主配中位不诊断改进型自动整定方法

主配中位不诊断自动整定方法实际运用过程中，主配中位设定值调整周期越长，整定耗时越长；主配中位设定值调整周期越短，主配电气中位设定值整定结果准确度越低。为减少整定时长，同时提高整定结果准确度，结合实际应用情况，找到一种主配中位不诊断改进型自动整定方法，具体的整定方法步骤如下：

步骤1：调速器主配电气中位根据主配机械中位初设。

步骤2：调速器电控系统实时采集调速器液压随动系统导叶开度给定 $Y_{给定}$、主配位置给定 $M_{给定}$ 等数据。

步骤3：检测当导叶开度给定 $Y_{给定}$ 稳定不变时，实时计算主配位置给定 $M_{给定}$ 调节周期。

步骤4：以主配中位设定值最高单位精度值为步长，周期性快速增加主配中位设定值，若主配位置给定 $M_{给定}$ 调节周期减小过程中首次小于阈值 T'，然后周期性慢速减小主配中位设定值，若主配位置给定 $M_{给定}$ 调节周期增大过程中首次大于阈值 T'' 时记录此时主配中位设定值 M_1，主配中位设定值返回主配电气中位初设值。

步骤5：以主配中位设定值最高单位精度值为步长，周期性快速减小主配中位设定值，若主配位置给定 $M_{给定}$ 调节周期减小过程中首次小于阈值 T'，然后周期性慢速增加主配中位设定值，若主配位置给定 $M_{给定}$调节周期增大过程中首次大于阈值 T''时记录此时主配中位设定值 M_2。

步骤6：调速器电控系统最终自动将调速器主配中位设定值中间值（M_1+M_2）/2 设为调速器主配位置反馈通道采样通道电气中位 $M_{中}$，即完成了调速器主配中位自动定位，整定完毕。

快速调整主配中位设定值周期越适当缩短，整个主配中位整定过程耗时越短。

慢速调整主配中位设定值周期越长，主配位置给定 $M_{给定}$调节周期测量越精确，最终主配电气中位设定值越接近主配电气中位实际值。

方法示意图如图 7－16 所示。

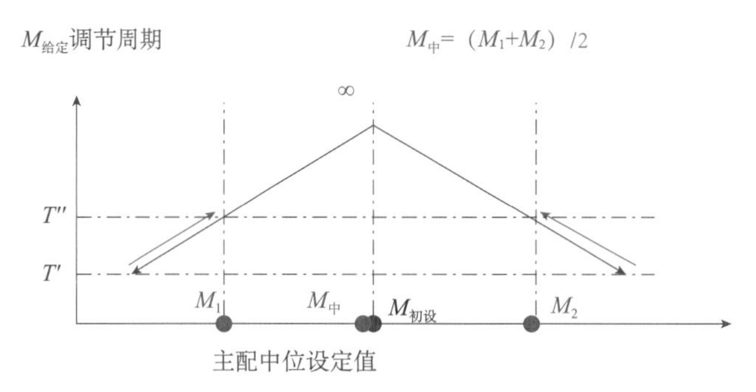

图 7－16　调速器主配中位不诊断改进型自动整定方法示意图

3. 调速器主配电气中位实时自动诊断及智能纠偏方法

该方法提高调速器电控系统智能化水平和容错能力，提升设备运行稳定性和可靠性，实现设备精益检修和精益运行，解决机组并网运行情况下由于调速器液压跟随系统主配电气中位整定不准确或产生温漂导致的主配频繁调节问题。

1）主配中位自动诊断方法

一种基于液压随动系统动态平衡的调速器主配中位自动诊断方法，具体的诊断方法步骤如下：

步骤1：调速器电控系统实时采集调速器液压随动系统 PID 模块输出的导叶开度给定 $Y_{给定}$、主配位置给定 $M_{给定}$等数据。

步骤2：判断相关数据是否满足调速器主配电气中位漂移判据：当导叶开度给定 $Y_{给定}$稳定不变时，主配位置给定 $M_{给定}$调节周期小于阈值 T，主配调节周期与机组调速器的接力器静态漂移速度和开度调节死区有关，T 可根据机组实际情况综合考虑设定，一般不小于 20s。

步骤3：若满足判据，则停止诊断，进入主配电气中位自动整定环节；若不满足判据，返回步骤1。

2）调速器主配中位自动纠偏方法

一种基于液压随动系统动态平衡的调速器主配中位自动纠偏方法，具体的纠偏方法步骤如下：

步骤1：调速器电控系统实时采集调速器液压随动系统主配位置反馈 M，导叶开度反馈 Y、主配位置给定 $M_{给定}$等数据。

步骤2：检测当主配位置反馈 M 稳定不变时，导叶开度反馈 Y 的变化趋势。

步骤 3：若导叶开度反馈 Y 逐渐减小时，则将主配中位设定值减小最高单位精度值，调整周期与导叶开度反馈 Y 减小速度正相关，调整后返回步骤 1；若导叶开度反馈 Y 逐渐增大时，则将主配中位设定值增加最高单位精度值，调整周期与导叶开度反馈 Y 增大速度正相关，调整后返回步骤 1；若导叶开度反馈 Y 保持不变，停止主配中位智能纠偏，继续进入调速器主配及导叶频繁调节故障诊断环节。

方法示意图如图 7－17 所示。

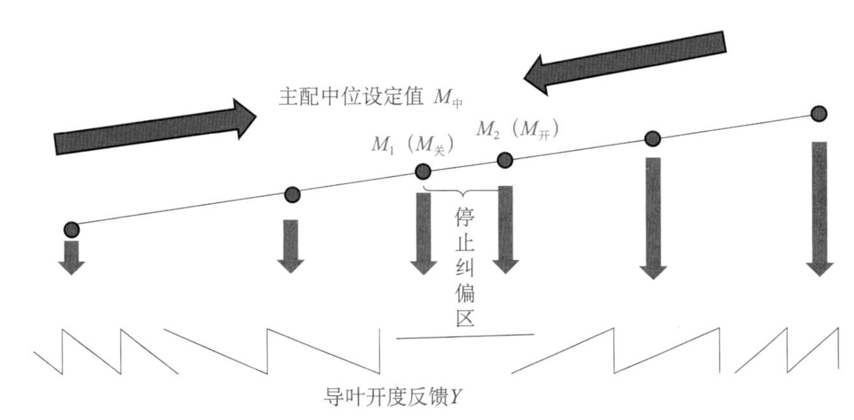

图 7－17　调速器主配中位自动纠偏方法示意图

3）调速器主配中位改进型自动纠偏方法

测量值会出现小幅往复跳变情况，很难计算导叶开度反馈 Y 变化速度，导致主配中位自动整定效果不佳。

在主配中位自动纠偏方法的基础上，结合实际应用情况，找到一种优化改进的调速器主配中位自纠偏方法，具体的纠偏方法步骤如下：

步骤 1：调速器电控系统实时采集调速器液压随动系统主配位置反馈 M，导叶开度反馈 Y、主配位置给定 $M_{给定}$等数据。

步骤 2：检测当导叶开度给定 $Y_{给定}$稳定不变时，实时计算主配位置给定 $M_{给定}$调节周期。

步骤 3：若主配位置给定 $M_{给定}$调节周期小于阈值 T 且主配位置给定 $M_{给定}$为开向调节时，则将主配中位设定值减小最高单位精度值，调整周期与主配位置给定 $M_{给定}$调节周期正相关，调整后返回步骤 1；若主配位置给定 $M_{给定}$调节周期小于阈值 T 且主配位置给定 $M_{给定}$为关向调节时，则将主配中位设定值增加最高单位精度值，调整周期与主配位置给定 $M_{给定}$调节周期正相关，调整后返回步骤 1；若主配位置给定 $M_{给定}$调节周期大于阈值 T'时，停止主配中位智能纠偏，继续进入调速器主配及导叶频繁调节故障诊断环节。T'可根据机组实际情况综合考虑设定，一般不小于 30s。T'设置越大，最终主配电气中位设定值越接近主配电气中位实际值。

方法示意图如图 7－18 所示。

7.2.3.4　功能开发

1. 调速器比例阀和主配电气中位自动诊断及整定功能软件设计开发

向家坝水电站调速器电气控制系统硬件采用的是贝加莱 PCC2005，软件程序应用环境是

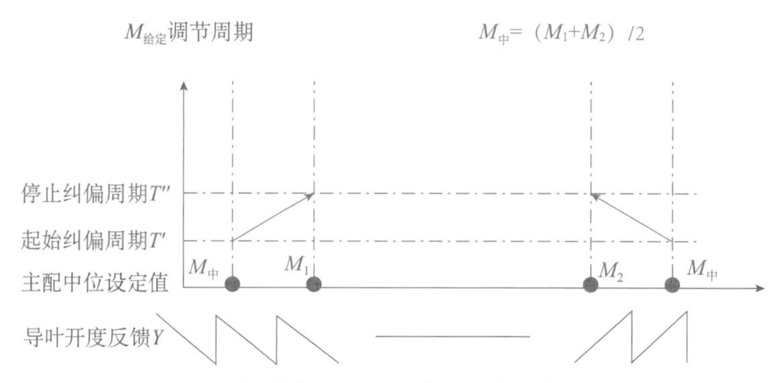

图 7 - 18 调速器主配中位改进型自动纠偏方法示意图

贝加莱 AS3.0，通过此开发平台，开发调速器电气控制系统自动诊断及整定功能，编写调速器电气控制系统自动诊断及整定功能程序块，嵌入机组调速器电气控制系统程序中，然后上传调速器电气控制系统控制器 PCC，完成调速器电气控制系统触摸屏人机交互画面设计和调速器主配和比例阀电气中位参数自动诊断及整定功能软件开发。

触摸屏人机交互画面如图 7 - 19 所示。

能事达电气 NENGSHIDA ELECTRIC 微机调速器人机界面 {DateTime} 主页 登录密码 注销登录

频率给定(Hz)	人工水头(m)	开限设置(%)	导叶电手动给定(%)	开度模式功率限幅(%)	备用
0.00	0.00	0.00	0.00	0.00	0.00
开度给定(%)	退孤网死区(备用)	退孤网延时(备用)	大网一次调频频率死区(Hz)	大网一般负载频率死区(Hz)	备用
0.00	0.00	0.00	0.00	0.00	0.00
频率滑差(Hz)	切孤网死区(Hz)	切孤网延时(S)	小网一次调频频率死区(Hz)	小网一般负载频率死区(Hz)	备用
0.00	0.00	0.00	0.00	0.00	0.00
开度死区(%)	孤网频率死区(Hz)	大网功率YCTP关限幅(%)	大网功率YCTP开限幅(%)	大网开度YCTP关限幅(HZ)	大网开度YCTP开限幅(HZ)
0.00	0.00	0.00	0.00	0.00	0.00
功率死区(%)	孤网频差限幅(Hz)	小网功率YCTP关限幅(%)	小网功率YCTP开限幅(%)	小网开度YCTP关限幅(HZ)	小网开度YCTP开限幅(HZ)
0.00	0.00	0.00	0.00	0.00	0.00

投一次调频 退一次调频 跟踪频给 自动整定 自动纠偏 人工水头有效 开网功率模式 故障复归

大网优先 小网优先 频率模拟给定 开度模拟给定 电手动模拟给定 开限模拟给定

切孤网模式 退孤网模式 切大网功率模式 切大网开度模式 切小网功率模式 切小网开度模式

导叶开度(%)	机组频率(Hz)	机组功率(MW)	控制方式	操作方式	运行模式	机组状态	主用状态	A机通讯	B机通讯
00.00	00.00	00.00	远方	..t does not ε..		..t does not e..	..: does not ε..	正常	正常

主页 趋势图 数据一览 故障&事件 给定值 通道设置 PID设置 协联表 驱动参数 液压系统

图 7 - 19 触摸屏人机交互画面

软件设计流程图如图 7 - 20 所示。

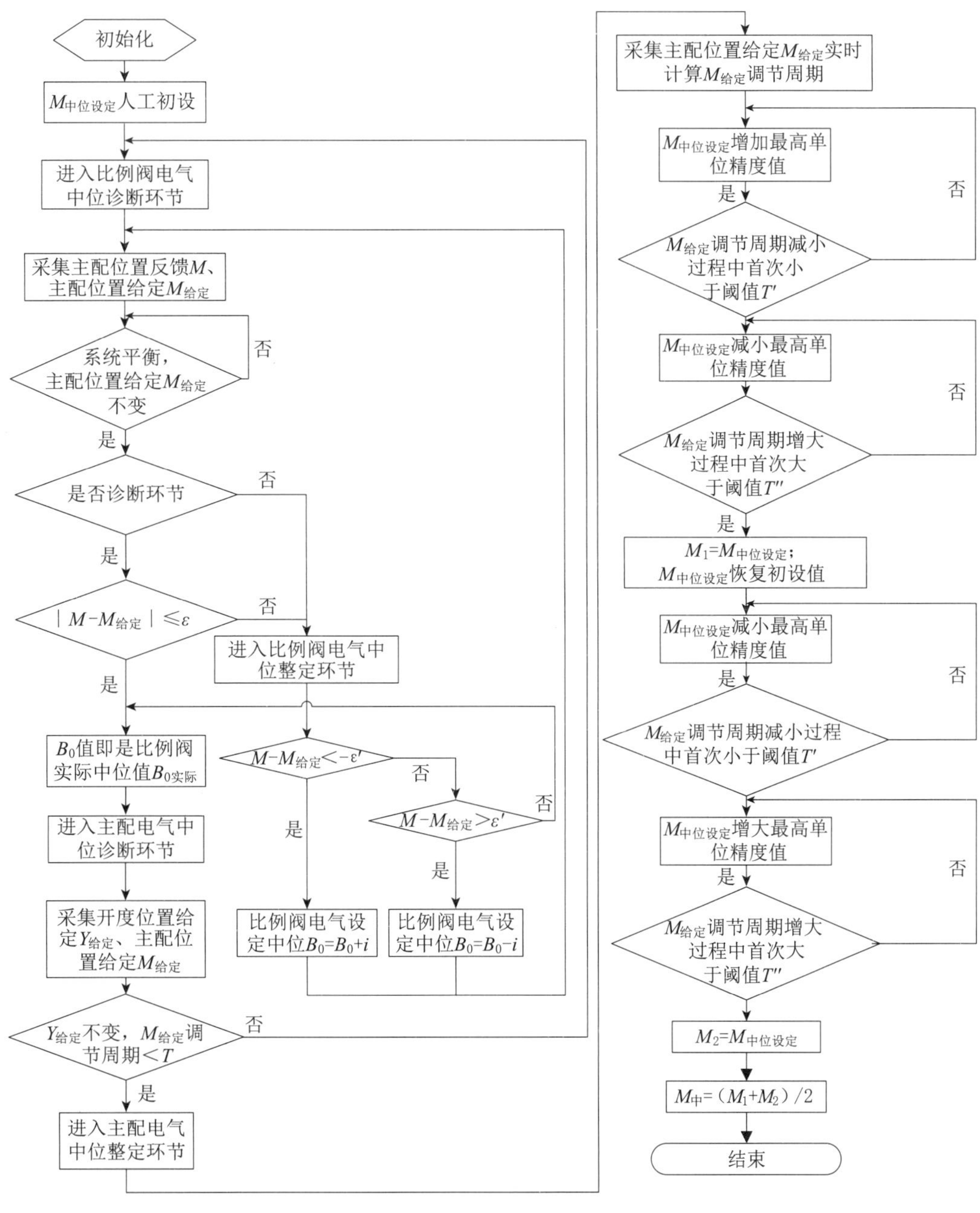

图 7－20　调速器比例阀和主配电气中位自动诊断及整定功能软件设计流程图

该控制软件包含以下功能：

（1）实现调速器液压随动系统比例阀电气中位自动智能整定。

（2）实现调速器液压随动系统主配电气中位自动智能整定。

（3）实现调速器液压随动系统电气中位自动智能整定功能的人机交互控制。

（4）用于机组检修时对调速器液压随动系统比例阀和主配电气中位的整定。

通过该控制软件，调速器液压随动系统电气中位可自动整定，免去人工整定烦琐的过程，快速简单；调速器液压随动系统电气中位可智能整定，电控系统能智能识别判断调速器液压随动系统电气中位是否设定合理，对不准确的调速器液压随动系统电气中位进行修正；调速器液压随动系统电气中位可精确整定，整定过程采用实时采集的数据，并按照规范化的过程对数据进行实时处理，可避免人工整定过程带来的误差，整定结果准确可靠。调速器液压随动系统电气中位自动智能整定功能可通过调速器电气柜触摸屏或调试笔记本联机进行控制。

2. 调速器比例阀和主配电气中位实时自动诊断及智能纠偏功能软件设计开发

通过开发平台，开发调速器电气控制系统自动诊断及智能纠偏功能，编写调速器电气控制系统自动诊断及智能纠偏功能程序块，嵌入机组调速器电气控制系统程序中，然后上传调速器电气控制系统控制器 PCC，完成调速器电气控制系统触摸屏人机交互画面设计和调速器主配电气中位实时自动诊断及智能纠偏功能软件开发。

软件设计流程图如图 7－21 所示。

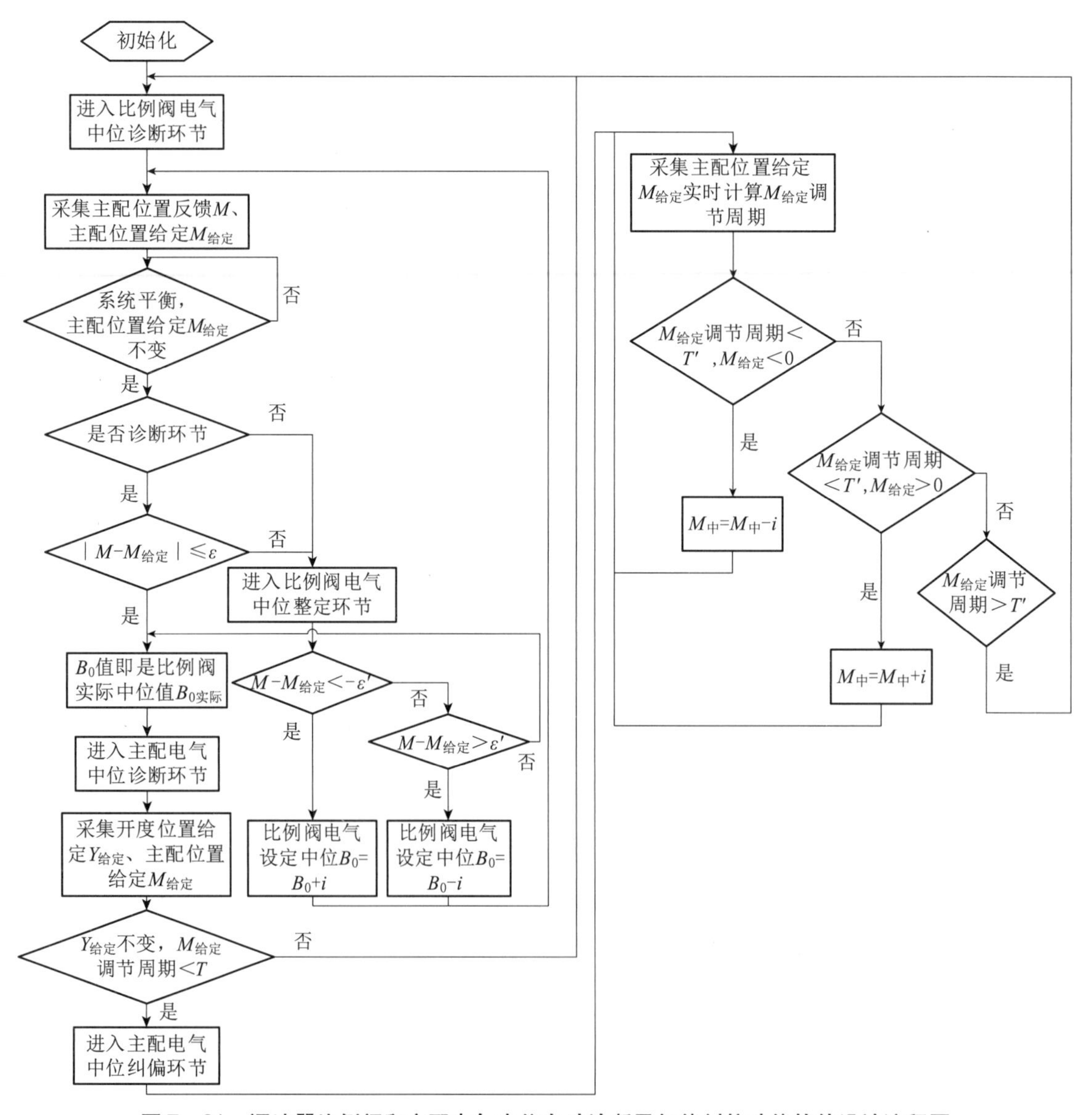

图 7－21　调速器比例阀和主配电气中位自动诊断及智能纠偏功能软件设计流程图

该控制软件包含以下功能：

（1）实现调速器液压随动系统比例阀电气中位自动诊断及智能纠偏功能。

（2）实现调速器液压随动系统主配电气中位自动诊断及智能纠偏功能。

（3）实现调速器液压随动系统电气中位自动诊断及智能纠偏功能的人机交互控制。

（4）用于机组并网运行时对调速器液压随动系统偏移的比例阀和主配电气中位进行纠偏。

通过该控制软件，可实现调速器在机组并网运行过程中实时对主配和比例阀电气中位漂移导致的闭环调节性能下降进行自诊断；可实现在机组并网运行过程中，发现调速器由于调速器主配和比例阀电气中位漂移导致闭环调节性能下降，则自动启动纠偏功能，对出现漂移的参数进行修正，从而保证机组的安全稳定运行；可实现不影响机组正常并网运行。调速器液压随动系统电气中位自动诊断和智能纠偏功能可通过调速器电气柜触摸屏或调试笔记本联机进行控制。

7.2.3.5　应用试验

1. 比例阀电气中位自动诊断和整定试验

比例阀电气中位自动诊断和整定方法可广泛应用于使用比例阀（或比例阀 + 步进电机等冗余配置）及主配、接力器作为执行机构形式的水轮发电机组，解决主配频繁调节问题。向家坝水电站某台机组在检修过程中采用该方法，优化了调速器电气控制系统程序，增加了比例阀中位自动诊断和整定功能。下面结合向家坝水电站调速器液压随动系统比例阀中位自动诊断和整定试验以及试验数据结果，说明本技术成果在调速器液压随动系统中位调整中的应用。

向家坝水电站某台机组在检修过程中采用比例阀中位自动诊断和整定，优化了调速器电气控制系统程序，增加了比例阀中位自动诊断和智能纠偏功能。在调速器无水试验过程中进行比例阀中位自动诊断和纠偏试验。

将机组调速器控制方式切为 A 套控制器在线，电手动运行方式，比例阀和主配、接力器作为执行机构，导叶开度开至 65%，模拟机组并网负载态，强制输入机组转速 50Hz 信号，保持电手动开度给定稳定不变，液压随动系统比例阀中位已准确设定为 630 码值（相当于比例阀全行程的 2.4%），此码值为比例阀的实际中位值，人为试验修改至 700 后进行试验数据录波，ε 和 ε' 根据主配位置传感器测量精度和比例阀实际动作死区大小综合确定为 10，比例阀中位设定值 B_0 调整采用主配位置反馈 M 与主配位置给定 $M_{给定}$ 差值的绝对值小于 ε 累计 20 个程序执行周期调整一次的策略。

比例阀中位调整曲线图如图 7－22 所示。图中，蓝色为整定过程中主配位置反馈 M 曲线，红色为整定过程中主配位置给定 $M_{给定}$ 曲线，黑色为比例阀电气中位设定值 B_0 曲线。

试验中，将控制程序中主配电气中位调整功能使能位置 1，10.1s 程序自动检测到比例阀中位设定值偏移，开始每 2s 减少 1 个码值，直到 179.3s，主配位置反馈 M 与主配位置给定 $M_{给定}$ 差值的绝对值小于 ε 为止，比例阀中位重新设定为比例阀的实际中位值 633，调整结束。主配位置给定 $M_{给定}$ 在试验过程中一直为 0。试验整定结果准确，整定过程正常。

2. 主配电气中位自动整定试验

调速器主配电气中位自动诊断及整定方法可广泛应用于使用比例阀（或比例阀 + 步进电机等冗余配置）及主配、接力器作为执行机构形式的水轮发电机组，解决主配频繁调节问题。向家坝水电站某台机组在检修过程中采用该方法，优化了调速器电气控制系统程序，增

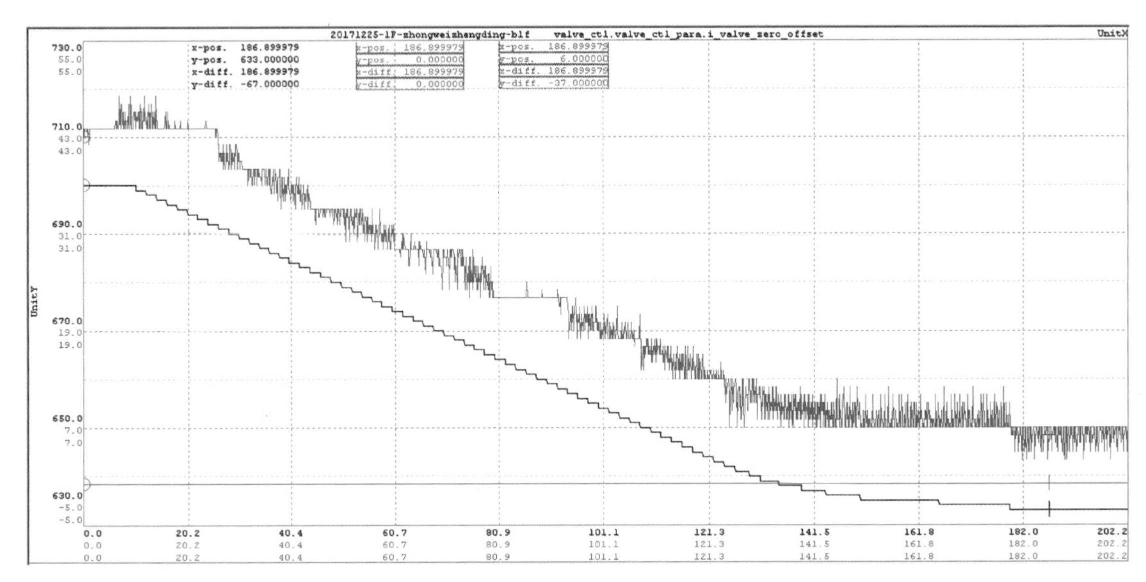

图 7－22　比例阀中位调整曲线图

加了主配中位自动整定功能。下面结合向家坝水电站调速器液压随动系统主配中位不诊断改进型自动整定试验以及试验数据结果，说明调速器驱动参数自动诊断及整定方法在调速器液压随动系统中位调整中的应用。

向家坝水电站某台机组在检修过程中，采用调速器驱动参数自动诊断及整定方法，优化了调速器电气控制系统程序，增加了主配中位不诊断改进型自动整定功能。

将机组调速器控制方式切为 A 套控制器在线，电手动运行方式，比例阀和主配、接力器作为执行机构，导叶开度开至 40%，模拟机组并网负载态，强制输入机组转速 50Hz 信号，保持电手动开度给定稳定不变，液压随动系统比例阀中位已调整完毕，准确设定，主配电气中位已根据主配机械中位设定为 16 595 后，进行试验，主配电气中位设定值调整周期初始阶段为 1s，整定过程中主配位置给定 $M_{给定}$ 调节周期小于 T' 后为主配位置给定 $M_{给定}$ 调节周期，T' 设为 10s，T'' 设为 30s，主配位置给定 $M_{给定}$ 调节周期初始化值为 25s。

主配电气中位自动整定曲线图如图 7－23 所示。图中，蓝色为整定过程中主配位置给定 $M_{给定}$ 动作示意曲线，红色为主配电气中位设定值 $M_{中位设定}$ 曲线。

试验中 19. 1s，试验人员将控制程序中主配电气中位整定功能使能位置 1，主配电气中位设定值 $M_{中位设定}$ 以每秒增加 1 个码值的速度变化，154. 7s 程序自动检测到主配位置给定 $M_{给定}$ 调节周期小于 T' 后，主配电气中位设定值 $M_{中位设定}$ 以主配位置给定 $M_{给定}$ 调节周期为周期，每个周期减小 1 个码值，程序实时计算刷新主配位置给定 $M_{给定}$ 调节周期，直到 605. 5s，主配位置给定 $M_{给定}$ 调节周期开始大于阈值 T''，记录 M_1 为 16 689，主配电气中位设定值 $M_{中位设定}$ 恢复初设值 16 595，主配电气中位设定值 $M_{中位设定}$ 以每秒减小 1 个码值的速度变化，949. 9s 程序自动检测到主配位置给定 $M_{给定}$ 调节周期小于 T' 后，主配电气中位设定值 $M_{中位设定}$ 以主配位置给定 $M_{给定}$ 调节周期为周期，每个周期增加 1 个码值，程序实时计算刷新主配位置给定 $M_{给定}$ 调节周期，直到 1527. 7s，主配位置给定 $M_{给定}$ 调节周期开始大于阈值 T''，记录 M_2 为 16 324，主配电气中位重新设定为 16 506，调整结束。主配中位设定值调整周期越长，最终主配电气中位设定值越接近主配电气中位实际值。试验整定结果准确，整定过程正常。

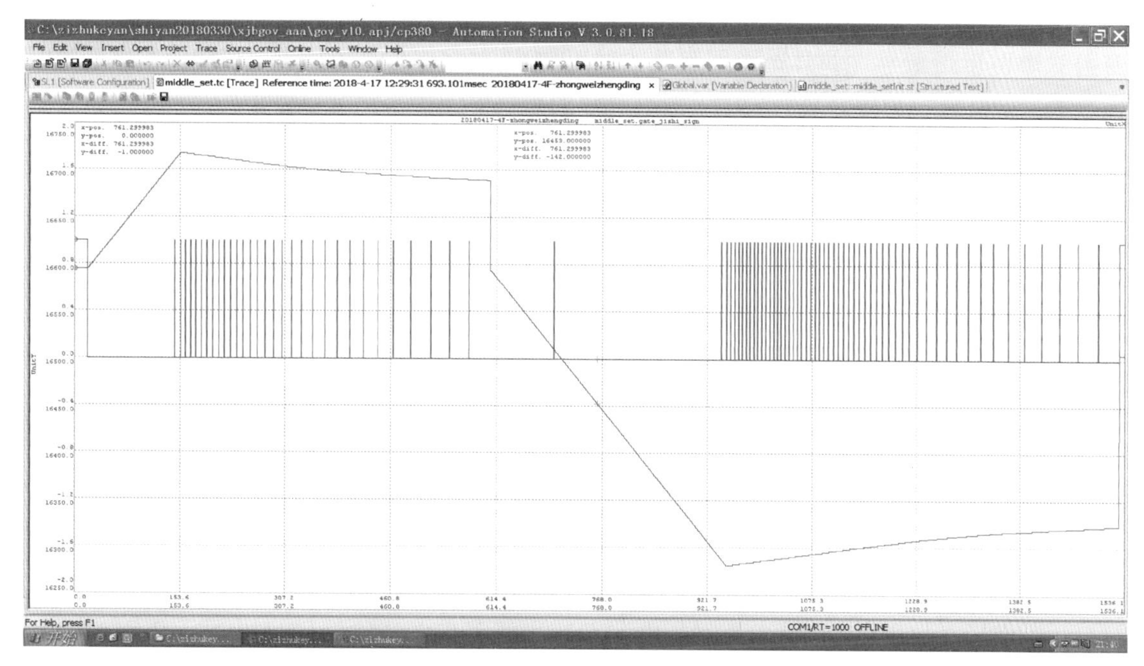

图 7－23　主配电气中位自动整定曲线图

3. 主配电气中位实时自动诊断及智能纠偏试验

调速器主配电气中位实时自动诊断及智能纠偏方法可广泛应用于使用比例阀（或比例阀＋步进电机等冗余配置）及主配、接力器作为执行机构形式的水轮发电机组，解决主配频繁调节问题。向家坝水电站某台机组在检修过程中采用该方法，优化了调速器电气控制系统程序，增加了比例阀中位自动诊断和整定，以及主配中位自动整定功能。下面结合向家坝水电站调速器主配中位自动诊断及智能纠偏试验以及试验数据结果，说明本技术成果在调速器液压随动系统中位调整中的应用。

向家坝水电站某台机组在检修过程中，采用调速器主配电气中位实时自动诊断及智能纠偏方法，优化了调速器电气控制系统程序，增加了主配中位自动诊断和纠偏功能。在调速器无水试验过程中进行主配中位自动诊断及智能纠偏试验。

在调速器无水试验过程中，将向家坝水电站某台机组调速器控制方式切为 A 套控制器在线，自动运行方式，并网开度模式，比例阀和主配、接力器作为执行机构，导叶开度开至 65%，模拟机组并网负载态，强制输入机组转速 50Hz 信号，保持电手动开度给定稳定不变，液压随动系统比例阀中位已准确设定，主配电气中位已准确设定为 16 950，人为修改至 17 050 后，通过人机交互界面，按下“自动纠偏”按钮，启动比例阀中位自动智能纠偏功能，进行试验，主配电气中位设定值调整周期为主配位置给定 $M_{给定}$ 调节周期，T 设为 20s，T' 设为 200s，主配位置给定 $M_{给定}$ 调节周期初始化值为 40s。

主配电气中位调整曲线图如图 7－24 所示。图中，蓝色为整定过程中主配位置给定 $M_{给定}$ 调节周期曲线，红色为主配电气中位设定值 $M_{中位设定}$ 曲线。

试验中 9.6s，试验人员将控制程序中主配电气中位调整功能使能位置 1，16.4s 程序自动检测到主配位置给定 $M_{给定}$ 调节周期为 3.5s，小于阈值 T，开始以主配位置给定 $M_{给定}$ 调节周期为周期，减少 1 个码值，程序实时计算刷新主配位置给定 $M_{给定}$ 调节周期，直到 656.4s，主

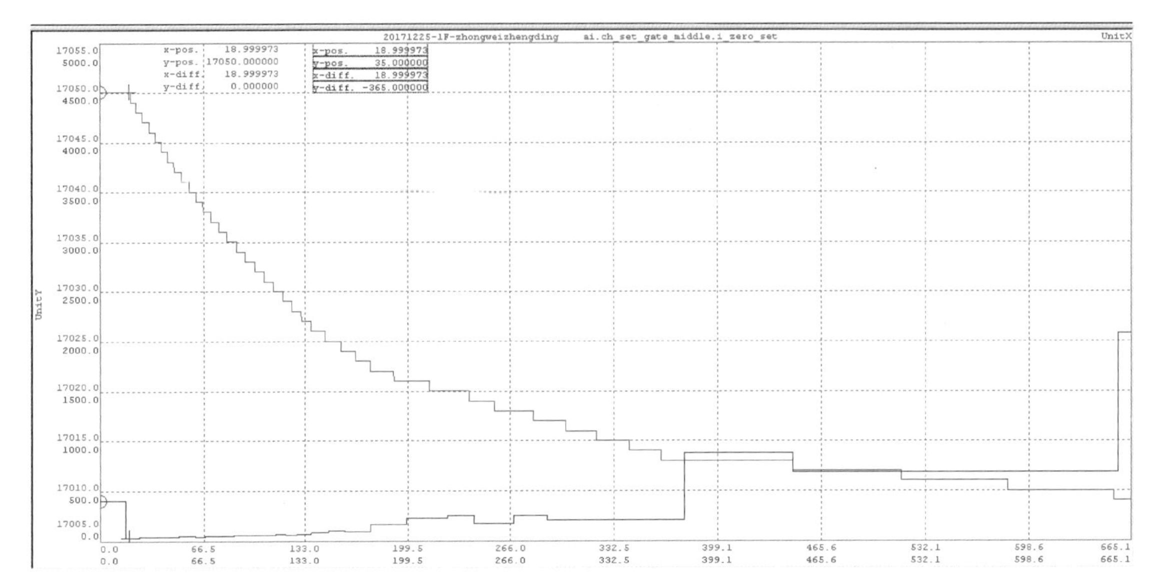

图 7-24　主配电气中位纠偏曲线图

配位置给定 $M_{给定}$ 调节周期大于阈值 T' 为止，主配电气中位重新设定为 17 009，调整结束。主配中位设定值调整周期越长，主配位置给定 $M_{给定}$ 调节周期测量越精确，最终主配电气中位设定值越接近主配电气中位实际值。试验纠偏结果准确，纠偏过程正常。

7.2.3.6　总结

通过深入研究调速器主配频繁调节现象，明确问题原因，向家坝水电站创造性地探索出调速器主配和比例阀电气中位自动诊断、智能整定纠偏等一系列技术方法。该技术成果革新了调速器检修作业方法，替代了人工作业，提高检修作业精度和效率。成果应用后有效解决主配频繁调节这一长期困扰调速器专业的老大难问题，实现调速器容错纠错机制，提高设备智能化水平和运行稳定可靠性，避免弃水消缺，提高发电效益，保障机组和电力系统的安全稳定优质运行，避免发生电网因设备问题停电等影响社会民生的电力事故，具有明显的经济效益、安全效益和社会效益，有广泛推广应用价值。

7.2.4　调速器主接跟随故障诊断处理

7.2.4.1　调速器主接跟随故障判据

调速器主接跟随故障的设计思想是当机组发生主接传感器、主配位置传感器故障或其他故障，导致机组导叶已经不能按照控制器要求正常动作时，调速器能够快速准确做出判断，并进行相应处理。

调速器主接跟随故障在机组调速器控制软件中定义为严重故障，若出现该故障，说明该套控制器及其控制通道已经无法正常控制机组安全稳定运行，必须切换至备用控制通道或者纯机械手动控制方式运行，否则机组就有发生负荷调节过慢、大幅波动情况，严重甚至引发逆功率事故停机的风险。由此可见，及时准确地判断出主接跟随故障是非常重要的，它是机组能够对故障进行快速正确有效处理，防止电力事故发生和扩大的前提，既不能漏报也不能误报，这对主接跟随故障的检测环节提出了很高的要求。

向家坝水电站调速器控制程序中，对主接跟随故障的判据定义为：导叶开度反馈值与 PID 计算值差值大于 3%、接力器运动速度小于 2%/s 且持续 3s 以上。主接跟随故障判断流程如图 7-25 所示。

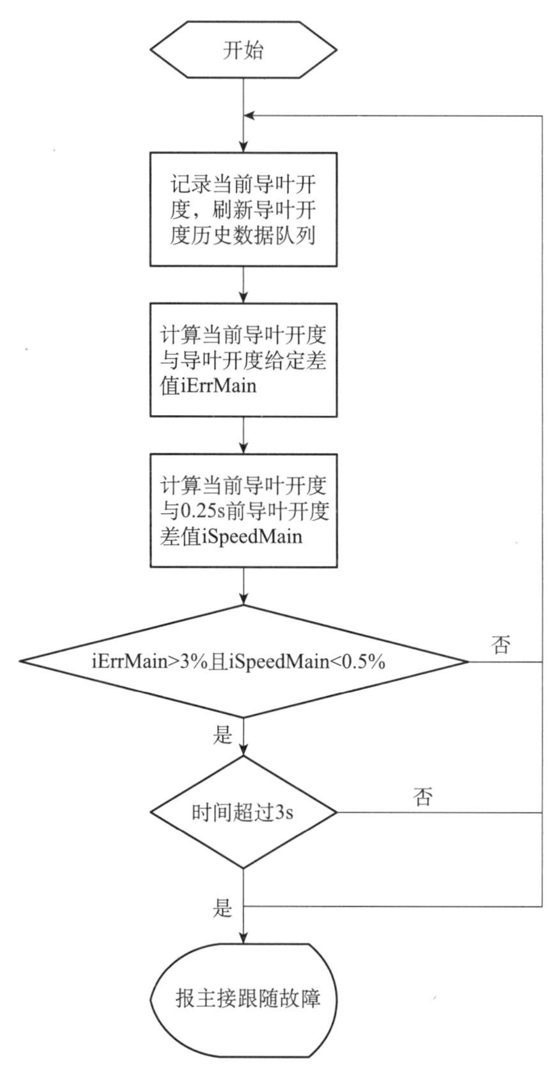

图 7-25　主接跟随故障判断流程图

7.2.4.2　调速器主接跟随故障事件概况

向家坝水电站首台投运机组在减负荷停机过程中多次发生调速器双套主接跟随故障，调速器先后切换至备用控制器和纯机械手动控制方式运行。图 7-26 为主接跟随故障发生时，机组导叶关闭过程和主配动作过程录波曲线（图中，蓝色线为 PID 开度，棕色线为导叶开度，紫色线为主配给定，绿色线为主配位置）。

根据发生故障时的导叶关闭过程录波曲线可计算出，在调速器报主接跟随故障前，导叶的关闭速度为 0.89%/s，开度给定和导叶实际开度差值大于 3%，且持续时间为 3s 以上。由此可见，满足调速器主接跟随故障判据条件，调速器报双套主接跟随故障判断准确。导叶关闭速度过慢是导致调速器主接跟随故障发生的原因。

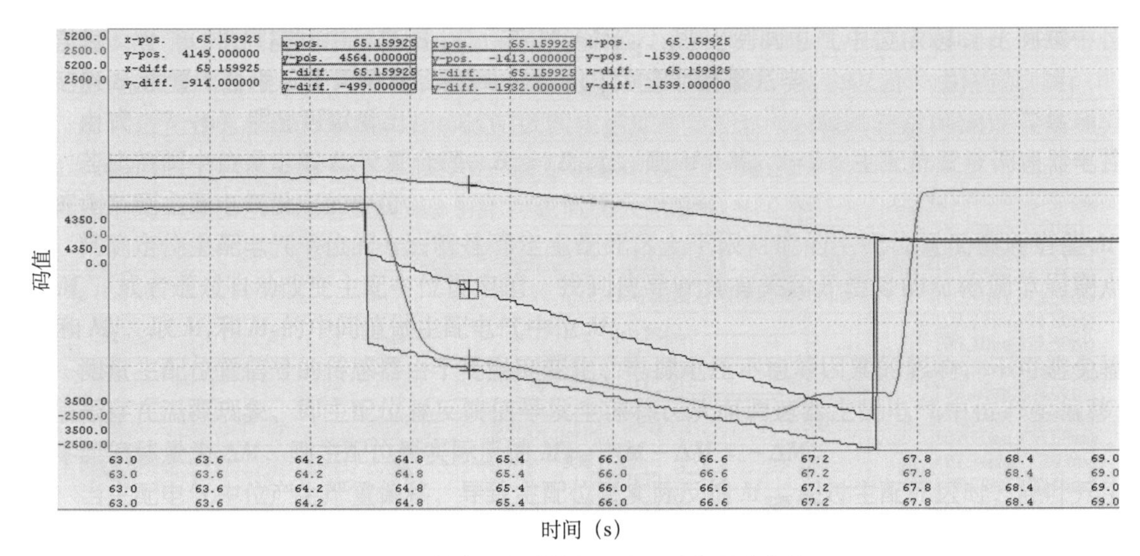

图 7－26　故障时导叶关闭和主配动作录波曲线图

7.2.4.3　调速器主接跟随故障原因分析

结合调速器液压系统分析，可能导致导叶关闭速度过慢的原因有：

（1）主配卡涩导致开口过小，接力器配油速度过慢。

（2）三段关闭阀回油口过小，接力器回油速度过慢。

（3）接力器关闭水击阻力过大或操作力过小，关闭速度无法达到要求。

根据对停机过程中导叶开度给定、导叶实际开度、主配位置给定和主配实际位置等参数运行监视情况：在相同水头及工况下，同套控制通道下的同台机组，在减负荷停机过程中，出现了正常和发生主接跟随故障两种情况，由此可以首先排除水力因素。若故障原因为接力器关闭水击阻力过大或操作力过小，关闭速度无法达到要求这种情况，则机组减负荷停机过程必然发生主接跟随故障，而不是偶尔发生。

进一步对比分析故障机组在正常调节和发生故障情况下导叶关闭和主配动作过程：

根据正常调节时的导叶关闭过程曲线可计算出主配位置跟踪到位动作时间为 0.37s；在主配开口在－1146～－856 之间时，导叶的关闭速度为 1.98%/s。机组正常停机时，机组导叶关闭过程和主配动作过程录波曲线如图 7－27 所示（其中：蓝色线为 PID 开度；棕色线为导叶开度；紫色线为主配给定；绿色线为主配位置）。而根据发生故障时的导叶关闭过程曲线可计算出主配位置跟踪到位动作时间为 0.41s；在主配开口为－1413～－1786 之间时，导叶的关闭速度为 0.89%/s。

比较分析后可以发现：

（1）故障发生时，主配压阀阀芯位置跟随调速器主配位置给定信号过程正常，主配压阀未出现卡涩现象。

（2）故障发生时，主配开口较正常调节时大，导叶关闭速度反而较慢。

由此可排除故障原因为主配开口过小，接力器配油速度过慢这种情况，进而判断故障原因为三段关闭阀回油口过小，接力器回油速度过慢。

机组停机过程采用三段关闭规律，故障机组在正常情况下的三段关闭曲线如图 7－28 所示。

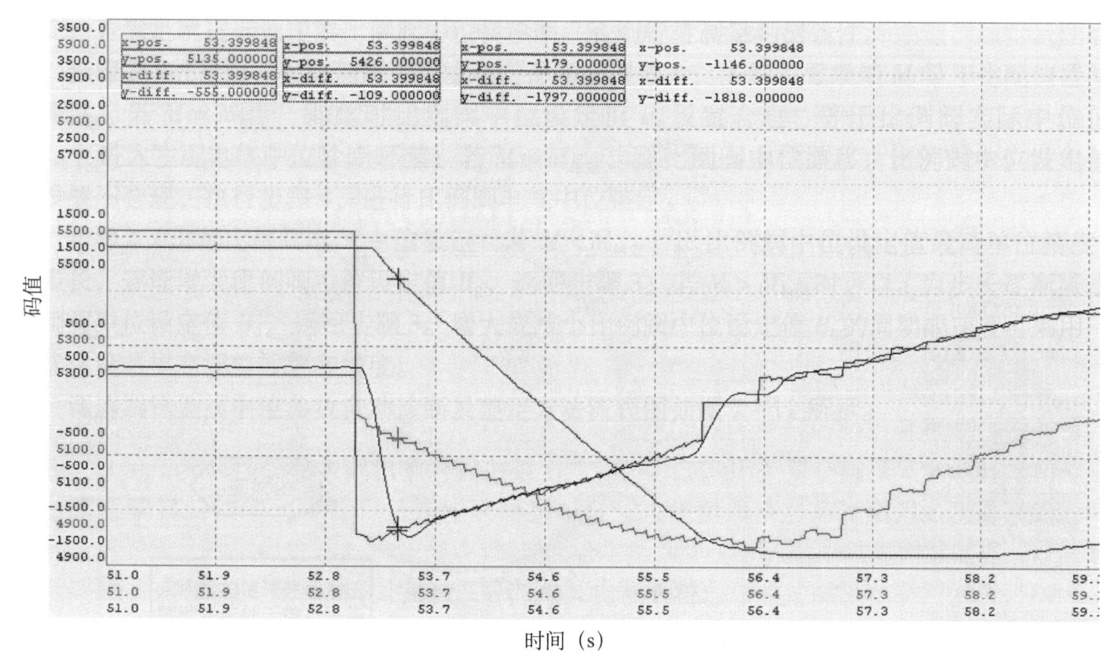

图 7－27　正常时导叶关闭和主配动作录波曲线图

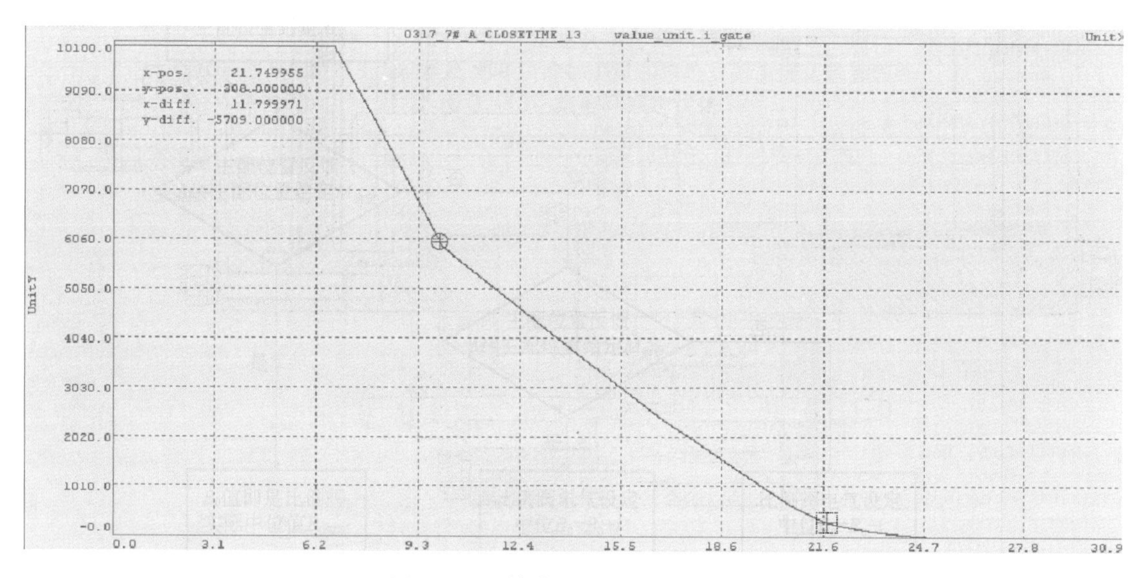

图 7－28　故障机组三段关闭曲线图

由机组三段关闭曲线可知，第一段拐点为导叶开度 60% 左右，而机组在停机减负荷过程中多次报主接跟随故障时间所对应的机组导叶开度都在第一段拐点以下附近位置，由此进一步判断为机组停机减负荷过程中在接力器行程进入第二段关闭点后由于接力器开腔回油不畅造成。

7.2.4.4　调速器主接跟随故障处理

1. 处理前导叶关闭试验

具体导叶关闭试验记录见表 7－1。

表 7－1 处理前导叶关闭试验记录表

序号	试验条件	导叶开度	拐点 1	拐点 2	第二段关闭时间
1	62% 开度保持 10min	62% ~56%	6% 步长用时：6s		
2	62% 开度保持 10min	62% ~全关	58.66%	4.5%	14.57s
3	100% 开度保持 10min	100% ~全关	58.66%	4.5%	14.59s
4	不保持	100% ~全关	58.66%	4.5%	14.51s
5	62% 开度保持 1.5h	62% ~全关	58.66%	4.5%	16.68s

注：由于第一段和第三段关闭时间与本故障现象无关，因此只记录了第二段关闭时间。

2. 分段关闭阀处理

分段关闭阀结构图如图 7－29 所示。

处理步骤如下：

（1）用深度尺测量分段关闭阀二段插装阀上限位螺杆露出阀体部分的高度。

（2）旋开二段阀下部控制油堵丝进行排油，松开上限位杆背帽，顺时针旋紧上限位螺杆，对二段插装阀进行限位。

（3）再次用深度尺测量上限位螺杆露出阀体部分的高度。

（4）对比两次高度差计算旋入深度，经过计算，限位杆向下旋入 3.3mm。

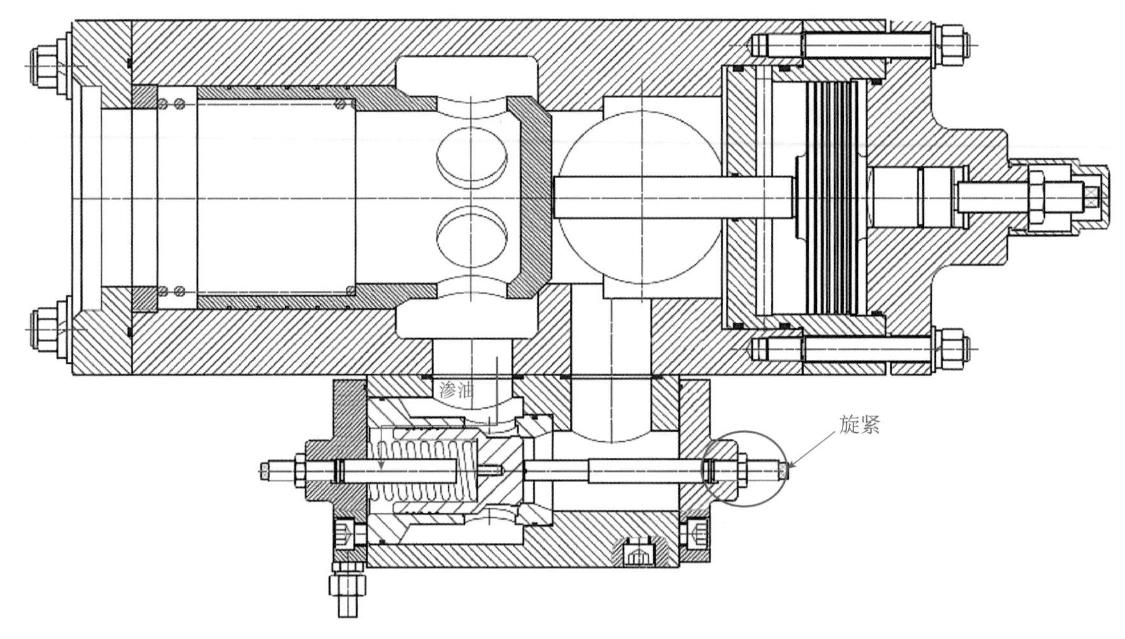

图 7－29 机组三段关闭阀结构图

3. 处理后导叶关闭试验

具体导叶关闭试验记录见表 7－2。

表 7－2 处理后导叶关闭试验记录表

序号	导叶开度	拐点 1	拐点 2	第二段关闭时间
1	65%	58.66%	4.5%	10.91s
2	62% ~56%	6% 步长用时：5s		
3	100%	58.66%	4.5%	10.94s

4. 试验数据分析

由处理前的试验数据可以看出：当导叶开度大小处于三段关闭曲线第一个拐点（导叶开度58.66%）以上时，保持的时间越长，第二段关闭耗时也越长。经过旋紧二段插装阀阀芯上限位杆处理后，导叶二段关闭用时从16.73s降低到10.9s，恢复到正常水平。该现象说明：分段关闭阀二段插装阀在无压静置时，由于阀芯下部弹簧顶托作用，并伴随油液从阀芯与阀座间隙渗入到阀芯下部，二段插装阀阀芯被抬高，从而引起导叶进入二段关闭后，主接开腔回油被二段插装阀过度节流，这是导叶关闭速度过慢的原因。二段插装阀芯静置时间越长，渗油越充分，阀芯节流效果越显著，第二段关闭时间也会越长。

7.2.4.5　总结

通过大量试验和数据分析确定问题机组在停机减负荷过程中报主接跟随故障原因为：停机过程导叶进入第二段关闭后，接力器开腔回油被分段关闭阀二段插装阀过度节流，导致导叶关闭速度过慢。经过旋紧二段插装阀芯上限位杆处理后，故障现象已消除，机组运行状态正常。

实践证明，合理有效地在机组调速器控制程序中设计主接跟随故障判据能够快速准确判断机组是否发生了主接跟随故障，并及时采取正确的故障处理措施，能够有效防止电力事故的发生和扩大，保障发电机组和电网的安全稳定运行。

7.2.5　调速器控制阀改造

向家坝左右岸电站8台机组调速器结构基本一致。调速器接力器锁定装置、分段关闭阀及事故配压阀的先导控制阀油口均在液压集成块下方，并采用下进下出的供油方式。在对相关设备进行维护时，由于操作空间狭小，给维护人员的操作造成了很大困难，造成安装质量较难控制，易出现接头渗漏的问题。加之部分管路布置紧凑，需拆除相邻管路才能进行接头的拆装和紧固，日常维护难以对其紧固度进行检查，当其松动时不易发现，也必须停机拆除相邻管路才能消除缺陷，严重影响机组运行的可靠性。

根据锁定装置、分段关闭阀及事故配压阀的先导控制阀控制原理以及现场设备布置结构，拟对锁定装置、分段关闭阀及事故配压阀的先导控制阀液压集成块升级改造。

7.2.5.1　改造目标

各管路相互独立，设备维护方便，便于保证检修维护质量，提高设备运行可靠性。

7.2.5.2　方案内容

1. 接力器自动锁定电磁阀液压集成块改造

（1）原接力器自动锁定电磁阀现场布置位置、布置形式及四路油口走向如图7-30所示。从图可以看出，由于进油口、回油口及两个控制油口均在底板下方，且底板下方的安装空间狭小，并且现场的操作空间有限。

（2）改造后的结构如图7-31所示。根据现场布置形式，保持回油口T和进油口P依然在正下方，与现场原有的进油口和回油口方向保持一致，减少管道的重新布置。控制油口A和B布置在液压集成块的两侧，P腔采用焊接式端长管接头与外部管道进行连接。

图 7－30　原接力器自动锁定电磁阀结构

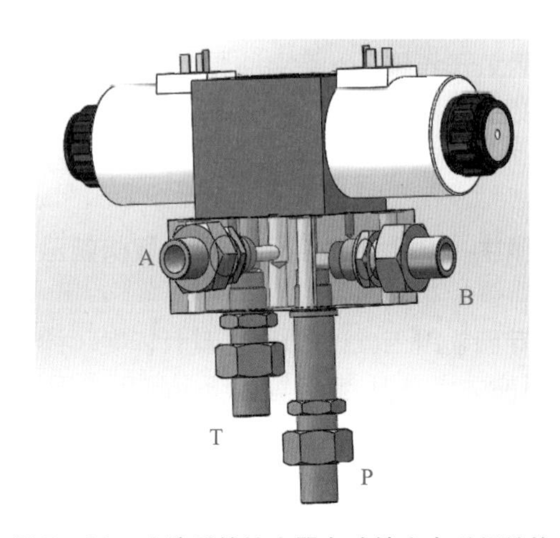

图 7－31　改造后的接力器自动锁定电磁阀结构

2. 分段关闭控制阀液压集成块改造

（1）原分段关闭先导液控阀现场布置位置、布置形式及六路油口走向如图 7－32 所示。相较于锁定电磁阀底板下方的管路安装，分段关闭控制阀底板下方的管路空间更为狭窄，布置更为紧凑，同时管道的焊接也更为困难，增加了维护人员的操作难度。

（2）改造后分段关闭控制阀液压集成块结构如图 7－33 所示。根据现场布置形式，保持回油口 T 和进油口 P 依然在正下方，P 腔采用焊接式端长管接头与外部管道进行焊接。同时将液压阀的 X、Y 口引到集成块的侧边，与现场 X、Y 腔供油管道互相垂直，方便与其连接。液压阀的控制油口 A、B 在集成块另一侧，与现场 A、B 腔供油管道保持在同一侧，方便与其连接。

图 7－32　原分段关闭控制阀结构

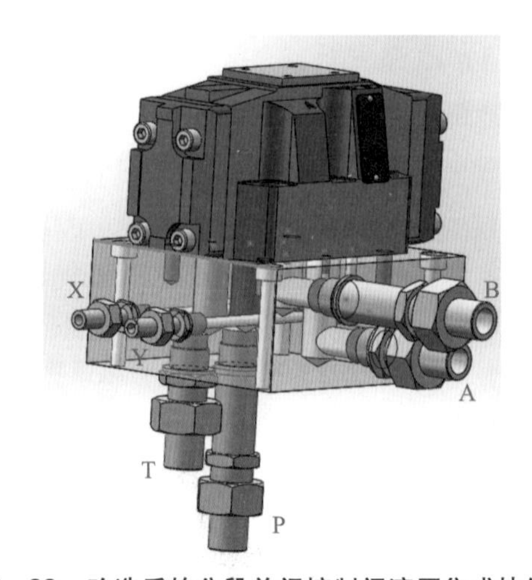

图 7－33　改造后的分段关闭控制阀液压集成块结构

3. 事故配压阀控制阀液压集成块改造

（1）原事故配压阀控制阀现场布置形式及五路油口走向如图 7 – 34 所示，该布置形式紧凑，给油管焊接增加了困难的同时也增加了维护人员的操作难度。

图 7 – 34　原事故配压阀控制阀结构

（2）改造后事故配压阀控制阀液压集成块如图 7 – 35 所示。根据现场布置形式及液压原理，保持回油口 T 和进油口 P 及控制油口 X 位于集成块的正下方，控制油口 A 和 B 分为两路油口即 A1 和 A2、B1 和 B2，四路油分别进入事故配压阀腔体。该方式取消了管路上的两个三通，原来与控制油口 A 和 B 相连的三通两端管路，改造后分别与 A1 和 A2、B1 和 B2 相连。

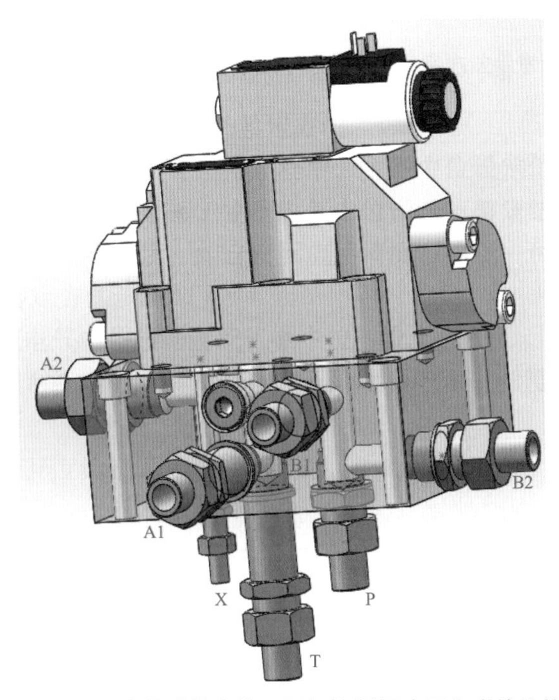

图 7 – 35　改造后的事故配压阀控制阀液压集成块结构

7.2.6 分段关闭阀连接座密封优化方案

7.2.6.1 存在的问题

2017 年度 5、6 号机组备用期间，调速器压油泵启动频次无规律性，其中 5 号机组备用期间压油泵启动频次如图 7－36 所示，最高频次为 4 次/天，最低频次为 0.3 次/天。6 号机组备用期间压油泵启动频次如图 7－37 所示，最高频次为 10 次/天，最低频次为 1.3 次/天。

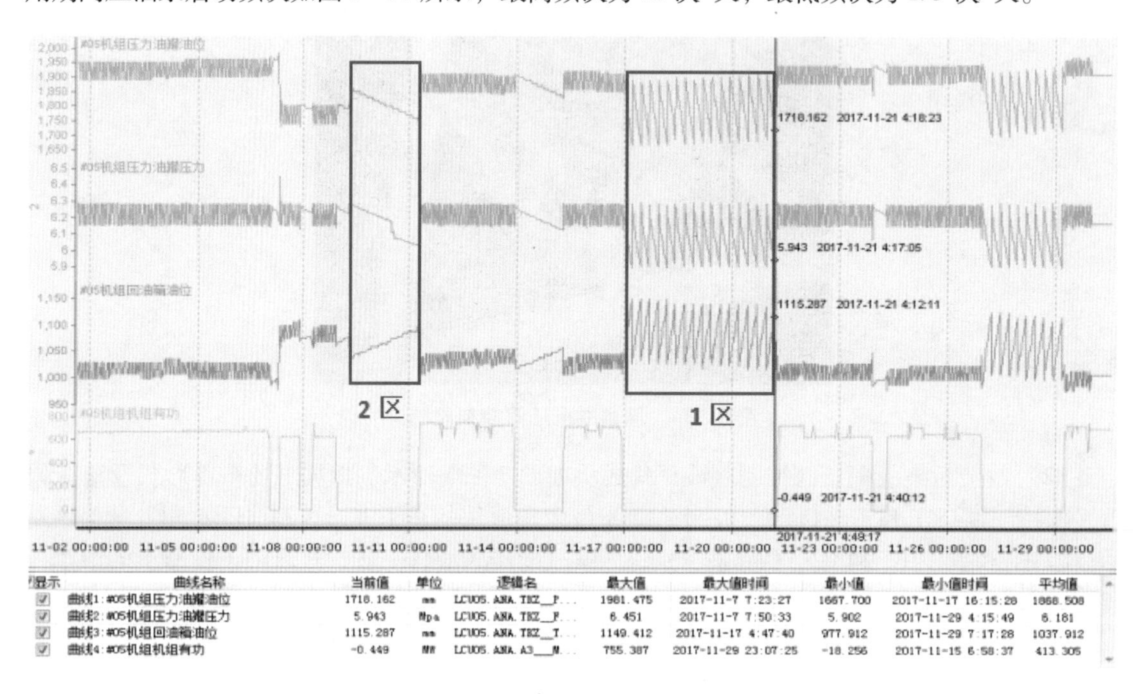

图 7－36 5 号机组备用期间压油泵启动频次

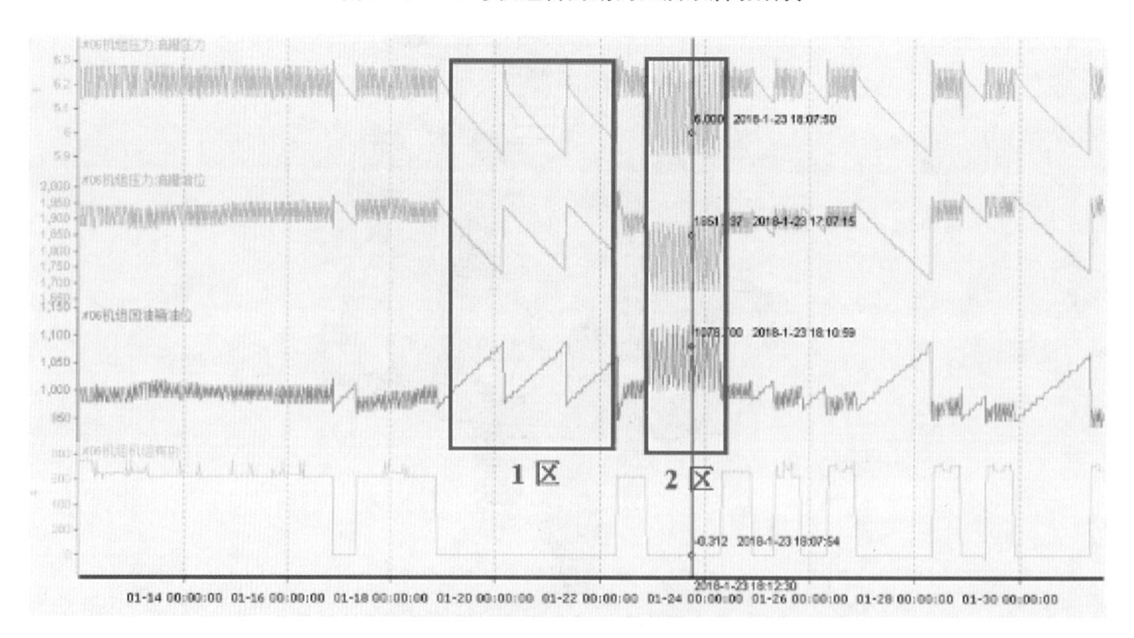

图 7－37 6 号机组备用期间压油泵启动频次

5号机组调速系统的内漏量：

图7－36中2区，无内漏情况下，油罐油位从压力为6.3MPa时的1860.5mm下降至6.0MPa时的1759.5mm用时约44h，压油罐内截面积为4.52m^2，算得系统漏油量为10.38L/h。

图7－36中1区，存在内漏情况下，油罐油位从压力为6.3MPa时的1890.5mm下降至6.0MPa时的1739.0mm用时约4h，压油罐内截面积为4.52m^2，算得系统漏油量为171.2L/h。

7.2.6.2　试验方案

为查明调速系统内漏部位，对调速系统分段关闭阀进行打压试验，打压至下控制腔时，出现较严重的内漏现象，压力5MPa时，内漏量约为2.3L/min。分段关闭阀打压示意图如图7－38所示。

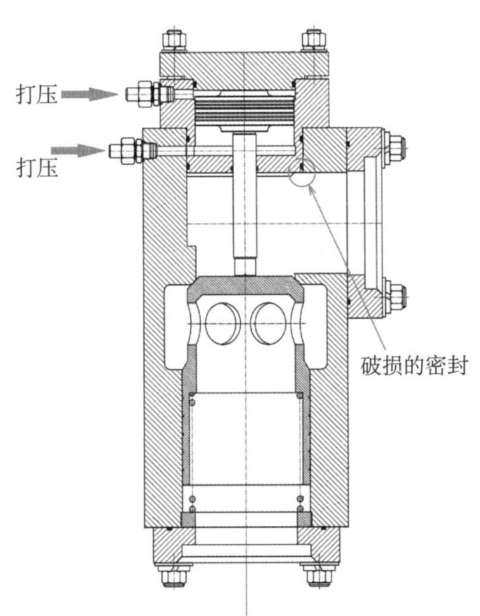

图7－38　分段关闭阀打压示意图

将分段关闭阀上部连接座拔出后，发现分段关闭阀连接座下部密封呈现“蛇形”。连接座损坏的密封规格为：ϕ190mm×5.3mm的O形密封圈，密封槽尺寸规格为：4.6mm×9.0mm。

7.2.6.3　分段关闭阀内漏原因分析

（1）机组正常运行时，导叶开度大于60%条件下，连接座下密封双向受压，上部受压6.1～6.3MPa，下部受压5～7MPa（压力为接力器开腔压力，有压力脉动，且压力脉动的交变和脉冲较明显，如图7－39所示），如图7－40所示。

（2）机组正常运行时，导叶开度小于60%条件下，连接座下密封单向受压，上部受压0MPa，下部受压5～7MPa（压力为接力器开腔压力，有压力脉动，且压力脉动的交变和脉冲较明显，如图7－39所示），如图7－41所示。

结论：向家坝水电站机组正常运行时，导叶开度基本保持在50%～80%［右岸机组分段关闭拐点（二段）为60%］，机组在此开度范围内运行时，分段关闭阀辅助活塞经常切换油路，连接座下密封受压情况复杂，对O形密封圈的稳定工作形成严峻挑战。

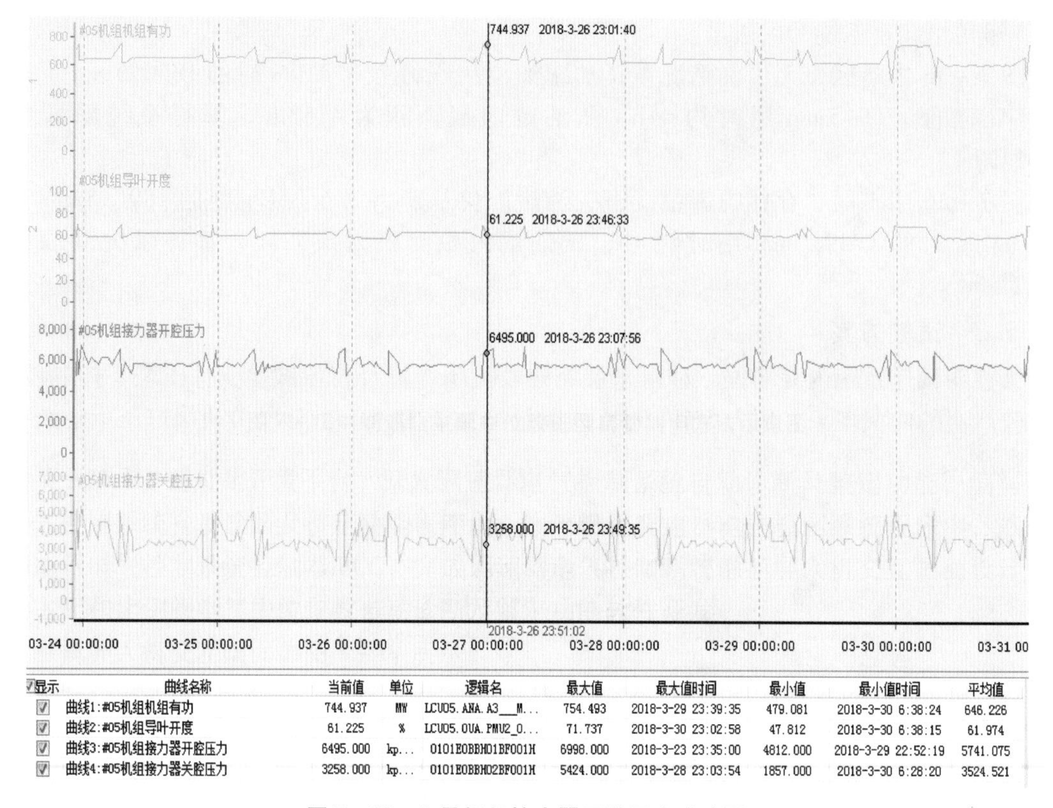

显示	曲线名称	当前值	单位	逻辑名	最大值	最大值时间	最小值	最小值时间	平均值
☑	曲线1:#05机组机组有功	744.937	MW	LCU05.ANA.A3__M...	754.493	2018-3-29 23:39:35	479.081	2018-3-30 6:38:24	646.226
☑	曲线2:#05机组导叶开度	61.225	%	LCU05.OUA.PMU2_O...	71.737	2018-3-30 23:02:58	47.812	2018-3-30 6:38:15	61.974
☑	曲线3:#05机组接力器开腔压力	6495.000	kp...	0101E0BBHD1BF001H	6998.000	2018-3-23 23:35:00	4812.000	2018-3-29 22:52:19	5741.075
☑	曲线4:#05机组接力器关腔压力	3258.000	kp...	0101E0BBHD2BF001H	5424.000	2018-3-28 23:03:54	1857.000	2018-3-30 6:28:20	3524.521

图 7－39　5 号机组接力器开腔压力脉动图

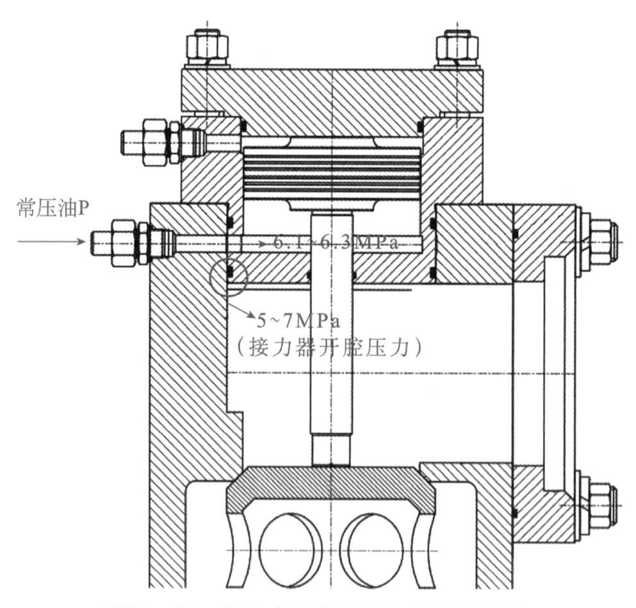

图 7－40　连接座下密封双向受压示意图

7.2.6.4　分段关闭阀连接座下 O 形密封尺寸及沟槽尺寸选型优化

（1）查 GB/T 3452.3—2005《液压气动用 O 形橡胶密封圈　沟槽尺寸》，缸内径 d_4 为 200mm（不考虑公差），选用 O 形密封线径为 5.3mm 时，O 形密封内径应选为 187.5mm，实

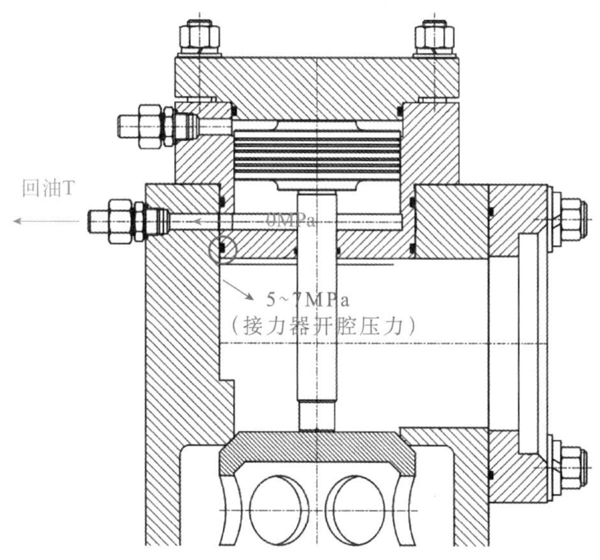

图7－41　连接座下密封单向受压示意图

际使用尺寸为190mm，大于应选尺寸，这会导致连接座下密封承受不规则交变和脉冲压力变化时，密封条的拉伸值过大。

（2）查GB/T 3452.3—2005《液压气动用O形橡胶密封圈　沟槽尺寸》，线径为5.3mm的径向静密封，不加挡圈时的沟槽宽度为7.1mm（见表7－3），而实际连接座下密封槽宽度测量值为9.0mm，比设计值大1.9mm。连接座下密封承受不规则交变和脉冲压力变化时，密封圈被反复拉伸、弯曲，并产生永久变形，最终形成“蛇形”，造成渗漏。

表7－3　O形圈径向密封沟槽宽度尺寸　（单位：mm）

O形圈截面直径 d_2			1.80	2.65	3.55	5.30	7.00
沟槽宽度	气动动密封		2.2	3.4	4.6	6.9	9.3
	液压动密封或静密封	b	2.4	3.6	4.8	7.1	9.5
		b_1	3.8	5.0	6.2	9.0	12.3
		b_2	5.2	6.4	7.6	10.9	15.1

注：b为O形圈沟槽宽度（无挡圈）；b_1为加1个挡圈的O形圈沟槽宽度；b_2为加2个挡圈的O形圈沟槽宽度。

（3）查GB/T 3452.3—2005《液压气动用O形橡胶密封圈　沟槽尺寸》，线径为5.3mm的活塞径向静密封，沟槽深度为4.31mm（见表7－4），实际连接座下密封槽深度为4.6mm。国标单独说明：密封槽深度t可考虑O形橡胶密封圈的压缩率，允许活塞密封沟槽深度值按实际需要选定。按沟槽深度为4.6mm，线径为5.3mm O形圈的压缩率W为13.2%，国标规定，线径为5.3mm O形圈的压缩率W范围为11%～26%。但在实际应用中，活塞径向静密封承受压力脉动时，O形密封的压缩率宜取低值（$W=10\%\sim15\%$）。结合连接座上密封为同样规格的O形密封，机组投运以来，未出现过渗漏情况。综合考量，13.2%的压缩率适合调速系统分段关闭阀连接座O形密封。

表 7-4　O 形圈径向密封沟槽深度尺寸　　（单位：mm）

O 形圈截面直径 d_2			1.80	2.65	3.55	5.30	7.00
沟槽深度 t	活塞密封（计算 d_3 用）	液压动密封	1.35	2.10	2.85	4.35	5.85
		气动动密封	1.4	2.15	2.95	4.5	6.1
		静密封	1.32	2.0	2.9	4.31	5.85
	活塞杆密封（计算 d_6 用）	液压动密封	1.35	2.10	2.85	4.35	5.85
		气动动密封	1.4	2.15	2.95	4.5	6.1
		静密封	1.32	2.0	2.9	4.31	5.85
最小导角长度 z_{min}			1.1	1.5	1.8	2.7	3.6
沟槽底圆角半径 r_1			0.2～0.4		0.4～0.8		0.8～1.2
沟槽棱圆角半径 r_2			0.1～0.3				

注：t 值考虑了 O 形橡胶密封圈的压缩率，允许活塞或活塞杆密封沟槽深度值按实际需要选定。

结论：调速系统分段关闭阀连接座下密封承受常压油压力和接力器开腔压力交变、脉冲的综合作用，机组在开停机及正常运行过程中，连接座下密封受压情况较复杂；O 形密封圈内径 190mm，较国标规定值偏大，且密封沟槽宽度 9.0mm，较国标规定值偏大，连接座下密封承受不规则交变和脉冲的压力变化，密封圈被反复拉伸、弯曲，并产生永久变形，恶性循环，最终形成蛇形，造成渗漏。

（4）连接座上下密封 O 形密封圈尺寸选型。

目前连接座下密封沟槽尺寸为 4.6mm×9.0mm，考虑到沟槽尺寸不能缩小，只能增大的实际问题，查 GB/T 3452.3—2005《液压气动用 O 形橡胶密封圈　沟槽尺寸》，缸内径 d_4 为 200mm（不考虑公差），采用一般用途的 O 形密封圈（G 系列）标准，选定通用尺寸线径 d_1 为 7.0mm 时，O 形密封内径应选为 185mm。

连接座上下密封 O 形密封圈建议选用型号为：O 形圈 185×7－G－N－GB/T 3452.1—2005。

（5）连接座上下密封 O 形密封圈沟槽尺寸选型。

查 GB/T 3452.3—2005《液压气动用 O 形橡胶密封圈　沟槽尺寸》，线径 d_1 为 7.0mm 的活塞径向静密封，无挡圈时的沟槽宽度为 9.5mm（见表 7-5），目前，连接座下密封槽宽度为 9.0mm，需把上下密封沟槽宽度各增加 0.5mm。

表 7-5　O 形圈径向密封沟槽宽度尺寸　　（单位：mm）

O 形圈截面直径 d_2			1.80	2.65	3.55	5.30	7.00
沟槽宽度	气动动密封		2.2	3.4	4.6	6.9	9.3
	液压动密封或静密封	b	2.4	3.6	4.8	7.1	9.5
		b_1	3.8	5.0	6.2	9.0	12.3
		b_2	5.2	6.4	7.6	10.9	15.1

查 GB/T 3452.3—2005《液压气动用 O 形橡胶密封圈　沟槽尺寸》，线径 d_1 为 7.0mm 的活塞径向静密封，沟槽深度为 5.85mm。国标中备注说明：密封槽深度 t 可考虑 O 形橡胶密封圈的压缩率，允许活塞密封沟槽深度值按实际需要选定。

查国标中液压、气动静密封压缩率曲线，线径为 7.0mm 的液压、气动静密封圈的压缩率 W 范围为 10.5%～24%，如图 7-42 所示。结合实际应用中，活塞径向静密封承受压力脉动时，O 形密封圈的压缩率取低值（$W = 10\% \sim 15\%$）。压缩率 W 可取原 O 形密封圈压缩率 13.2%，计算得出，密封沟槽的深度 t 为 6.07mm。

连接座上下密封 O 形密封圈沟槽建议选定尺寸为 9.5mm × 6.07mm。可将目前连接座上下密封沟槽重新加工。

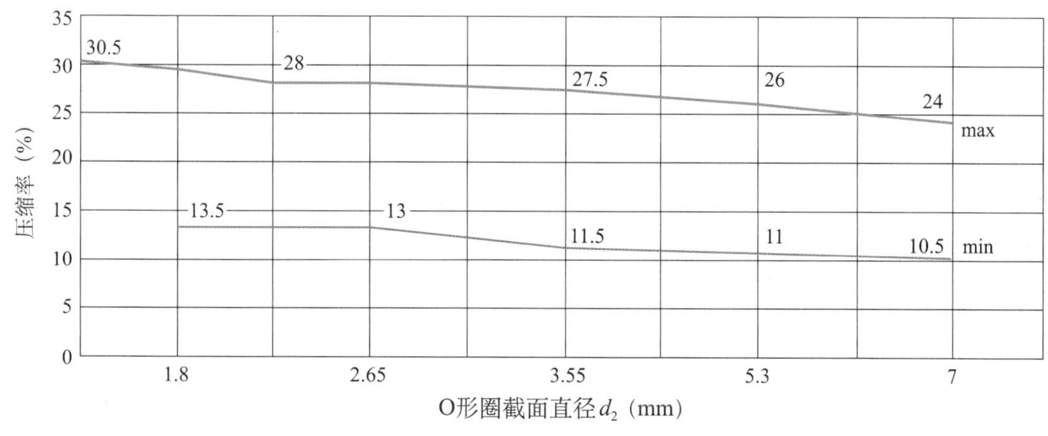

图 7－42　O 形圈液压、气动静密封压缩率曲线图

（6）连接座上下密封 O 形密封材料选型。

丁腈橡胶和氟橡胶均具有优异的耐强酸碱性、耐油性、耐高温性，适用于调速系统所用透平油弱酸碱性、常温状态的作用环境。其中丁腈橡胶使用寿命为 5 ~ 10 年，氟橡胶使用年限为 5 ~ 15 年。

O 形圈材料硬度是决定密封性能的重要指标，结合本方案选用压缩率为 13.2% 的丁腈橡胶或氟橡胶密封，材料硬度可选用邵氏 A70 ~ A75 中等硬度。

连接座上下密封 O 形密封材料可选用邵氏 A70 ~ A75 中等硬度的丁腈橡胶或氟橡胶。

（7）方案达到的预期效果。

通过对分段关闭阀连接座上下 O 形密封尺寸的改进和密封沟槽尺寸的改进，提升连接座密封的工作性能和使用寿命，解决分段关闭阀内漏问题，降低机组备用期间压油泵启动频次，提升机组调速器液压系统工作的稳定性。

7.2.7　隔离阀检修

7.2.7.1　隔离阀结构及其工作原理

隔离阀主要由阀体、阀芯、弹簧、端盖及控制部分组成，采用插装阀型式，控制部分集成在隔离阀阀体上（如图 7－43 所示），操作简单、运行可靠。隔离阀安装在调速器液压系统压力油罐出口处，用于隔断向主配压阀的供油。

隔离阀操作分手动和自动两种方式。如图 7－44 所示，在手动方式下，113 阀的 2、3 油路相通，1、4 油路相通，此时隔离阀关闭；在自动方式下，113 阀的 1、2 油路相通，3、4 油路相通，此时隔离阀的开启与关闭分别由电磁线圈 107EM 和 106EM 控制。

隔离阀切换手自动模式靠手自动切换阀实现。手自动切换阀安装在如图 7－45 所示的底座上，内部油路流向如图 7－44 所示。控制油从主管路通往隔离阀顶部的 2 号点，并直接与底座的 2 号点相通。底座的 2 号点直接与手自动切换阀的 2 号点相通。如果在自动模式，手

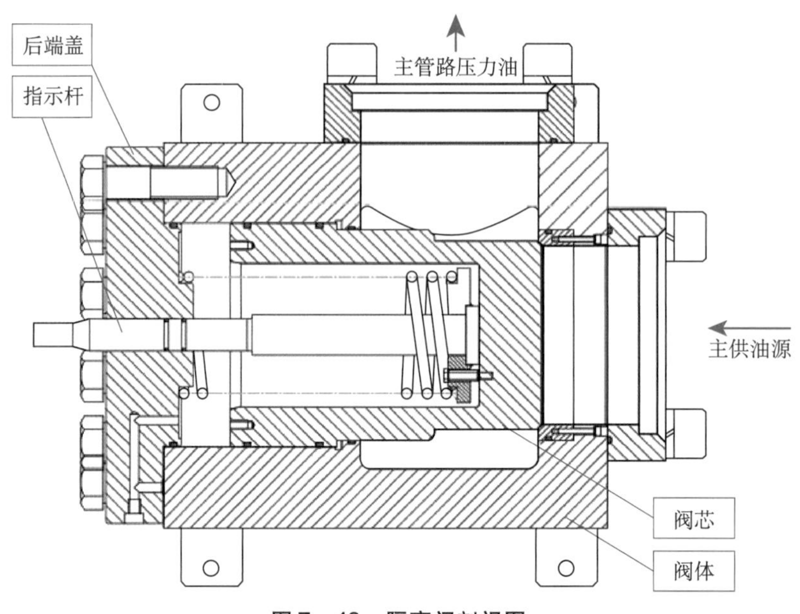

图 7－43　隔离阀剖视图

自动切换阀内部 2 号点与底座 1 号点相通，1 号点再与电磁阀内部 P 点相通。如果要开启隔离阀，可以操作电磁阀使 P 通 B，此时底座 B 通压力油，且直接与隔离阀顶部 B 点相通，B 点再与活塞回油腔相连，同时隔离阀后腔通回油，隔离阀在前端压力油的作用下打开；如果要关闭隔离阀，可以操作电磁阀使 P 通 A，此时隔离阀后腔通压力油，回油腔通回油，隔离阀在后腔压力油的作用下关闭。

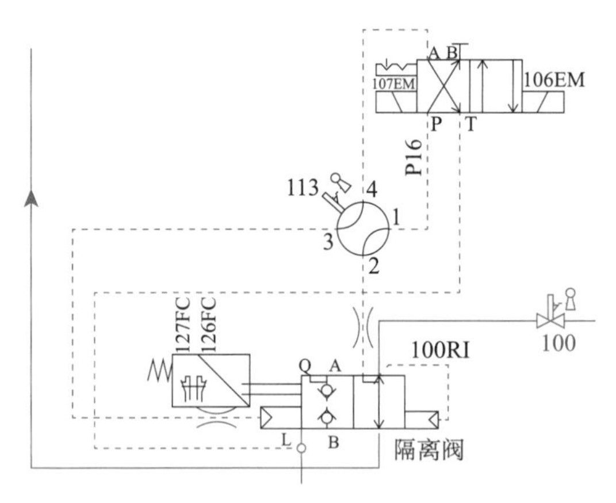

图 7－44　隔离阀工作原理图

图 7－45　隔离阀底座现场照片

7.2.7.2　隔离阀内漏缺陷分析与处理

1. 隔离阀内漏分析

隔离阀阀芯内漏，一般有两种情况：一是阀芯与阀体之间刚性密封面漏油，导致隔离阀关闭不严；二是阀芯与阀体之间 O 形密封圈漏油，导致隔离阀窜油或者动作缓慢。

对于第二种情况，如图 7－46 所示，如果是密封 1、密封 2 同时损坏，则会使隔离阀后端压力控制油渗入回油腔 B 中，导致活塞关闭时间过长；如果是密封 1、密封 2、密封 3 同时损坏，则会导致隔离阀后端压力控制油窜入主管路。

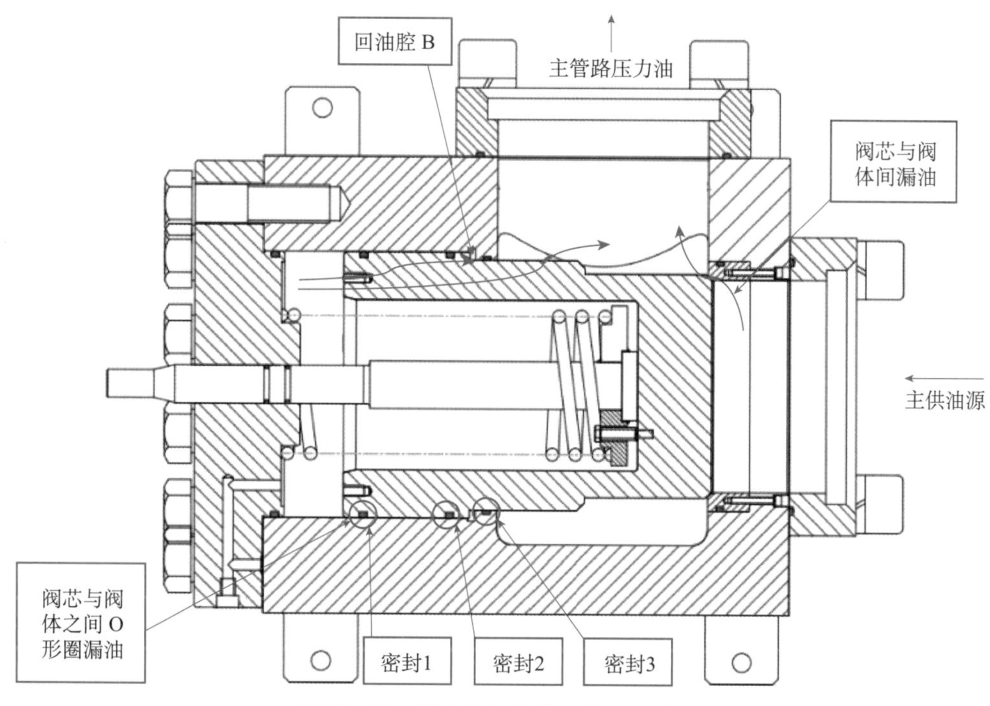

图7-46　隔离阀阀芯内漏部位示意图

2. 隔离阀内漏判断

对于隔离阀内漏一般可采取以下两个步骤进行判断：

（1）在机组停机，紧急停机电磁阀投入，锁定投入，事故油源阀全关的情况下，关闭隔离阀，观察阀后管道压力下降情况，若压降速度明显变慢或压力无法下降至0，则可初步判断隔离阀存在内漏。

（2）关闭主配检修阀、主配控制油源阀、各油泵加载管路出口阀等阀门，使隔离阀后管道形成一个密闭空间，再观察管道内压力变化情况，若压力逐渐升高，则可以确定隔离阀存在内漏。

隔离阀内漏是由阀芯刚性密封面漏油造成还是由阀芯上三道O形密封圈漏油造成，需要对隔离阀进行拆解检修才能进一步确定。

值得注意的是，当隔离阀出现自动关闭时间过长，远大于高限值25s的情况时，一般应首先怀疑是隔离阀阀芯上密封失效导致。

3. 隔离阀内漏处理

隔离阀内漏处理所需主要工器具：内六角扳手一套、油盆、便携式抽油泵、油车、铜棒、撬棍、专用打压堵板、小车式高压油泵、线盘、端盖拆卸专用导向杆、油抹布、电动扭矩扳手等。

具体工作步骤如下：

（1）对调速器压力油罐进行撤压，关闭隔离阀前后阀门，包括主供油阀、主配检修阀、各油泵加载管路出口阀等。

（2）检查工作管路确已无压后，松开管路法兰螺栓，使用油盆、抽油泵对隔离阀前后管路进行排油，待油排尽后拆除隔离阀前后管路。

（3）联系电气人员拆除隔离阀行程指示传感器。

（4）使用打击扳手拆除隔离阀后端盖四个对角上的四颗螺栓，拧入专用导向杆，然后拆除剩余螺栓，向后拉出端盖。

（5）使用铜棒从隔离阀进油口处敲打阀芯，使阀芯缓慢向后移动，直至拆出阀芯。当阀芯头部露出阀体后，应使用绳子等工具将阀芯头部抬起，以使阀芯保持水平，防止阀芯、阀体被划伤。当阀芯大部分已经退出阀体时，需要对阀芯进行受力转移，如采用将阀芯吊起或在阀芯下垫方木等措施，防止阀芯突然脱落，造成阀芯受损或人身伤害。

（6）使用内六角扳手拆除阀座与阀体的连接螺栓，拆下阀座。

（7）检查阀体、阀座、阀芯各部位密封情况，检查各密封圈老化、损坏情况，各密封面是否有划痕、高点、锈蚀等缺陷，判断内漏原因并做相应处理。高点、锈蚀可使用金相砂纸进行打磨，对于严重划痕则需要更换相应零部件，或送至专业的机加工中心进行补焊、再加工。

（8）各密封面检查无异常或处理至合格后，更换阀座、阀芯、端盖和行程指示杆上的密封，开始回装隔离阀。回装与拆卸过程相反，回装阀芯时应在阀芯、阀体上涂上透平油，阀芯不得有倾斜，以免发卡或损坏密封及密封面。

（9）隔离阀组装完成后需要进行打压检查，打压前应检查油泵转向是否正确，隔离阀手自动切换阀处于“手动”位置，然后在隔离阀进油口处安装专用的打压堵板并连接好小车式高压油泵，开始进行打压。缓慢打压至工作压力，保压 30min，观察隔离阀出油口、端盖等部位应无漏油，否则应根据漏点部位重新进行检查处理。

（10）打压试验合格后，拆除打压装置，回装隔离阀前后管道和阀芯行程指示杆传感器，隔离阀内漏处理工作结束。

7.3 重要试验：调速器主配压阀频繁调节分析与试验

7.3.1 现状描述

向家坝右岸 5 号机组自 2014 年投运以来，主配压阀始终存在调节频繁问题，主要表现为调速器在 A 套、B 套或机手动并网运行状态下，导叶均存在明显的偏关趋势，靠主配频繁往开的方向调节以保持导叶开度。机组正常运行时，主配压阀调节周期因导叶开度不同而稍有差别，大致在 6～20s。

7.3.2 原因分析

1. 导水机构和接力器的操作原理

设机组蜗壳前水压力施加给活动导叶，又通过导水机构传导给接力器的作用力为 A；设主配压阀通过配油方式作用到接力器的力为 B。

即

$$A=\text{水力};\ B=(P_{\text{开}}-P_{\text{关}})\,S_{\text{油缸}} \tag{7-7}$$

式中 $P_{\text{开}}$——接力器开腔压力；

$P_{\text{关}}$——接力器关腔压力；

$S_{\text{油缸}}$——接力器活塞有效面积。

其中，$S_{\text{油缸}}$ 为定值，同一工作水头、开度下，A 亦为定值。机组并网运行中，非主配调节时间，在水力作用下，活动导叶有往关侧运动的趋势，即 $A>B$。此时，如 $P_{开}$ 与 $P_{关}$ 的差值越小，则 B 越小，活动导叶向关侧运动的速度就越快，当接力器活塞向关侧运动达接力器全行程的 0.15% 时，主配则向开侧方向调节 1 次。

2. 主配调节规律分析

为探索接力器开关腔压力变化规律，将主配调节频繁的 5 号机组（11s 调节一次）和调节不频繁的 7 号机组（56s 调节一次）在同一工作水头、相似导叶开度下的接力器开关腔压力变化曲线进行对比，接力器开关腔压力变化曲线分别如图 7－47、图 7－48 所示。

目标机组有功	目标机组工作水头	目标机组导叶开度	目标机组调速器系统管路压力	目标机组调速器控制方式	取点周期（横轴单位）	纵轴单位
717.4MW	104.7m	77.16%	6.24MPa	B套自动	1s	MPa

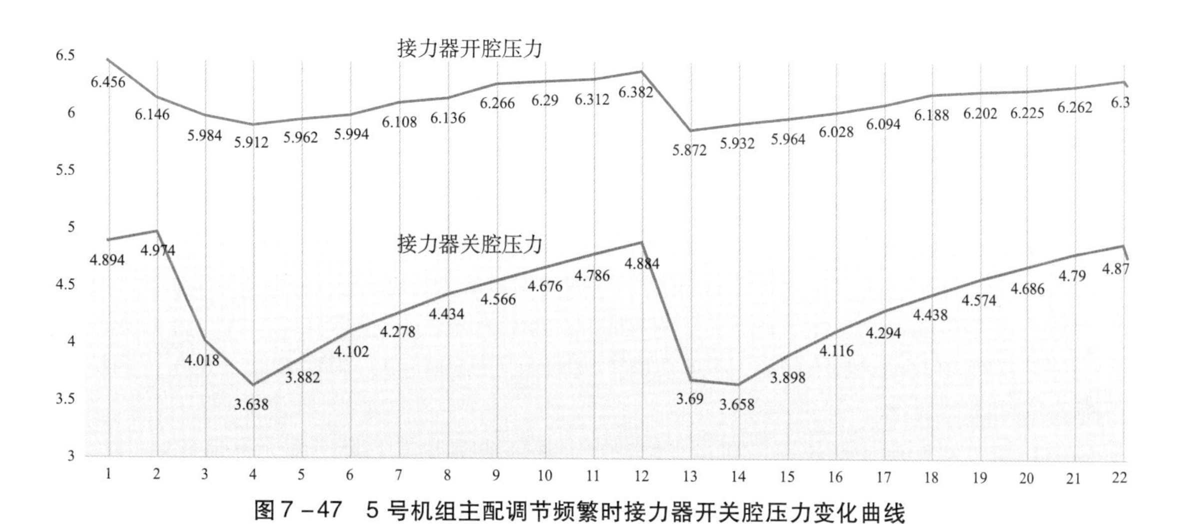

图 7－47　5 号机组主配调节频繁时接力器开关腔压力变化曲线

对比机组有功	对比机组工作水头	对比机组导叶开度	对比机组调速器系统管路压力	对比机组调速器控制方式	取点周期（横轴单位）	纵轴单位
718.95MW	104.7m	77.27%	6.24MPa	B套自动	2s	MPa

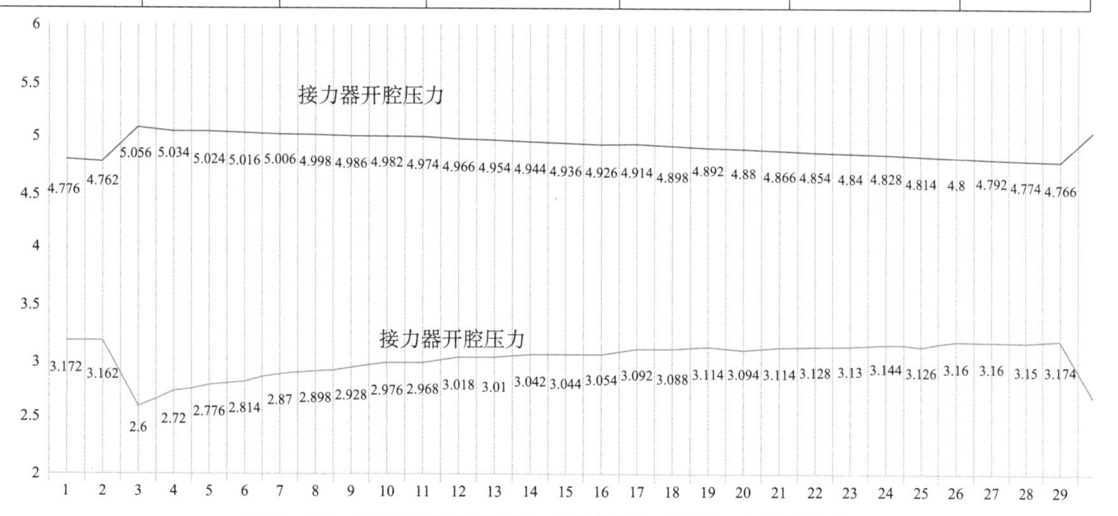

图 7－48　7 号机组主配调节时接力器开关腔压力变化曲线

结合图 7－47、图 7－48，对比发现 5 号机组和 7 号机组的接力器开腔压力 $P_{开}$的变化幅度均较小。5 号机组非主配调节时间接力器关腔压力 $P_{关}$上升速率和上升幅度均较大，$P_{关}$从最低值上升到最高值，上升幅度为 1.23MPa，用时 9s，主配开始调节；7 号机组非主配调节时间接力器关腔压力上升速率和上升幅度均较小，$P_{关}$从最低值上升到最高值，上升幅度为 0.57MPa，用时 52s，主配开始调节。由式（7－7）可以得出 5 号机组非主配调节时间，B 的下降速率较大，相应的导叶关闭速率也就越快，主配调节周期就越短。

通过以上分析可以得出结论：5 号机组接力器 $P_{关}$上升速率较快是主配调节频繁的根本原因。根据主配压阀每次均是向开方向调节导叶可知 5 号机组接力器存在偏关趋势，即在主配压阀每两次调节之间，接力器活塞向关方向移动，接力器关腔容积增大，而此时接力器关腔内部油压上升过快只可能有以下几个原因：

（1）事故配压阀内部控制油管或事故油源油管内漏到接力器关腔。

（2）主配复中后，主配压力油直接渗漏到接力器关腔。

（3）接力器开腔压力油直接渗漏到接力器关腔。

7.3.3 修前内漏试验

1. 修前内漏试验情况

5 号机组 C 修期间，在系统撤压前做了进一步的内漏试验，具体过程如下：

（1）全关导叶，投入紧急停机电磁阀，隔离阀保持开启，观察集油槽内无明显回油现象。

（2）观察 30min，压油罐油位下降约 30mm，油罐内径 2.4m，折算耗油量约为 4.5L/min。

（3）关闭事故油源阀 5129，调速系统控制油源阀 5100－2，再次观察 30min，油罐油位下降速度无明显变化。

（4）再关闭主配压阀控制油源阀 5100－3，观察油罐油位下降速度无明显变化。

（5）将导叶全开至 100%，切机手动，继续向开方向转动手轮，集油槽内主配压阀关腔回油管出现明显冒油现象，观察 6min，油罐油位下降 20mm，折算耗油量约 15L/min。

（6）全关主配检修阀 5100－1，继续向开方向转动步进电机手轮，油槽内未出现冒油现象。

（7）打开主配检修阀 5100－1，稍关导叶后重新开至全开，向开方向转动步进电机手轮，油槽内出现明显冒油现象。

（8）松开步进电机手轮，使主配复中，油槽内冒油逐渐消失。

以上试验现象表明事故油源阀 5129、调速系统控制油源阀 5100－2、主配压阀控制油源阀 5100－3 阀后管路均无明显内漏，内漏部位在主配检修阀 5100－1 后管路，即主配压阀或接力器，且主配或导叶的位置对内漏量有明显影响。

2. 事故配压阀内漏情况分析

压力油经事故配压阀渗漏至接力器关腔共有两种可能：①事故配压阀控制油经阀芯与阀套间隙渗漏至关腔操作油管；②事故配压阀关不严，导致事故油源渗漏至关腔操作油管。事故配压阀可能存在的漏油路线如图 7－49 所示。

正常情况下，事故配压阀始终保持复归，如图 7－49 中所示状态。即事故配压阀内部油路与导叶开度变化和机组开停机状态无关。若为事故配压阀内漏，无论是情况①还是情况②，机组停机状态下内漏应始终存在。机组停机备用时，紧急停机电磁阀投入，隔离阀关闭，主供油管与接力器关腔接通，此时若事故配压阀存在内漏，则主供油管和接力器关腔应为带压状态。

从图 7－50 中可以看出，当 5 号机组停机时，除自启使能时外，主供油管压力为 0，因

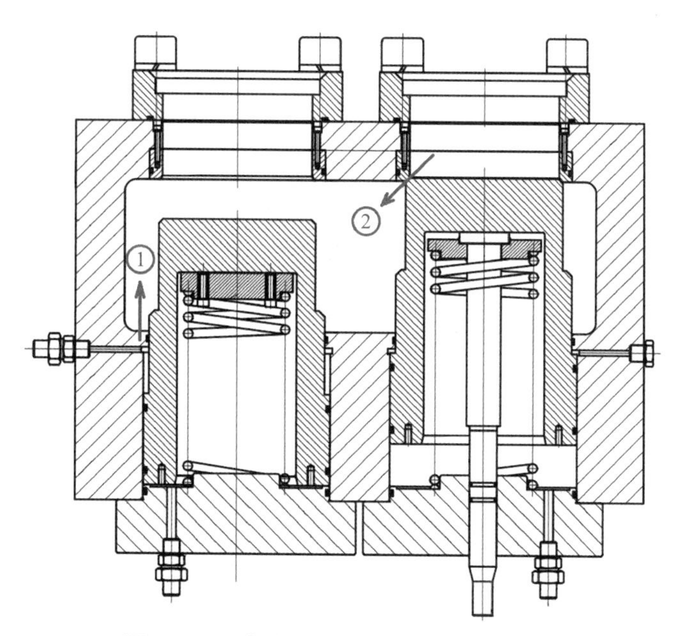

图 7－49　事故配压阀可能存在的漏油路线

此可以确定停机时无压力油渗漏至接力器关腔，可以排除事故配压阀内漏导致主配压阀频繁调节的可能。在 5 号机组修前内漏试验中，机组导叶全关，紧停投入，隔离阀打开状态下，观察油罐油位 30min 下降约 30mm，折算耗油量约为 4. 5L/min。此时关闭事故油源阀 5129 及调速系统控制油源阀 5100－2，再观察 30min，油罐油位下降速度无明显变化。另外，从图 7－50 中还可以发现 5 号机组停机时自启使能时间间隔约为 50h，说明 5 号机组在停机状态下耗油量表现非常良好。以上现象进一步证明事故油源阀 5129 及调速系统控制油源阀 5100－2 后的所有管路中均无明显内漏。

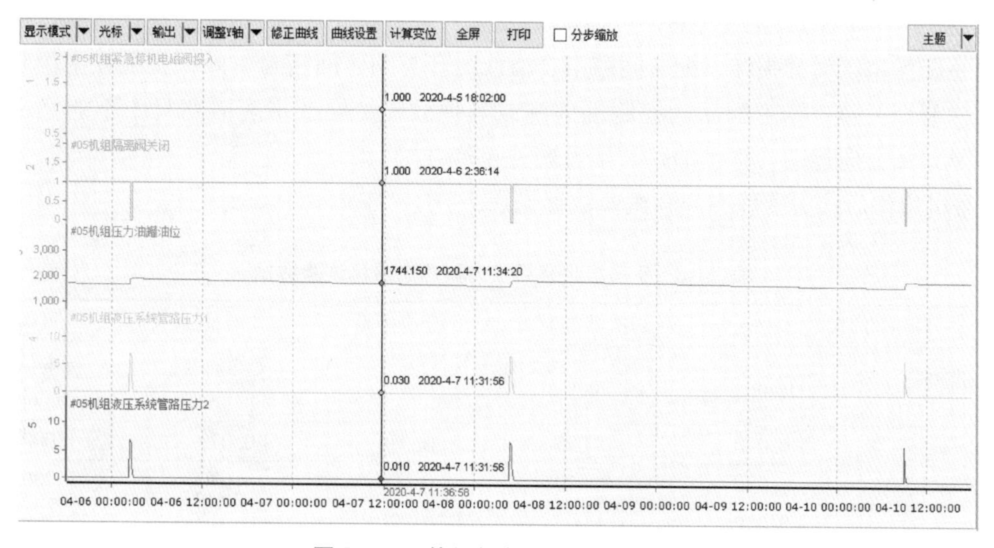

图 7－50　停机状态下主供油管压力

3. 主配压阀内漏情况分析

研究主配压阀结构可以发现，主配压阀控制油是无法直接渗漏至接力器关腔（图 7－51

中 A 腔）的，则若为主配压阀内漏导致的频繁调节，油源必定来自主供油管（图 7－51 中 P 腔），内漏油路如图 7－51 中所示。

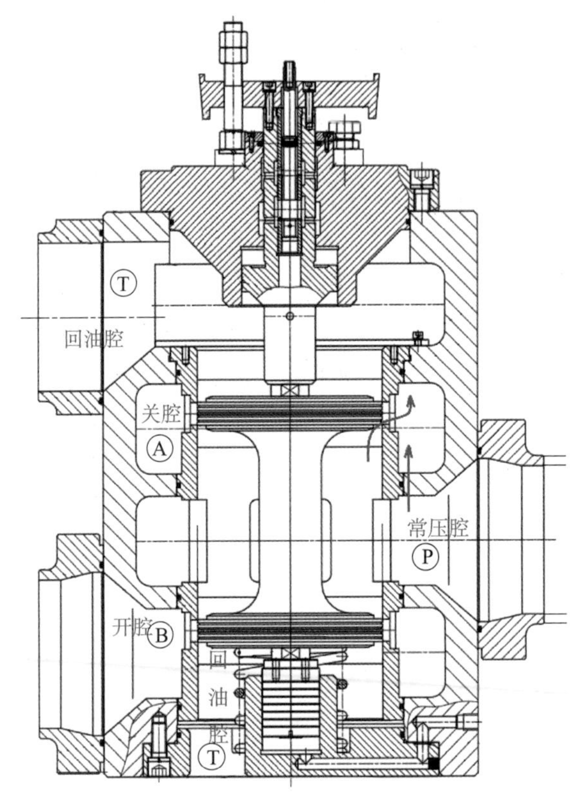

图 7－51　主配压阀可能的漏油路线

出现图 7－51 中所示的内漏，可能的原因有三种：①主配压阀中位不准，偏关趋势过大；②主配活塞、衬套损坏，配合间隙不合格或衬套与阀体间密封失效，主配在中位时压力油直接渗漏至关腔；③主配压阀控制油内漏或其他故障，导致主配活塞复中不能稳定在中位，而是向关方向运动，将主油路与接力器关腔接通。

5 号机组修后接力器静态漂移试验数据见表 7－6。

表 7－6　5 号机组修后接力器静态漂移试验数据　（单位：mm）

调速器控制方式：B 套机手动					
开度	1min	2min	3min	平均值（mm/min）	标准值（mm/min）
25%	+0.070	+0.075	+0.070	+0.023	1.000
50%	－0.030	－0.070	－0.090	－0.030	1.000
65%	+0.050	0.000	－0.020	+0.010	1.000
80%	+0.250	+0.250	+0.250	+0.083	1.000

注：1. 表中数值为相应时间内百分表总读数，数据保留三位小数；2. 数据中“+”值表示接力器偏关，“－”值表示接力器偏开；3. 根据《向家坝调速器液压系统修后试验作业指导书》要求，接力器 1min 静态漂移量小于 0.1% 接力器行程。

5 号机组修后接力器静态漂移试验数据表明导叶不存在明显偏关趋势，情况①可以排除。

若主配活塞、衬套损坏，配合间隙过大或衬套与阀体间密封失效，导致压力油进入接力器关腔，在蜗壳尾水平压的情况下，接力器活塞的移动仅受开关腔压力的影响，通过将主配中位调至稍微偏开位置，使得进入开腔的压力油和进入关腔的压力油流量达到平衡时，$P_{关}S = P_{开}S$ 就可能成立，即使接力器活塞保持稳定，零漂数据合格。当机组运行时，接力器活塞还受到水力作用，此时 $P_{关}S + A > P_{开}S$，导叶出现偏关现象，而且在不同开度下，导叶受水力大小不同，造成接力器偏关趋势不相同，主配调节频率也不相同。

在 5 号机组修前内漏试验中，当隔离阀打开，紧停电磁阀投入时，观察集油槽内部未发现明显渗油，系统总耗油量约为 4.5L/min。而当导叶全开时，继续向开方向转动步进电机手轮，集油槽内主配关腔回油管开始出现明显冒油，系统耗油量也明显加快，约为 15L/min。这种现象也与情况②吻合，当紧停投入时，主配活塞向上运动，将主供油管与关腔完全接通，同时将接力器关腔与主配关腔回油管完全封闭，不会出现内漏现象。而导叶全开后继续向开方向转动手轮，主配活塞向下运动，由于 P 腔与主配关腔存在内漏，使得主供油管与关腔不能完全封闭，而此时接力器关腔又与回油管接通，就会出现主配关腔回油管冒油，系统耗油量加大的现象。因此，存在情况②导致 5 号机组主配压阀频繁调节的可能。

若为情况③，则主配活塞在每次调节结束后都会出现向关方向运动的现象，才会导致压力油进入接力器关腔，造成导叶偏关。在之前的试验中，使用百分表对 5 号机组主配限位板运行情况进行过测量，结果表明主配活塞仅在调节时会向下运动，两次调节之间活塞位置保持不变，且每次调节完后主配活塞复中位置一致。因此，主配压阀中位不稳定导致频繁调节的情况也可以排除。

4. 接力器内漏情况分析

当接力器存在内漏，且不同开度时内漏量不同时，也可能造成 5 号机组这样的频繁调节现象。在无水状态下，若主配中位良好，则当接力器开关腔压力达到平衡时，活塞将不再发生明显运动，即零漂数据合格。机组运行时，由于导叶受水力作用，当接力器开关腔之间存在内漏时，接力器活塞将无法保持平衡，而向水力作用的方向移动，出现漂移，造成频繁调节。由于某种原因，如不同位置接力器缸体磨损程度不同，不同开度下开关腔压差不同等，还会造成活塞在不同位置时漏油量存在明显差别，从而出现不同开度下主配调节频率明显不同，以及本次修前试验中导叶全关和导叶全开时内漏量明显不同的情况。

5. 修前内漏试验小结

根据上述分析，造成 5 号机组调速器频繁调节的可能原因共有两种：①主配 P 腔向接力器关腔操作油管漏油；②接力器开、关腔之间漏油。以上两种原因可能单独存在，也可能同时存在。

7.3.4　修后试验及分析

修后无水试验中对 5 号机组主配压阀开、关腔和接力器全开及全关位置的内漏量进行了测量，测量方法为容积法。试验步骤如下。

1. 主配中位保持试验

保持所有设备、阀门处于正常运行状态，将调速器控制方式切机手动，在主配压阀限位板上架设百分表，随机操作导叶多次，观察主配压阀复中情况及复中后中位保持情况。试验中导叶动作完成后百分表均能准确归零，后续观察 5min 百分表指针未发生移动，证明主配压阀中位保持情况良好。

2. 验证事配、分段关闭阀内漏情况

将导叶开至 100%，关闭事故油源阀 5129，投入事配后观察 10min，导叶开度未发生变化，观察集油槽内事配回油管无冒油，证明 5129 阀可以关严，事配内部无内漏，分段关闭阀无内漏。

3. 试验准备

保持导叶全开，事故油源阀 5129 全关，其余阀门处于正常运行状态。向压油罐打油至 6.3MPa，将集油槽油位排至主配开、关腔回油管出口以下。

4. 测量导叶全开、事配复归、主配活塞在中位时的开关腔漏油量

保持系统状态与步骤 3 中一致，确认导叶全开，事配处于复归状态，切换至机手动，保持主配活塞在中位，使用 500mL 容器收集主配开关腔回油，记录漏油量，结果见表 7－7。

表 7－7　5 号机组导叶全开、事配复归、主配活塞在中位时的开关腔漏油量

	关腔回油管（关→关腔回油）	开腔回油管（开→开腔回油）
内漏量（L/min）	1.0	0

试验结果表明当主配在中位时，开腔与回油管之间无内漏，主配关腔向回油管漏油量为 1.0L/min，漏油路线如图 7－52 所示。

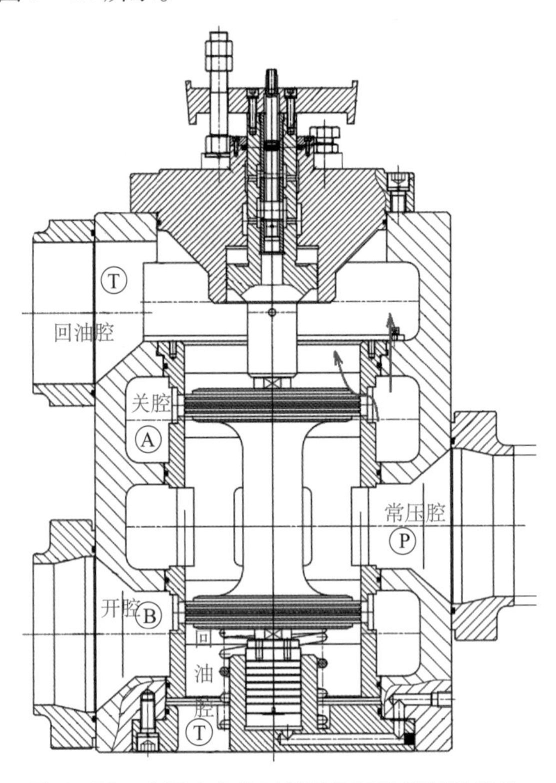

图 7－52　主配在中位时关腔至回油管漏油路线

5. 测量事配复归、主配活塞在全开位置时的开关腔漏油量

此漏油量为主配和接力器的总漏油量。确认事配在复归状态，保持步骤3中其余各阀门状态，切换至机手动，使用步进电机手轮操作导叶活塞向开（下）侧移动到最大行程，使用500mL容器收集主配开关腔回油，记录漏油量，结果见表7－8。

表7－8 5号机组事配复归、主配活塞在全开位置时的开关腔漏油量

	关腔回油管（P→关＋接力器）	开腔回油管（开→开腔回油）
内漏量（L/min）	7.5	0

根据修前试验结果，内漏来自主配检修阀100－1后管路，即主配或者接力器。该步骤结果表明在主配活塞向开（下）侧运动时，主配开腔与回油腔之间无内漏，主配压阀P腔向关腔内漏量加接力器开腔向关腔内漏量总和为7.5L/min，可能的内漏路线如图7－53、图7－54所示。

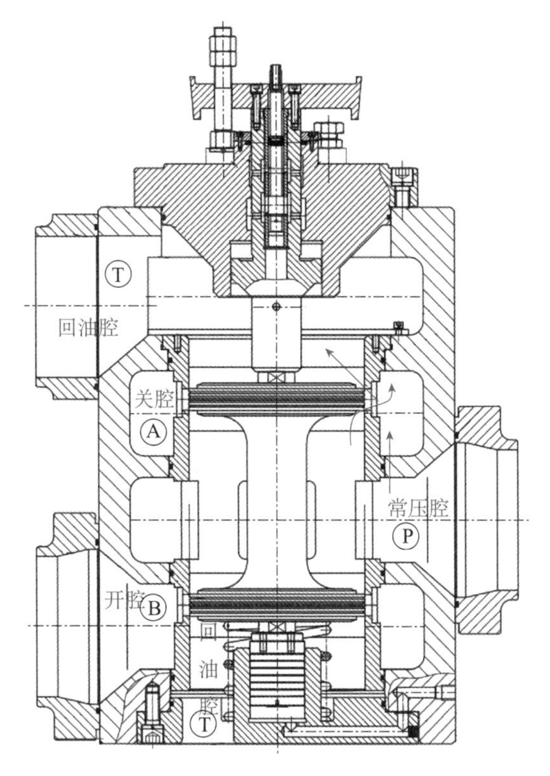

图7－53 主配在开位时P腔至关腔回油管漏油路线

6. 测量事配投入、主配活塞在全开位置时的开关腔漏油量

此漏油量为主配漏油量。投入事配，保持步骤3中其余各阀门状态，切换至机手动，使用步进电机手轮操作导叶活塞向开（下）侧移动到最大行程，使用500mL容器收集主配开关腔回油，记录漏油量，结果见表7－9。

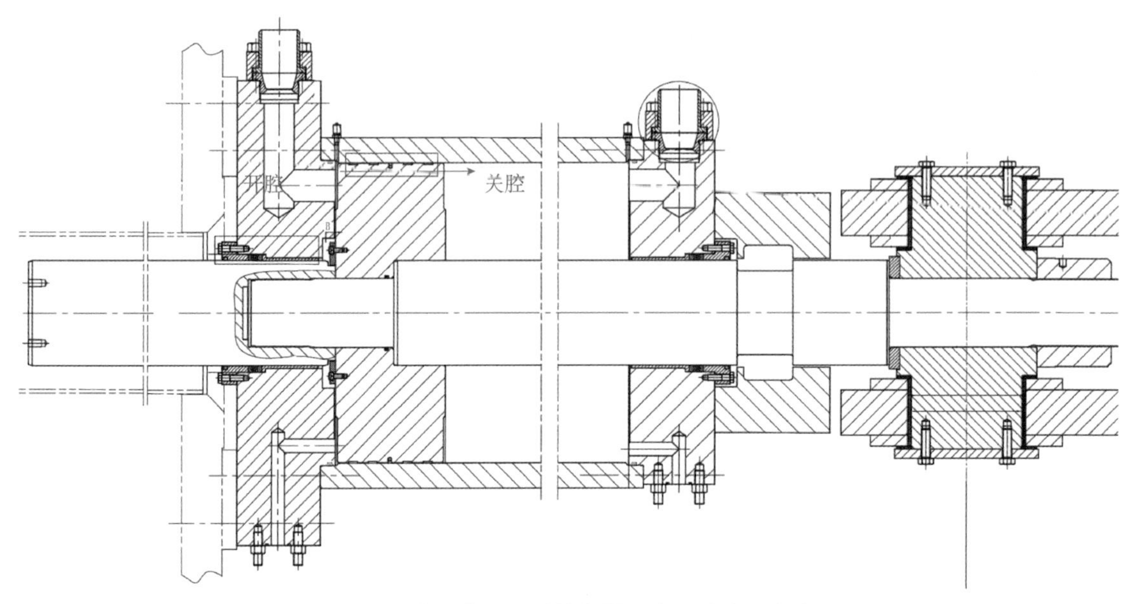

图 7－54　主配在开位时接力器开腔至关腔漏油路线

表 7－9　5 号机组事配投入、主配活塞在全开位置时的开关腔漏油量

	关腔回油管（P→关）	开腔回油管（开→开腔回油）
内漏量（L/min）	4.3	0

在这种情况下，事故配压阀将主配开、关腔回油管与接力器间油路切断，该步骤中测量的漏油量全部为主配压阀 P 腔向关腔内漏量，即 4.3L/min，内漏路线如图 7－53 所示。用步骤 5 中主配压阀加接力器总内漏量减去主配内漏量，即可得出接力器在全开状态下开腔持续给压时向关腔的漏油量为（7.5－4.3）L/min＝3.2L/min，内漏路线如图 7－54 所示。

7. 测量事配复归、主配活塞在全关位置时的开关腔漏油量

此漏油量为主配和接力器的总漏油量。复归事配，保持步骤 3 中其余各阀门状态，切换至机手动，全关导叶，使用步进电机手轮操作导叶活塞向关（上）侧移动到最大行程，使用 500mL 容器收集主配开关腔回油，记录漏油量，结果见表 7－10。

表 7－10　5 号机组事配复归、主配活塞在全关位置时的开关腔漏油量

	关腔回油管（关→关腔回油）	开腔回油管（P→开＋接力器）
内漏量（L/min）	0.6	4.5

该步骤结果表明，当主配活塞向关（上）侧运动时，主配关腔与关腔回油管之间存在轻微内漏，约 0.6L/min，路线如图 7－55 中蓝色箭头所示。而主配 P 腔与开腔间内漏加接力器关腔与开腔间内漏总量为 4.5L/min，路线如图 7－55、图 7－56 中红色箭头所示。

8. 测量事配投入、主配活塞在全关位置时的开关腔漏油量

此漏油量为主配漏油量。投入事配，保持步骤 3 中其余各阀门状态，切换至机手动，使

用步进电机手轮操作导叶活塞向关（上）侧移动到最大行程，使用 500mL 容器收集主配开关腔回油，记录漏油量，结果见表 7－11。

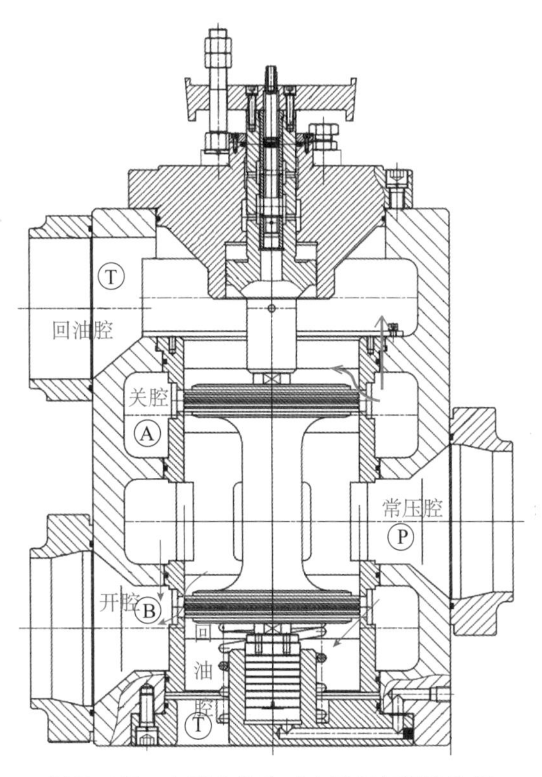

图 7－55　主配在关位时主配压阀漏油路线

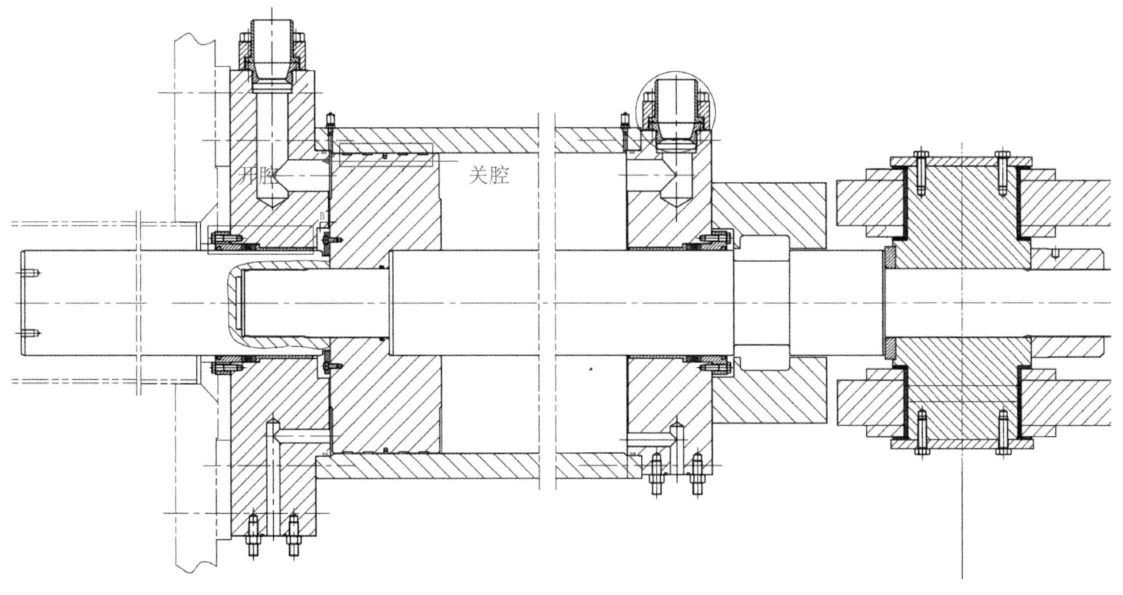

图 7－56　主配在关位时接力器关腔至开腔漏油路线

表 7-11　5 号机组事配投入、主配活塞在全关位置时的开关腔漏油量

	关腔回油管（关→关腔回油）	开腔回油管（P→开）
内漏量（L/min）	0.6	1.0

与步骤6中相似，在这种情况下，事故配压阀将主配开、关腔油管与接力器间油路切断，该步骤中测量的漏油量全部为主配压阀的内漏量，即关腔与关腔回油管之间内漏量为0.6L/min，内漏路线如图7-55中蓝色箭头所示，而P腔与开腔之间内漏量为1.0L/min，内漏路线如图7-55中红色箭头所示。用步骤7中主配压阀加接力器总内漏量减去主配内漏量，即可得出接力器在全关状态下关腔持续给压时向开腔的漏油量为（4.5-1.0）L/min = 3.5L/min，内漏路线如图7-56所示。

9. 将集油槽油位加至正常状态，复归调速系统各阀门至正常运行状态

根据试验结果整理主配及接力器各部位内漏量数据（见表7-12），试验结束。

表 7-12　5 号机组主配及接力器各部位内漏量测定结果

	主配压阀				接力器	
内漏部位	P→关腔	关腔→回油	P→开腔	开腔→回油	全开位置	全关位置
内漏量（L/min）	4.3	1.0	1.0	0	3.2	3.5

注：表中数据均为发生内漏两侧压差与系统压力相等（约6～6.3MPa）时内漏量。

7.3.5　结论

从修后试验数据可以看出，5号机组调速系统内漏主要发生在主配压阀P腔至关腔（4.5L/min）和接力器开关腔之间（全开位置3.2L/min，全关位置3.5L/min），与7.3.3节修前试验中的分析结论吻合，至此，基本可以确定5号机组调速器主配压阀频繁调节和油耗增大的根本原因就是主配压阀和接力器内漏。

第 8 章　GCB 检修

8.1 概述

向家坝水电站发电机与主变连接采用联合单元接线，8 台发电机出口均装设断路器，其中左岸机组 GCB 成套装置为西开电气公司生产的户内强制风冷型 ZHN10 - 24 GCB 成套装置，该装置为国产大容量断路器的首次大规模应用，右岸机组 GCB 成套装置为 ABB 公司生产的户内自冷型 HEC - 7A GCB 成套装置。GCB 成套装置均由断路器、隔离开关、接地开关、现地控制柜以及其他附属设备组成，通过 IPB 分别与发电机和主变压器相连接，结构均为金属封闭、SF_6气体灭弧、卧式布置，采用弹簧储能液压操作机构实现三相机械联动操作，隔离开关和接地开关采用慢速电机驱动、三相机械联动，在 GCB 的发电机侧和主变压器侧分别设置 1 组冲击保护电容器，以实现对恢复电压上升率的限制，GCB 与主回路封闭母线的外壳连接方式为焊接连接，导体采用软连接件连接。

向家坝水电站左右岸机组 GCB 主要参数见表 8 - 1。

表 8 - 1　向家坝水电站左右岸机组 GCB 主要参数

序号	主要参数	左岸	右岸
1	系统标称电压（kV）	20	24
2	最高运行电压（额定电压）（kV）	30	24
3	额定电流（kA）	27	24
4	相间距离（mm）	2000	2000
5	相数	3	3
6	额定峰值耐受电流（kA）	350	600
7	额定短路开断电流（kA）	160	170
8	雷电冲击耐受电压峰值（kV）	150	150
9	工频耐受电压有效值（kV）	80	80

8.2 技术专题

8.2.1 GCB 操作机构分闸时间偏大问题

机组检修期间在进行开关时间特性测试过程中，发现 201 GCB 及 204 GCB 操作机构分 2

线圈动作时间偏大。技术人员对 GCB 操作机构分闸线圈进行了调整，将原本 GCB 操作机构线圈中 0.7 孔径节流垫调整为 0.75 孔径的节流垫。节流垫能调节控制模块分 - 合转换时间，节流垫孔径越大，转换时间越短，相应的开关动作时间越短。节流垫更换后，对操作机构进行了补油。调整后对操作机构进行了试验，试验合格，如图 8 - 1 所示。

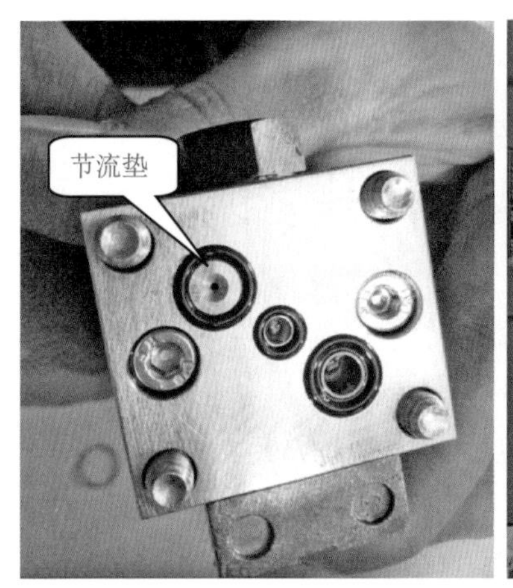

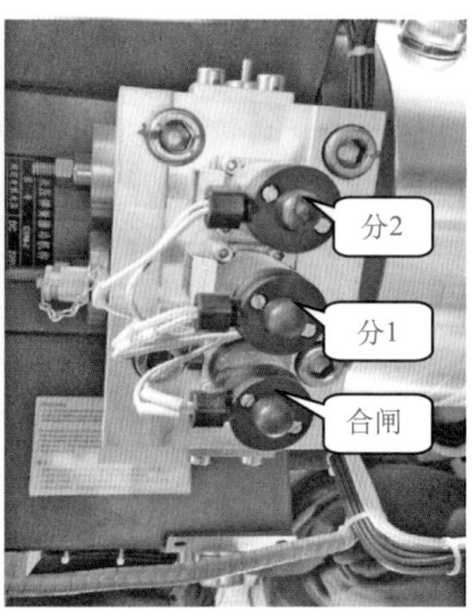

图 8 - 1　节流垫孔径调整

8.2.2　GCB 及 500kV 断路器防慢分装置损坏问题

检修过程中先后发现，204 GCB 和 5011 A 相断路器防慢分装置损坏。GCB 和 500kV 断路器防慢分装置原理相同，造成防慢分装置损坏有如下两个原因：

（1）防慢分装置连杆等部件调整不到位。

（2）防慢分装置转动支点有卡涩，导致在弹簧有压的情况下装置未恢复。对损坏装置进行了备件更换，并进行了慢分慢合试验，问题得到有效解决，如图 8 - 2 所示。

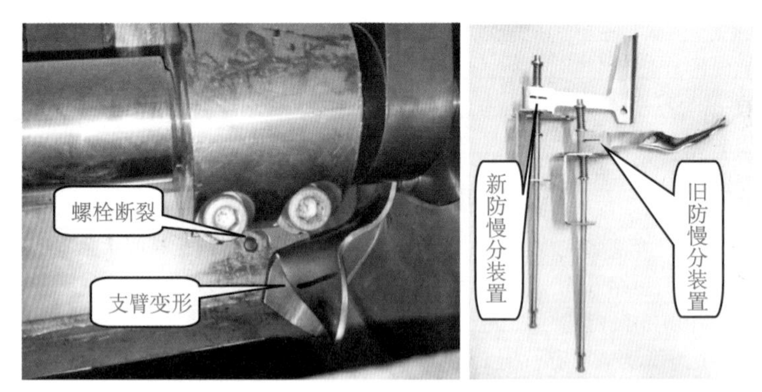

图 8 - 2　防慢分装置损坏

8.2.3　GCB 断路器缸体裂纹解体检修

向家坝水电站某台发电机断路器合闸运行过程中，出现机构在合闸位置频繁打压现象，打压间隔时间约 40s。经检查分析，确定缸体内部存在内漏。检修人员对该 GCB 断路器操作机构进行了拆解检查。检查发现的主要问题包括：断路器操作机构缸体裂纹，储能模块轻微划痕。

1. 机构缸体裂纹

在拆除机构端盖、二次线缆、打压电机、碟形弹簧、弹簧连接件等部件后，检修人员打开了高压缸上封堵和下封堵，对断路器高压缸体和主活塞进行了检查。拆下的高压缸上封堵和活塞如图 8 –3 所示。检查发现缸体合闸油路的工艺孔堵头部位侧壁与高压缸上封堵固定螺栓孔之间存在一肉眼可见的贯穿性裂纹，裂纹深度约 27mm，裂纹方向沿螺栓孔和油路的深度方向，裂纹同时穿过了工艺孔堵头的密封面，用手触摸有明显触感，如图 8 –4 ~ 图 8 –6 所示。

合闸油路在机构分闸位置时内部为低压油，在合闸位置时内部为高压油。该裂纹的存在将会导致在合闸位置时，油路的高压油从裂纹部位向高压缸上封堵螺栓孔渗漏，并通过封堵螺栓孔向低压腔渗漏，导致机构在合闸位置频繁打压。

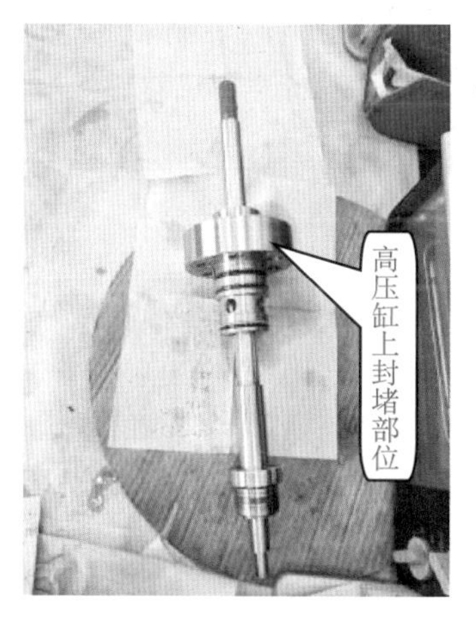

图 8 –3　拆下的高压缸上封堵和活塞

图 8 –4　高压缸体裂纹部位

图 8 –5　缸体裂纹细节（合闸油路方向）

图 8 –6　缸体裂纹细节（上封堵螺栓孔方向）

2. 储能模块划痕

在对操作机构的储能模块和控制模块等部件进行拆解检查后发现机构的 3 个储能模块均

存在肉眼可见的轻微划痕，如图 8 －7～图 8 －9 所示。其中 2 个模块的划痕稍微明显，用划痕探针滑动有明显感觉；1 个模块用探针滑动感觉不明显。划痕长度贯穿了储能模块活塞密封圈，长期运行存在渗油风险。拆解检查后未发现操作机构其他部件有明显异常。

图 8 －7　部分拆解的机构及储能模块

图 8 －8　储能模块内部划痕

图 8 －9　储能模块活塞密封圈的轻微划痕

3. 断路器操作机构解体检修及优化策略

（1）由于高压缸体存在裂纹，该缸体不能继续使用，对其进行更换。

（2）鉴于 3 个储能模块均存在轻微划痕，长期运行存在安全隐患，对 3 个储能模块均进行更换。

（3）厂家已对 HMB 型缸体和主活塞进行了优化改进，新的主活塞密封两侧增加了清洁环，如图 8 －10 所示。新的缸体产生裂纹的风险较旧缸体降低。

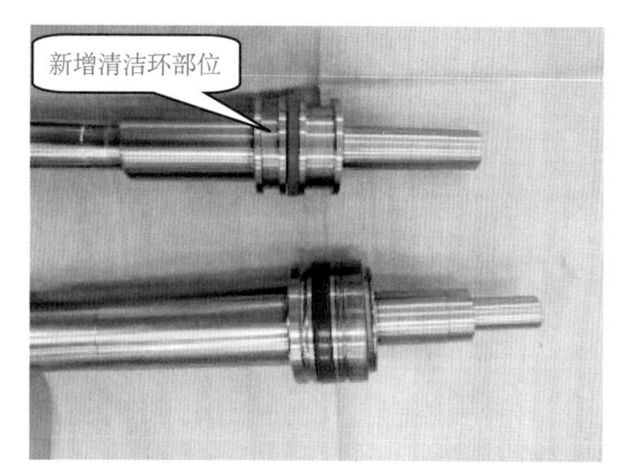

图 8－10　新主活塞（HMB4，上图）和旧主活塞（HMB8，下图）

（4）对于大容量发电机断路器，在运行过程中应关注机构打压频次。向家坝水电站已将发电机断路器机构打压信号送至监控系统，可远程实时显示打压情况并进行趋势分析。

（5）应定期对 GCB 进行预防性试验，同时关注机构油位计油质状况，必要时进行机构液压油补充或更换。

8.2.4　GCB 接地开关操作机构绝缘连杆断裂

8.2.4.1　问题描述

某机组调试期间在发电机带主变压器升流试验前对发电机残流进行检测时，发现三相电流不平衡，后经检查，发现 GCB C 相接地开关在合闸位，A、B 相接地开关在分闸位，进一步检查后发现三相接地开关操作绝缘连杆均断裂。

8.2.4.2　处理过程

检查分析认为，调试期间非正常操作（直接按压接触器）是造成该问题的主要原因。加之 GCB 接地开关操作连杆装配存在问题，从而导致了断路器在操作过程中出现绝缘连杆断裂情况。

处理措施：

（1）对三相绝缘连杆全部进行了更换，更换后，接地开关操作正常。

（2）在控制回路上进行优化，防止非正常操作。

8.2.5　GCB 隔离开关操作机构连杆拐臂脱落问题

8.2.5.1　问题描述

某机组开机并网过程中，出力加至 100MW 时，发电机双套保护报 TV 断线，发电机负序过负荷保护报警，停机检查发现 GCB C 相隔离开关操作连杆拐臂脱落，导致隔离开关 C 相合闸不到位，如图 8－11 所示。

8.2.5.2　原因分析

（1）拐臂锁紧螺栓（M10 8.8 级）紧固后，抱紧力不足。

（2）转轴下端未安装挡片。

（3）拐臂和转轴花键机加工尺寸之间的配合公差不满足要求。

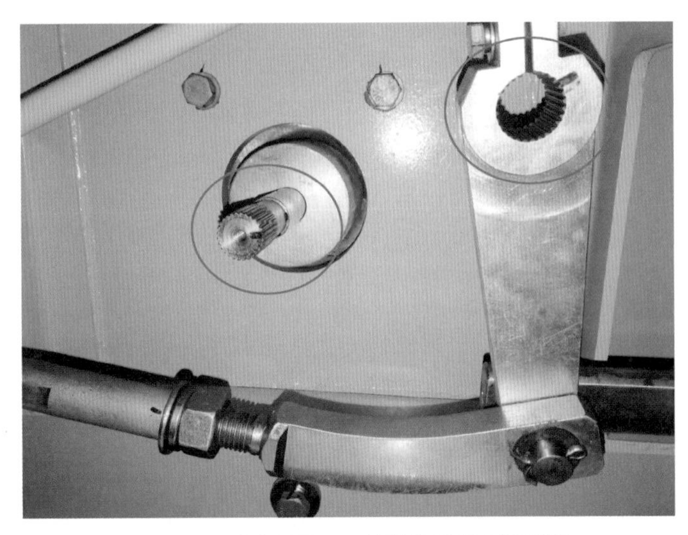

图 8－11　GCB 隔离开关操作连杆拐臂脱落

8.2.5.3　处理措施

将原 M10 锁紧螺栓由 8.8 级更换为 10.9 级，力矩 65N · m，同时在转轴下端增加挡片。如图 8－12 所示。

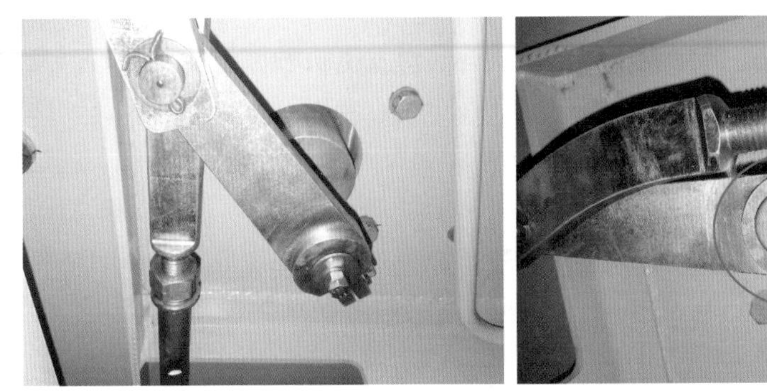

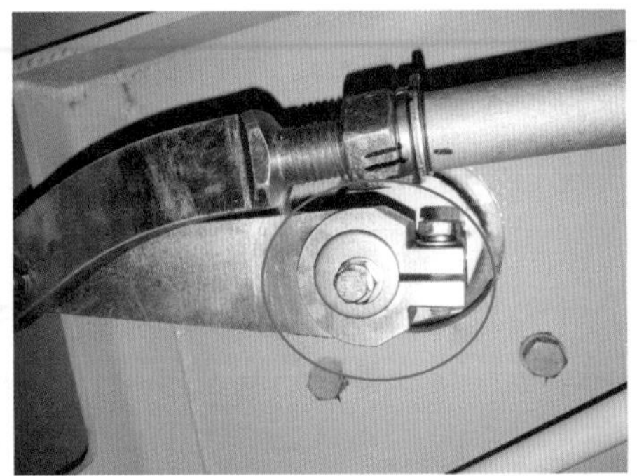

图 8－12　GCB 隔离开关操作连杆转轴下端增加挡片

8.2.6　GCB 隔离开关操作机构传动杆断裂问题

8.2.6.1　问题描述

调试期间在准备进行发变组试验时，发现三相电流不平衡，检查发现 GCB 隔离开关 A、B 相之间传动杆断裂，如图 8－13、图 8－14 所示。

8.2.6.2　原因分析

（1）驱动电机堵转故障保护不完善。

（2）合闸过程中拐臂进入死区，再次分闸时由于阻力过大导致连杆受力过大，连杆薄弱点断裂。

（3）三相联动连杆制造工艺及材料选型问题。断路器连杆材料为普通碳素钢管，壁厚约 4mm，端部内螺纹部分的壁厚约 2mm（扣除螺牙高度）。连杆的端部安装有弯头，两者通过

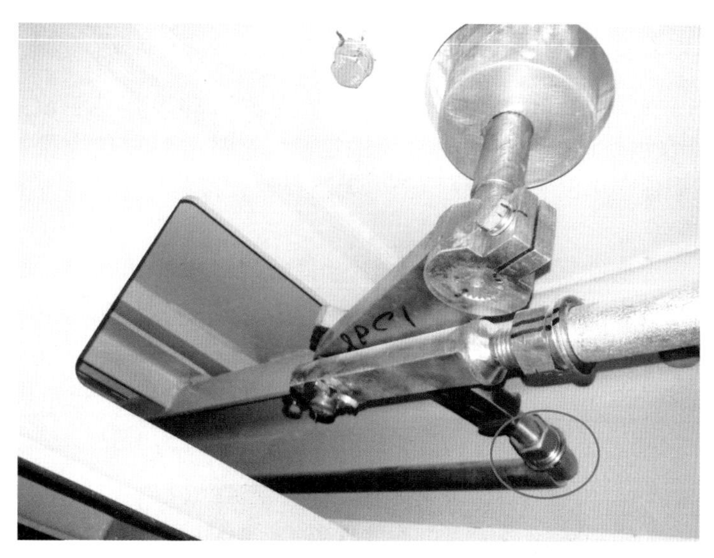

图 8－13　GCB 隔离开关操作机构传动杆断裂

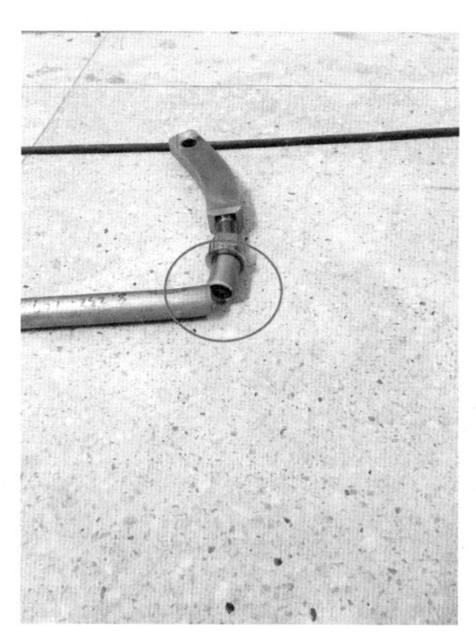

图 8－14　GCB 隔离开关操作机构传动杆断裂

螺纹连接，该螺纹具有调节连杆长度作用。分闸时连杆端部承受推力，合闸时连杆端部承受拉力。在驱动力较大、循环分合闸操作时，连杆端头容易疲劳。电机堵转时输出的堵转转矩导致弯头与连杆连接处断裂。

8.2.6.3　处理措施

（1）调整电机电源回路保护装置整定值。重新设定驱动电机电源回路上的开关、接触器、热耦的整定值，满足三相联动机构出现阻力过大、卡死等异常情况时，能可靠切断驱动电机电源。

（2）调整三相联动连杆的长度，避免三相联动连杆进入“死区”。

（3）提高三相联动连杆机械强度。选用疲劳强度高的优质钢材，加强连杆端部的机械强度，提高传动机构的可靠性。

8.2.7 GCB 灭弧室设置防爆膜的必要性分析

2019 年，国内某大型发电机断路器在运行过程中发生 GCB 爆炸事故。经调查分析，事故直接原因为 GCB 在运行过程中出现了单相接地故障。故障释放的大量能量使灭弧室压力迅速上升，由于该灭弧室未设置防爆膜，压力无法释放，最终导致灭弧室爆炸，造成了巨大的经济损失和安全隐患。

鉴于上述案例，大型发电机组的 GCB 灭弧室设置防爆膜（如图 8－15 所示）是很有必要的。但对于防爆膜的选型应慎重。若选择的爆破温度或压力过低，可能造成运行中误动，过高又可能起不到保护作用。向家坝左岸电站 GCB 防爆膜爆破温度 110℃，爆破压力 1.2MPa。GCB 灭弧室 SF_6 额定运行压力 0.6MPa（20℃），GCB 本体稳定运行温度在 75℃ 左右，气室压力在 0.73MPa 左右。该防爆膜运行稳定，未发生误动情况，选型仅供参考。

图 8－15　GCB 灭弧室设置防爆膜

8.2.8 GCB 运行一定年限后的检修与可靠性分析

国产首台大容量 GCB 在向家坝水电站的成功应用，打破了国外大型 GCB 设计制造的垄断地位，为我国具备独立自主的大容量 GCB 设计、制造能力奠定了基础。

向家坝水电站 GCB 运行已近 10 年，整体运行稳定可靠，但也出现了一些异常情况（如上所述）。向家坝水电站 GCB 多年平均每年动作次数为 100 次左右，国内主要承担调峰作用的电厂 GCB 动作次数可多达 1000 次以上。因此，GCB 的可靠运行直接影响电站及电网的安全稳定性。

经过对大容量 GCB 运行经验总结，向家坝电厂将 GCB 检修分为定期检修和状态检修两类：

1. 定期检修

定期检修分为 3 个等级，具体内容见表 8－2。

表 8-2　GCB 定期检修等级及检修内容

设备设施	检修等级	检修间隔	检修内容
GCB	大修	15 年	对于接近或达到规定的使用年限、机械寿命或电气寿命的断路器，对设备灭弧室、操作机构等关键零部件全面解体检修或更换，使之重新恢复到技术标准要求的正常功能
	整体检修	3 年	对设备进行全面检查、维护、修理、清扫，包括电气或机械特性试验、功能试验和电气预防性试验在内的全面检修工作
	年度检修	1 年	对设备进行外观检查、评估、清扫等，包括电气预防性试验

2. 状态检修

1）GCB 本体

根据 GCB 的机械性能、运行时间、累积电流来确定下一次大修的时机。建议在预期大修时间间隔的一半左右时打开灭弧室，检查内部传动部件运行情况，以尽早发现灭弧室内部缺陷，及时进行处理。

2）GCB 操作机构

向家坝水电站对某台运行时间超过 6 年的操作机构进行了解体检查，发现储能器内部液压油较脏，缸孔底部和活塞密封部位存在少量杂质，后对储能器及控制模块、液压油进行了更换。鉴于上述情况，为确保 GCB 能够安全稳定运行，建议对运行接近 10 年的断路器操作机构进行解体检修维护，消除设备隐患。

第9章　发电机励磁系统检修

9.1　概述

向家坝水电站励磁系统采用德国西门子（SIEMENS）公司生产的SPPA－E3000－SES530静止式晶闸管自并励励磁装置，采用三相全控桥晶闸管整流静止自并励方式。

励磁调节器采用全数字式微机励磁调节器，由两套SIMOREG CM控制器和两套SIMATIC S7－300组成完全冗余的两个通道Channel1和Channel2。采用热备用的运行方式，无优先主、从之别，两个通道同时接受输入控制，只有处于在线状态的通道有输出控制权，并对晶闸管进行触发，当工作通道发生故障时则备用通道自动投入运行，并闭锁故障通道。

每个SIMOREG CM控制器包括LBA适配器、ADB适配板、CBP2板、CUD1电子板、CUD2端子扩展板和T400控制板，所有模板集成于一个机箱中，与本通道S7－300可编程模块组成一个完整的励磁调节控制通道。S7－300在系统中主要负责与电站计算机监控系统通信，处理DI、DO逻辑控制，负责定子电压/电流、转子电压/电流、通道跟踪值、给定值A-D-A或D-A变换，并输出0～10V电压经变送器转化为4～20mA信号给现地模拟表计、监控系统等。T400实际也是SYMADYN D系列的一块CPU控制板，是整个系统的核心，主要负责定子电压/电流交流采样，并计算出有功和无功，完成AVR的PID、PSS调节控制计算及励磁限制器限制功能。CUD是由CUD1和CUD2合并形成的板件，主要功能包含转子电压/电流的采样、ECR计算控制、触发脉冲形成。由于触发脉冲在CUD上形成，大量中断调用不占用主CPU板T400资源，使得AVR及PSS控制计算更加快速稳定，保证调节器动态品质。

励磁功率柜采用单柜单桥负压强迫风冷结构。盘顶布置两台离心风机，额定出风量3600m^3/h。柜前一台为机组自用电供电，柜后一台由厂用电供电，两台风机互为备用。功率柜单柜最大输出2200A，5柜并联运行，满足2倍强励运行。功率柜除装有快速熔断器作为晶闸管过流保护外，还设有阻容吸收保护、风速监测、桥臂电流监视保护措施。功率柜采用等长电缆结合晶闸管参数匹配的自然均流方法，所有投运机组均流系数均在0.95以上。

转子过压保护包含两个开关柜、一个灭磁阀片柜。转子过压保护及灭磁原理与三峡励磁系统完全相同，均采用跨接器和非线性电阻对尖峰过电压进行泄能释放。正常灭磁时采用逆变方式将转子储藏能量回馈到交流侧，事故灭磁时采用分断磁场断路器配合SiC非线性电阻移能灭磁。所不同的是，向家坝励磁系统采用单台CEX－06－5000/4.2/2000V的磁场断路器，SiC整组灭磁能容16MJ。右岸机组调试期间，励磁系统经历了一次定子接地事故灭磁以及一次空载误强励灭磁考验，证明灭磁开关弧压和分断能力以及灭磁阀片能容都满足现场实际需求。

9.2　技术专题

9.2.1　向家坝水电站励磁系统事故跳闸逻辑梳理

SPPA - E3000 - SES530 微机励磁系统调节器核心硬件采用西门子 SIMOREG CM 模块及 S7 - 300 可编程。

SIMOREG CM 模块主要包含 T400、CUD 及 CBP 控制板。其中 T400 模块为 SIMOREG CM 的数据处理及控制中心，其主要功能为：信号处理、故障检测、功能性计算以及限制功能。CUD 主要处理励磁电压/电流，计算触发角以及处理部分故障信号，CBP 板实现 CM 模块与 S7 - 300 可编程之间的通信。

S7 - 300 可编程主要功能是处理外部开关量输入/输出、监控系统及 CM 模块逻辑控制，与外部系统的通信主要依靠 S7 - 300 可编程的 DP 通信模块与电站计算机监控系统（CSCS）的 CP342 - 5 模块实现。调节器内部通信包含：调节器双通道 A100 与 A200 之间通信以及 S7 - 300 可编程与 Simoreg DC Master CM 模块之间的通信，系统网络结构如图 9 - 1 所示。

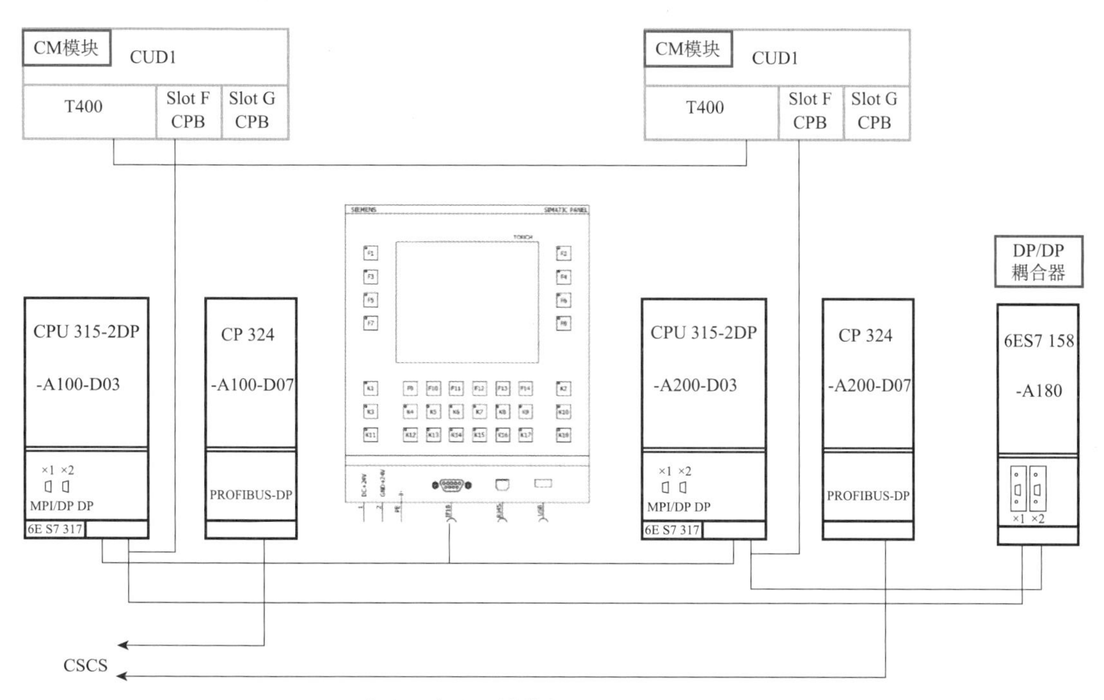

图 9 - 1　励磁系统 CM 模块与 S7 - 300 可编程网络结构图

向家坝励磁系统体现了西门子励磁系统在行业的先进水平，但西门子励磁调节器的运行理念是“保机不保网”，且跳机逻辑繁复与国内的机网运行理念有较大差异，因此梳理了西门子励磁系统跳闸逻辑和软件流程，进一步研究优化改进方案，提高励磁装置运行可靠性，避免由于励磁装置程序设计导致机组非停事件的发生。

9.2.1.1　GCB 断路器及 S101 灭磁开关跳闸硬件设计

1. GCB 跳闸硬件逻辑

励磁调节器 T400 模块开出的跳 GCB 信号逻辑图如图 9 - 2 所示。

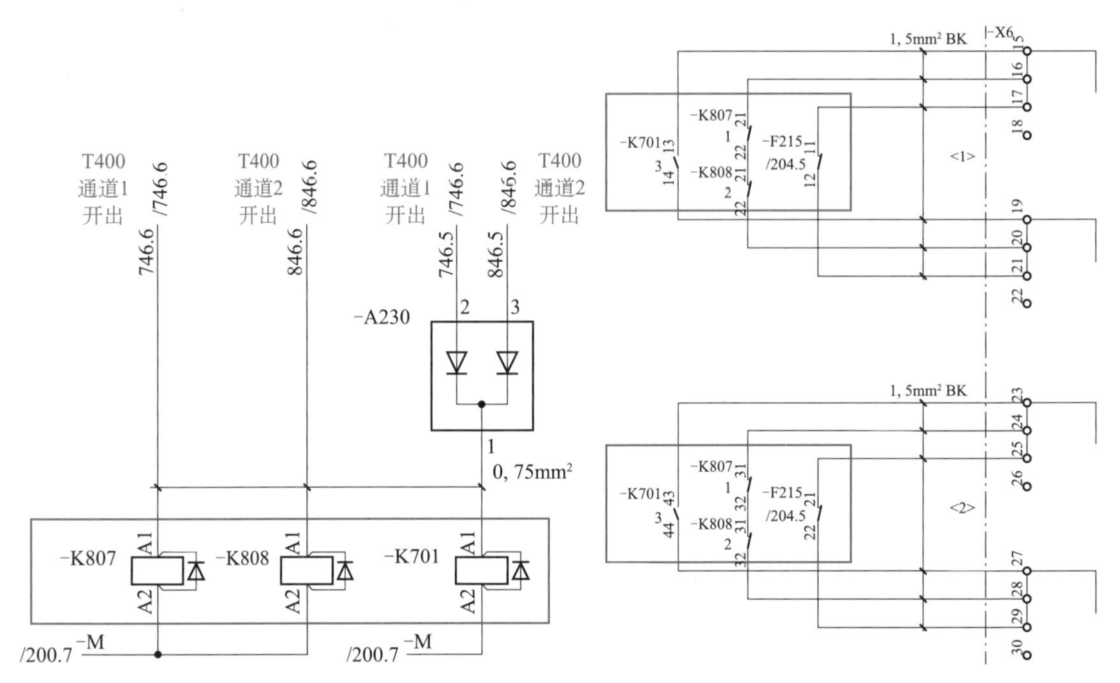

图 9 －2　GCB 跳闸硬件逻辑

GCB 跳闸出口三路信号的提供，前两路为调节器 T400 模块故障开出信号至继电器 K701、K807、K808，另一路信号为调节器 24V 电源回路 F215 开关辅助接点提供。详细分析如下：

（1）K701 继电器接收励磁调节器任一通道开出的跳闸信号，继电器 K701 励磁后使其常开接点 13/14、43/44 闭合，出口跳 GCB。

（2）K807、K808 继电器分别接收励磁调节器通道 1 以及通道 2 的跳闸信号，K807、K808 失磁，使其常闭接点 21/22、31/32 闭合，串联后出口跳闸信号，因此必须调节器两个通道故障才能跳 GCB。

（3）F215 是调节器 24V 工作电源开关，若 F215 小开关跳闸，其常闭接点 11/12、21/22 闭合，出口跳 GCB 信号。

优化后的调节器跳闸硬件逻辑如图 9 －3 所示。

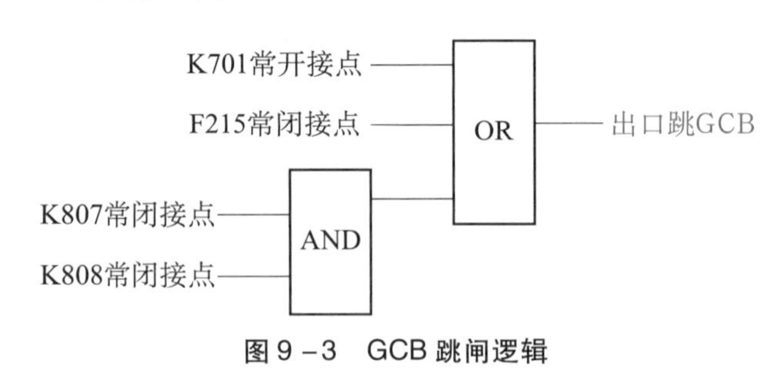

图 9 －3　GCB 跳闸逻辑

2. S101 灭磁开关跳闸逻辑

1）硬件回路

由 S7 －300 可编程开出信号跳 S101 灭磁开关，其硬件逻辑如图 9 －4 所示。

S101 灭磁开关的跳闸命令由励磁调节器 S7 －300 可编程的 A100/A200 开关量输出模块

O0. 1 开出，K703 励磁后使其常开接点 13/14、43/44 闭合，S101 跳闸线圈动作开出 S101 灭磁开关跳闸信号。

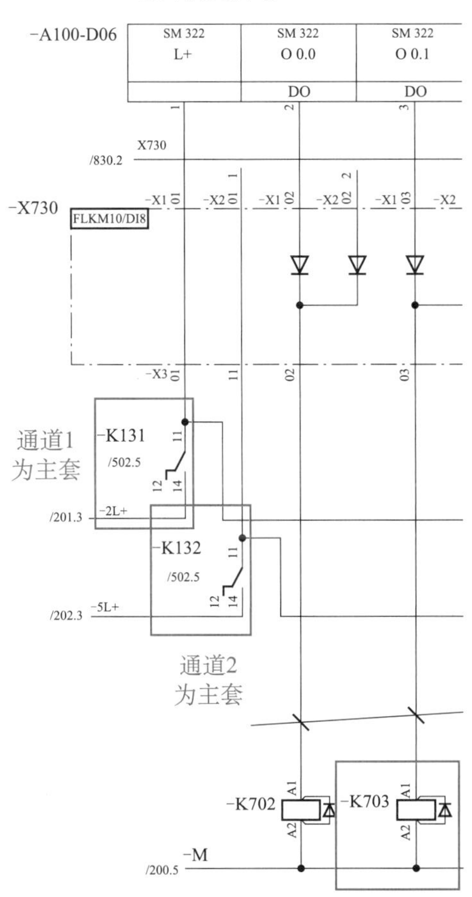

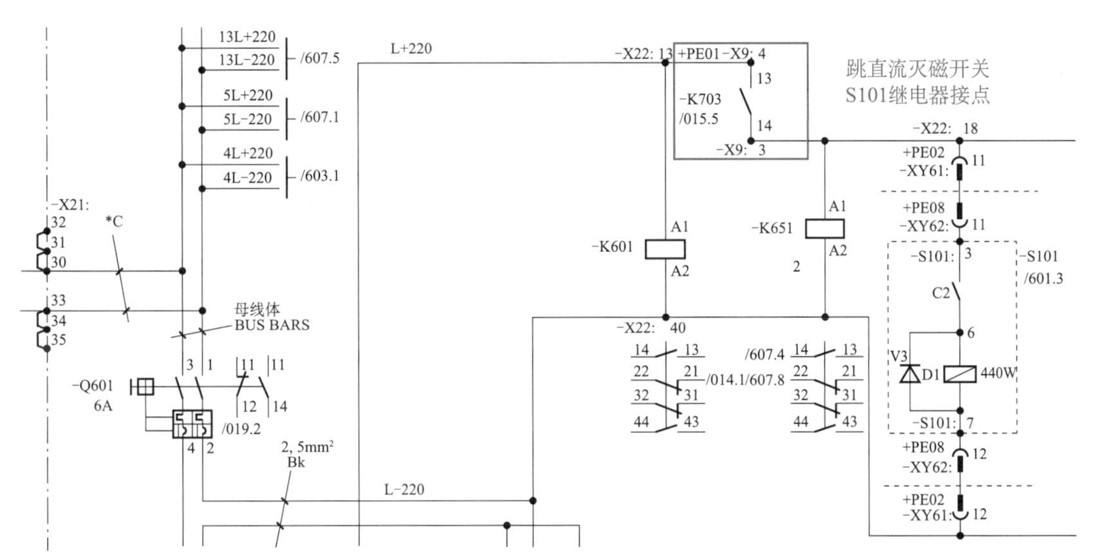

图 9-4　S101 灭磁开关跳闸硬件逻辑

S7 - 300 可编程的跳闸程序能否使 K703 继电器动作取决于励磁调节器的当前通道是主套还是从套。当前主套为通道 1，K131 继电器的接点 11/14 闭合，K132 继电器的接点 11/14 断开，此时只有 A100 开关量输出模块带电，方可正常开出命令，通道 2 此时为从套，其开关量输出模块不带电，即使从套程序跳闸条件满足，跳闸命令依然无法开出至 K703 继电器，因此从套的 S7 - 300 可编程的 A200 开关量输出模块无法完成跳 S101 动作。

2）S101 灭磁开关跳闸逻辑

包括继电器、电源模块、灭磁开关 S102/S104 及辅助开关 S107、风速继电器等这些关键继电器硬件及其监视的回路发生异常，则会导致开出跳 S101 信号，同时 S7 - 300 可编程会处理来自监控和保护的外部跳闸信息，其逻辑如图 9 - 5 所示。

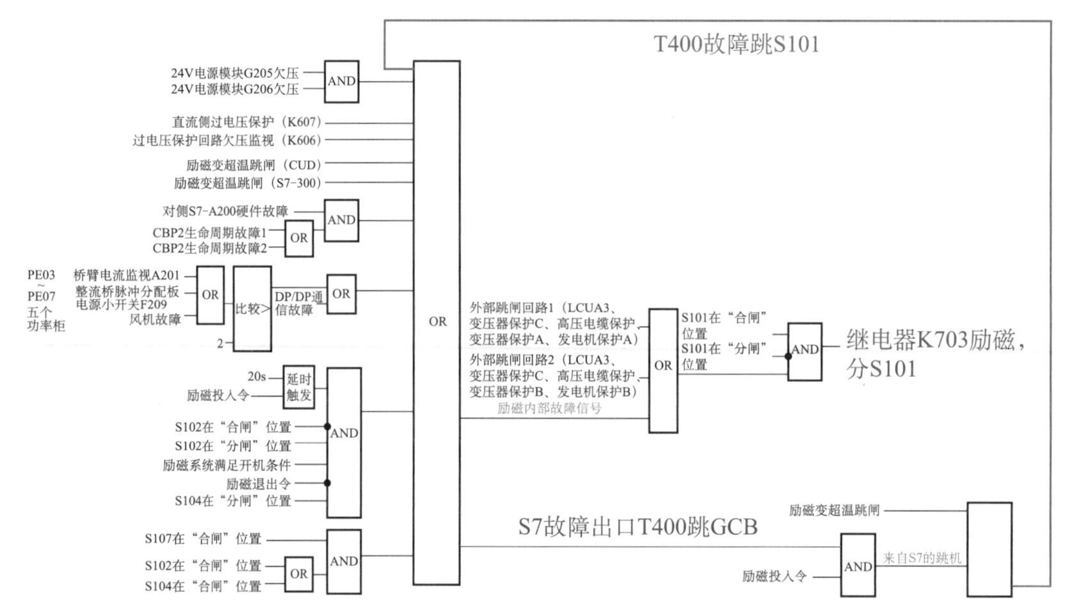

图 9 - 5　S7 - 300 可编程跳闸逻辑

3）电源模块及重要回路故障

这类故障主要由重要回路电源模块和继电器导致，指示励磁系统外部重要回路工作异常，其逻辑如图 9 - 6 所示。具体为以下内容：

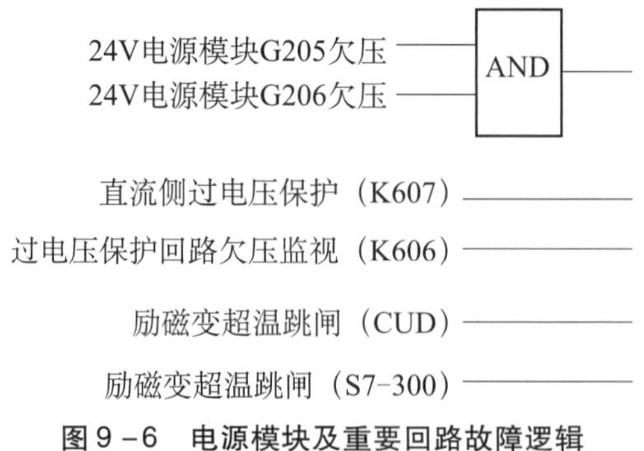

图 9 - 6　电源模块及重要回路故障逻辑

（1）DC24V 电源模块 G205 和 G206 欠压：G205、G206 为励磁调节器 24V 电源供电模块，两电源模块相互冗余供电，如果两路电源全部失电时 S7 - 300 可编程开出信号跳 S101，其逻辑如图 9 －7 所示。

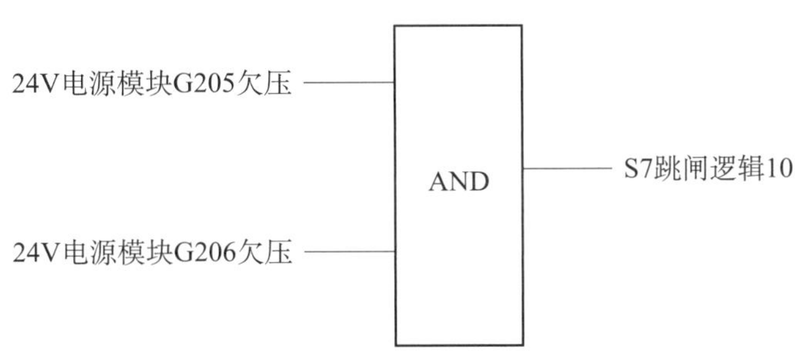

图 9 －7　DC24 电源跳闸逻辑

（2）直流侧过电压保护（K606）以及过电压保护回路欠压监视（K607）：这两个继电器作用于转子过电压保护操作回路中，K606 监视该操作回路是否欠压，K607 监视转子回路是否产生了过电压，这两个继电器动作都会导致跳 S101 开关，其原理如图 9 －8 所示。

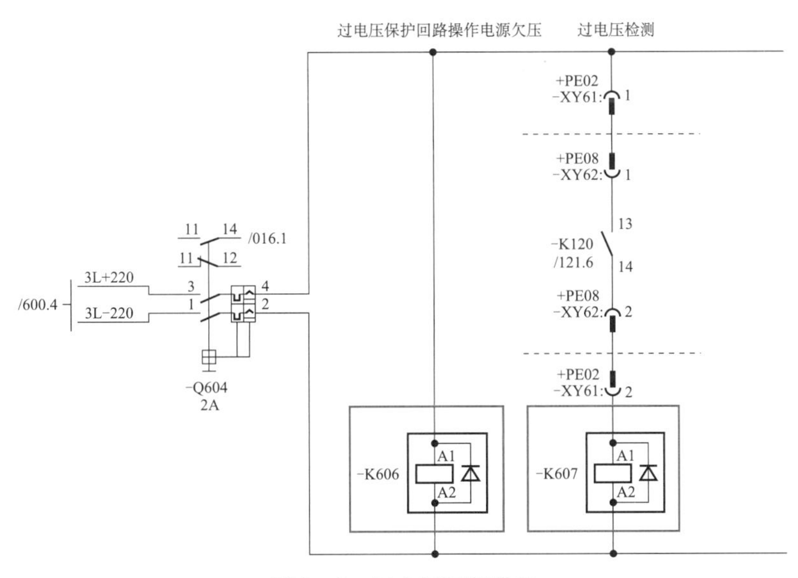

图 9 －8　过电压回路监视

（3）励磁变超温跳闸：该信号取自励磁变温控器接点，若温控器的超温跳闸接点闭合，则直接导致跳 S101 开关。

4）功率柜故障

整流桥故障分为四类故障：桥臂电流监视故障、整流桥脉冲分配板电源开关 F209 分闸、双风机故障，其逻辑如图 9 －9 所示。

（1）桥臂电流监视：五个功率柜的桥臂电流监视模块分别为 A201、A202、A203、A204、A205，其采集各功率柜整流桥臂电流，若桥臂电流有异常则会出口故障信号。

（2）整流桥脉冲分配板电源小开关：五个功率柜的脉冲分配板电源开关分别为 F209、F210、F211、F212、F213，这五个开关给每个柜内的整流桥脉冲分配板供电，若开关跳闸直接导致脉冲分配板失电，从而无法给对应的晶闸管提供触发信号。

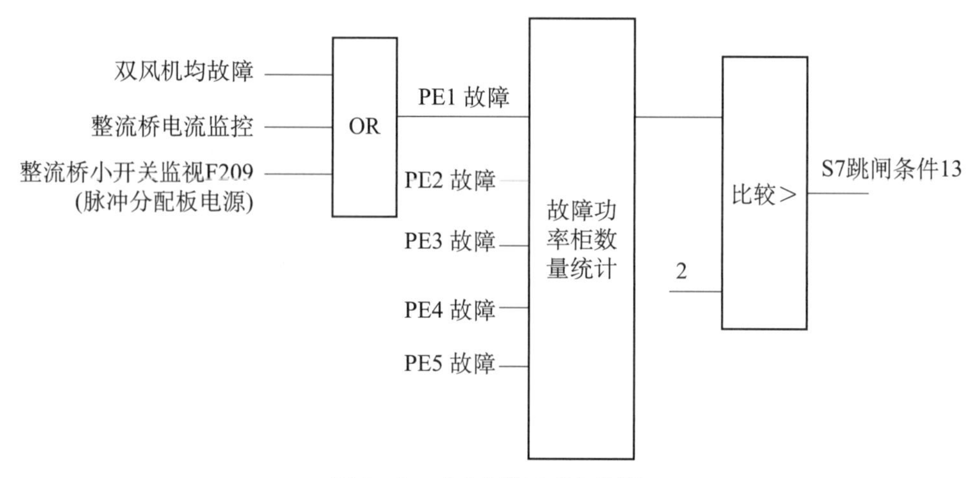

图 9－9 功率柜故障跳闸逻辑

（3）风机故障：每个功率柜由两台风机组成，五个功率柜共十台风机。若单个功率柜的两台风机全部发生故障，则该功率柜退出运行。

以上三类故障出现时都将退出对应的故障功率柜，若退出的功率柜数量大于 2 个，则开出跳 S101 开关命令。

5）开关位置错误

该程序主要监测 S101、S102、S104、S107 在励磁投入后的位置是否正确，通过开关的位置接点进行判断，其逻辑如图 9－10 所示。

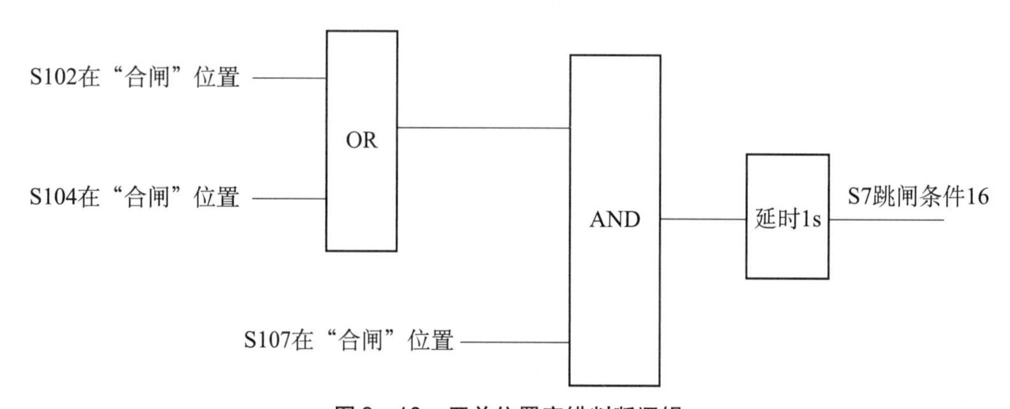

图 9－10 开关位置容错判断逻辑

S102 在“合闸”位置或 S104 在“合闸”位置，且 S107 在“合闸”位置，延时 1s 开出跳 S101 开关命令。

6）监控、保护外部跳闸信号

外部保护跳闸程序主要接受来自监控与保护的跳闸信号，当外部跳闸回路有任意一个信号接点动作则会跳灭磁开关 S101，其逻辑如图 9－11 所示。

9.2.1.2 GCB 断路器跳闸及通道切换软件逻辑

GCB 跳闸控制由调节器 T400 软件完成，其控制程序主要包含 T400、CUD、CM 模块硬件内部故障、外部故障导致，其逻辑如图 9－12 所示。

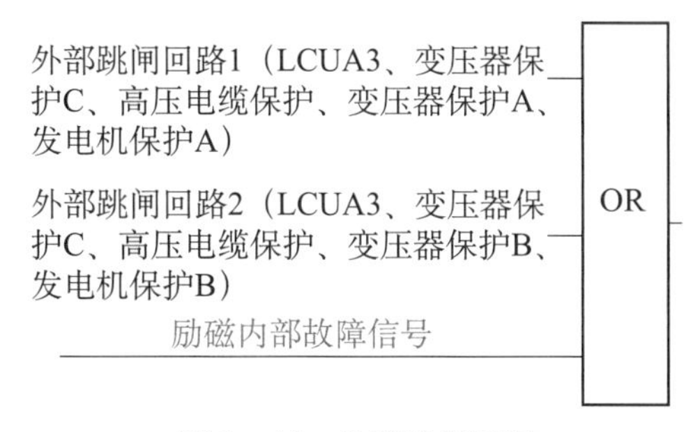

图9－11　外部跳闸逻辑

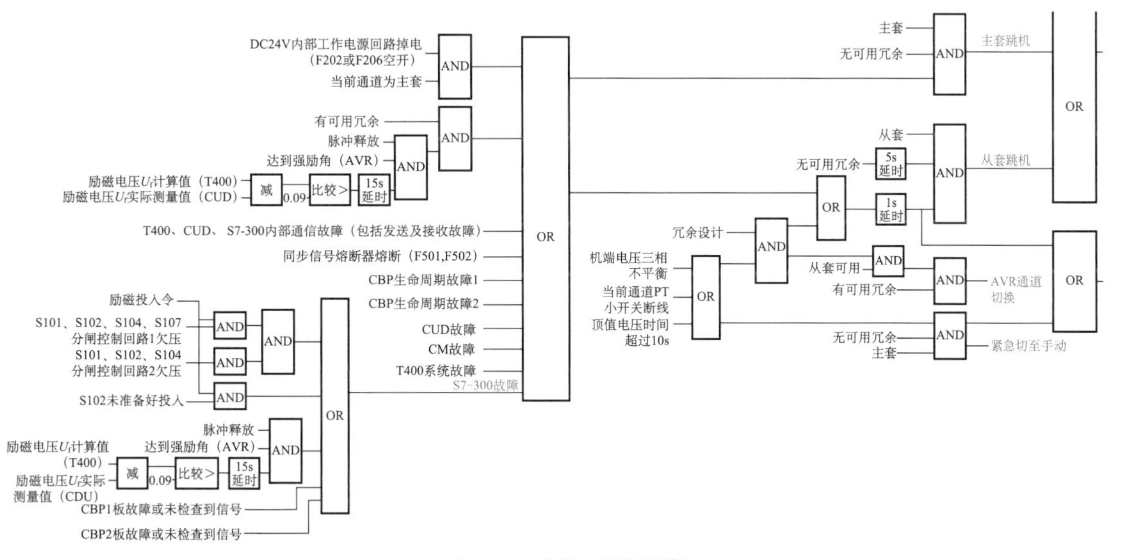

图9－12　GCB跳闸逻辑

1. 外部故障

励磁系统在运行过程中，外部运行工况异常或内部计算异常导致故障。具体内容包括：

1）测量回路故障

调节器AVR模式下的励磁电压U_f计算值和励磁电压U_f测量值（转子电压测量回路）作为比较依据，U_f计算值与实际值的比较差值若大于9%（0.09），则脉冲触发角达到强励角，满足这三个条件即触发跳闸令或通道切换令。当调节器晶闸管触发角已达到强励角时，仍然无法在15s内通过励磁调节消除U_f之间的差异，此时认为励磁系统测量回路或调节器硬件出现故障，调节器通道从主套切至从套，若故障不消除则开出跳GCB信号，其逻辑如图9－13所示。

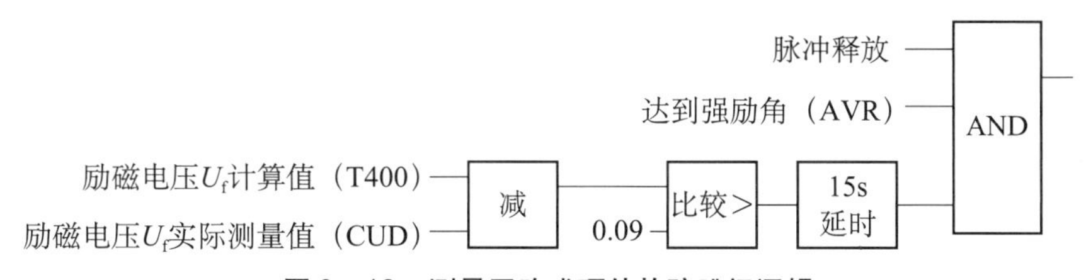

图9－13　测量回路或硬件故障跳闸逻辑

2）调节器 24V 母线电源故障

调节器 24V 母线电源故障分以下两种情况：

（1）当通道 1 为主套时，F202 开关断开或 DC 24V 直流母线（2L+）掉电。

（2）当通道 2 为主套时，F206 开关断开或 DC 24V 直流母线（5L+）掉电。

以上两种情况中任意一个发生时，则调节器进行通道切换，若两者同时发生则开出跳 GCB 信号，其逻辑如图 9-14 所示。

3）励磁调节器机端电压故障

该故障逻辑由三个部分组成，其跳闸逻辑如图 9-15 所示。

（1）励磁调节器机端电压三相不平衡。由机端电压互感器采集的三相机端电压在调节器 T400 模块中进行计算，若此三相电压矢量和 $U_0>20\%U_g$，则判断机端三相电压不平衡，此时会进行励磁调节器通道切换并且闭锁该通道（对应通道的继电器 K807 或 K808 失磁），若从套仍然计算出 $U_0>20\%U_g$，则紧急切换至手动模式（ECR 方式）。

（2）励磁调节器当前通道的 PT 开关断线。监视机端电压互感器二次回路断路器，若主套 PT 回路断路器跳闸，则进行调节器通道切换且闭锁该通道（对应通道的继电器 K807 或 K808 失磁）；若调节器双通道 PT 断路器跳闸，则调节器切换至手动模式（ECR 方式）。

（3）顶值电压时间超过 10s。当励磁电压达到顶值（向家坝励磁设定为 2 倍额定励磁电压）时，若持续时间超过 10s，则进行通道切换且闭锁该通道（对应通道的继电器 K807 或 K808 失磁）；若调节器无可用冗余通道，则紧急切换至手动模式（ECR 方式）。

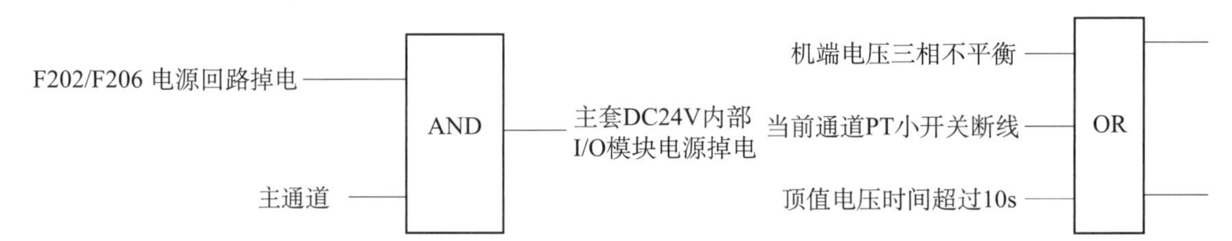

图 9-14　调节器 24V 母线电源故障跳闸逻辑　　图 9-15　调节器机端电压故障跳闸逻辑

4）其他外部故障

同步电压信号熔断器熔断：当同步电压回路熔断器熔断时，熔断器开出熔断信号，调节器进行通道切换。若发生双通道同步电压信号熔断器 F501、F502 均故障时则开出跳 GCB 信号。

2. 调节器控制板硬件故障

励磁系统调节器 T400、CUD 以及 S7-300 可编程自身的硬件故障会导致开出跳 GCB 信号，其跳闸逻辑如图 9-16 所示。

1）通信故障

（1）励磁调节器 T400 模块、CUD 模块、S7-300 可编程内部通信故障。

（2）调节器 CBP1、2 板的生命周期故障。当调节器 CBP 板与 S7-300 可编程进行通信中断时则会出现此类故障。生命周期若无故障应一直为 1，有故障则延迟 4s 动作变为 0，其原理如图 9-17 所示。

2）硬件故障

调节器 T400 故障、CUD 故障、CM 故障时，会进行通道切换，若无冗余则出口跳闸信号。

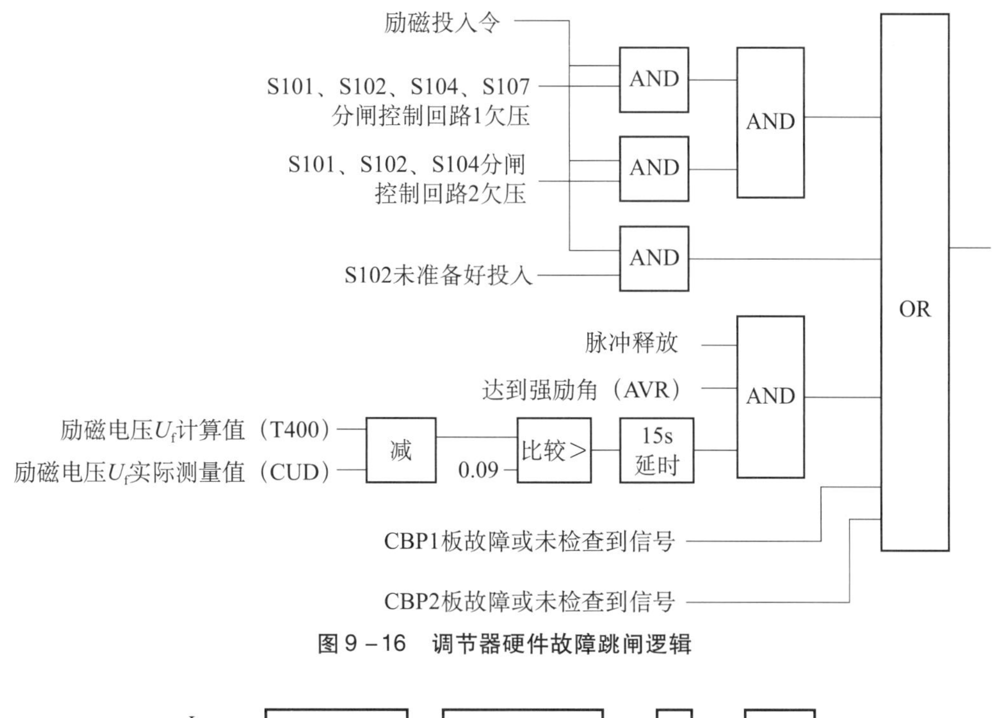

图 9－16 调节器硬件故障跳闸逻辑

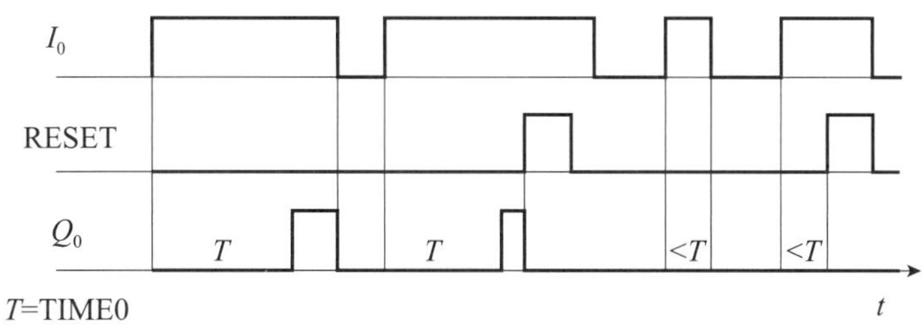

图 9－17 调节器 CBP 板生命周期监视

3）T400 判断故障出口逻辑

调节器 T400 程序中冗余判断包括重要开关的操作电源消失、调节器 T400 模拟量故障以及部分通信故障。

（1）S101、S102、S104、S107 开关分闸控制回路 1 欠压，S101、S102、S104 开关分闸控制回路 2 欠压，其逻辑如图 9－18 所示。

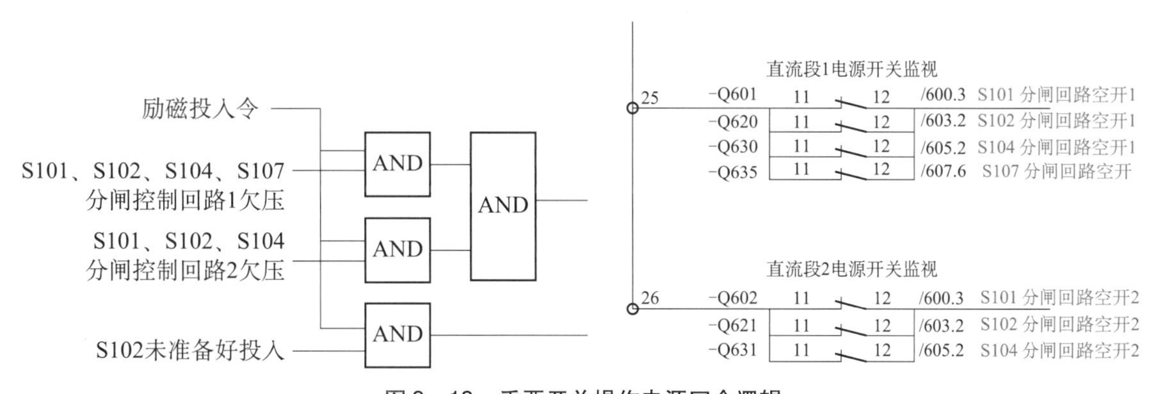

图 9－18 重要开关操作电源冗余逻辑

在励磁系统投入后，若重要开关的分闸控制回路1对应的空开Q603、Q620、Q630、Q635有一路断开，且同时分闸控制回路2对应的空开Q602、Q621、Q631有一路断开时，则出口跳GCB令。

（2）S102未准备好投入。在励磁投入后，S102未合上或S107未分断等都会导致励磁调节器开出跳GCB信号，其原理如图9－19所示。

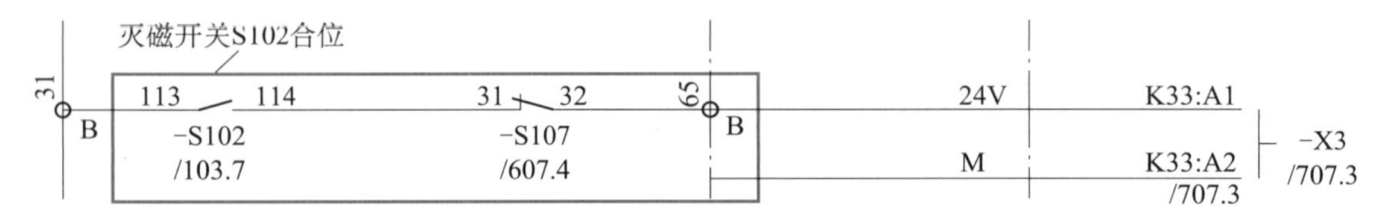

图9－19　S102开关冗余判断原理

（3）S7－300可编程故障出口T400模块跳GCB。当励磁系统已投入运行，若S7－300可编程开出跳S101命令，将联跳GCB。其逻辑如图9－20所示。

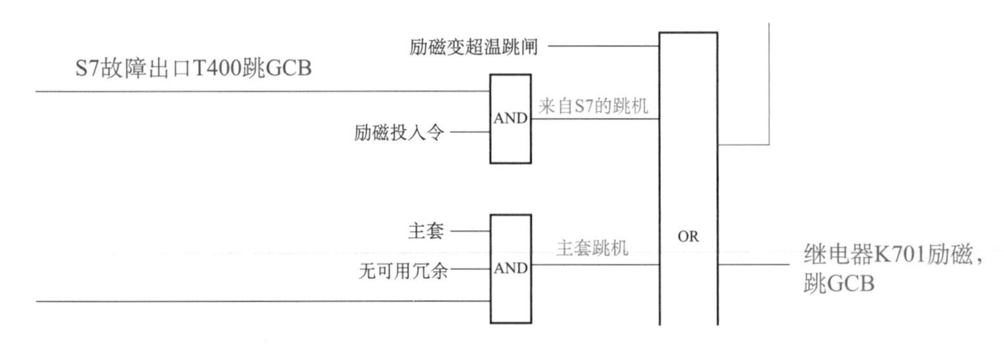

图9－20　S7－300故障出口T400跳GCB开关逻辑

（4）T400模块故障出口S7－300可编程跳S101开关。T400模块开出跳GCB命令的同时，会将跳闸信号送往S7－300可编程跳S101，若此时S7－300可编程为主套，则能开出出口跳S101的命令；若此时S7－300为从套，则不能出口跳S101的命令，其逻辑如图9－21所示。

9.2.2　西门子励磁调节器同步断线保护功能设计

9.2.2.1　项目背景

向家坝水电站在励磁系统C级检修中，维护人员利用小电流试验对3号机组励磁调节器进行了同步断线功能测试，验证西门子励磁调节器发生同步断线时对励磁系统运行状态的影响。

3号机组小电流试验结果表明，励磁系统正常运行时，若发生主通道同步电压断线，励磁调节器将延时7s切换至备用调节通道，且延时切换过程中功率柜触发脉冲丢失无输出。同步断线通道切换录波如图9－22所示。如机组在并网状态下励磁装置7s无输出，将直接导致发电机组深度进相至失磁跳机严重事故。经研究西门子励磁调节器程序，发现励磁调节器同步电压切换逻辑中存在延时模块，若修改此延时模块参数，可在同步断线时瞬间进行通道切换，但在机组正常逆变灭磁过程中OP面板会报出F004故障引起的相关故障信息。该故障信息不能自动复归，需要手动复归故障后，才具备下一次远方投入励磁的条件。故无法通过修改励磁调节器软件实现同步断线保护功能。

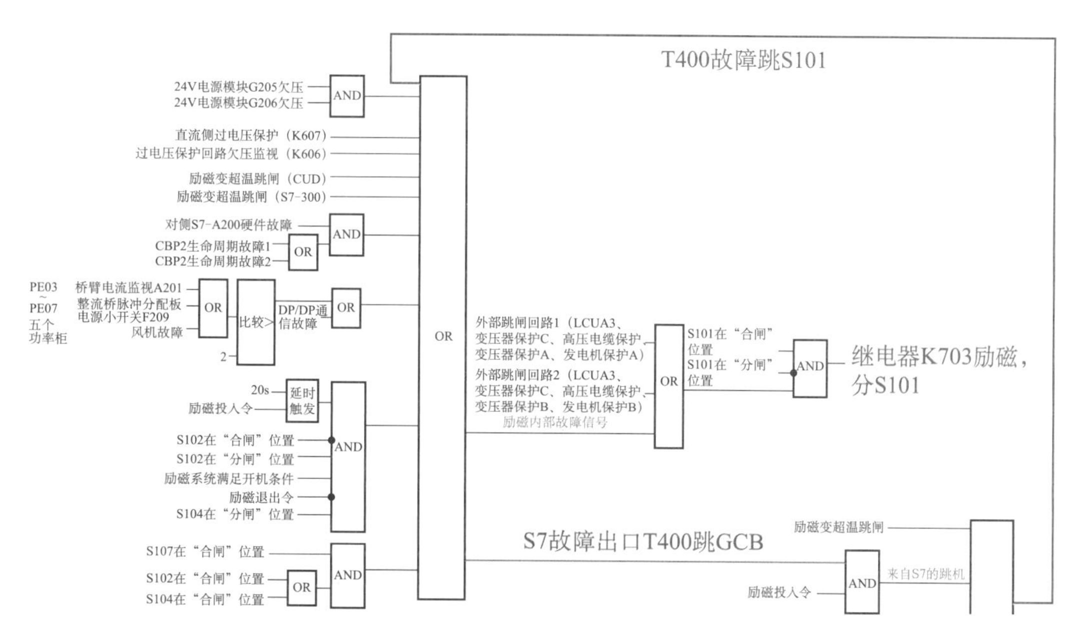

图9-21 T400故障出口S7-300跳S101开关逻辑

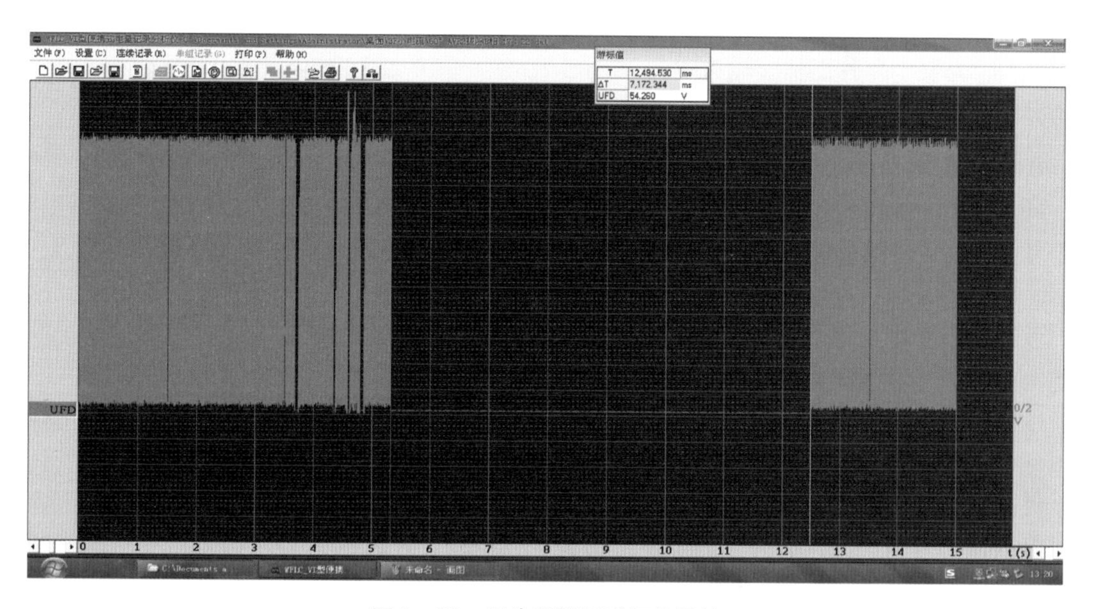

图9-22 同步断线通道切换录波

因此，向家坝水电站励磁系统需设计一套功能全面、安全可靠的专用同步回路断线监测装置，通过优化励磁调节器通道切换逻辑实现同步断线保护功能。当同步回路发生断线故障时，由同步回路断线监测装置发出告警信号，并动作调节器快速进行通道无扰动切换，从而保证发电机在原工况下安全稳定运行，提高了励磁系统运行的可靠性。

9.2.2.2 系统结构

同步回路断线监测装置用于监测励磁变二次侧阳极电压，其两路同步信号取自西门子励磁调节器同步整形板 A503、A504，无论在同步变压器 T501、T502 原方还是副方发生断线或同步回路保险（熔断器俗称保险）接触不良时以及二次控制回路发生断线时均能无扰动进行通道切换，其系统结构图如图 9－23 所示。

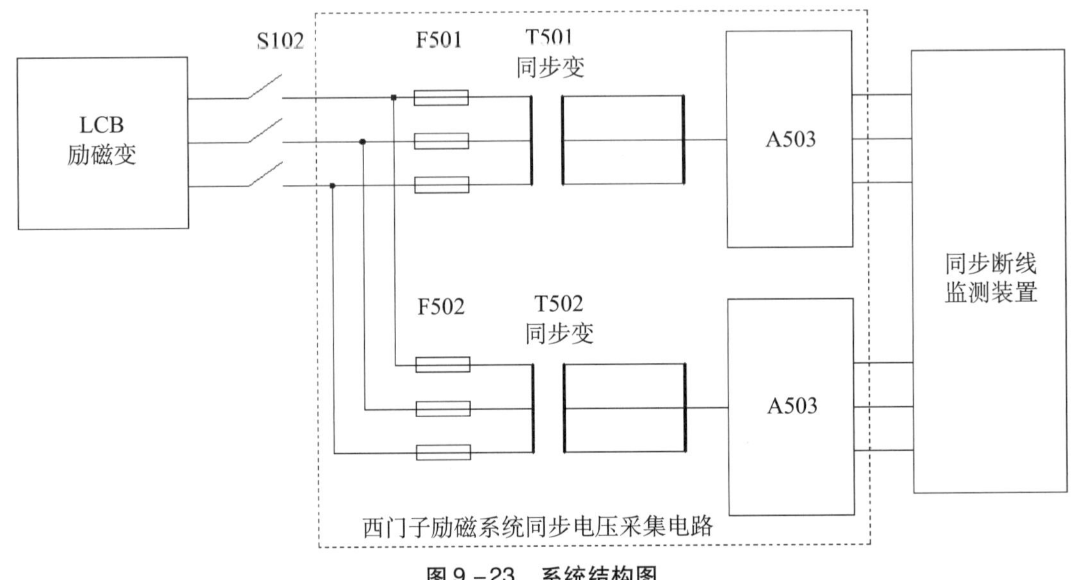

图 9－23　系统结构图

9.2.2.3　实施内容

1. 硬件配置及接线

同步回路断线监测装置包含同步电压信号采集板、CPU 板、进线电源开关、中间继电器、报警复位开关等，均布置于西门子励磁装置 PE01 励磁调节柜内，硬件接线原理图如图 9－24 所示。

双通道同步电压信号采集板柜内布置如图 9－25 所示。进线转接端子排为滑片端子，其功能为模拟同步断线测试、检验同步断线保护装置功能是否正常。

CPU 模块柜内布置如图 9－26 所示。CPU 模块为中央处理模块实现同步信号监测、模拟量检测、断线报警和切换动作等运算功能和逻辑控制。

中间继电器及报警复位开关柜内布置如图 9－27 所示。中间继电器为开关量输出，为西门子励磁调节器通道切换、外送监控系统报警提供信号，设计预留备用接点。发生同步断线报警后继电器持续动作指示灯保持常亮，提示维护人员有报警动作，报警复位开关用于复位动作继电器。

2. 西门子励磁调节器 T400 切换程序设计

本项目切换程序的编程以西门子 SES530 THYRIPOL 调节器 T400 CFC 软件为平台，将同步断线监测装置报警继电器所产生的通道切换信号送入 T400 硬件模块，通过 T400 软件功能块编程，实现励磁调节器通道切换及报警功能。程序设计逻辑如图 9－28 所示。

3. 同步断线监测装置程序设计

同步断线监测装置 CPU 板采用 RISC 结构 Cortex 内核的 ARM，带有浮点乘法器，具有较高的运算处理能力。芯片带有 2 个 32 位定时器，12 个 16 位定时器，大部分具有比较和捕捉功能。CPU 自带 12 位采样精度的 AD 转换器，但只能测量单极性信号。为增强采样功能，在 CPU 板扩展了对双极性信号的测量能力。

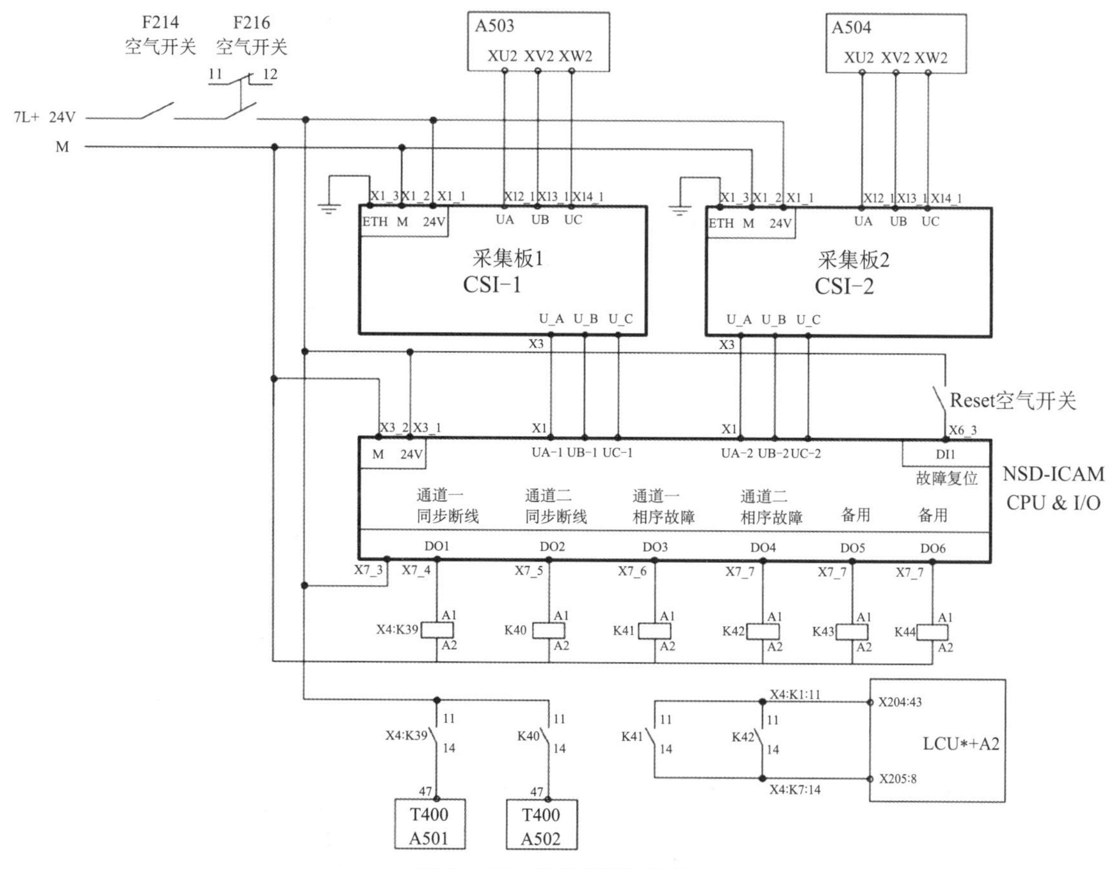

图 9－24　硬件接线原理图

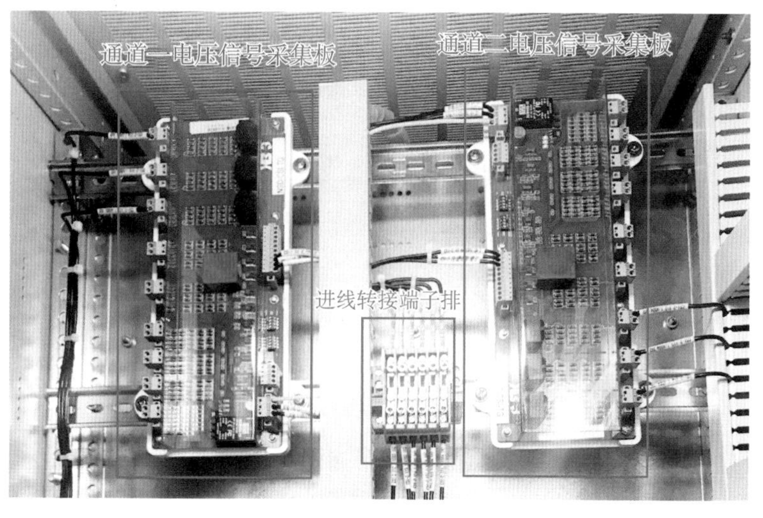

图 9－25　双通道电压信号采集板

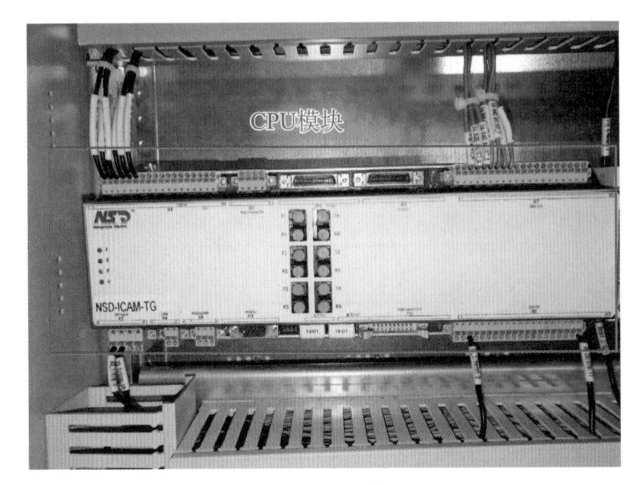

图 9－26　CPU 模块布置

图 9－27　中间继电器及报警复位开关布置

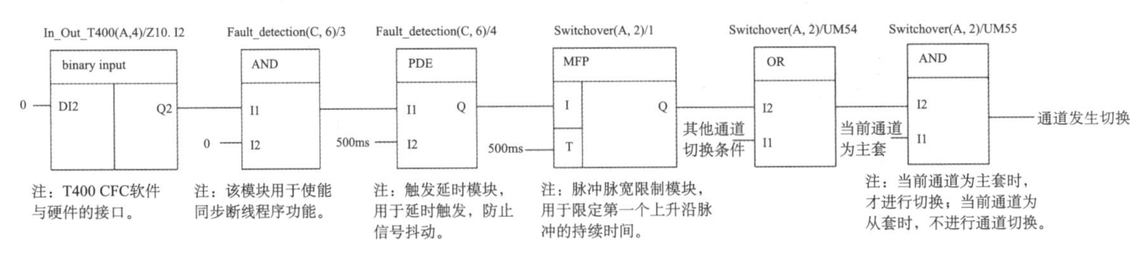

图 9－28　软件程序设计逻辑

同步断线以电压幅值为判据，其监测流程图如图 9－29 所示，单相断线时有两相电压幅值为正常幅值的一半。为了避免尖峰干扰导致误判，PT 断线检测必须带有延时，即故障现象持续出现时才能确认故障。

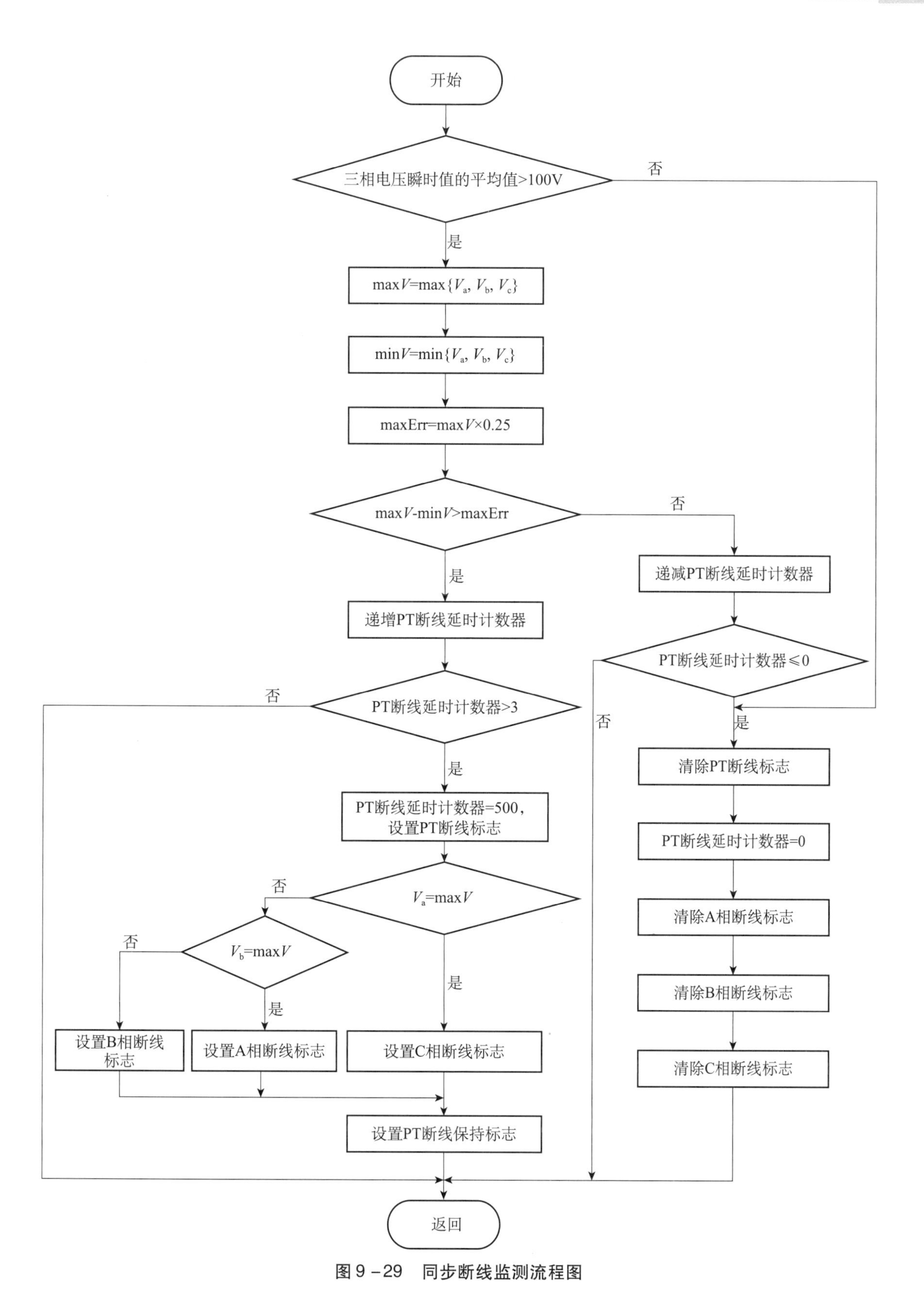

图 9－29　同步断线监测流程图

逆序检测以相角差超限为判据，三相电压的 3 个相角差均超出了 60°～300°的范围就可以认为出现了逆序故障。仅使用其中一个相角差作为判据容易出现误判，其判断流程图如图 9－30 所示。C 相 PT 断线时 A、C 之间的相角差结果可能不是 0°而是 360°，而且会在断线故障期间保持这样的相角差。

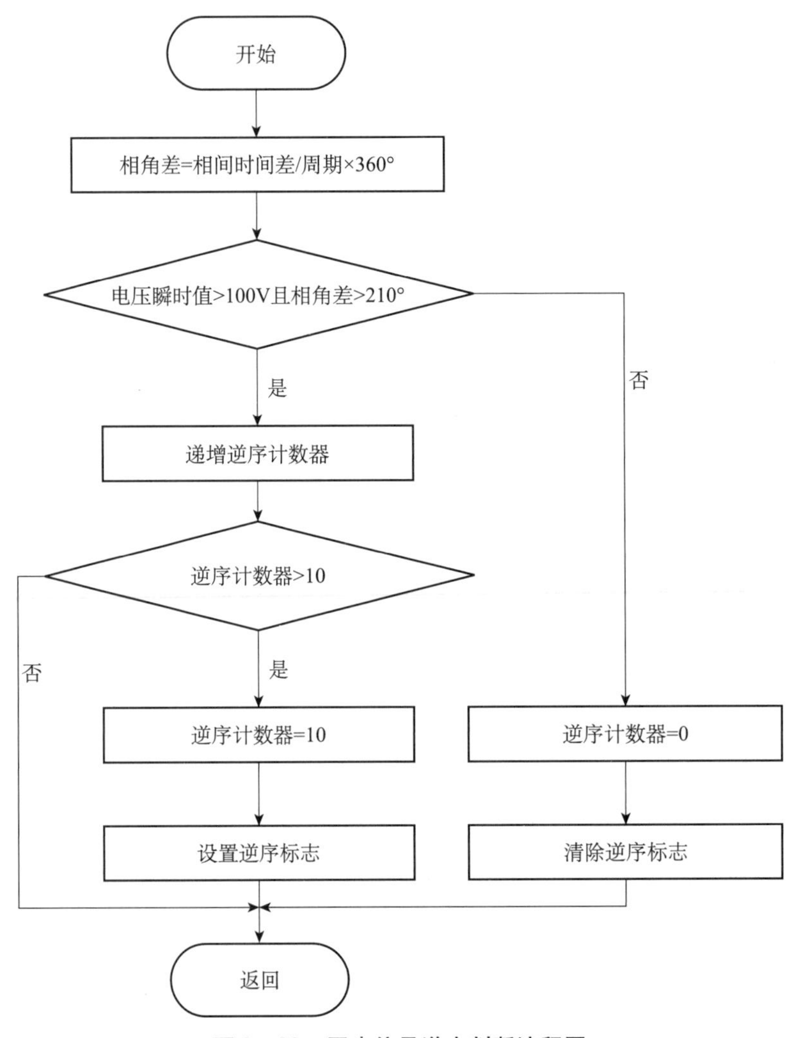

图 9－30　同步信号逆序判断流程图

4. 调试及功能验证

（1）同步断线监测装置安装完成后，对同步断线监测装置回路进行检查，测量电缆及各元器件绝缘值和阻值，保证回路正常，无短路或开路。

（2）逐级上电，检查各模块指示灯正常，测量采集到的同步信号的相位相序，保证同步信号相序正确。

（3）同步断线监测装置功能验证，模拟各类同步回路断线故障情况，验证同步回路断线监测装置能否正确动作及报警，报警复位功能是否正常，以及同步断线监测装置对发电机机端电压是否存在影响等，功能验证内容及结果见表 9－1。

表9-1　西门子励磁调节器同步断线监测装置验证表

试验内容及序号		试验现象			
步骤	试验内容	一通道→二通道		二通道→一通道	
		是否切换	K807 动作	是否切换	K808 动作
1	一通道为主； 一通道发生同步断线	是	否	—	—
2	二通道为主； 二通道发生同步断线	—	—	是	否
3	一通道为主； 二通道发生同步断线	否	否	—	否
4	二通道为主； 一通道发生同步断线	—	否	否	否
5	一通道为主； 一通道发生同步断线； 二通道发生 PT 小开关断线	是	否	是	是
6	二通道为主； 二通道发生同步断线； 一通道发生 PT 小开关断线	是	是	是	否
7	一通道为主； 二通道发生 PT 小开关断线； 一通道发生同步断线	否	否	否	是
8	二通道为主； 一通道发生 PT 小开关断线； 二通道发生同步断线	否	是	否	否
9	一通道为主； 一通道发生同步断线； 二通道发生同步断线	是	否	是	否
10	二通道为主； 二通道发生同步断线； 一通道发生同步断线	是	否	是	否

注：K807 为西门子励磁调节器一通道故障动作继电器，K807 为西门子励磁调节器二通道故障动作继电器。

励磁调节器一通道同步断线报警动作时序如图 9-31 所示。波形图为同步断线监测装置 CPU 板采集的三相同步电压值，可见当一通道同步信号单相断线后，“同步 1 断线”开关量动作。

励磁调节器一、二通道同步信号连续断线报警动作时序如图 9-32 所示。同步断线监测装置 CPU 板采集的三相同步电压值，当一通道同步信号单相断线后，同步断线监测装置“同步 1 断线”开关量动作，随后二通道同步信号也发生单相断线，同步断线监测装置“同

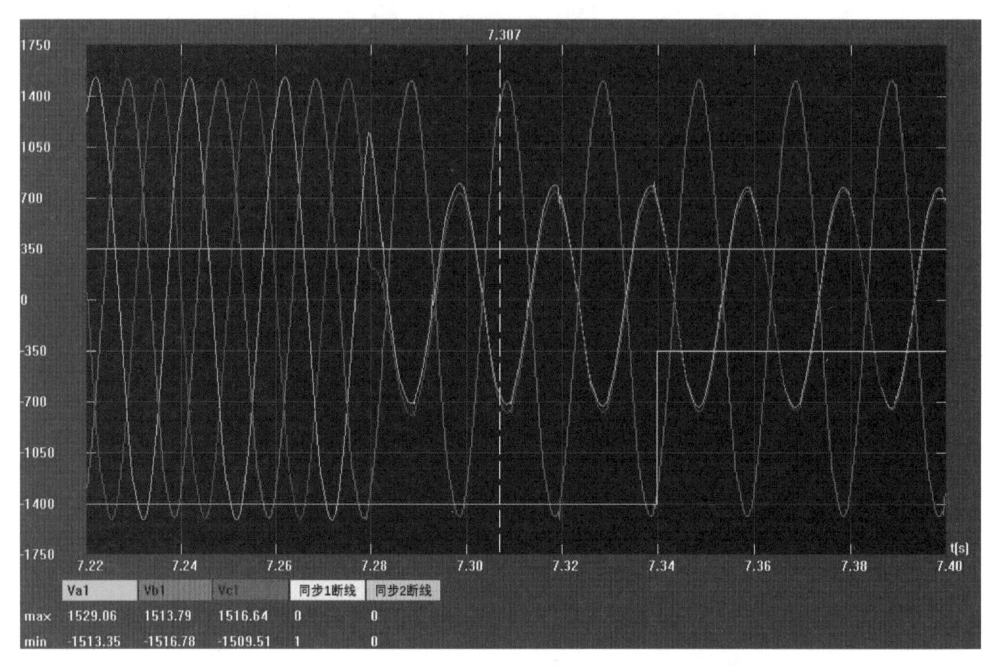

图 9－31　一通道同步电压断线开关量动作时序图

步 2 断线”开关量动作，“同步 1 断线”“同步 2 断线”开关量均开出信号。

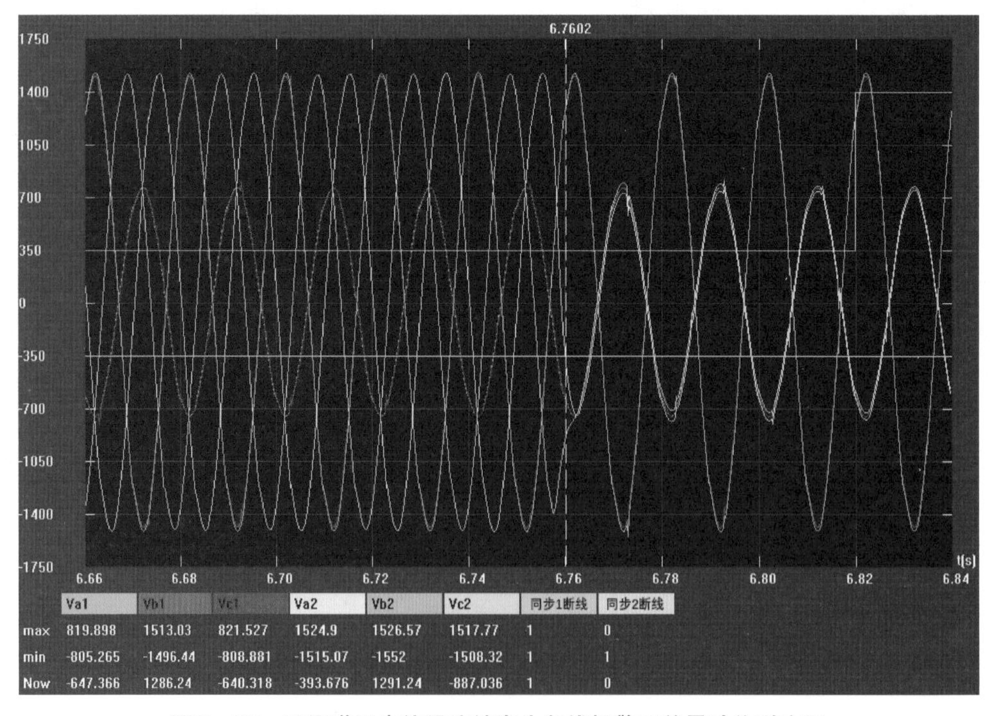

图 9－32　双通道同步信号连续发生断线报警开关量动作时序图

励磁调节器一通道同步信号 A、B 两相发生幅值变化时动作时序如图 9－33 所示。同步断线监测装置 CPU 板采集的三相同步电压值，当励磁调节器一通道同步信号 A、B 两相幅值变化达到同步断线设定值后，“同步 1 断线”开关量开出信号。

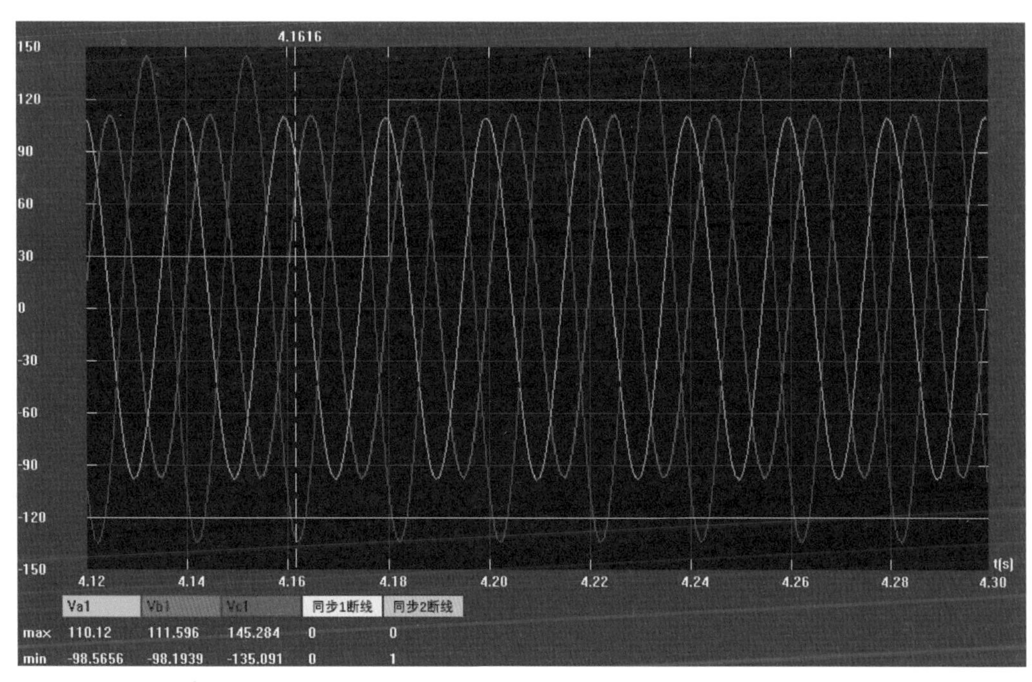

图 9－33　同步信号变幅报警开关量动作情况

模拟励磁调节器一通道发生同步断线时记录发电机机端电压录波如图 9－34 所示。当发生一通道同步信号单相断线后，调节器及时进行了通道切换，通道切换过程中发电机机端电压三相平稳正常，未出现明显波动。

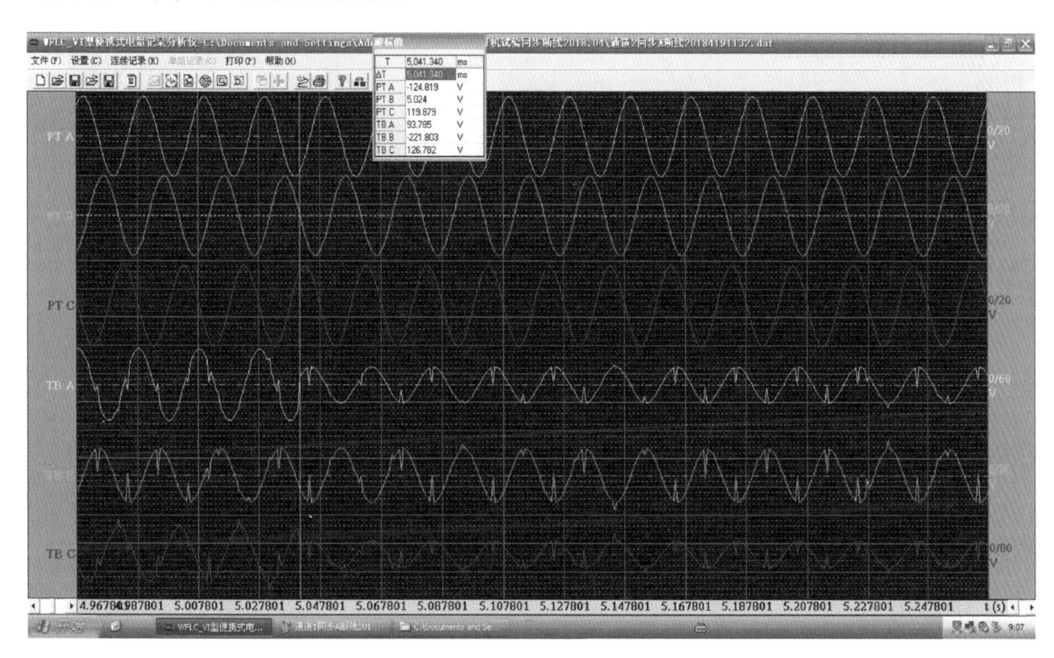

图 9－34　同步断线进行通道切换过程中发电机机端电压录波

9.2.2.4 项目总结

西门子励磁系统同步断线监测装置运行稳定，当同步回路无论在同步变压器原方还是副方发生断线或相序错误时，励磁调节器都能够及时进行通道切换并报警，保证发电机在原工况下稳定运行。此装置有效地弥补了西门子励磁系统同步断线保护功能设计缺陷，极大地提高了励磁系统运行的安全可靠性。

装置软件程序设计合理，对原励磁系统程序运行无其他影响及冲突。同步断线发生时，1s 之内进行通道切换，切换过程中发电机机端电压平稳无扰动，通道切换后不闭锁原通道，同步断线切换功能不影响其他通道切换逻辑，且设计有同步断线信号防误动和信号保持功能。硬件模块简单可靠、装配工艺简洁美观，合理利用原励磁调节柜剩余空间，同步断线监测装置与励磁调节器浑然一体，维护方便。

同步断线监测装置功能完善，硬件平台预留有丰富的模拟量和开关量接口，提供强大的对外通信功能，为今后进一步完善和充实西门子励磁系统功能打下坚实的硬件基础，也可应用至其他没有配备同步断线保护功能的同类励磁装置，具有广泛应用前景。

9.3 励磁系统阳极电压波形测试试验

9.3.1 试验目的

发电机励磁系统为发电机提供励磁电流，它的正常运行是发电机稳定运行的保障。由于采用了晶闸管整流，在晶闸管导通和截止时会引起短时的换相过电压，该过电压也将持续作用在励磁变压器以及同步发电机转子的主绝缘上，长时间的过电压作用会引起主绝缘的绝缘性能降低，甚至使绝缘破坏。

根据重庆大学对三峡左岸电站发电机励磁系统阳极过电压仿真及其抑制措施研究的技术成果可知：

（1）阻容保护对于吸收励磁系统阳极电压的过电压毛刺尖峰作用明显，且三角形接线优于星形接线。

（2）采用散热条件好的无感电阻，温度上升小，过电压尖峰吸收效果好。

（3）电容的大小决定了回路的电流大小和吸收效果，电容大，电流大，需要并联的电阻就越多。

（4）电阻的大小决定了吸收功率的大小和振荡幅值，电阻小，发热小，吸收的尖峰功率就小。

由此可见，励磁系统阳极过压保护装置的电阻、电容选型很重要。为了检验阳极过压保护装置对阳极过电压的抑制效果，验证阳极过压保护装置的电阻、电容选型是否合适，申请在向家坝水电站 5 号机组检修后开机试验时进行测试，分别录制阳极过压保护装置投入与未投入运行时阳极电压波形（录波点为阳极过压保护柜），以便进行数据分析比较。

9.3.2 试验器材

试验过程所用器材见表 9－2。

表 9-2　5 号机组阳极电压波形测试器材

序号	名称	型号	单位	数量	备注
1	分压电阻板	自制	套	1	
2	示波表	FLUKE123	台	1	
3	电量记录分析仪	WFLC-Ⅵ	台	1	
4	调试笔记本	HP6460b	台	1	调试专用电脑
5	高精度万用表	FLUKE289	台	1	
6	高压线缆		根	2	长度 2m
7	高压绝缘杆		套	2	耐压 5000V
8	高压试验线		根	4	带金属导电夹

9.3.3　试验内容

向家坝水电站 5 号机组空载工况下，在 5 号机组励磁阳极过压保护柜（EJ）进线侧录制阳极电压波形，在 5 号机组灭磁开关柜正负、极母排录制励磁电压波形，并记录相关数据。

9.3.4　试验数据分析

由于阳极电压较高，为便于示波表和电量记录分析仪安全采集阳极电压波形，试验前制作了分压电阻板，其原理和参数如图 9-35 所示。

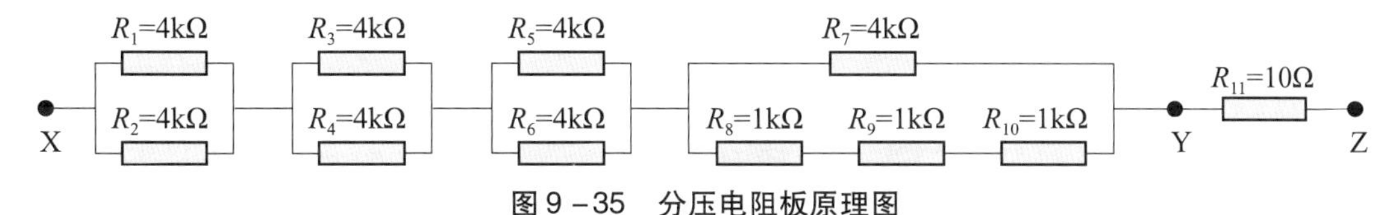

图 9-35　分压电阻板原理图

注：R_1、R_2、R_3、R_4、R_5、R_6、R_7 电阻型号：4k、400W；R_8、R_9、R_{10} 电阻型号：1k、100W；R_{11} 电阻型号：10、50W。

试验前使用 FLUKE289 高精度万用表测量分压电阻板的电阻值（测试时减去表笔自身电阻值），并记录如下：

X 和 Z 两端的电阻 $R_{XZ}=7567\Omega$；

Y 和 Z 两端的电阻 $R_{YZ}=10.14\Omega$。

R_{XZ} 和 R_{YZ} 比值 746.25（7567/10.14）设置为电量记录分析仪的变比参数，并作为示波表 FLUKE123 所测电压的衰减变比，以便计算出真实电压值。试验时通过高压绝缘杆和高压引线把 X、Z 两端并联至录波点两端，通过记录 Y、Z 之间的波形来进行测试和分析。试验过程如下：

试验一：阳极过压保护装置未投入时励磁系统阳极电压（100% U_g）。

录波 1：电量记录分析仪通道未滤波，在阳极过压保护柜录波；

录波 2：FLUKE123 示波表未滤波，在阳极过压保护柜录波。

试验二：阳极过压保护装置投入时励磁系统阳极电压（100% U_g）。

录波 3：电量记录分析仪通道未滤波，在阳极过压保护柜录波；

录波 4：FLUKE123 示波表未滤波，在阳极过压保护柜录波。

试验三：阳极过压保护装置投入时励磁电压（100% U_g）。

录波 5：电量记录分析仪通道未滤波，在灭磁开关柜录波；

录波 6：FLUKE123 示波表未滤波，在灭磁开关柜录波。

1. 阳极过压保护装置未投入时励磁系统阳极电压

机组处于空载状态，励磁系统采用励磁电流闭环控制方式（ECR），在 100% 额定机端电压下，5 号机组励磁阳极过压保护装置未投入时进行励磁系统阳极电压录波。先设置电量记录分析仪 08 通道（08 – UFD）“选通”为“不滤波”进行录波，其波形图如图 9 – 36 所示。在同等条件下采用 FLUKE123 示波表进行录波，其波形图如图 9 – 37 所示。

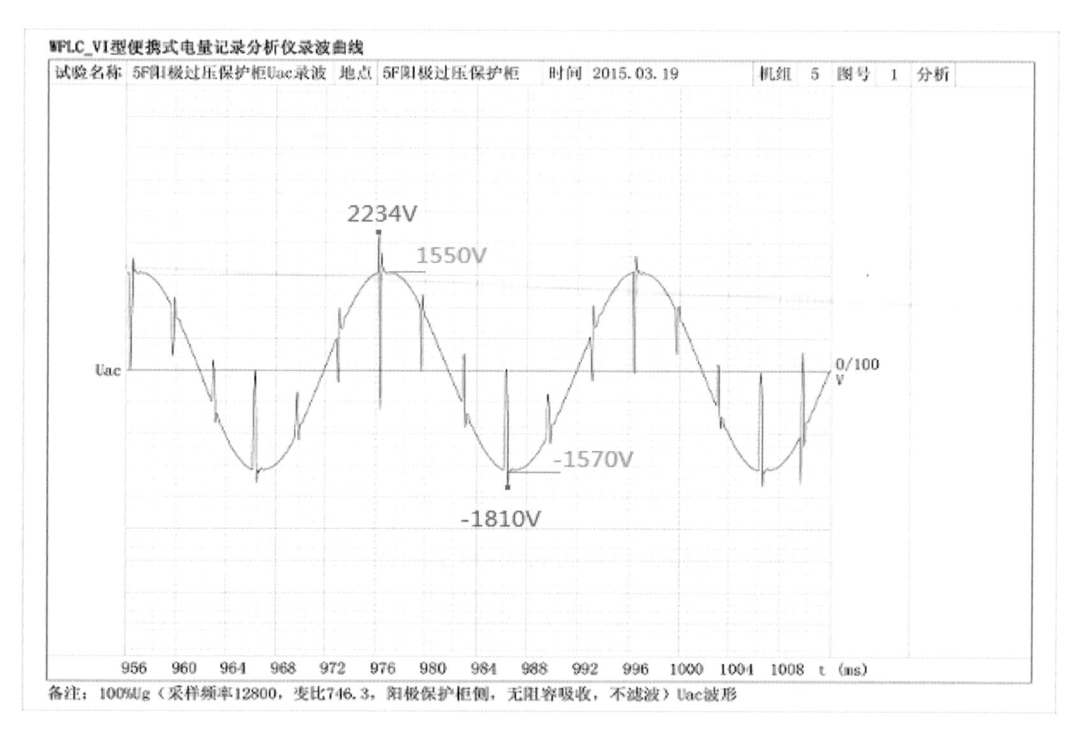

图 9 – 36　电量记录分析仪测试的 U_{ac} 波形

从图 9 – 36 波形可以看出，励磁阳极侧波形为有规律的正弦波，一个波形周期内（20ms）会出现 6 次明显的电压毛刺，该毛刺为三相全控整流桥晶闸管换相导通时的过电压毛刺，通过电量记录分析仪软件可以直接读出电压波形中每个点的电压幅值。绿色字体标注的为正弦电压波形的幅值（波峰和波谷），其中正弦电压波峰值为 1550V，正弦电压波谷值为 1570V；红色字体标注的为过电压毛刺的幅值，由于过电压毛刺的幅值最大值一般出现在正弦波的波峰和波谷处，图中只标注波峰和波谷附近的过电压毛刺的幅值，过电压毛刺正尖峰值为 2234V，过电压毛刺负尖峰值为 1810V。电量记录分析仪记录毛刺正尖峰值为基波波峰值的 1.441（2234/1550）倍，毛刺负尖峰值为基波波谷值的 1.153（1810/1570）倍。

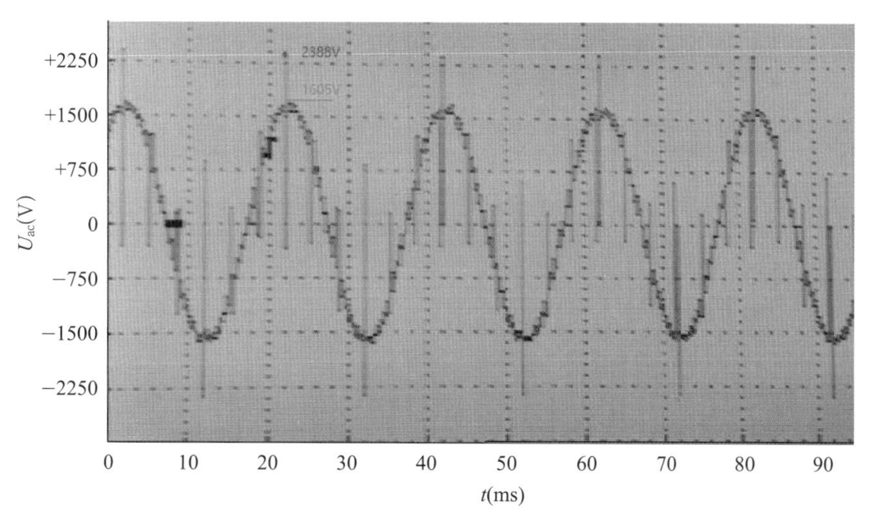

图9－37　FLUKE123示波表测试的U_{ac}波形

图9－37为FLUKE123示波表未滤波的U_{ac}波形，其波形和图9－36电量记录分析仪未滤波U_{ac}波形基本一致，示波表采样频率固定（每秒采集25M个点），波形较平滑，基本接近正弦波。波形在一个交流周期20ms内有6个明显尖峰，毛刺尖峰峰值电压约为2388V（3.2格×1V/格×746.3）。此时阳极电压波峰值为1605V（2.15格×1V/格×746.3），按照正弦波有效值1125V（1.507V×746.3）折算阳极电压波峰值为1590V（1.507V×1.414×746.3），两种计算方法得到的电压波峰值基本一致，示波表记录毛刺尖峰值为基波波峰值的1.488（2388/1605）倍。

为了便于分析比较，将试验一的波形数据做对比分析，所测得的数据见表9－3。

表9－3　试验一测试的阳极电压波形数据

试验条件	图号	U_{ac}有效值（V）	U_{ac}波峰/波谷值（V）	正/负尖峰电压值（V）	尖峰电压与基波电压比值
未投阳极过压保护、空载、ECR、100% U_g	图9－36	—	1550/－1570	2234/－1810	1.441/1.153
	图9－37	1125	1605/－1605	2388/－2388	1.488/1.488

2. 阳极过压保护装置投入时励磁系统阳极电压

机组处于空载状态，励磁系统采用机端电压闭环控制方式（AVR），在100%额定机端电压下，5号机组励磁阳极过压保护装置投入时进行励磁系统阳极电压录波。先设置电量记录分析仪08通道（08－UFD）“选通”为“不滤波”进行录波，其波形图如图9－38所示。在同等条件下采用FLUKE123示波表进行录波，其波形图如图9－39所示。

图9－38中绿色字体标注的为正弦电压波形的幅值（波峰和波谷），其中正弦电压波峰值为1549V，正弦电压波谷值为1574V；红色字体标注的为过电压毛刺的幅值，由于过电压毛刺的幅值最大值一般出现在正弦波的波峰和波谷处，图中只标注波峰和波谷附近的过电压毛刺的幅值，过电压毛刺正尖峰值为1920V，过电压毛刺负尖峰值为1996V。电量记录分析仪记录毛刺正尖峰值为基波波峰值的1.240倍（1920/1549），毛刺负尖峰值为基波波谷值的1.268倍（1996/1574）。

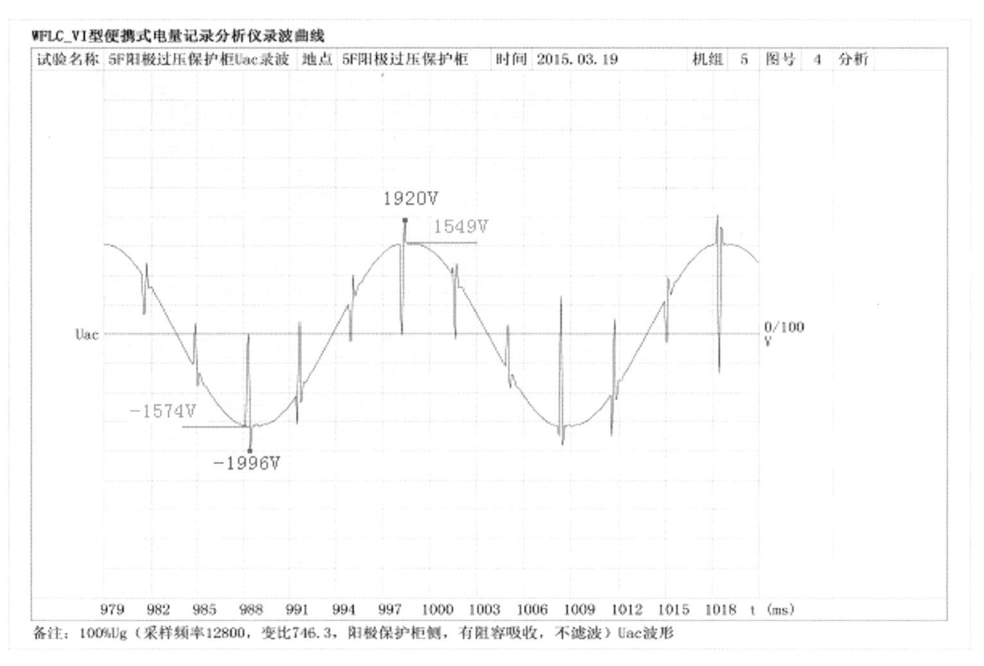

图 9-38 电量记录分析仪测试的 U_{ac} 波形

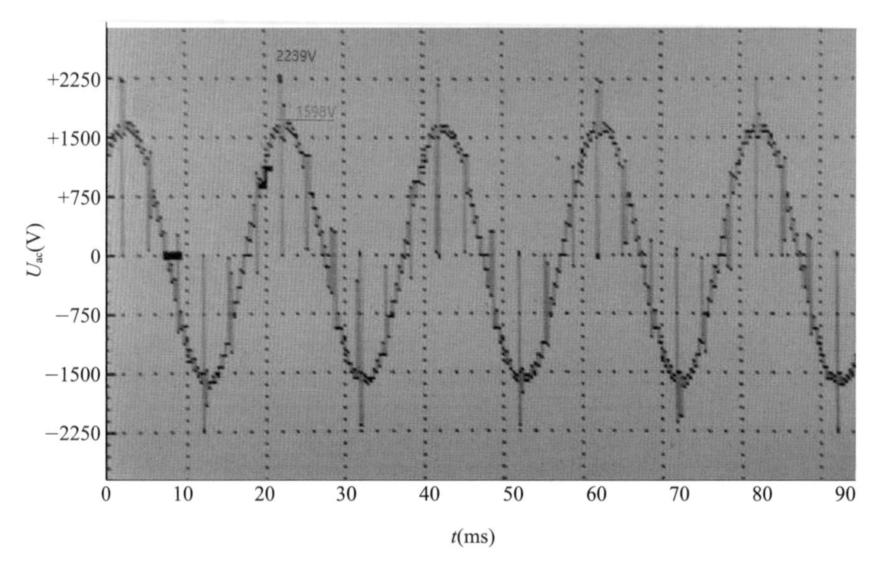

图 9-39 FLUKE123 示波表测试的 U_{ac} 波形

图 9-39 为 FLUKE123 示波表未滤波 U_{ac} 波形，其波形和图 9-38 电量记录分析仪未滤波 U_{ac} 波形基本一致，示波表采样频率固定（每秒采集 25M 个点），波形较平滑，基本接近正弦波。波形在一个交流周期（20ms）内有 6 个明显尖峰，尖峰峰值电压约为 2239V（3.0 格 ×1V/格 × 746.3）。此时阳极电压波峰值为 1642V（2.2 格 ×1V/格 ×746.3），按照正弦波有效值 1130V（1.514V ×746.3）折算阳极电压波峰值为 1598V（1.514V ×1.414 ×746.3），两种计算方法得到的电压波峰值基本一致。示波表记录毛刺尖峰值为基波波峰值的 1.364 倍（2239/1642）。

为了便于分析比较，将试验二的波形数据做对比分析，所测得的数据见表 9-4。

表 9－4　试验二测试的阳极电压波形数据

试验条件	图号	U_{ac}有效值（V）	U_{ac}波峰/波谷值（V）	正/负尖峰电压值（V）	尖峰电压与基波电压比值
投阳极过压保护、空载、AVR、100% U_g	图 9－38	1104	1549/－1574	1920/－1996	1.240/1.268
	图 9－39	1130	1642/－1642	2239/－2239	1.364/1.364

3. 阳极过压保护装置投入时励磁电压

机组处于空载状态，励磁系统采用机端电压闭环控制方式（AVR），在 100% 额定机端电压下，5 号机组励磁阳极过压保护装置投入时进行励磁电压录波，录波试验依然采用分压电阻板分压，试验时通过高压绝缘杆和高压引线把 X、Z 两端并联至励磁电压正负极母排，通过记录 Y、Z 两点的波形进行测试和分析。先设置电量记录分析仪 08 通道（08－UFD）"选通"为"不滤波"进行录波，录波图如图 9－40 所示。在同等条件下采用 FLUKE123 示波表进行录波，录波图如图 9－41 所示。

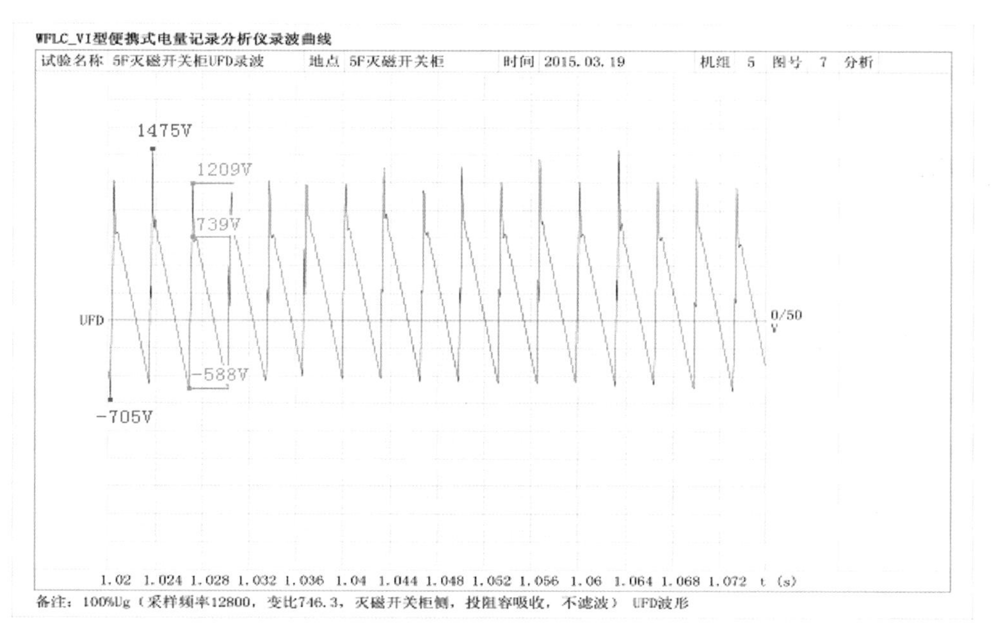

图 9－40　电量记录分析仪测试的 U_{FD}（UFD）波形

从图 9－40 中数据可以看出，WFLC－Ⅵ电量记录分析仪未滤波 U_{FD} 波形为周期性（300Hz）类锯齿波、有明显的过电压尖峰毛刺，且过电压毛刺峰值略有差异，图中红色部分为励磁电压尖峰毛刺最大值（1475V）和最小值（－705V），电压尖峰毛刺是其平均值 217V 的 6.8 倍。

图 9－41 为 FLUKE123 示波表未滤波 U_{FD} 波形，其波形与图 9－40 电量记录分析仪未滤波 U_{FD} 波形基本一致。波形在一个交流周期（20ms）内有 6 个明显类锯齿波，直流电压有效值为 256V（0.343V×746.3），尖峰峰值电压约为 1455V（3.9 格×0.5V/格×746.3），励磁电压波峰值为 933V（2.5 格×0.5V/格×746.3），示波表记录的励磁尖峰电压为基波峰值电压的 1.559 倍（1455/933）。

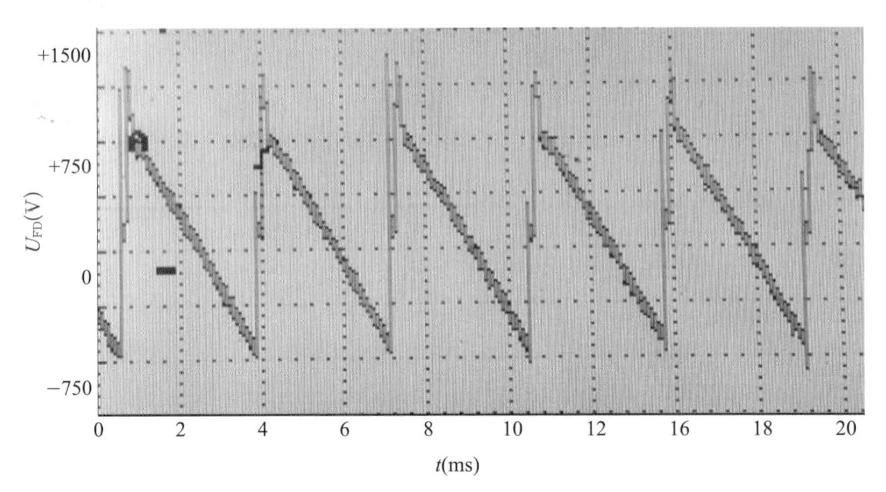

图 9－41　FLUKE123 表测试的 U_{FD}（UFD）波形

为了便于分析比较，将波形数据做对比分析，所测得的数据见表 9－5。

表 9－5　试验三测试的励磁电压波形数据

试验条件	图号	U_{FD}有效值（V）	U_{FD}峰值（V）	正/负尖峰电压值（V）	尖峰电压与 U_{FD}峰值电压比值
投阳极过压保护、空载、AVR、100% U_g	图 9－40	—	739/－588	1475/－705	1.996/－1.199
	图 9－41	256	933	1455	1.559

4. 投切阳极过压保护装置时阳极电压对比分析

从电量记录分析仪和 FLUKE123 录波表未滤波的波形对比可以看出，两种录波波形基本吻合。为了便于分析比较，将投阳极过压保护装置和未投阳极过压保护装置时两种仪表未滤波时测得的阳极电压波形数据做对比分析，综合试验数据见表 9－6。

表 9－6　投切阳极过压保护装置阳极电压数据

试验条件	图号	U_{ac}有效值（V）	U_{ac}波峰/波谷值（V）	毛刺正/负尖峰值（V）	尖峰电压与基波电压比值
未投阳极过压保护、空载、ECR、100% U_g	图 9－36	—	1550/－1570	2234/－1810	1.441/1.153
	图 9－37	1125	1605/－1605	2388/－2388	1.488/1.488
投阳极过压保护、空载、AVR、100% U_g	图 9－38	1104	1549/－1574	1920/－1996	1.240/1.268
	图 9－39	1130	1642/－1642	2239/－2239	1.364/1.364

从表格中的数据进行分析，阳极过压保护装置投入对阳极过电压的抑制有一定的效果，电量记录分析仪所测毛刺尖峰电压峰值明显降低，正尖峰电压值从 2234V 降至 1920V，毛刺正负尖峰值更趋于一致，差值从 424V（2234V－1810V）变为 76V（1996V－1920V），这说明阳极过压保护投入后励磁系统阳极电压波形明显改善，对 U_{ac}毛刺尖峰电压削峰作用较明显。FLUKE123 示波表所测毛刺尖峰电压峰值同样降低，尖峰电压值从 2388V 降至 2239V，

电压降低 149V，对 U_{ac}毛刺尖峰电压削峰作用较明显。

从图 9－36 和图 9－38 中可以看出，U_{ac}正负毛刺尖峰电压峰值略有差异，而图 9－37 和图 9－39 中 U_{ac}正负毛刺尖峰电压峰值一致。因电量记录分析仪录波峰值正负不对称，且正负尖峰电压与基波电压比值不同，故本次试验以 FLUKE123 示波表所测波形数据为主，电量记录分析仪波形数据仅供参考。

9.3.5　试验结论

根据 FLUKE123 示波表所测波形数据及试验分析，可以得出如下结论：

（1）晶闸管换相尖峰电压客观存在，尖峰值约为阳极基波电压峰值的 1.49 倍。

（2）在额定机端电压空载运行时，投入阳极过压保护装置，毛刺尖峰电压下降较明显，尖峰电压与基波电压比值从 1.488 降为 1.364，毛刺尖峰电压从 2388V 下降至 2239V，电压下降 149V。

（3）阳极线电压在一个周期内，有 6 个尖峰电压对称叠加在线电压基波上，分别对应于三相晶闸管整流过程中的 6 个换相过电压。

（4）当基波电压处于波峰或者波谷时产生的换相过电压叠加后电压绝对值最高，危害也最大。实测结果表明，未投入阳极过压保护装置时换相尖峰电压峰值为 2234V，投入后峰值为 1996V；未投入阳极过压保护装置时换相尖峰电压峰值为 2388V，投入后峰值为 2239V，两者均小于功率整流桥的最大允许电压（5200V），小于阳极过压保护柜交流电缆耐受电压（5000V），小于直流侧过压保护装置动作值（3000V），因此励磁设备可以安全运行，绝缘不会受损。

（5）在额定机端电压空载运行时，实测结果表明：投入阳极过压保护装置时励磁电压尖峰最大值达 1455V，电压尖峰毛刺是其有效值 256V 的 5.68 倍，已超过转子电缆的绝缘等级电压（1kV）；励磁电压波峰值为 933V，励磁电压波峰值是其有效值 256V 的 3.64 倍，已接近转子电缆的绝缘等级电压（1kV）。机组额定负载励磁电压值为 540V，励磁电压尖峰最大值和励磁电压波峰值必然更高，都将远远超过转子电缆的绝缘等级电压（1kV），可能会带来安全隐患，后续需加强跟踪，保持关注。

（6）目前励磁系统相关回路中阳极电缆的绝缘等级电压为 3kV，转子电缆的绝缘等级电压为 1kV，虽然换相尖峰电压持续时间很短，但是尖峰电压高，长期运行可能会引起转子电缆绝缘降低，需引起重视。

第 10 章　监控系统检修

10.1　概述

向家坝电厂监控系统的控制对象包括 8 台水轮发电机组及辅助设备，8 台三相主变压器，左右岸电站 500kV 开关站，左右岸 10kV、0.4kV 厂用电系统，左右岸公用系统及坝顶设备（中孔、表孔、排沙洞闸门）。

监控系统选用北京中水科水电科技开发有限公司 H9000 V4.0 双冗余分布式监控系统，整个系统总体层次上分为厂站层和现地控制单元层。

厂站层又可分为控制层、信息层和生产信息发布层。厂站控制层同时连接电站控制网和电站信息网，完成全厂设备的实时信息采集处理、监视与控制任务，由数据采集服务器、操作员站、应用服务器及调度网关通信服务器等构成，厂站层数据采集服务器的 PLCS-CAN 进程从各 LCU 获取实时数据，并通过 LAN_ OUT 进程将数据在厂站层网络上广播，厂站层其他服务器节点通过 LAN_ IN 进程接收数据。厂站信息层与电站信息网连接，完成全厂设备运行信息管理和整理归档任务，由历史数据服务器、培训仿真站、语音报警服务器及报表打印服务器等构成。生产信息查询层与信息发布网连接，完成有关全厂实时和历史信息查询工作，实现监控系统的 WEB 发布功能，由 WEB 数据服务器、WEB 发布服务器等构成。

现地控制单元层与电站控制网连接，采用现场总线技术，完成指定设备的现地监控任务，按被控对象单元分布，由全厂各现地控制单元（LCU）构成，包括各机组 LCU、厂用电 LCU、公用 LCU、开关站 LCU 及坝顶 LCU。现地控制单元层由 16 套 LCU 构成，分别是左岸 HEC 机组 LCU1 ~ LCU4、右岸天津 TAH 机组 LCU5 ~ LCU8、左岸开关站 LCU9、左岸厂用电 LCU10、左岸公用 LCU11、右岸开关站 LCU12、右岸厂用电 LCU13、右岸公用 LCU14、模拟屏驱动器 LCU16 和坝顶永久 LCU17。LCU 均由施耐德 Quantum 系列 PLC、触摸屏、网络设备、机柜等组成，其中机组 LCU 盘柜内还装设有同期装置、电量采集单元、水机后备保护回路等。

监控系统整体运行情况稳定，但在运行维护中根据实际需要增加了应急补水功能，处理了 LCU 同轴电缆通信异常问题，对 AGC 和 AVC 控制策略进行优化，根据机电联调等重要试验需要编制了试验步骤和方法。本章就监控系统接管后的优化进行详细的阐述。

10.2　技术专题

10.2.1　应急补水功能设计及实践

10.2.1.1　优化背景

向家坝水电站是金沙江下游梯级开发中最末一个梯级电站，电站在功能设计上不仅有发电功能，还有通航功能，而金沙江下游航道较窄，当系统事故或其他原因引发切机时，单机切机就可能因机组发电下泄流量减少，导致下游水位降低 0.5～1m，影响下游航运。为了解决此问题，监控系统设计了应急补水功能。

10.2.1.2　功能设计

在向家坝水电站监控系统和成都梯调中心自动化系统中分别安装联合补水控制软件，各自独立进行补水监视和计算。若需要进行补水操作，当监控系统的控制权在"站控"时，补水程序将发出命令等待请求，并在电站运行人员确认后下发闸门操作命令。当控制权在"梯控"时，同"站控"的操作一样，由成都梯调中心运行人员确认后下发闸门操作命令。

应急补水系统采用"半自动"方式运行，该系统对电站切机和大范围负荷波动进行实时监控，并根据流量、负荷变化大小等，按照航运安全运行限制条件，自动选择预设的操作策略，经运行值班人员人工确认后自动执行。另有"退出"和"手动"模式，其中："退出"模式下，切机补水程序退出运行，不参与计算和命令下发；"手动"模式下，由操作员手动下发相关设定值进行命令下发。

向家坝水电站联合补水程序平时运行在监视状态，实时跟踪电站总出力，根据处理耗水率与流量的换算公式计算出电站的总发电流量，并加上闸门的出库流量计算出电站总出库流量，再根据下游水位曲线换算出下游当前计算水位。

程序计算出当前 30m 内最大的出库流量及对应的下游计算水位作为基准流量和下游基准水位。若当前下游计算水位对应于基准水位的下降幅度超过了设定阈值，或当前出库流量低于下游航运需要的最小流量，即认为需要进行补水操作，程序进入补水状态。程序计算出补水流量，根据补水流量和当前闸门状态以及闸门的分配原则综合计算出闸门操作预案。预案主要包括参与补水的闸门及各自的设定开度，并自动弹出应急补水联控画面，将相关信息和操作预案等显示在补水联控画面上，由运行人员进行修正、确认或取消。

补水程序在收到运行人员的确定命令后根据闸门启闭约束条件逐一下发闸门操作命令，此后由闸门控制系统 LCU17 执行。在所有闸门操作结束后退出补水操作状态，清除闸门操作建议，恢复监视状态。切机补水流程如图 10－1 所示。

在闸门操作方案计算中要进行闸门选择，闸门选择遵循下述几个原则：

（1）在当前可用闸门中选择。

（2）优先选择当前已部分开启的闸门。

（3）尽量采用对称开启，即左区的 1 号孔和 5 号孔对称开启、2 号孔和 4 号孔对称开启，右区的 6 号孔和 10 号孔对称开启、7 号孔和 9 号孔对称开启。

（4）采用"多孔、小开度"原则开启，如 1 个孔泄水能满足的要 2 个或多个孔局部小开度开启，使操作电源在可承受的范围之内，并能降低闸门振动，减轻水力对下游河道和附近居民的影响。

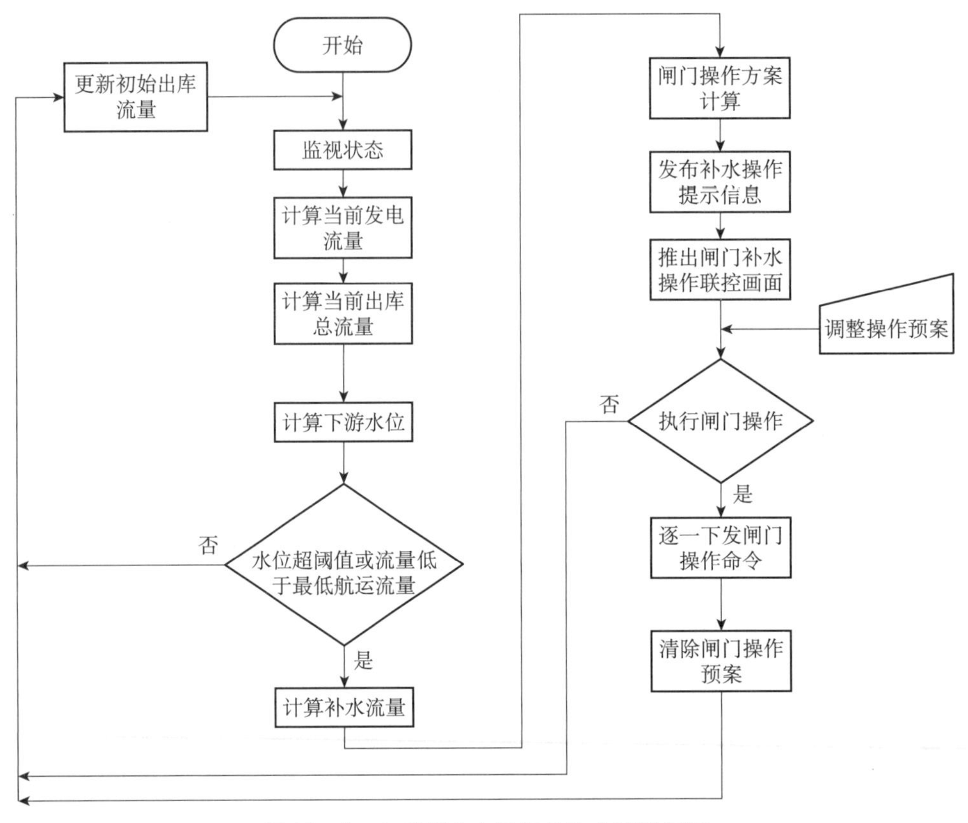

图 10－1　向家坝水电站切机补水流程框图

（5）过渡期开启中孔闸门，永久期开启表孔闸门。

程序以 2s 为周期进行循环运算，记录此前 10min（此参数可设定）以内的所有流量值和相应的开机台数，并统计出此期间的流量最大值作为初始出库流量。若当前流量值低于初始出库流量的差额大于 $500m^3/s$，而且开机台数减少，即可初步认为存在切机或停机。

根据初始出库流量的不同和切机台数的不同，通过查询“各流量下切机下游水位变化表”可给出下游水位变幅。若变幅小于 1m（此参数可设定），可不启动补水操作。

10.2.1.3　应用情况

在应急补水系统设计和模拟调试的基础上，于 2012 年 12 月 16 日利用 6 号机组调试进行了系统试验，并在电站运行期间多次进行应急补水，从试验结果和实际运行情况看，实际补水效果明显，验证了应急补水程序的有效、迅速。向家坝水电站切机补水操作显示界面如图 10－2 所示。

10.2.2　AGC/AVC 控制策略优化

10.2.2.1　优化背景

向家坝水电站 AGC/AVC 自投运以来，总体功能运行正常，但随着现场实际设备运行情况的变化，尤其是西南电网异步运行后，机组相关调节性能和参数发生变化，同时结合调度相关要求，电站 AGC/AVC 相关控制逻辑和策略需同步优化和完善：

（1）在电站与西南分中心双平面通信链路正常切换过程中，AGC/AVC 控制权限应维持

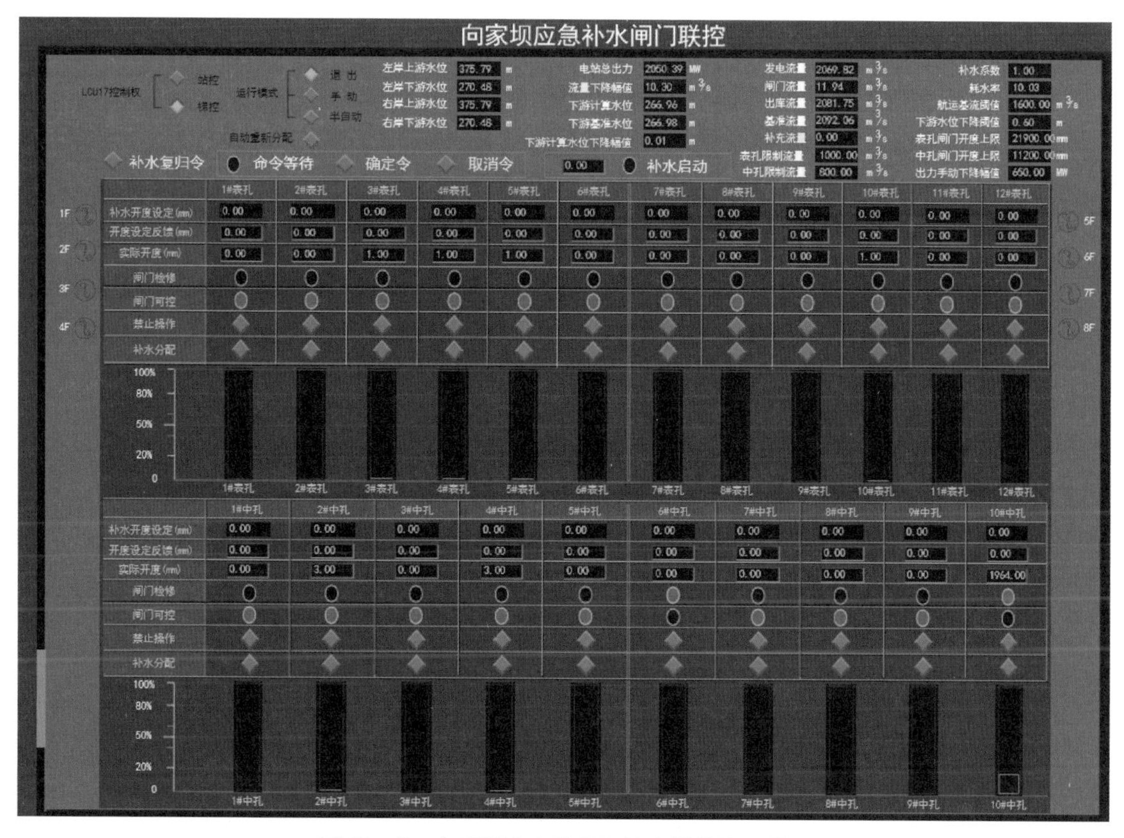

图 10－2　向家坝水电站切机补水操作显示界面

在“西南主站”，当所有通信链路中断后，AGC/AVC 控制权限应切至“厂站”。

（2）当“厂站”检测到“西南主站”连续下发三次异常指令后，AGC/AVC 控制权限应切至“厂站”。

（3）当“厂站”连续 16min 未接收到“西南主站”下发指令后，AVC 控制权限应切至“厂站”。

另外，向家坝水电站 AGC/AVC 程序在实际运行过程中暴露出来一些小 bug 以及逻辑不完善的地方，在某些特殊工况下，会导致 AGC/AVC 功能出现偶发异常。为此，需对电站 AGC/AVC 相关控制逻辑和安全策略进行完善。

10.2.2.2　AGC 功能优化

（1）完善 AGC 重计算策略：当机组解列瞬间，触发 AGC 重计算，避免解列瞬间该机组有功实发在重计算死区内导致的全厂功率偏差。

（2）完善机组状态异常退 AGC 功能：当机组状态发生突变时，为避免 AGC 误发指令导致功率波动，退出 AGC 使能。

（3）为适应西南异步联网模式下机组调节性能，完善 AGC 单机“有功调节失败”逻辑。

（4）增加线路总有功与机组总有功校核功能，防止机组功率变送器故障引起负荷波动。

（5）增加主母线频率通道故障及线路有功通道质量故障延时退 AGC 功能，避免信号跳变导致 AGC 异常退出。

（6）新增“西南分中心连续三次下发异常命令退出 AGC 西南远方控制”功能，防止西南主站 AGC 故障导致厂站 AGC 接收异常指令。

（7）新增“与西南分中心通信中断后，AGC 权限延时切至厂站”功能。

（8）新增“西南有功设定与计划偏差告警”功能，及时提醒运行人员发现西南主站 AGC 异常指令下发情况。

10.2.2.3 AVC 功能优化

（1）电压突变退 AVC 功能优化：加强 AVC 退出保护功能，当电压突变退 AVC 时，同时退出 AVC 所有调节模式，保证 AVC 退出后不进行重复计算，不下发新的无功设定值。

（2）增加退 AVC 时联动退机组无功闭环功能：针对 AVC 异常退出，存在机组 LCU 无功闭环控制下以无功为调节目标和励磁系统 AVR 方式下以机端电压为调节目标互相制约影响的情况，在 AVC 程序中增加 AVC 退出时将各机组无功闭环退出的功能程序块，使得在系统暂态情况下，通过机端电压的稳定或调整以维持母线电压的稳定。

（3）增加总无功设定值校验功能：为防止异常情况下两次总无功设定值相差过大，在 AVC 的计算总无功设定值程序段中增加对总无功设定值校核功能程序块，当本次总无功设定值与上次总无功设定值相差大于 200Mvar（最大允许无功增量 + 小幅电压波动时无功突变值）时，本次无功计算值无效，不退 AVC 但产生报警事件，通过报警提醒运行人员关注。

（4）完善机组状态异常退 AVC 功能：当机组状态发生突变时，为避免 AVC 误发指令导致功率波动，退出 AVC 使能。

（5）新增“西南分中心连续三次下发异常命令退出 AVC 西南远方控制”功能，防止西南主站 AVC 故障导致厂站 AVC 接收异常 AVC 指令。

（6）新增“与西南分中心通信中断后，AVC 权限延时切至厂站”功能。

（7）新增“16min 未收到西南分中心下发命令退出 AVC 西南远方控制”功能。

（8）新增“500kV 线路保护动作退出 AVC 使能”功能。

10.2.3 LCU 同轴电缆通信异常处理

10.2.3.1 运行情况

向家坝水电站监控系统 LCU 及调速器液压系统均采用施耐德 Quantum 系列 PLC，CPU 主站与各远程 I/O 子站采用同轴电缆进行 S908 通信，为双套热备冗余配置的典型双缆网络架构，如图 10-3 所示。

基于同轴电缆的 S908 通信，对现场设备安装工艺要求较高：

（1）TAP 头之间干缆及各支缆长度不得小于 2.6m，且电缆弯曲程度不能过大。

（2）各子站与主站之间的衰减应控制在 35dB 以内。

（3）同轴电缆与各分支器 Tap 及模块 F 接头须可靠连接，防止振动等原因导致接触不良。

由于监控系统 LCU 子站较多，尤其是机组 LCU 包含 17 个远程子站，分支器 TAP 共计 30 余个，干缆及分支电缆共计 50 余根，同轴电缆连接头共计 100 余处，任何一处故障都有可能导致同轴电缆通信异常。同轴电缆偶发性通信异常是施耐德 Quantum 系列 PLC 的家族性缺陷，向家坝水电站自投运以来，监控系统 LCU 发生多次同轴电缆通信异常故障。前期针对该故障通常的处理方法如下：

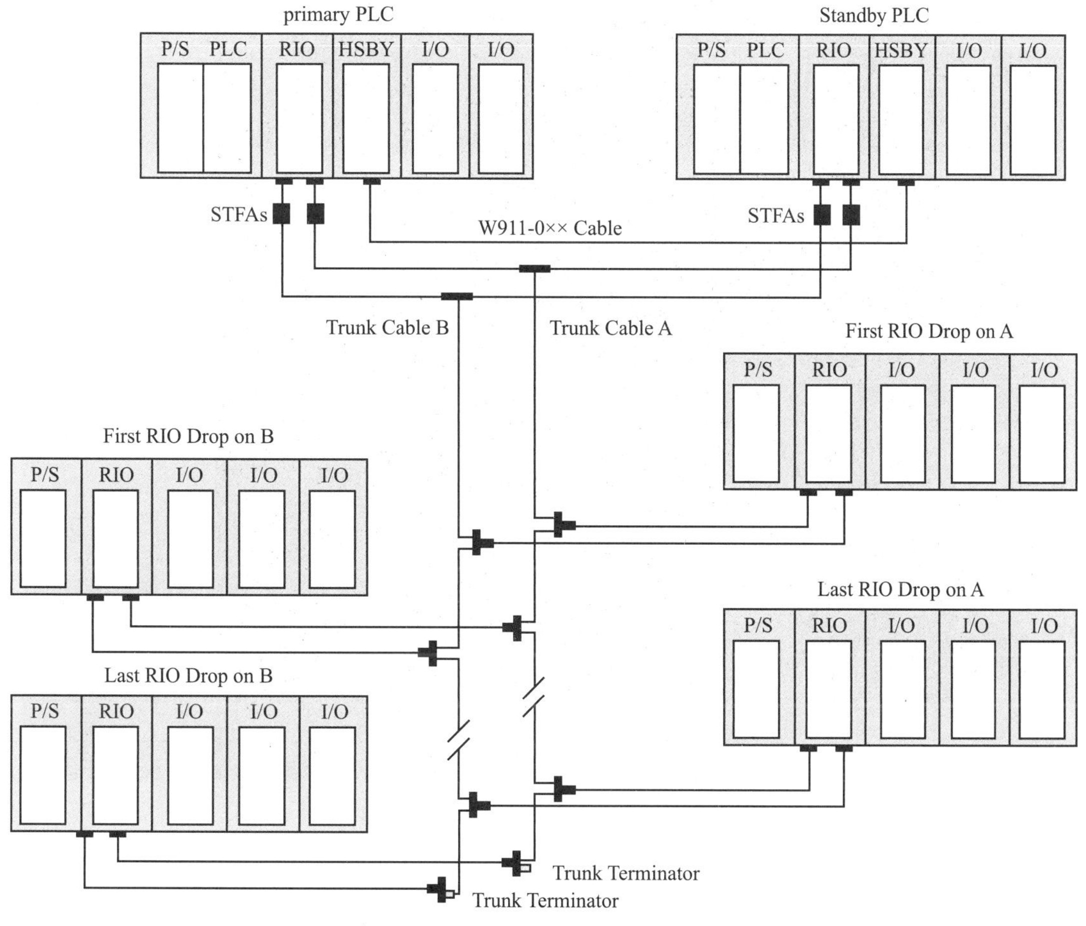

图 10－3　双套冗余配置的 Quantum 系列网络架构

（1）更换衰减过大的同轴电缆或重新制作接头。

（2）更换损坏的分支器 TAP。

（3）对各分支器 TAP 终端电阻进行放电处理。

（4）模拟振动，排除各同轴电缆连接处接触不良情况。

（5）检修期间，对各机组、各 LCU 同轴电缆通信进行专项检查。

10.2.3.2　技术改造

2018—2019 年度，2 号机组 LCU 发生多次同轴电缆通信异常，经现场检查故障直接原因有电缆衰减过大、分支器 TAP 损坏等。通过施耐德公司对损坏 TAP 的检测，发现 TAP 内部电子元器件由于过电压导致击穿，施耐德公司推测现场环境存在电磁干扰，并于 2018—2019 年度岁修期间，对左岸机组 LCU 盘柜内部进行相关电磁干扰测试，如图 10－4 所示。

根据施耐德公司测试结果，对 2 号机组 LCU 制定了相关抗干扰整改措施：

（1）将同轴电缆由多点接地改为单点接地，减少 TAP 之间干扰环流。

（2）将各子站背板接地铜线更换为接地辫子，减小接地电阻。

（3）优化各子站背板接地方式，将点链式接地更改为网状接地，减小接地阻。如图 10－5 所示。

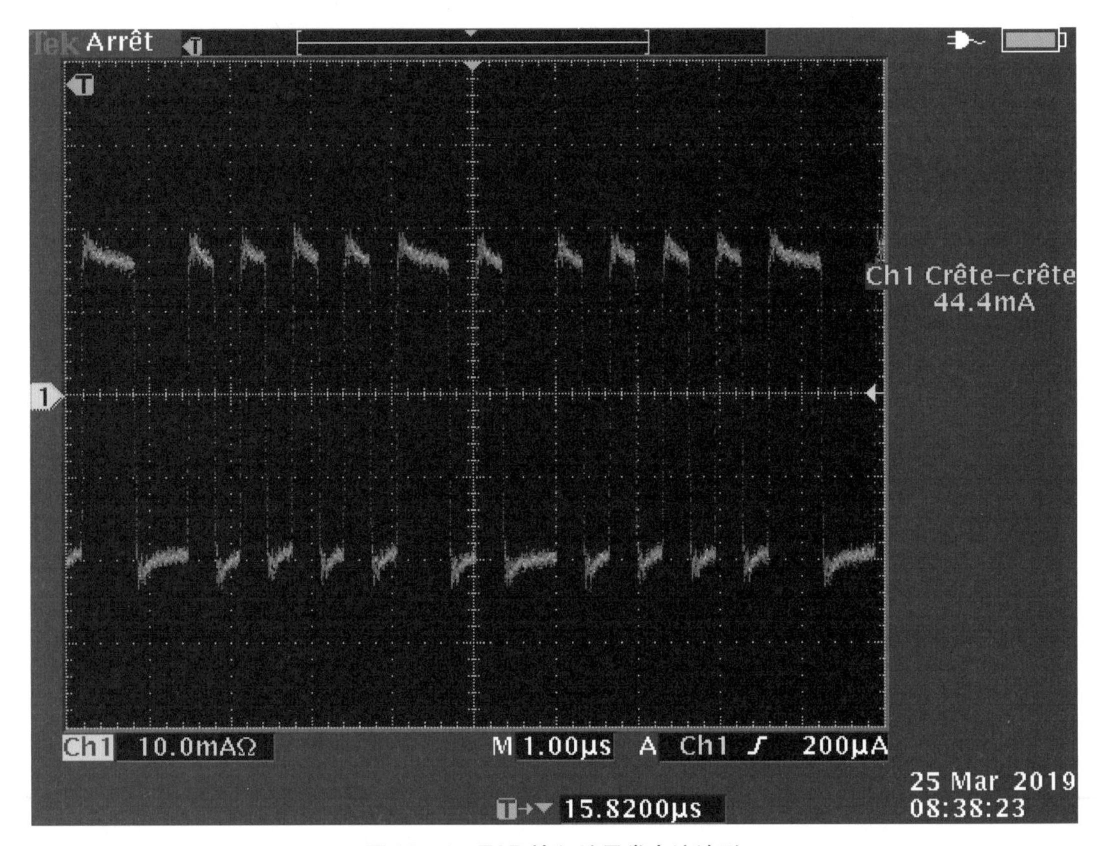

图 10 –4　TAP 输入端异常电流波形

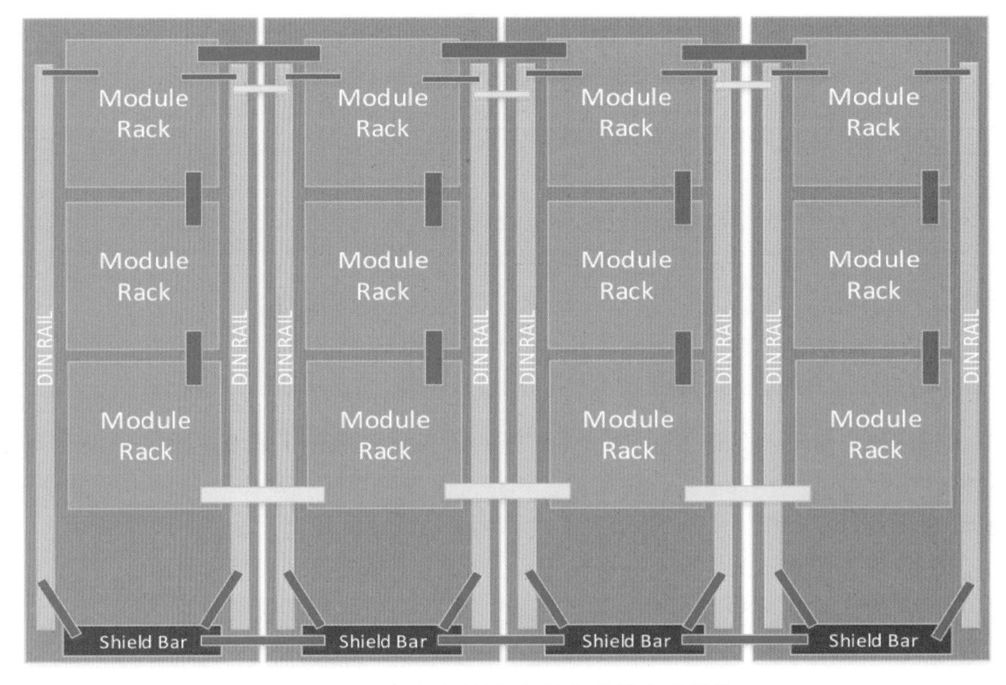

图 10 –5　机组 LCU 远程 B 柜接地方式优化

10.2.4 西南异步联网模式下监控系统与调速器功率调节配合优化

10.2.4.1 水轮机调节系统控制模式及参数优化

向家坝水电站投运初期，电站所处西南电网与华中电网之间是交流同步联网。渝鄂背靠背柔性直流工程投产之后，西南电网将与华中电网实现异步联网运行，由于交流电网规模减小，频率调节特性发生变化，需要调整华中电网和西南电网频率控制方案，并网电站的调速系统、AGC/AVC、监控系统等均要进行必要的优化改造以适应新的电网特性。为此，向家坝水电站监控系统和调速器按照调度要求，对水轮机调节控制模式及参数进行专项优化，具体内容如下：

（1）机组调速系统具备基于开度调节的大网、小网、孤网模式，三种模式应具有相同的模型（采用PID调节），3组参数互不相同且均可独立配置。

（2）西南、华中直流联网后，机组调速系统应在正常并网时自动选用小网参数。

（3）大网、小网、孤网参数中频率死区、限幅、比例系数、积分系数、微分系数、调差系数（bp）等参数独立配置，并可在调速器就地触摸屏人机界面显示。

（4）大网、小网参数根据“频率偏差+延时”判据自动切换至孤网参数（模式），并均须具备手动切至孤网模式的功能。

（5）大网、小网参数均可以自动和手动方式切换至孤网参数运行，但孤网参数不能自动返回大网或小网参数（若自动返回，延时时间设置为无穷大）。

（6）并网状态下，机组调速器进行自动模式切换后，若采用手动模式返回时，应返回至原始自动模式下参数。

（7）并网状态下，机组调速器可通过远方（监控系统）方式进行大网、小网、孤网参数相互切换。

（8）并网状态下，机组调速器可通过就地（调速系统）方式进行大网、小网、孤网参数相互切换。

（9）监控系统应采用硬接线方式下发参数切换指令至调速系统。

（10）监控系统优化调速器控制模式切换逻辑及相关参数，将原先模拟量功率给定优先调整为开度脉冲方式调解调节优先。

（11）调速系统运行模式及相应参数组状态信号应在监控系统显著位置显示，切换信号应进入历史事件记录；上述状态信号应同时传送至电网调度端。

（12）在孤网参数运行时，应能通过调速系统正常调节机组出力。

（13）机组AGC与调速系统一次调频应相互协调，一次调频优先于AGC动作，AGC投入功率闭环调节后应不限制机组一次调频的正常响应。相关原则遵循DL/T 1245—2013《水轮机调节系统并网运行技术导则》中5.3.11节的相关规定。

10.2.4.2 监控系统与一次调频协调配合逻辑优化

1. 西南电网异步运行试验情况

西南电网水电机组调速系统参数第一阶段优化工作完成后，国调中心为检验西南电网超低频振荡抑制措施的有效性，以及直流FC、机组一次调频、AGC等控制措施协调配合的正确性，评估华中和西南电网频率调节能力，于2018年4月组织开展了西南电网异步运行试验。通过试运行试验，发现存在如下问题：

(1) 一次调频与 AGC 调节的矛盾问题。从试验情况来看，在异步运行模式下，西南电网的机组一次调频动作次数较交流联网显著上升，溪洛渡左岸电站机组一次调频平均每小时动作 60 次左右（交流联网模式下平均每小时动作 1 次左右），向家坝水电站机组一次调频平均每小时动作 35 次左右（交流联网模式下平均每小时动作小于 0.1 次），机组一次调频动作频繁。而一次调频动作时将闭锁 AGC 指令，影响 AGC 二次调频；同时，在电厂执行电网发电计划，需要机组开停机调节负荷时，如果一次调频频繁动作，将出现机组并网后负荷无法增加或者机组停机时机组负荷无法减少的情况。

(2) 偏差电量问题。异步运行前，向家坝左/右岸的 AGC 运行在厂站模式，全厂有功 = 国调下达关口负荷 + 变损电量 + 厂用电量；异步运行后，向家坝左/右岸的 AGC 运行在西南电网模式，全厂有功 = 国调下达关口负荷。而国调将关口发电计划下达至西南分中心后，西南分中心直接将该发电计划下达至机组机端。此时，向家坝左右岸电站的机组负荷将按照国调下达的关口发电计划执行，造成实际的关口计划小于国调下达的发电计划，从而产生一定偏差电量。

2. 监控系统与一次调频协调配合逻辑优化

针对西南电网异步联网试运行期间发现的问题，西南分中心组织召开专题分析，根据《西南电网电厂侧一次调频与 AGC、监控系统协调控制技术交流会会议纪要》要求，对电站侧一次调频与监控系统现有协调策略进行优化。完善功能如下：

(1) 取消原有功率和开度模式下一次调频动作期间及动作后延时期间对负荷调节命令的闭锁逻辑。

(2) 优化小网开度模式下 LCU 侧功率增减同一次调频动作的配合逻辑：在无新的负荷设定命令的时候保证一次调频动作的有效性；在有新的负荷设定的情况下保证负荷调整的优先性。

(3) 增加负荷反向调节闭锁功能：在电网频率超过门槛频率时不执行调度 AGC 反向负荷调节指令。

(4) 增加开度调节模式下 LCU 有功增减命令正确性判断功能。

针对上述功能要求，在调速器和监控系统中进行相关控制逻辑优化，具体内容如下：

(1) 在调速器程序中，将大/小网功率模式一次调频闭锁有功设定取消，采用一次调频与 AGC、监控调节叠加方式，即调速器功率调节目标功率 = 监控有功功率设定值 + 一次调频动作量。

(2) 在调速器程序中增加继电器接点粘连判断逻辑：当 LCU 增/减命令持续时间超过设定时间（8s），则判断开出继电器故障，闭锁增/减脉冲，直到人为确认复归。同时触发“开度调节故障”报警信号上送监控系统，监控收到该报警信号后退出单机功率闭环以及单机 AGC 联控。

(3) 在机组 LCU 程序中删除原有“一次调频动作闭锁有功脉冲调节”和“一次调频动作复归 30s 内闭锁有功脉冲调节”功能。

(4) 在大网/小网开度模式下，当有功设定值有变化，即有新的功给命令（1s 脉宽扩展），“一次调频优先”状态位复位，此时 LCU 实时下发脉宽调节指令；待一次调频复归且 [|有功设定 - 有功反馈（滑动平均值）| < 调节死区（4.5MW）] 条件满足延时 3s 后，“一

次调频优先”状态位置位。此时一次调频动作优先：若一次调频动作则闭锁功率脉冲，直到一次调频动作信号复归后延时 5s，才取消功率脉冲闭锁。

（5）在 LCU 程序中增加继电器接点拒动判断逻辑：当最近一次功率设定命令为“1”且一次调频未动作（延时 90s）且有功闭环投入且｜有功设定值－有功实发值｜≥10MW 的条件满足后（延时 2s）触发“LCU 开度调节超时”故障信号（报警信号 3s 后自动复归），该报警信号将退出“单机功率闭环”，即退出“单机 AGC 联控”。

（6）在 AGC 程序中增加“负荷反向调节闭锁”功能，持续判断西南电网功率下发命令区，收到命令后判断母线频率偏差，当母线频率偏差低于 ±0.1Hz 时，接收西南下发的设定值，并计算分配至机组。当母线频率偏差高于 ±0.1Hz 时，直接返回，维持当前设定值不变，并产生报警信号“负荷反向调节闭锁”。

3. 电站 AGC 与西南主站 AGC 协调配合问题

2019 年 1 月至 2 月，西南分中心组织各电站 AGC 加入西南闭环控制试运行试验，2019 年 3 月 8 日，向家坝水电站 AGC 正式加入西南主站 AGC 闭环控制。通过 AGC 闭环控制试运行试验及 AGC 日常运行过程中的实际情况，发现西南主站 AGC 存在以下控制策略：

（1）西南主站 AGC 程序中电站 AGC 运行上限＝电站 AGC 计算的实际有功运行上限－15MW。

（2）由于调节死区（15MW）的存在，西南主站 AGC 有功设定值与发电计划存在偏差。

上述策略将导致某些工况下电站实际出力与发电计划存在 30MW 偏差。为此，电厂专业人员多次与西南分中心自动化人员沟通交流，提出相关优化方案：

（1）西南主站 AGC 取消上述策略中的 15MW 偏差。该方案西南主站已采纳并已完成实施。

（2）西南主站 AGC 每 15min 时刻点（15min、30min、45min、60min）负荷下发值不考虑调节死区，直接按发电计划下发有功设定值。该方案西南主站已采纳，正在进行相关验证试验。

10.3　重要试验

10.3.1　机组机电联调试验

10.3.1.1　试验目的

（1）检查 LCU 正常开/停机、事故停机流程（MARK0、MARK1、MARK2）与被控设备动作的正确性。

（2）检查水机后备保护出口回路正确性。

（3）检测继电保护、励磁系统、调速系统、机组自动化设备、电制动设备、机组 LCU 之间相互动作逻辑、信号等的正确性。

（4）检查技术供水系统等辅助设备控制单元功能是否动作正常。

10.3.1.2　试验条件

（1）检修工作完毕，工单已注销，具备机电联调条件。

（2）参与联动控制的各子系统接地线拆除。

（3）发电机风洞、水车室无人工作，各部人孔门已关闭。

（4）发电机出口至 GCB 封闭母线段无人工作。

（5）试验机组未充水或上下游已平压。

(6) 以下各试验已完成:

①调速系统电气各种模拟试验。

②调速系统机械各种整定及试验。

③发变组保护各种整定及试验。

④主变冷却系统各种模拟试验。

⑤技术供水系统各种整定及模拟试验。

⑥监控系统与 GCB、GEBS、S105 的单控试验(主变倒挂之前完成,可以与发变组保护联动试验同步做)。

⑦励磁系统各种整定及模拟试验。

⑧确认转轮前后平压,调速系统具备导叶动作条件。

⑨确认检查所有远程 I/O 投入。

⑩机组厂用电工作正常。

⑪机组辅助设备电源恢复,并置远方或自动控制模式。

⑫所有盘柜、设备的交直流电源投入,熔断器、控制开关投入。

10.3.1.3 试验内容及步骤

1. 单系统试验内容及步骤(见表 10-1)

表 10-1 单系统试验内容及步骤

试验条件	试验项目	检查内容
(1) 各系统检修完毕,工单结束,安全措施恢复; (2) 设备责任部分工作负责人已就位,进行相关监护,异常情况时能立即终止试验; (3) 移动工作台已搭建完成	主轴密封系统试验	主轴密封系统现地手动和监控系统投、退试验;主、备用水源切换试验;电动阀试验;相关动作、报警信号能在监控系统中动作,检查电磁阀、压力开关动作状态和压力变送器显示值
	顶盖排水系统试验	检查1、2号排水泵能在水轮机动力柜手动启、停;模拟液位高时能自动运行,液位过高时备用泵能自动运行并有报警信号;各方式下启、停泵信号和备用泵动作、报警信号能在监控系统中动作;顶盖水位模拟量和监控系统一致,确认整定值的正确性
	水导油循环系统试验	检查1、2号泵能现地在水轮机动力柜手动启、停;监控系统能远方启、停;自动方式下上油箱油位高时备用泵能自动停止运行,油位低时能启备用泵并有报警信号;监控系统启停水导油循环泵,试验轮换方式运行正常(可在手动、自动开机中进行);双泵运行时流量、压力正常;各方式下启、停泵信号和备用泵动作、报警信号能在监控系统中动作,现地油位模拟量和监控系统一致,确认整定值的正确性
	高压油系统试验	检查1、2号泵能现地在发电机动力柜手动启、停;监控系统能远方启、停(可在开停机中进行);各方式下启、停泵信号能在监控系统中动作,压力模拟量信号和监控系统一致,确认整定值的正确性

续表

试验条件	试验项目	检查内容
(1) 各系统检修完毕，工单结束，安全措施恢复； (2) 设备责任部分工作负责人已就位，进行相关监护，异常情况时能立即终止试验； (3) 移动工作台已搭建完成	制动闸系统试验	检查能在制动控制柜手动投、退制动闸，信号在制动控制柜、监控系统中一致、正确；检查能在监控系统中投、退制动闸（可在手动、自动开机中进行），信号在制动控制柜、监控系统中一致、正确
	技术供水电动阀现地控制实验	检查在滤水器控制箱和电动阀控制箱能够手动开启、关闭技术供水电动阀，监控系统、控制箱阀门状态信号应与阀门实际状态一致
	调速器同 LCU 配合试验	检查调速器及液压系统在远方方式下能通过监控系统正常启、停。 检查 LCU 至调速器开出命令如一次调频投退、控制模式切换等能正确下达，反馈信号同现地状态一致。 检查 LCU 至液压系统开出命令如锁定投退、隔离阀开关等能正确下达，反馈信号同现地状态一致。 检查液压系统油压、油位等重要模拟量信号同监控数据的一致性。 检查机组 LCU 水头、功率模出量和调速器收到数据的准确度、线性度。选取多个水头、功率数值模拟输出，检查调速器收到的数据是否准确
	调速器油压整定、事故低油位试验	检查调速器液压系统压力及油位动作值是否满足要求，并做好记录； 核实调速器液压系统压力值与监控是否一致
	其他设备单控试验	若机组 LCU 开出继电器更换或设备远方控制回路更改，应完成相应设备的单控试验

2. 手动开机试验内容及步骤（见表 10－2）

本实验开始的前置准备工作：在移动工作站 MOS 人机界面检查各设备状态，并在移动工作站 MOS 或移动工程师站 ES 编程台强制以满足开机条件。

表 10－2　手动开机试验内容及步骤

试验条件	试验项目/步骤	检查内容
(1) 恢复机组所辖二次设备控制状态为“远方”或“自动”控制模式； (2) 调速器接入仿真仪，模拟调速器开机过程； (3) 检查监控系统开机条件是否满足，监控系统处于开机流程手动模式	在 MOS 人机界面执行开机流程第一步“开关操作”	检查电制动开关 GEBS、电制动电源开关 S105 是否在分闸位置，检查下一步条件满足
	在 MOS 人机界面执行开机流程第二步“冷却设备操作”	检查水系统电动阀、滤过器和减压阀打开，水导外循环油泵启动，水导油流量、上导油箱油位正常，冷却水流量正常，检查下一步条件满足
	执行开机流程第三步“辅助设备操作”	检查加热器、油雾吸收、蠕动探测、集电环粉尘吸收装置动作情况正常，检查下一步条件满足
	执行开机流程第四步“启动液压系统、拔锁定”	检查液压系统启动、锁定拔出，主轴密封水压力、流量正常，检查下一步条件满足

续表

试验条件	试验项目/步骤	检查内容
(1) 恢复机组所辖二次设备控制状态为“远方”或“自动”控制模式; (2) 调速器接入仿真仪，模拟调速器开机过程; (3) 检查监控系统开机条件是否满足，监控系统处于开机流程手动模式	执行开机流程第五步“投高压油、撤风闸”	检查制动闸落下、高压油泵启动，高压油流量、压力正常，检查下一步条件满足。
	执行开机流程第六步“调速器开机”	(1) 检查调速器收到开机令，打开导叶至空载开度。 (2) 检查调速器打开至空载开度，检查转速 = 0、<10%、<15%、<50%、<90%、>95%时节点动作情况，高压油泵动作情况，机组开机至空转。 检查下一步条件满足
	执行开机流程第七步“投励磁”	检查励磁启动命令收到。励磁功率柜风机启动，交流灭磁开关 S102 合，直流灭磁开关 S101 合。检查励磁系统发“启励失败”信号，复归信号，然后模拟发电机定子电压>90%，机头灯亮。检查下一步条件满足。
	执行开机流程第八步“并网操作”	模拟隔离开关合闸状态，开关合闸电源投入，检查同期装置启动，模拟开关状态，并网成功
	并网态下的调速器、励磁调节试验	模拟并网态，校核监控与调速器、励磁的调节通道（包括模拟量、开关量）

3. 手动停机试验内容及步骤（见表 10-3）

表 10-3　手动停机试验内容及步骤

试验条件	试验项目/步骤	检查内容
(1) 恢复机组所辖二次设备控制状态为“远方”或“自动”控制模式; (2) 模拟定子电压>90%额定电压; (3) 机组在并网状态; (4) 模拟有功 300MW，无功 50MVar; (5) 调速器接入仿真系统，同步模拟调速器停机过程，从第四步开始，模拟机组转速下降	MOS 上置停机流程为“手动”，启动停机流程，执行停机流程第一步“减负荷”	模拟有功、无功逐渐下降，有功至<40MW，无功至<20MVar。 检查下一步条件满足
	执行停机流程第二步“解列”	检查 LCU GCB 跳闸继电器 KA59、KA81 动作，GCB 分闸正常。 检查下一步条件满足
	执行停机流程第三步“停励磁”	检查励磁收到停机令，励磁逆变回路动作（励磁系统侧切励磁信号继电器 K18 动作）。交流灭磁开关 S102 分闸，监控取消电压>90%模拟信号。 检查下一步条件满足
	执行停机流程第四步“停调速器”	1. 检查调速器收到停机令，导叶全关，制动粉尘吸收装置启动; 2. 检查转速>95%、<90%、<50%、<35%、<15%时节点的复归与动作情况; 3. 检查转速<90%时高压油泵投入。 检查下一步条件满足
	执行停机流程第五步“电气制动准备”	检查 GEBS（ZD01）、S105 是否合闸，GEBS 接地开关分闸（ZD017）。 检查下一步条件满足
	执行停机流程第六步“投电气制动”	检查励磁收到电制动投入令，S104 合闸，励磁运行正常。检查下一步条件满足

续表

试验条件	试验项目/步骤	检查内容
（1）恢复机组所辖二次设备控制状态为“远方”或“自动”控制模式； （2）模拟定子电压 > 90% 额定电压； （3）机组在并网状态； （4）模拟有功 300MW，无功 50MVar； （5）调速器接入仿真系统，同步模拟调速器停机过程，从第四步开始，模拟机组转速下降	执行停机流程第七步“投机械制动”	（1）机械制动投入、励磁电气制动退出（S104 分闸）； （2）检查转速 0 接点动作情况。 检查下一步条件满足
	执行停机流程第八步“停导轴承油外循环系统、投锁定”	检查水导外循环油泵停止，锁定投入。 检查下一步条件满足
	执行停机流程第九步“分电制动短路开关等”	检查 GEBS、S105 分闸，蠕动探测装置投入
	执行停机流程第十步“停高压油系统”	检查高压油泵停止，无报警信号
	执行停机流程第十一步“停液压系统、辅助设备等”	检查液压系统停止，隔离阀关闭、制动闸落下，制动粉尘、集电环粉尘吸收装置退出，上导、推导/下导油雾吸收装置停止
	执行停机流程第十二步“停技术供水”	检查 DF4 全关

4. 自动开机试验内容及步骤（见表 10－4）

表 10－4　自动开机试验内容及步骤

试验条件	试验项目/步骤	检查内容
同手动开机	执行开机到空载（并网）	检查开机流程及事件反馈正常
同手动开机； 机组控制权切至成都调控	执行开机到空载	成都远方检查开机流程及事件反馈正常

5. 自动停机试验内容及步骤（见表 10－5）

表 10－5　自动停机试验内容及步骤

试验条件	试验项目/步骤	检查内容
同手动停机	执行停机流程（停机至水系统运行）	检查停机流程及事件反馈正常
同手动停机； 机组控制权切至成都调控	执行停机流程	成都远方检查停机流程及事件反馈正常

6. MARK 1 电气事故紧急停机试验内容及步骤（见表 10－6）

注意：若主变已经倒挂送电运行，则试验开始前，由运行人员确认与试验相关的发电机保护跳 500kV 串内开关相关连片已退出。变压器保护 C 盘保护跳闸启动 GCB 失灵连片（1－4CLP1、1－4CLP2）（连片编号以 1 号机组为例）已退出，而主变保护盘上的其他跳闸出口连片需投入。

表 10－6　MARK 1 电气事故紧急停机试验内容及步骤

试验条件	试验项目/步骤	检查内容
GCB、灭磁开关在合闸位置；退出保护盘停机连片	投入 GCB、灭磁开关跳出口连片，模拟发电机保护动作	检查保护跳出口回路跳 GCB、灭磁开关动作正常
励磁系统故障跳 GCB	投入 GCB、灭磁开关跳出口连片，模拟励磁系统故障	检查保护跳出口回路跳 GCB、灭磁开关动作正常；检查励磁系统状态，并在 OP 面板复归故障信号
励磁变温度过高跳闸	投入 GCB、灭磁开关跳出口连片，在励磁变端子箱模拟励磁变温度过高	检查保护跳出口回路跳 GCB、灭磁开关动作正常；检查励磁系统状态，并在 OP 面板复归故障信号
机组开机至空载紧急停机流程（MARK 1）退出	投入发电机保护 A 盘停机连片；退出 A 盘跳闸及跳灭磁开关连片；模拟机组电气事故 A 套动作	（1）检查机组保护 A 盘停机总出口动作，MARK1 置 1；（2）不启动电气事故停机流程
模拟机组在空载状态	投入发电机保护 B 盘停机连片；退出 B 盘跳闸及跳灭磁开关连片；模拟机组电气事故 B 套动作	（1）检查机组保护 B 盘停机总出口动作，MARK1 停机流程启动；（2）检查灭磁开关分闸正常；（3）检查停机流程执行正常

7. 机组后备保护动作试验内容及步骤（见表 10－7）

试验开始前退出 MARK0、MARK1、MARK2 软连片。

表 10－7　水机后备保护回路试验内容及步骤

试验条件	试验项目/步骤	检查内容
模拟机组在空转（空载）状态	动作机械过速装置过速节点	LP4 压板退出，水机后备保护不动作
		LP4 压板投入，水机后备保护动作。检查事故配压阀，快速闭门动作正常
	*模拟转速大于 150% N_e	LP2 压板退出，水机后备保护不动作
		LP2 压板投入，水机后备保护动作。检查事故配压阀，快速闭门动作正常
（1）模拟机组在并网状态；（2）开导叶至空载以上；（3）退出快速停机流程（只触发快停信号，不出口流程）	在左岸中控室按下紧急停机按钮	LP1-LP8 压板均切除，启动后备保护回路
	*在现地机组 LCU A4 柜内按下紧急停机按钮	LP1-LP8 压板均切除，启动后备保护回路
	*用电阻箱模拟上导瓦温过高	LP5 压板切除，不启动后备保护回路
		LP5 压板投入，启动后备保护回路
	*用电阻箱模拟下导瓦温过高	LP6 压板切除，不启动后备保护回路
		LP6 压板投入，启动后备保护回路
	*用电阻箱模拟推力轴承瓦温过高	LP7 压板切除，不启动后备保护回路
		LP7 压板投入，启动后备保护回路

续表

试验条件	试验项目/步骤	检查内容
(1) 模拟机组在并网状态; (2) 开导叶至空载以上; (3) 退出快速停机流程（只触发快停信号，不出口流程）	*用电阻箱模拟水导轴承瓦温过高	LP8 压板切除，不启动后备保护回路
		LP8 压板投入，启动后备保护回路
	在现地机组 LCU A4 柜内按下落门按钮	LP1 ~ LP8 压板均切除，启动后备保护回路。检查应有快速闭门动作信号
	在左右岸中控室按下落门按钮	LP1 ~ LP8 压板均切除，启动后备保护回路。检查应有快速闭门动作信号

注：带“*”号的项目在停机状态下做，验证水机后备回路继电器动作情况即可。

8. MARK0 事故停机试验内容及步骤（见表 10－8）

试验开始前退出水机后备保护（所有连片退出）。

表 10－8　MARK 0 一类机械事故停机试验内容及步骤

试验条件	试验项目/步骤	检查内容
模拟机组在空载（空转）状态	模拟机组转速 $>148\%\ N_e$	水机后备保护退出
		检查快速停机流程动作情况
(1) 模拟机组在并网状态; (2) 开导叶至空载以上; (3) 退出 MARK0 快速停机流程	模拟监控系统保护信息画面其他启动 MARK0 条件	(1) 模拟检查触发 MARK0 条件是否动作正常; (2) 不动作快速停机流程

9. MARK2 事故停机试验内容及步骤（见表 10－9）

试验开始前退出水机后备保护（所有连片退出）。

表 10－9　MARK 2 二类机械事故停机试验内容及步骤

试验条件	试验项目/步骤	检查内容
(1) 模拟机组在并网状态; (2) 导叶开至开限位; (3) MARK2 投入	模拟调速器低油压停机条件	检查 MARK2.1、MARK2，快速停机流程启动。检查流程及设备动作正常
(1) 模拟机组在空载状态; (2) MARK2 退出	模拟监控系统保护信息画面其他启动 MARK2 条件	(1) 模拟检查触发 MARK2 条件是否动作正常; (2) 不动作快速停机流程

10.3.2　电站 AGC 与西南主站 AGC 联调试验

10.3.2.1　试验目的

检验电站 AGC 闭环调节策略、异常工况下的安全策略及与西南主站 AGC 协调配合策略。

10.3.2.2　试验内容及步骤

1. 开环调试

试验条件：在向家坝电厂当地监控系统闭锁 AGC 控制输出条件下进行。

试验内容：

（1）检查向家坝水电站与分中心 D5000 系统 104 链路运行情况，根据信息点表核对向家坝水电站上送分中心 AGC 交互数据是否正确。

（2）向家坝左岸电站进行 AGC 功能投退、远方/就地投退、机组 AGC 投退试验，分中心核对该功能是否正常。

（3）向家坝右岸电站进行 AGC 功能投退、远方/就地投退、机组 AGC 投退试验，分中心核对该功能是否正常。

（4）成都集控中心远方进行向家坝左岸 AGC 功能投退、远方/就地投退、机组 AGC 投退试验，分中心核对该功能是否正常。

（5）成都集控中心远方进行向家坝右岸 AGC 功能投退、远方/就地投退、机组 AGC 投退试验，分中心核对该功能是否正常。

（6）分中心通过 104 链路下发 AGC 遥调指令，测试向家坝左岸电站接受指令是否正确；成都集控中心检查遥调数据显示是否正确。

（7）分中心通过 104 链路下发 AGC 遥调指令，测试向家坝右岸电站接受指令是否正确；成都集控中心检查遥调数据显示是否正确。

（8）主站人工手动下发向家坝左岸全厂有功设定值，观察向家坝左岸电站 AGC 系统的信息处理和控制输出状况，依次完成单机、多机组合试验，测试向家坝左岸电站 AGC 系统有功分配策略的正确性。

（9）主站人工手动下发向家坝右岸全厂有功设定值，观察向家坝右岸电站 AGC 系统的信息处理和控制输出状况，依次完成单机、多机组合试验，测试向家坝右岸电站 AGC 系统有功分配策略的正确性。

2. 异常工况调试

试验条件：在向家坝左右岸电站当地监控系统闭锁 AGC 控制输出条件下进行。

试验内容：

（1）LCU 至电站监控的通道中断试验。

试验方法：全厂 AGC 功能投入、投入 AGC 开环、机组 AGC 投入，模拟 LCU 通信故障，观察并记录左右岸 AGC 运行情况。

（2）电站至西南分中心通信中断。

试验方法：全厂 AGC 投入、投入 AGC 开环、机组 AGC 投入，西南分中心通过手动停止分中心与向家坝水电站 104 链路，模拟电站至西南分中心通信中断，观察并记录左右岸 AGC 运行情况。

（3）模拟向家坝左右岸电站保护系统动作信号。

试验方法：全厂 AGC 投入、投入 AGC 开环、机组 AGC 投入，模拟安稳控制动作保持，观察并记录左右岸 AGC 运行情况。

（4）向家坝水电站 AGC 系统死机试验。

试验方法：全厂 AGC 投入、投入 AGC 开环、机组 AGC 投入，将两台 AGVC 控制服务器的 AGC 程序同时停止，观察并记录左右岸 AGC 运行情况。

（5）全厂/机组有功出力突变。

试验方法：全厂 AGC 投入、投入 AGC 开环、机组 AGC 投入，模拟全厂或者机组有功出力跳变，观察并记录左右岸 AGC 运行情况。

（6）全厂有功出力与主变高压侧有功差值越限。

试验方法：全厂AGC投入、投入AGC开环、机组AGC投入，模拟全厂总有功与线路总有功差值越规定限值，观察并记录左右岸AGC运行情况。

（7）连续接收三次不合理命令。

试验方法：全厂AGC投入、投入AGC开环、机组AGC投入，分中心设置全厂总有功设定值在不可分配的等值振区内或超上下限范围或超命令最大改变量三次，观察并记录左右岸AGC运行情况。

（8）机组发电态或转速异常。

试验方法：全厂AGC投入、AGC开环、机组AGC投入，模拟机组并网信号消失时，观察并记录左右岸AGC运行情况。

（9）主备通信通道互相切换。

试验方法：全厂AGC投入、AGC开环、机组AGC投入，分中心切换调度通信通道，检查全厂AGC控制不受影响。

（10）向家坝水电站远动通信机切换。

试验方法：全厂AGC投入、AGC开环、机组AGC投入，电站侧切换监控系统远动通信主备机，观察并记录左右岸AGC运行情况。

3. 闭环调试

试验条件：在开环调试没有异常条件下，当地监控系统打开控制输出闭锁后进行。

试验内容：

（1）向家坝左右岸电站分别投入分中心远方闭环控制，观察向家坝左右岸电站机组以及全厂总出力变化情况。

（2）向家坝左岸电站单机调整：选择一台并网状态的机组投入单机AGC，全厂AGC功能投闭环模式，其他机组当地控制，增减全厂总有功设定，观察机组设定值和实测值变化情况，记录该AGC机组的响应速率。

（3）向家坝左岸电站多机调整：依次选择多台机组组合投入AGC闭环控制，增减全厂总有功设定，观察机组设定值和实测值变化情况，记录该AGC机组的响应速率。

（4）向家坝右岸电站单机调整：选择一台并网状态的机组投入单机AGC，全厂AGC功能投闭环模式，其他机组当地控制，增减全厂总有功设定，观察机组设定值和实测值变化情况，记录该AGC机组的响应速率。

（5）向家坝右岸电站多机调整：依次选择多台机组组合投入AGC闭环控制，增减全厂总有功设定，观察机组设定值和实测值变化情况，记录该AGC机组的响应速率。

（6）成都集控将向家坝左岸电站投入分中心远方闭环控制，主站将向家坝水电站等值机投入SCHEO控制模式，观察记录向家坝左岸电站机组响应情况。

（7）成都集控将向家坝右岸电站投入分中心远方闭环控制，主站将向家坝水电站等值机投入SCHEO控制模式，观察记录向家坝左岸电站机组响应情况。

10.3.3　电站AVC与西南主站AVC联调试验

10.3.3.1　试验目的

验证电站AVC闭环控制策略、异常工况下的安全策略及与西南主站AVC的协调配合策略。

10.3.3.2 试验内容及步骤

1. 开环调试

试验条件：在向家坝水电站当地监控系统闭锁 AVC 控制输出条件下进行。

试验内容：

（1）检查向家坝水电站与分中心 D5000 系统 104 链路运行情况，根据信息点表核对向家坝左岸、右岸电站上送数据分中心 AVC 交互数据是否正确。

（2）向家坝水电站进行左岸 AVC 功能投退、远方/就地投退、机组 AVC 投退试验，分中心核对该功能是否正常。

（3）向家坝水电站进行右岸 AVC 功能投退、远方/就地投退、机组 AVC 投退试验，分中心核对该功能是否正常。

（4）分中心通过 104 链路下发 AVC 遥调指令，测试向家坝左岸电站接受指令是否正确。

（5）分中心通过 104 链路下发 AVC 遥调指令，测试向家坝左岸电站接受指令是否正确。

（6）单机控制：主站人工手动下发向家坝左岸电站 500kV 母线电压目标值（包括平调、上调和下调指令），观察向家坝左岸电站 AVC 系统的信息处理和控制输出状况。

（7）多机控制：主站 AVC 系统人工手动下发向家坝左岸电站 500kV 母线电压目标值（包括平调、上调和下调指令），观察向家坝水电站 AVC 系统的信息处理和控制输出状况。

2. 异常工况试验

试验条件：在向家坝水电站当地监控系统闭锁 AVC 控制输出条件下进行。

试验内容：

（1）通道中断测试：当向家坝水电站与分中心 104 链路瞬时中断时，电站 AVC 功能保持不变，永久中断时 AVC 功能应切换到当地控制，电站各机组无功出力应保持不变。

（2）保护动作测试：向家坝水电站选择至少 2 台机组投入 AVC 控制，保护动作后向家坝水电站 AVC 功能退出运行，受控机组退出 AVC 控制，机组有功、无功出力和出线电压应保持不变。

（3）安控动作测试：向家坝水电站选择至少 2 台机组投入 AVC 控制，安控动作后向家坝水电站 AVC 功能退出运行，受控机组退出 AVC 控制，机组有功、无功出力和出线电压应保持不变。

（4）AVC 受控机组励磁系统故障测试：测试励磁系统故障的机组退出 AVC 控制，机组有功、无功出力和 500kV 母线电压应保持不变。

（5）长时间未收到分中心下发控制命令测试：测试向家坝 AVC 系统控制目标值不变，16min 后向家坝水电站 AVC 功能自动退出远方控制，机组有功、无功出力和 500kV 母线电压应保持不变。

（6）分中心下发控制命令异常测试：验证电站防误闭锁逻辑，电站应对分中心下发设置值进行合理性校验，异常指令应自动闭锁不执行，若连续三次设定值不合理则退出调度远方控制。

（7）机组无功量测源故障试验：验证电站具备重要量测数据采集异常自动闭锁功能。

（8）电站 AVC 系统故障试验：验证电站 AVC 主备机功能是否正常，若双机均故障则 AVC 系统应自动退出。

（9）母线电压量测故障试验：电站 500kV 主控制母线电压采集异常，AVC 应自动切换备用母线控制，若主、备控制母线均异常则自动退出 AVC 控制。

第 11 章 继电保护系统检修

11.1 概述

向家坝水电站发电机继电保护系统检修采取计划检修和状态检修相结合的方式。其中，计划检修主要根据检修规程要求的年度维护、部分检验（每 2 ~4 年一次）和全部检验（每 6 年一次）周期，制订检验滚动计划并严格执行。状态检修主要根据保护设备周诊断、月度诊断、年度诊断评估结果，对设备检修滚动计划进行必要的修订，可以缩短检验周期，不得延长检验周期。

发电机继电保护系统的检修项目由标准检修项目和非标准检修项目组成。其中，标准检修项目严格执行检修规程要求的部分检验和全部检验内容，包括装置逆变电源检查、二次回路绝缘检查、装置开入检查和采样检查、保护功能逻辑校验、装置出口检查、装置整组试验、CT/PT 直阻检查、保护定值检查等各项内容。非标准检修项目主要由技术改进或技术改造项目组成，主要根据保护设备周诊断、月度诊断、年度诊断评估结果确定，以解决设备家族性缺陷、常发性缺陷、设备老化或一些设计问题。

11.2 技术专题

11.2.1 发电机定子接地故障分析与处理

11.2.1.1 故障概述

某发电机在启动试运行调试期间发生定子接地保护动作跳闸。

11.2.1.2 故障分析

1. 保护装置的检查分析

机组跳闸后，检查两套发电机保护的定子接地保护均动作。A 套的注入式定子接地保护动作出口；B 套的基波零序电压保护动作出口，三次谐波定子接地保护没有动作。A 套保护装置注入低频电源 20Hz 电压、电流的波形如图 11 -1 所示，当发生定子接地故障时，20Hz 电压下降，20Hz 电流上升，发电机定子接地电阻维持在较低水平。

B 套保护装置发电机机端三相电压、机端和中性点零序电压波形图如图 11 -2、图 11 -3 所示。从图 11 -2 可知，当发电机定子接地时，发电机机端 A 相电压 U_{FA} 接近于 0V，B 相电压 U_{FB} 约为 97V，C 相电压 U_{FC} 约为 98V。

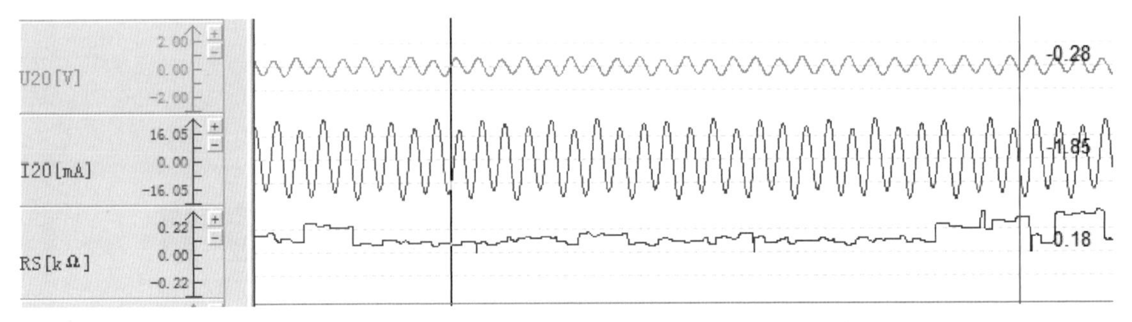

图 11－1　A 套注入式定子接地保护 20Hz 外注入信号源波形

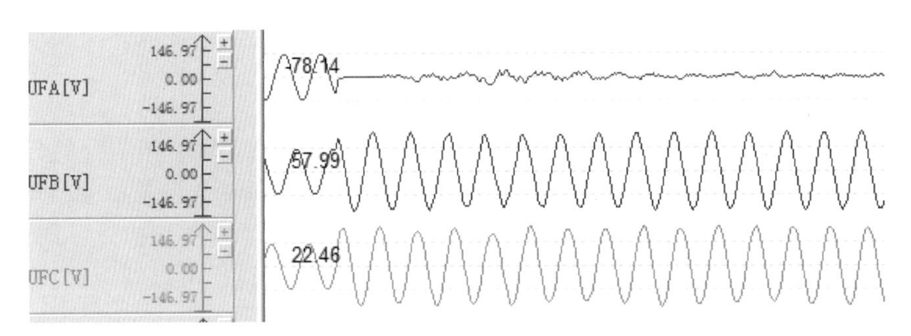

图 11－2　B 套保护录制的发电机机端电压波形

从图 11－3 可知，U_0（机端基波零序电压）约为 94V，U_N（中性点基波零序电压）约为 45V，U_{F3}（机端零序三次谐波电压）和 U_{N3}（中性点三次谐波电压）有明显增大，U_{F3} 和 U_{N3} 比值并不很大（15.21/8.41＝1.8，保护定值为 3.91），因此只有基波零序电压保护动作。三次谐波电压保护对于靠近中性点的接地故障反应更为灵敏，故三次谐波电压保护没有动作。

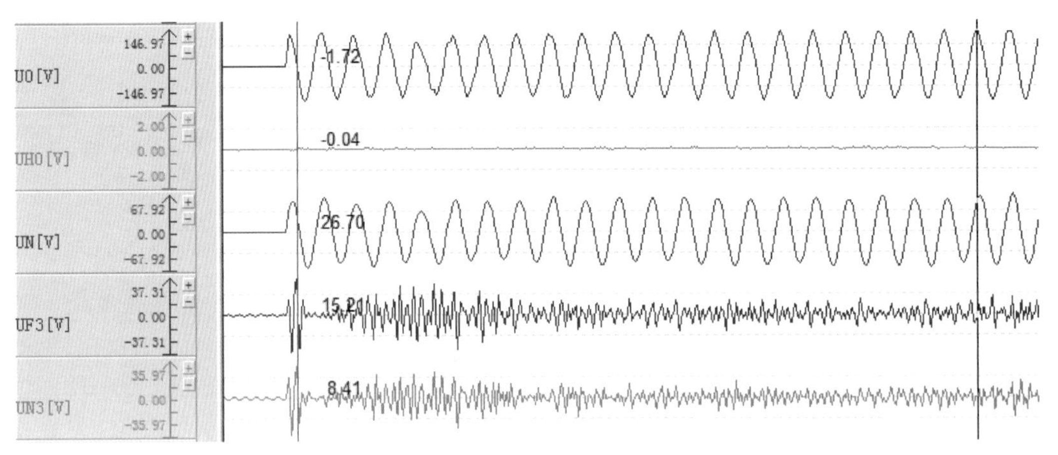

图 11－3　B 套保护录制的发电机基波零序电压波形

通过上述波形分析判断定子接地故障点靠近发电机 A 相定子机端侧。

2. 故障录波波形检查分析

检查发变组故障录波装置的波形，当发生定子接地故障时，发电机机端 A 相电压接近于

0，B、C 相电压均约为 95V，基波零序电压约为 90V。同样印证了定子接地故障点靠近发电机 A 相定子机端侧。

11.2.1.3　故障处理

对发电机内线棒绝缘盒、汇流环、补气管、补水管、定子线棒端箍、线棒引线外环端部等进行了检查，没有发现发电机漏水、积水、灰垢、油渍、遗留杂物等情况。对发电机本体、励磁变压器、厂用高压变压器、电压互感器、GCB、中性点接地变压器及其附属设备等电气回路和设备进行检查，未发现明显的故障特征。

在未对发电机本体各部位进行隔离的情况下，即整个电气一次系统包括励磁变、厂用高压变压器、GCB、电压互感器、出线封母和发电机本体等，用绝缘电阻测试仪检查了发电机本体 A、B、C 各相的对地绝缘，其中 B、C 相的对地绝缘电阻大于 1000MΩ，而 A 相的对地绝缘电阻小于 50MΩ。

解开发电机中性点连接线，断开发电机定子线棒与封闭出口母线的软连接，测量发电机各部分的绝缘。检查发电机出口封闭母线 A 相的对地绝缘电阻小于 5MΩ。在出口封闭母线的观察窗用照明探灯察看，发现发电机机端电流互感器的一根二次电缆触碰到 A 相母线，二次电缆的外层绝缘层烧损，造成发电机机端 A 相出口母线通过二次电缆的内层金属屏蔽层接地。此次故障系设备安装人员现场工作中没有将二次电缆固定好，造成二次电缆掉到出口母线上引起母线接地。

查找到故障原因后，将二次电缆更换并重新固定。发电机组开机升压后，检查保护装置和故障录波装置的机端电压各项采样值和波形图，发电机各项电气量监测正常，机组正常并网发电。

11.2.2　GCB 非全相分闸故障分析与处理

11.2.2.1　故障概述

某发电机组正常停机过程中，在 GCB 分闸操作之后，两套变压器保护发“变压器低压侧零序电压报警”信号。

11.2.2.2　故障分析

（1）检查 GCB 分闸之后发电机机端电压与主变低压侧电压波形如图 11－4 所示。其中，C 相电压的幅值与相角基本一致，而 A、B 相电压的幅值与相角差异明显，基本可以判断 GCB 的 C 相未断开。

（2）发电机逆变灭磁至励磁电压降为 0V 这个时间段内，各电气量变化如图 11－5 所示，主要特征如下：①发电机机端 C 相电压和主变低压侧 C 相电压幅值和相角保持一致。②发电机机端 A、B、C 相电压幅值逐渐降低，三相电压幅值降低趋势一致、波形平滑、无毛刺或尖峰。在励磁电压降为 0V 之后，三相电压的幅值、相角基本一致，幅值均在 4.5V（9% U_n）左右。③主变低压侧 A、B 相电压和零序电压逐渐升高至 100V 左右（173% U_n），且 A、B 相电压相角相差 60°左右，A 相电压幅值略低于 B 相。

（3）GCB C 相未断开时，发变组单元的等效系统图如图 11－6 所示。根据电路理论分析，变压器低压侧 C 相对地电容（容抗 260Ω）远大于 A、B 相的对地电容（容抗 12 240Ω），且 C 相还经发电机中性点接地变高阻接地（电阻值为 262Ω），将导致主变低压侧三相电压不平衡，并出现零序电压。对该电路进行定量计算，计算结果与故障录波波形基本一致。

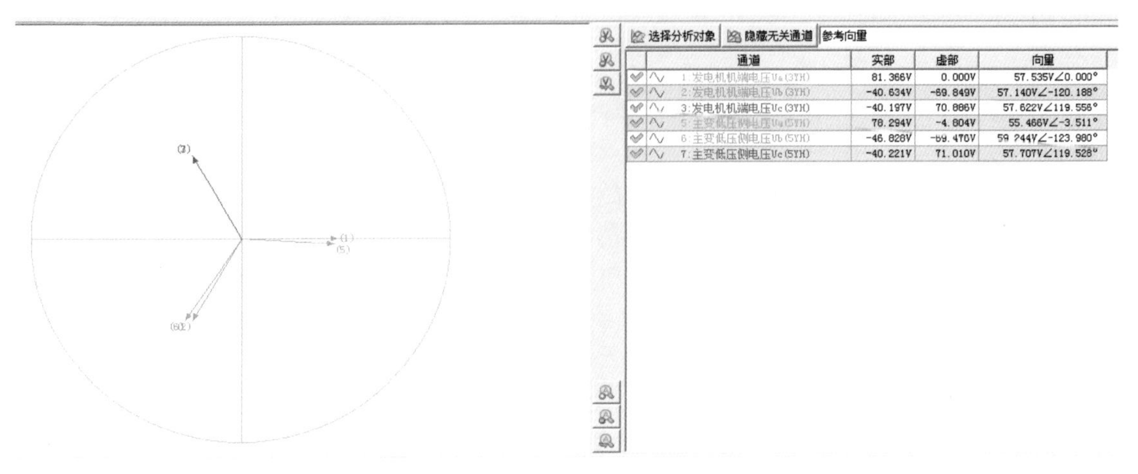

选择分析对象　隐藏无关通道　参考向量

通道	实部	虚部	向量
1:发电机机端电压Ua(3YH)	81.366V	0.000V	57.535V∠0.000°
2:发电机机端电压Ub(3YH)	-40.634V	-69.849V	57.140V∠-120.188°
3:发电机机端电压Uc(3YH)	-40.197V	70.886V	57.622V∠119.556°
5:主变低压侧电压Ua(5YH)	78.294V	-4.804V	55.466V∠-3.511°
6:主变低压侧电压Ub(5YH)	-46.828V	-69.470V	59.244V∠-123.980°
7:主变低压侧电压Uc(5YH)	-40.221V	71.010V	57.707V∠119.528°

图 11－4　发电机机端电压与主变低压侧电压波形（GCB 分闸后）

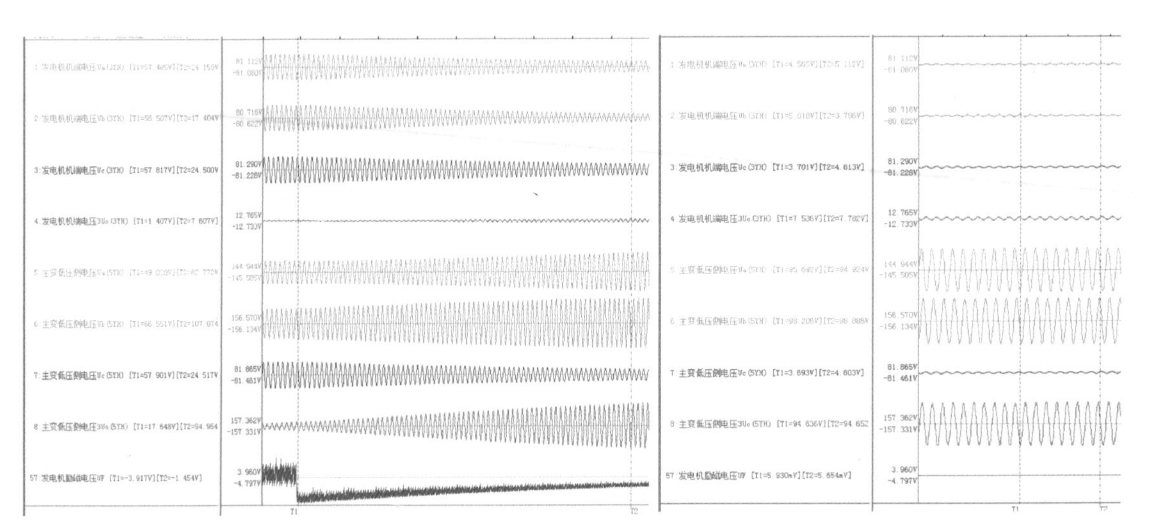

图 11－5　发电机机端电压与主变低压侧电压波形（发电机逆变灭磁前后）

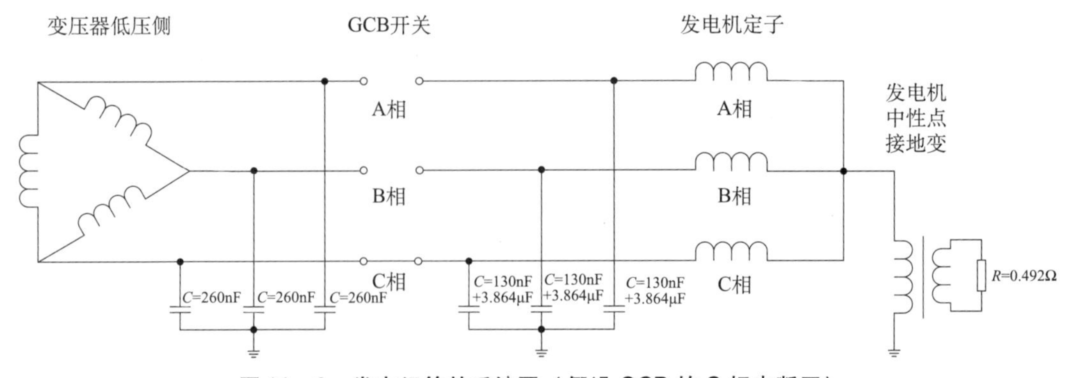

图 11－6　发变组等效系统图（假设 GCB 的 C 相未断开）

11.2.2.3　故障处理

维护人员检查 GCB，C 相断路器确实未断开，原因系传动机构出现了故障。维修传动机构后故障消除。

11.2.3　主变压器保护装置故障导致差动保护误动作故障分析与处理

11.2.3.1　故障概述

某发电机组正常并网运行过程中，变压器 B 套保护“主变差动保护”动作跳闸停机。维护人员现场检查发现：

（1）变压器 B 套保护装置面板“跳闸”“报警”“TA 断线”灯点亮，液晶面板显示“比率差动保护动作”。

（2）变压器 A 套保护装置无动作报文和信号。

（3）发变组故障录波装置在保护动作时刻未启动录波。

（4）检查变压器保护 B 柜、CT 端子箱端子和二次接线没有松动、损伤、灼伤等情况，电流回路直流电阻测量正常，二次电流回路没有接触不良或开路。

11.2.3.2　故障分析

1. 保护装置故障报告和波形分析

打印保护装置故障报告和波形，发现变压器 B 套保护装置主变低压侧 A 相电流从 0.55A 左右突变为 0A，B、C 相电流持续为 0.56A 不变。同时，主变 A 相差流突变为 $0.72I_e$，B 相差流持续为 $0.02I_e$，C 相差流持续为 $0.01I_e$，其中 A 相差流超过保护动作定值 $0.3I_e$，导致变压器保护 B 套差动保护动作出口。

2. 故障录波报告分析

变压器 B 套保护装置与故障录波装置共用主变低压侧电流回路绕组，故正常情况下变压器 B 套保护装置与故障录波装置主变低压侧电流采样应保持一致。

现场察看发变组故障录波波形，显示主变低压侧（6CT2）电流在保护动作时刻三相电流均未发生波动和变化。

因变压器 B 套保护装置和故障录波装置主变低压侧 A 相电流采样值不一致，初步判断变压器 B 套保护装置内部故障。

3. 保护装置采样检查

用继保测试仪在变压器 B 套保护装置主变低压侧三相电流通道通入 0.1A 的电流，检查 B 套保护装置电流采样值。发现保护装置 CPU 板、管理板主变低压侧（6CT2）A 相电流采样均为 0，而 B、C 相电流采样值正常，进一步判断故障发生在装置内部交流采样插件采集公共通道的电流 CT 回路上。

11.2.3.3　故障处理

更换备用交流插件后，重新用继保测试仪在保护盘内主变低压侧三相电流通入 0.1A 的电流，主变低压侧（6CT2）A 相电流采样电流恢复正常。

设备厂家对故障交流采样插件板进行检查测试，确认是交流插件的 A 相电流输入小 CT 的二次绕组断线开路。

11.2.4 主变压器剩磁导致“主变差动保护”误动作故障分析与处理

11.2.4.1 故障概述

某主变压器检修完工后转倒挂运行时，两套变压器保护“主变差动保护”动作跳闸。现场检查主变差动保护 A、B 套装置，面板“跳闸”灯点亮，报文显示“主变比率差动”“主变工频变化量差动”动作。

11.2.4.2 故障分析

1. 故障录波波形检查与分析

现场察看主变差动保护动作时刻故障录波图（如图 11－7 所示）、故障电流谐波分量分析图（如图 11－8 所示）。

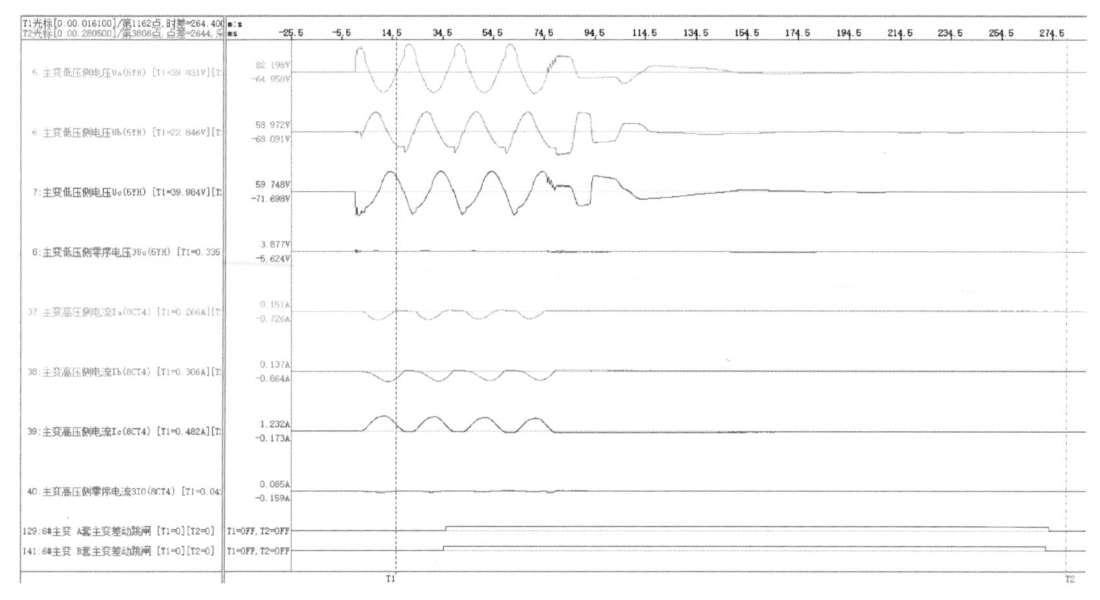

图 11－7 “主变差动保护”动作时刻录波图

从故障录波波形及主变保护装置相关数据可看出：

（1）保护动作时刻差动电流达到 $1.84I_e$，超过差动保护动作定值（差动启动定值 $0.3I_e$），导致两套保护动作出口。

（2）“主变差动保护”A、B 套动作特性一致，各项数据均一致，与故障录波采样数据基本相符。

（3）“主变差动保护”动作时间约 35ms，与其原理及试验数据均相符。

（4）主变高压侧三相电流波形如图 11－7 所示，A、B、C 三相电流的最大峰值分别为 0.71A、0.88A 和 1.24A，其中 C 相最大电流峰值约为 3.75 倍额定电流。A、B 相完全偏向正半波一侧，有一定的间断角，C 相完全偏向负半波一侧，间断角不明显。从该电流波形来看，存在一定涌流特征，但与以往空充波形相比，涌流特征不够显著，不能排除故障的可能性。

（5）主变高压侧电流励磁涌流间断角较主变正常冲击电流偏小，且其二次谐波比偏小，低于主变差动保护二次谐波制动比定值 15%。

（6）GIS 故障录波器波形显示主变高压侧三相电压二次值分别为 54V、54V、53V，在空

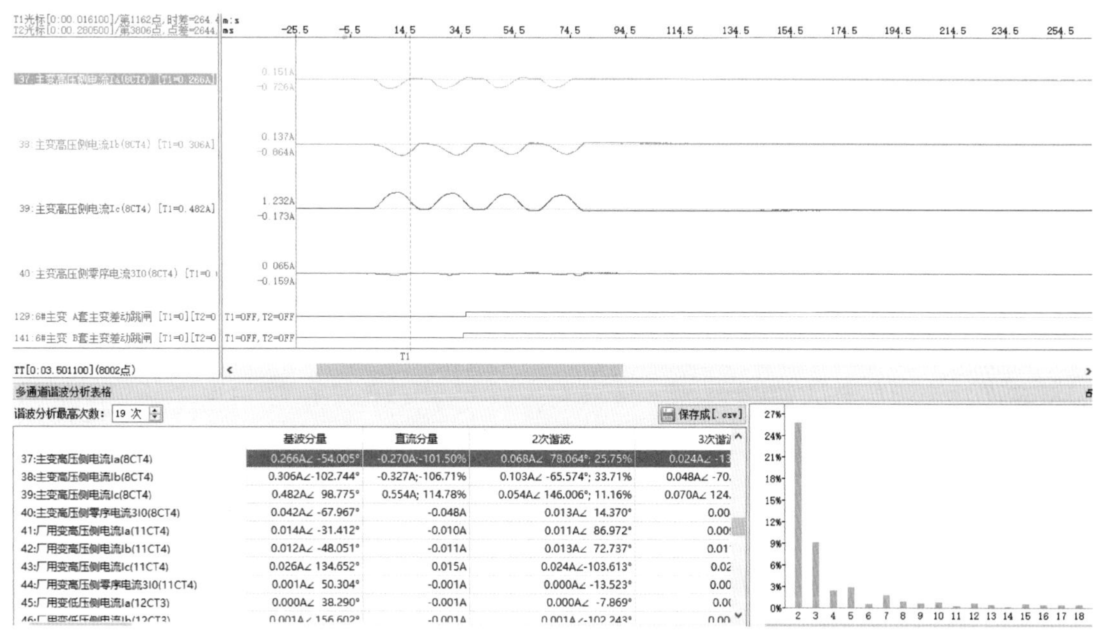

图 11 -8　主变差动保护动作时间谐波分析图

充过程中变化很小，如变压器内部存在故障，该电压应有一定程度的变化，从电压波形来看，涌流的可能性更大。

2. 电气设备检查与分析

电气一次设备本体外观检查无异常，各部位绝缘监测结果正常。此外，相关 GIS 各气室压力正常，隔离开关、接地开关分合闸正确；高压电缆本体及接头无异常；主变、厂高变各部位无异常，接头无过热情况；GCB 隔离开关、接地开关位置动作正常；5YH、6YH、23kV 避雷器本体检查无异常；主变油气监测、直流偏磁、高压电缆局放、光纤测温、环流监测、GIS 局放监测数据无异常。

主变压器保护装置及二次回路无异常。两套保护装置模拟量采样一致，定值正确，相关电流、电压回路端子紧固，回路直阻测量值正常，相关 PT、CT 二次绕组直阻测量值正确。

11.2.4.3　故障处理

对变压器检修期间的试验内容进行梳理，发现该变压器开展直阻试验后未进行消磁处理，对变压器补充消磁处理后送电正常。

11.2.5　主变压器低压侧 PT 谐振故障分析与处理

11.2.5.1　概述

某主变检修完倒送电过程中，在高压侧开关合闸之后，发生了主变低压侧 PT 谐振故障。故障造成两套变压器保护装置“主变低压侧零序电压、TV 断线报警”动作，造成一个 PT 一次熔断器熔断、PT 损坏。

11.2.5.2　故障分析

1. 保护装置故障录波波形分析

主变倒送电时刻，变压器低压侧 PT 电压波形如图 11 -9 所示，属于 25Hz 分频谐振波形。

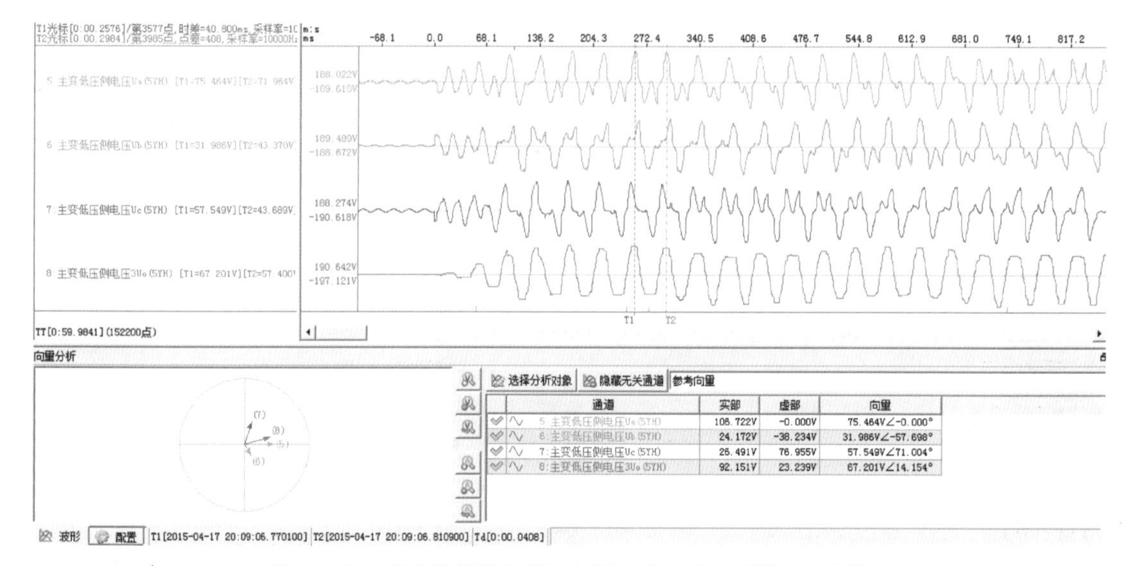

图 11-9 变压器低压侧 PT 电压波形（主变倒送电时刻）

2. PT 本体检查与处理

检查主变低压侧 PT 本体，发现某 PT 一次熔断器熔断损毁，PT 本体外壳开裂，并伴有冒烟、发出焦煳味、发热等现象，如图 11-10 所示。

图 11-10 某 PT 损毁现场

维护人员检查主变送电相关 CT、PT 二次回路均正常，对损坏 PT 的二次回路绝缘测试正常。

11.2.5.3 故障处理

维护人员将故障 PT 更换为检验合格备件，并更换了检验合格的一次熔断器。检查其他 5 个 PT 均有发热现象，故对这些 PT 进行预防性标准的绝缘、感应耐压试验及伏安特性、变比、直阻等测试，测试结果均正常。故障处理完成后，做好应急处理方案（消谐白炽灯），再次申请主变送电正常。

后来，另外一台主变充电时，主变低压侧电压互感器再次发生 25Hz 分频谐振，说明此事件具有普遍性。向家坝电厂对该事件进一步深入分析，并开展调研，最终决定在左岸电站 4 台主变低压侧电压互感器二次侧就地加装微机消谐装置，现已实施到位。

11.2.6　发变组非电量保护跳闸出口方式改进

11.2.6.1　技改原因

向家坝水电站发变组非电量保护“主变温升高高限、主变中性点电抗器温升高高限、主变压力释放及励磁变温升高高限”的出口方式均设计为跳闸。

DL/T 572—2010《电力变压器运行规程》中 5.3.3（a）条规定“变压器的压力释放阀接点宜作用于信号”，5.3.5（a）条规定“变压器应设温度保护，当变压器运行温度过高时，应通过上层油温和绕组温度并联的方式分两级（即低值和高值）动作于信号，且两级信号的设计应能让变电站值班员能够清晰辨识”。

Q/GDW 1175—2013《变压器、高压并联电抗器和母线保护及辅助装置标准化设计规范》中 5.2.7（b）条规定“重瓦斯保护作用于跳闸，其余非电量保护宜作用于信号”。

基于以上原因，为防止电缆绝缘损坏、接点绝缘降低或接点黏合等二次设备故障，导致“主变温升高高限、主变中性点电抗器温升高高限、主变压力释放或励磁变温升高高限”保护误动作致非计划停机，计划将其出口方式修改为发信号。

11.2.6.2　技改具体内容

1. “主变温升、压力释放，主变中性点电抗器温升”出口方式优化

下达技术通知单：停用 1～8 号机组变压器保护 C 柜上的“主变温升跳闸”连片 5QLP2，并将连片标签改为“备用”；停用 1～8 号机组变压器保护 C 柜上的“主变中性点电抗温升跳闸”连片 5QLP3，并将连片标签改为“备用”；停用 1～8 号机组变压器保护 C 柜上的“主变压力释放跳闸”连片 5QLP6，并将连片标签改为“备用”。同时修改装置面板信号指示灯的标签。

结合机组检修，将 1～8 号机组变压器保护 C 柜上原“主变温升跳闸”连片 5QLP2、“主变中性点电抗温升跳闸”连片 5QLP3 及“主变压力释放跳闸”连片 5QLP6 背面的“2”端接线解开（非电量保护装置跳闸出口回路），剪去该接线裸露的金属部分，再用绝缘胶布包扎处理线头，以防止该连片误投后出口跳闸。

2. “励磁变温升”出口方式优化

下达技术通知单：停用 1～8 号机组发电机保护 A、B 柜上的“投励磁变温升（外部重动 4）”连片 1RLP27，并将连片标签改为“备用”。

下达新版定值单：将 1～4 号机组发电机 A、B 套保护定值单第 28.08 项“外部重动 4 跳闸控制字”由 0839 修改为 0001，将 5～8 号机组发电机 A、B 套保护定值单第 28.08 项“外部重动 4 跳闸控制字”由 0039 修改为 0001。

11.2.6.3　试验项目

分别模拟“主变温升高高限、主变中性点电抗温升高高限、主变压力释放”非电量保护动作，检查其未动作跳闸，且录波启动及定义正确，监控信号动作及定义正确。模拟“励磁

变温升（外部重动4）”保护动作，检查其未动作跳闸，且录波启动正确，监控信号动作正确。

11.3 重要试验

11.3.1 发变组保护 CT 采样与极性校核试验

11.3.1.1 试验目的

为校验发变组保护装置 CT 采样及极性的正确性，故开展发变组零起升流试验。发变组升流范围示意图如图 11－11 所示。

11.3.1.2 试验条件

（1）机组空转运行正常，监控系统机组检修模式软压板投入。

（2）调速器已调整至跟踪 50Hz 频给模式。

（3）主变检修完毕具备上电条件，主变中性点接地开关合上。

（4）发电机保护（失灵保护除外）、主变压器保护、高压电缆保护均加用，只作用跳灭磁开关，水机后备保护投入。

（5）机组监控系统保护软压板 MARK0、MARK2 投入，MARK1 退出。

（6）50536 隔离开关拉开并断开其操作电源及电机电源。

（7）5053617 接地开关、207 开关、2071 隔离开关合闸并将相应的操作电源断开。

（8）505367、20717、2077 接地开关拉开并将相应的操作电源断开。

（9）厂高变低压侧 10kV 母线进线开关在试验位置断开。

（10）励磁变高压侧与主母线软连接断开，他励电源安装完毕，10kV 他励电源开关在试验位置断开，他励电源开关远方分合闸回路已接至试验指挥台。

（11）模拟励磁系统 GCB 在分闸信号。

（12）10kV 他励电源开关保护装置完成全部检验，并执行临时定值。

（13）5053617 接地开关处已安排专人监视接地点铜排表面温度。

11.3.1.3 试验步骤

（1）机组空转运行正常，检查调速器控制方式“远方”“自动”正常。

（2）检查 50536 隔离开关已拉开并断开其操作电源及电机电源。

（3）检查 5053617 接地开关、207 开关、2071 隔离开关已合闸并断开相应的操作电源。

（4）检查 505367、20717、2077 接地开关已拉开并断开相应的操作电源。

（5）检查 077 接地开关已合上。

（6）检查励磁系统 GCB 分闸位置信号正常。

（7）将励磁系统控制方式切换至“Unlock”模式，准备发变组升流试验。

（8）将他励电源开关摇至“工作”位置并合闸。

（9）合交、直流灭磁开关，缓慢升定子电流至 10% 的发电机额定电流，检查短路范围内各 CT 二次电流幅值和相位，检查发电机、主变差动保护差流，并使用相位表校核高压电缆保护 CT 极性，检查一次设备工作情况，并做记录。

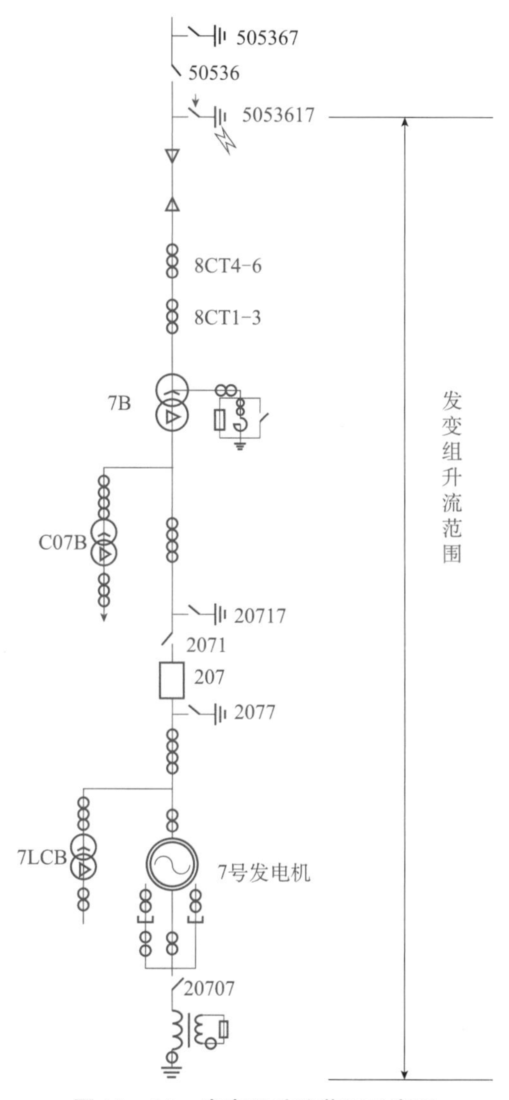

图 11－11　发变组升流范围示意图

（10）试验完成，降发电机电流至 0 并逆变灭磁。

（11）恢复 5053617 接地开关相应的操作电源，拉开 5053617 接地开关。

（12）检查发变组空转运行正常。

11.3.1.4　试验数据分析

（1）检查发电机保护、变压器保护、高压电缆保护、主变冷却器控制柜、发变组故障录波、PMU 装置相关 CT 采样值与升流值一致，三相电流只含正序分量，无零序、负序分量。说明各保护装置电流采样正确、相序正确。

（2）检查发电机不完全裂相横差保护、不完全差动保护 1、不完全差动保护 2、变压器差动保护、励磁变差动保护差流值为 0，说明这些差动保护相关 CT 极性正确无误。

（3）使用相位表测量高压电缆差动保护主变侧 8CT1、8CT2 与 8CT5、8CT6 的相位相差为 180°，可判断 8CT1、8CT2 极性正确。在 8B 主变冲击合闸试验时，检查高压电缆保护差流基本为 0，进一步验证 8CT1、8CT2 极性正确。说明高压电缆差动保护极性正确无误。

（4）使用钳形电流表检查各差动保护用 CT 的中性点电流值在 0.1 ~ 1.7mA 之间。说明差动保护用 CT 中性线无断线，且 CT 三相负载基本平衡。

11.3.2 发电机机端与中性点零序电压额定值校核试验

11.3.2.1 试验目的

向家坝水电站发电机零序电压原理的定子接地保护需要使用发电机机端零序电压和发电机中性点零序电压。其中，发电机中性点零序电压取自发电机中性点接地变压器的二次侧，该零序电压额定值需要通过发电机机端单相接地试验进行实际测量。下面以 8 号机组为例介绍试验过程，试验示意图如图 11 - 12 所示。

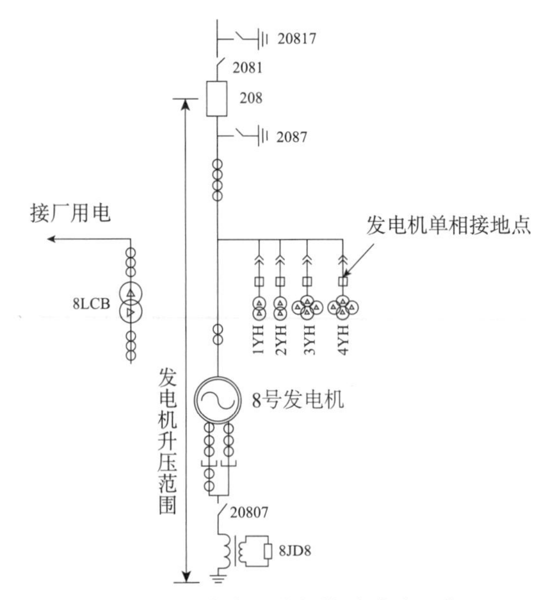

图 11 - 12 发电机单相接地试验示意图

11.3.2.2 试验条件

（1）机组空转运行正常，监控系统机组检修模式软压板投入。

（2）发电机保护（失灵保护、注入式定子接地保护除外）均加用，只作用跳灭磁开关，水机后备保护投入。

（3）机组监控系统保护软压板 MARK0、MARK2 投入，MARK1 退出。

（4）208 开关、2081 隔离开关以及 20817、2087 接地开关拉开并将相应的操作电源断开。

（5）励磁变高压侧与主母线软连接断开，他励电源安装完毕，10kV 他励电源开关试验位置分闸，远方分合闸回路已接至试验指挥台，且已执行临时定值。

（6）在发电机 4YH 柜分支母线处做单相接地点，注意不使接地电流流过高压熔断器，以免烧断熔断器。

11.3.2.3 试验步骤

（1）机组空转运行正常，检查调速器控制方式“远方”“自动”正常。

（2）检查发电机 4YH 柜分支母线处做单相接地点已安装完成。

（3）拉开 208 开关、2081 隔离开关后断开其操作电源。

（4）检查 20817、2087 接地开关已拉开并断开其操作电源及电机电源。

（5）将励磁系统控制方式切换至“Unlock”模式，准备进行发电机单相接地试验。

（6）将他励电源开关摇至“工作”位置并合闸。

（7）合交、直流灭磁开关，缓慢增加发电机机端电压，控制电压不超过 10% U_n。维护人员检查并记录发电机机端零序电压和发电机中性点零序电压的采样值。

（8）试验完后将励磁电流降至最小，然后灭磁。

（9）拉开他励电源开关并摇至“试验”位置。

（10）推上发电机侧接地开关 2087。

（11）退出 4YH 接地 PT 抽屉，拆除临时接地线，恢复 4YH PT 柜正常接线。

（12）拉开发电机侧接地开关 2087。

（13）检查机组空转运行正常。

11.3.2.4　试验数据分析

发电机机端金属性单相接地试验时，发电机机端零序电压约等于线电压，A 套发电机保护中性点零序电压是机端零序电压的 101.2%，B 套发电机保护中性点零序电压是机端零序电压的 53.3%。因此，实测两套发电机保护中性点 TV 二次测额定值分别是 101V 和 53.3V。发电机机端、中性点零序电压见表 11－1。

表 11－1　发电机机端单相接地试验零序电压采样情况　（单位：V）

保护装置	通道名称	3% U_n	5% U_n	8% U_n
A 套发电机保护	机端电压	0/3.02/3.04	0/5.01/5.02	0/7.98/7.97
	机端零序电压	3.02	4.98	7.93
	中性点零序电压	3.05	5.04	8.03
B 套发电机保护	机端电压	0/3.01/3.04	0/5.01/5.02	0/7.98/7.97
	机端零序电压	3.01	4.97	7.92
	中性点零序电压	1.61	2.65	4.22

第12章 自动化设备检修

12.1 概述

向家坝水电站自动化设备主要由发电机自动化设备和水轮机自动化设备组成。水电站的自动化设备是实现水轮发电机组自动化的关键部分，能够监控水轮发电机组及辅助设备相关电气设备的运行状况。自动化设备对辅助设备的控制主要是对油泵、空压机、水泵等进行控制，从而保障这些设备生产的协调一致以及在辅助设备发生异常情况时，自动化设备可以采取保护措施，降低设备损失。

12.1.1 发电机自动化设备

发电机自动化设备主要包括高压油顶起系统、推导油外循环系统、风闸制动系统、油雾吸收系统、制动粉尘及碳粉收集系统、机坑停机加热系统等，由发电机动力柜、发电机仪表柜、辅助控制箱、端子箱及自动化传感器构成。

发电机动力柜主要作用是为发电机相关自动化设备提供380VAC的动力电源，并根据各种工况对其实施控制。通过发电机动力柜控制的主要设备有轴承高压油控制主/备泵、发电机机坑停机Ⅰ/Ⅱ组加热器、油雾收集装置。发电机动力柜为碳粉收集装置提供380VAC的动力电源，并为柜内加热、照明、风扇、插座提供220VAC电源。发电机动力柜为对开门的框架布置结构，进线方式采用下进下出，地板采用拼接方式，左门面板上主要有高压油定期主/备泵、Ⅰ/Ⅱ组机坑加热器、Ⅰ/Ⅱ组油雾吸收装置的手自动切换把手及运行/停止按钮等，右门面板上布置有380VAC供电Ⅰ/Ⅱ路电压表和电流表、Ⅰ/Ⅱ路电源供电、供电Ⅰ的接触器闭合、母线接触器闭合、供电Ⅱ的接触器闭合等指示灯，同时在右门面板上还有电源的试灯按钮。

发电机仪表柜采用对开门的框架布置结构，左门面板上有24VDC直流电源指示灯、推力/上导轴承冷却水总管流量、空冷器供水总管流量、技术供水总管流量、推导瓦温、下导瓦温等参数的显示仪表，右门面板上有上导瓦温、下推导轴承油温、上导轴承油温、空冷器冷热风温度、供水总管冷却水压力等参数的显示仪表。温度仪表有双上限报警及传感器故障信号输出，测量压力、流量参数的显示仪表输出有4～20mA模拟量信号、两个报警及传感器故障信号输出。

高压油系统由高压油系统控制柜（含PLC控制器）、两台压油泵、滤油器、高压油系统管路、油压、油流开关组成。系统用油来自推导油槽，两台高压油泵布置在机组下机架第二象限，高压油泵现地控制箱布置在水车室第二象限靠近水车室进人门处，现地控制箱内布置有西门子 S7-300 型 PLC。

风闸系统由闸板装置、风闸位置节点、风闸投退电磁阀、风闸气系统管路组成。其中闸板装置分为制动瓦、风闸上腔和下腔三部分。当风闸退出时，上下腔均无气压；加闸时，风闸下腔通进气，上腔通排气，风闸顶起；撤闸时，下腔通排气，上腔通进气，风闸落下。

推导油外循环系统由推导油冷却器、冷却水阀和水油循环管路组成，在天阿机组下机架上，均匀分布 8 个推导油冷却器通过油管路与推导油槽相连，用于推导油槽内油脂冷却，防止推力和下导瓦温过高。每个推导油冷却器与机组技术供水相连，通过水冷的方式降低油温。

在推导油外循环系统管路上布置有推导油冷却器总管进出口水温、分管进出口水温、推导油冷却器进出口油温、推导油冷却器冷却水分管流量传感器、总管水流量传感器、推导油冷却器油流量传感器、推导油冷却器出口油温及冷却水压力等信号传感器，其中推导油冷却器总管水流量传感器送至发电机仪表柜，显示仪表输出 4～20mA 模拟量信号及推导轴承冷却水总管流量低信号进入电站监控系统。

12.1.2 水轮机自动化设备

水轮机自动化设备主要包括水导外循环冷却系统、顶盖排水系统、检修密封系统、主轴密封系统等，由水轮机动力柜、水轮机仪表柜、辅助控制箱、端子箱及自动化传感器构成。

水轮机动力柜主要作用是为水轮机相关自动化设备提供 380VAC 的动力电源，并根据各种工况对其实施控制。通过水轮机动力柜控制的主要设备有检修密封电磁阀、顶盖排水泵和导轴承润滑泵，并为主轴密封滤水器提供 380VAC 的动力电源及为柜内加热、照明、风扇提供 220VAC 电源。水轮机动力柜为对开门的框架布置结构，进线方式采用上进上出，地板采用拼接方式，左门面板上主要有Ⅰ/Ⅱ路 24V 直流电源、油槽油位异常、过滤器故障、机组停机完成、顶盖水位低状态指示灯及检修密封电磁阀模式选择开关及投退按钮等，右门面板上主要有顶盖泵/导轴承润滑泵主备泵选择开关、顶盖泵/导轴承润滑泵模式选择开关、顶盖泵/导轴承润滑泵投退按钮及其状态指示灯。

水轮机仪表柜为所有水轮机自动化元件提供动力电源，并将所采集的信号经过变送器处理后，用于拖动设备控制或送至监控系统。水轮机仪表柜的进出线方式为下进下出，底板采用拼接的方式。水轮机仪表柜采用对开门的框架布置结构，左门面板上有 24VDC 直流电源指示灯、效率仪，右门面板上有机组有功、轴密封磨损、检修密封气压、蜗壳进口/末端压力、顶盖压力、转轮室压力、尾水管出口压力，主轴密封入口水压/水流量、水导轴承冷却器总管流量、水导轴承油流量、水导轴承冷却器出入口水温、轴承瓦温、轴承冷却器出入口油温等参数的显示仪表。温度仪表有双上限报警及传感器故障信号输出，测量压力、流量参数的显示仪表有 4～20mA 模拟量信号、两个报警及传感器故障信号输出，效率仪分别输出净水头、流量、耗水率、机组效率的 4～20mA 模拟量信号，拦污栅差压开关、剪断销故障、柜内所有信号输出至电站监控系统。

水轮机水导外循环冷却系统由安装于水导外循环油泵出口处的压力开关、压力表、总管上的流量计、过滤器的差压开关，安装于冷却水管道上的电磁流量计、压力开关、压力表、冷却器等共同组成。其作用是防止水导油槽油温及水导瓦温升高而影响到机组的稳定运行。

水导外循环系统布置了水导油槽上油箱、水导油槽下油箱以及水导油槽外油箱，在水导油槽外油箱布置了编号为 AP431 和 AP432 水导轴承润滑泵，在水导油槽上油箱上布置了两套水导油槽液位传感器 BL431 和 BL432，水导油槽下油箱布置有液位高开关接点 SL431 和液位过高开关接点 SL432，水导外油箱上布置有 AP431 侧油位过低接点 SL433 和 AP432 侧油位过低接点 SL434。其原理如图 12－1 所示。

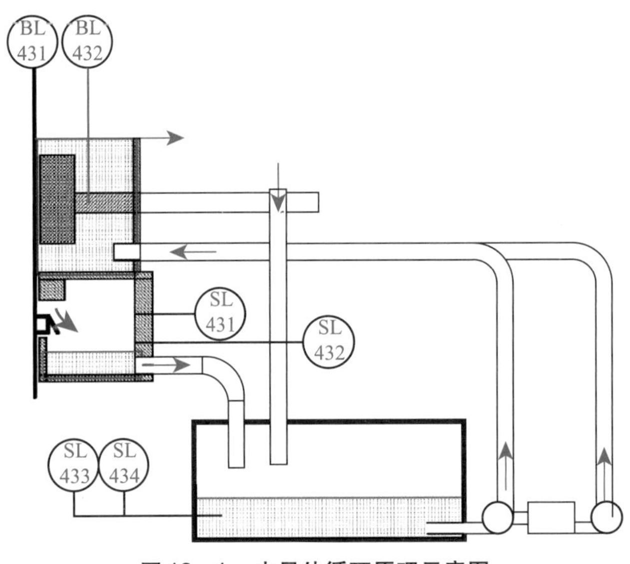

图 12－1　水导外循环原理示意图

导轴承润滑泵的动力电源取自水轮机动力柜，其电压等级为 380VAC。在水轮机动力柜上布置有导轴承润滑泵的手自动切换把手，在手动模式下，可以通过水轮机动力柜面板上的启动/停止按钮来实现导轴承润滑泵的启停；在自动模式下，通过布置在水轮机动力柜内的施耐德 PERMIUN 系列 PLC 来启停导轴承润滑泵。

顶盖排水系统主要用于排除顶盖内积水，防止出现水淹水导的情况。机组顶盖排水系统包括顶盖自流排水和顶盖泵排水两种方式，顶盖自流排水是通过固定导叶上五个自流排水孔及机坑排水管来实现；在自流排水不畅的情况下，通过设在顶盖内 21、22 号导叶间隔内的顶盖排水泵排水（大约位于水车室 $-X$ 方向），两台顶盖排水泵出口汇成一根直径 108mm 的排水管直接引至 239m 高程的渗漏排水总管。顶盖排水由液位开关、液位变送器、水轮机动力柜及水轮机提供的两台排水泵等组成水轮机顶盖排水控制和监测。顶盖排水泵 AP401 和 AP402 的动力电源分别经断路器 8Q1 和 8Q2 取自水轮机动力柜，电压等级为 380VAC。在水车室 $-X$ 方向，顶盖排水泵旁设置了一套编号为 BL410 的顶盖液位传感器，用于输出模拟量至水轮机动力柜，同时设置了编号为 SL410～SL413 的液位开关，用于输出开关量至水轮机动力柜。模拟量和开关量均通过水轮机动力柜内的 PLC 来控制顶盖泵的启停。

12.1.3　机组测温

向家坝右岸电站水轮发电机组为天津 TAH 机组，左岸电站水轮发电机组为 HEC 机组。左右岸机组各部件温度监视采用在相应部位埋设 PT100 型测温电阻来测量，主要用于四部轴承瓦温及相应冷却水和油、定子、空冷器、主轴密封、集电环、机坑、封闭母线、主变等部位的温度测量。

水轮发电机组各部位测点的RTD（测温电阻）引线经中转端子箱转接后分两种走向，一种是测温电阻直接接入计算机监控系统，另一种是测温电阻直接接入发电机仪表柜和水轮机仪表柜上的温度表计进行温度的现地显示。

测温电阻RTD运行稳定，指示偏差很小，常见的缺陷是由于机械振动、气体腐蚀带来的端子接触不良，进而造成电阻温度跳变。常见故障点位是定子测温端子箱、仪表柜温度表、主变冷却器。

向家坝水电站8台机组每年均会进行检修，检修级别为C修及以上，每年至少有1台机组进行B修，历年的检修发现，测温电阻自身稳定性很好，主要的问题都出现在回路上，从电阻本体出来，要经过中转线路（焊接）、中转端子箱、监控LCU盘柜端子排、监控LCU远程I/O柜（或仪表柜）测温模块（或温度表）。正是因为中转节点多，任何环节出现问题均会导致测温示值异常。主要的缺陷原因：一是中转端子箱卡簧式端子容易受振动影响导致接触不良，特别是左岸机组风洞内受硫化氢气体腐蚀后出现的接触阻值偏差时有发生；二是监控测温模块端子过紧或者过松都会导致温度异常，这种情况在开机前检查中非常普遍；三是水机后备保护仪表柜的温度表插拔不稳定，频繁插拔容易导致接触不稳定，运行时会出现温度示值大幅变化。此外还在检修中发现过一些问题：端子空压、中转线焊接不良、屏蔽层未可靠接地、电阻安装位置与图纸不符（主备互换或者编号错位等情况）。

以上问题的主要原因是早期施工不规范，二次回路施工质量不佳，卡簧式端子虽然拆接线方便但是接触稳定性不佳，端子排堵头过于分散且没有固定好，导致端子排晃动，特别是端子表面被腐蚀后的接触电阻不稳定。另外像测温模块、仪表柜温度表插接件的稳定性还有提升空间。左岸厂房设备由于硫化氢气体腐蚀带来电阻跳变，需要开展端子箱的气密性封堵措施、插接排的金属抗腐蚀研究。

12.1.4　自动化设备检修

自动化设备检修包括年度检修（每年一次）和整体检修（五年一次）。检修项目由标准检修项目和非标准检修项目组成。其中，标准检修项目严格执行检修规程要求的部分检验和全部检验内容，包括：液位传感器、液位开关、压力传感器、压差传感器、压力开关、电接点压力表、压差开关、盘柜内部元器件、电源模块、变送器、接触器等现场自动化元件校验；电气回路、级差配合、开关编号元器件标识等盘柜检查；液位传感器定值、流量计及压力传感器定值、PLC程序定值等重要参数设置校核；高压油系统、技术供水系统、风闸控制系统以及水导外循环冷却系统等相关试验。非标准检修项目主要由技术改进或技术改造项目组成，根据日常设备分析以及诊断评估情况提前制定改进方案，在岁修中实施。

12.2　技术专题

12.2.1　右岸水导油泵控制逻辑及回路优化

12.2.1.1　控制逻辑优化

水导外循环系统控制逻辑主要遵循数据采集、数据分析、逻辑判断、闭锁计算、结果开出的原则，首先由现地的各传感器上送相应的开关量及模拟量给PLC，然后PLC基于控制程序进行逻辑判断，最后开出相应的信号或命令。

其控制逻辑主要信号来源为：监控系统下发的启动或者停止令、泵的状态（包括是否为主/备泵、是否轮换、是否可用等）、油箱液位（包括下油槽液位、外油箱液位、上油箱液位）及轴承润滑油压力等。

水导外循环系统在运行过程中暴露出一些缺陷，如主备泵轮换逻辑紊乱、泵频繁启停等，为了保证水导外循环系统更加安全稳定地运行，方便日后维护和管理，结合运行维护积累的经验，对水导外循环系统控制逻辑进行了以下优化：

（1）取消水导外循环泵控制方式把手“切除”位直接停泵功能。在手动控制回路中，已分别有 1、2 号泵停止按钮实现手动停泵功能，为避免把手“手动/切除/自动”切换过程中造成异常停泵，故将程序中“外循环油泵切除方式”从停泵条件中取消。

（2）增加水导泵投入故障判断逻辑。当泵投入令正常开出且在判断延时（5s）内该泵未正常启动，PLC 将自动投入另一台泵，以提高水导外循环系统运行的可靠性。同时，将水导泵投入故障信号通过通信点上送至监控系统。

（3）优化水导泵投入控制逻辑。当水导外循环投入命令保持，该泵处于“指定主用”或“轮换主用”状态，或在另一台泵投入故障后，立即启动该泵，从而保证运行过程中主泵的连续运行。

（4）优化水导外循环主备泵轮换逻辑。原控制程序中，水导外循环系统在“轮换”方式下，主备泵切换逻辑为“按次轮换”，即根据启动命令进行轮换。该控制逻辑在监控系统重复发令或运行方式切换的情况下将造成两台水导泵同时启动或无法正常启动的情况。故将该程序段进行优化，使得在“轮换”状态下，若主泵故障，“备泵”自动升级为“主泵”，且主泵轮换触发条件由“外循环投入命令”改为“外循环撤出命令”。

（5）增加水导备泵启停液位判断延时。在备泵启停液位（模拟量及开关量）判断条件之后增加延时，避免短时间内液位上下波动导致水导泵频繁地启停。

（6）油泵轮换逻辑优化。原水导油外循环泵轮换逻辑不完善，仅将泵运行作为泵主用的置位标志，该逻辑下，如无手动切换，每次启动均是同一台泵为主泵，无法实现油泵的自动轮换，长期运行可能会对油泵寿命造成影响；且逻辑中未考虑油泵手动主备用的情况，逻辑结构不清晰，需进行优化。优化后的油泵自动轮换程序新增泵停止令延时变量和新增油泵在自动方式下的轮换条件。

（7）规范水导油外循环系统停泵逻辑。将控制逻辑停泵判定条件统一修改为同时判断另外一台泵和待停止泵的运行状态。同时，为了避免出现误停双泵的情况，新增油位过高开关量或模拟量停备泵时判主泵运行条件。

（8）优化水导油外循环系统启停泵逻辑。右岸机组水导油泵停泵控制逻辑中未设计油泵运行状态闭锁，导致水导外循环系统主泵单泵运行时，若水导油位在停备泵油位附近波动，水轮机动力柜 PLC 将会频繁地开出停备泵的命令，而实际备泵处于未启动的状态，故在水导油泵停泵逻辑中增加油泵运行状态闭锁。

（9）优化 PLC 正常点逻辑。程序中 PLC 故障信号定义错误，且逻辑不全面。根据原有逻辑，当所有 24V 电源正常，且 PLC 运行，且网络连接正常，输出 PLC 电源故障，该定义错误，输出信号应定义为 PLC 正常，故在水轮机动力柜 PLC 中将输出变量名由“PLC 电源故障”改为“PLC 正常”。原“PLC 正常”判断程序中包含网络连接正常条件，而该条件用于与机组 LCU 数据通信，不起控制作用，仅用于故障情况下的辅助判断，应删除，并在判断程序中增加 PLC 模块、DI 模块、AI 模块正常条件。

（10）优化水轮机动力柜 PLC 数据库。原 PLC 程序中对部分数据定义不准确，例如两个水导泵在设备断电的情况下均会报出电源过载信号，点名定义不准确，故对数据库汉字名进行修改，见表 12－1。

表 12－1　修改的逻辑名定义表

PLC 中逻辑名	修改前汉字名	修改后汉字名
AP431_overload	AP431 电源过载	AP431 电源过载/综合故障
AP432_overload	AP432 电源过载	AP432 电源过载/综合故障

12.2.1.2　水导外循环后备控制回路优化

水导外循环系统作为冷却机组水导瓦的重要设备，当水导上油箱液位过低动作或者双泵全停 60s 后将触发二类机械事故停机，如图 12－2 所示。为避免机组造成不必要的“非停”，对水导外循环系统后备控制回路进行了优化。

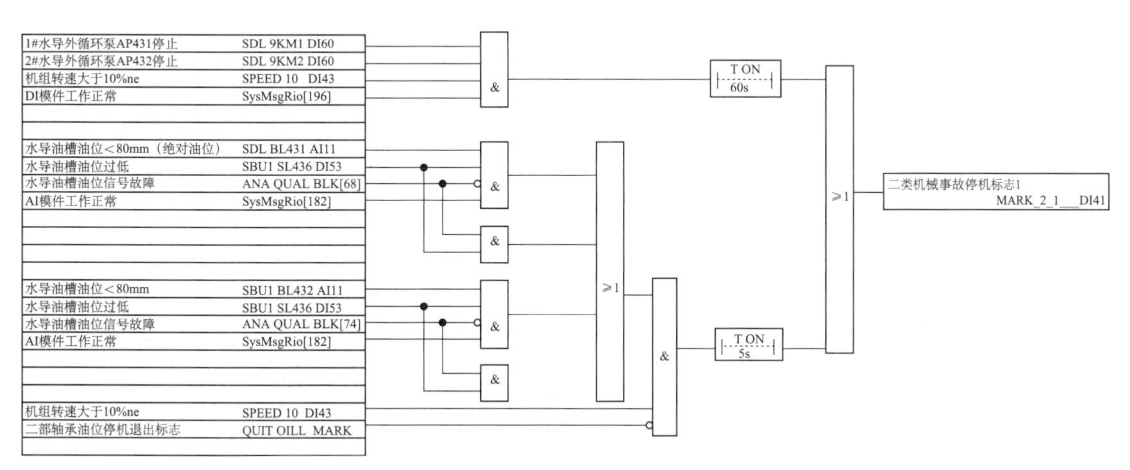

图 12－2　水导外循环系统触发停机流程示意图

1. 水导 PLC 故障或报警时，保证一台油泵正常运行控制

将水轮机动力柜内 PLC 故障状态继电器的一组常闭节点与 1 号水导泵控制回路停泵继电器线圈的接线串联，将 PLC 故障状态继电器的一组常闭节点与 2 号水导泵控制回路停泵继电器线圈的接线串联。即水导油泵退出继电器，新增 PLC 故障状态常闭节点闭锁，使得当水导 PLC 故障或者报警时，保证有一台油泵持续运行，避免因 PLC 故障或报警造成双泵全停从而导致异常停机，如图 12－3 所示。

2. 增加水导油外循环系统后备控制回路

（1）当水导外循环系统 PLC 故障时，同时启动两台水导外循环油泵。即当 PLC 故障时，PLC 不再参与控制，通过扩展的中间继电器动作情况自动启双泵，防止因 PLC 故障导致的双泵全停。

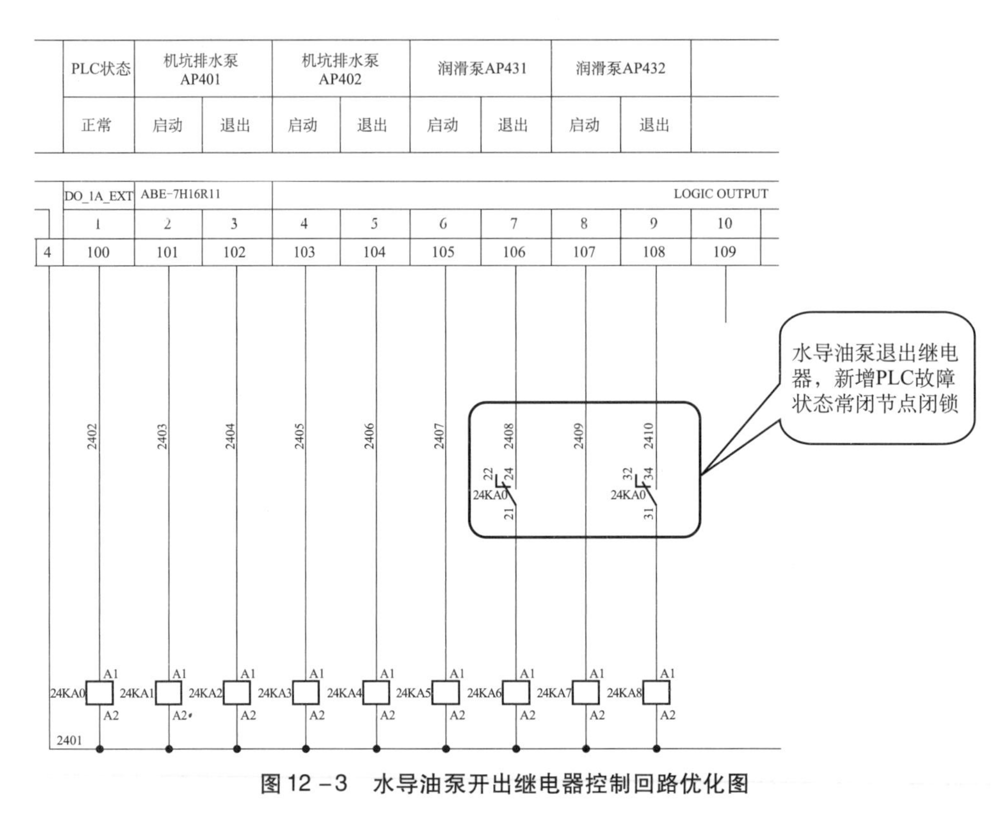

图 12－3　水导油泵开出继电器控制回路优化图

（2）增加监控系统发令直接对水导油泵进行启停控制，而不经过水导外循环系统 PLC。通过增加监控系统对水导油泵无条件启停控制令的扩展继电器从而达到可从监控系统发令直接启动水导外循环系统，可有效防止60s 内双泵全停导致的机组异常停机。如图 12－4 所示，24KA0 为 PLC 故障状态继电器，15KA7 为监控系统对水导油泵无条件启停控制令的扩展继电器。

12. 2. 2　左岸高压油控制优化

12. 2. 2. 1　左右岸高压油设计特点

1. 左岸机组

（1）左岸机组高压油系统由高压油系统现地操作箱、两台压力油泵、滤油器、压力开关（含泵出口及系统总管）、总管油流量开关、总管压力传感器等组成。左岸高压油压力流量元件布置如图 12－5 所示。

（2）每台泵设置三个出口压力开关，其中一个送监控用于泵出口压力监视（不参与控制），另外两个压力开关备用；系统总管设置三个压力开关（P1—P3）用于发电机动力柜PLC 进行高压油泵控制，同时 P2、P3 上送监控作为监视信号。

（3）在两个油泵进口设置一套粗滤过滤器，系统供油总管处设置有两套精细过滤器，每套滤过器堵塞信号均上送监控用于开停机条件中“高压油系统 OK”判断；系统总管设有压力传感器，信号直接上送至监控系统，不进入 PLC 参与高压油泵控制；PLC 开出“顶起完成”信号作为监控系统高压油投入正常判断条件。

过载	电源监视	模式选择开关 手动/退出/禁用	PLC状态非正常 时启泵	监控远方启动

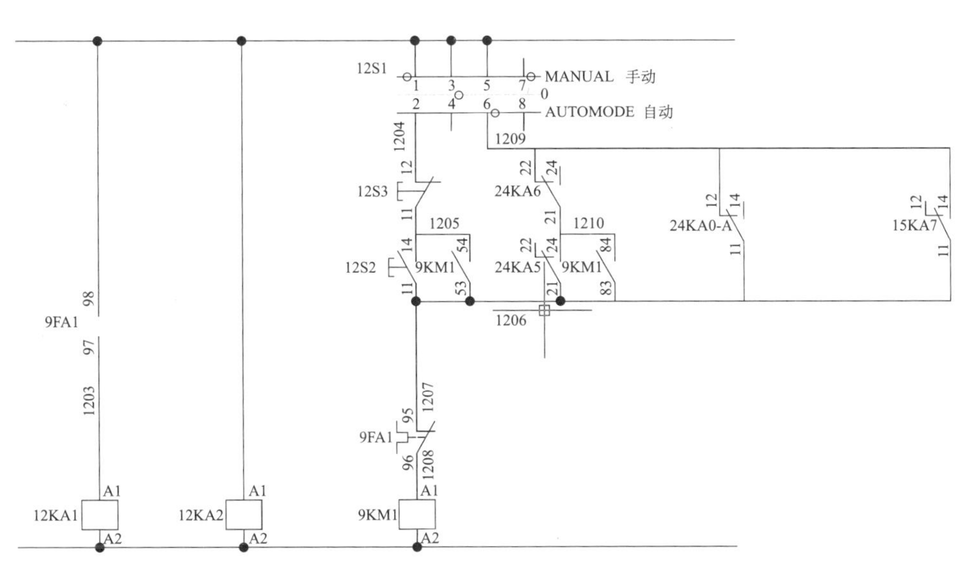

图 12 -4　水导外循环系统 PLC 故障及远方启油泵原理图

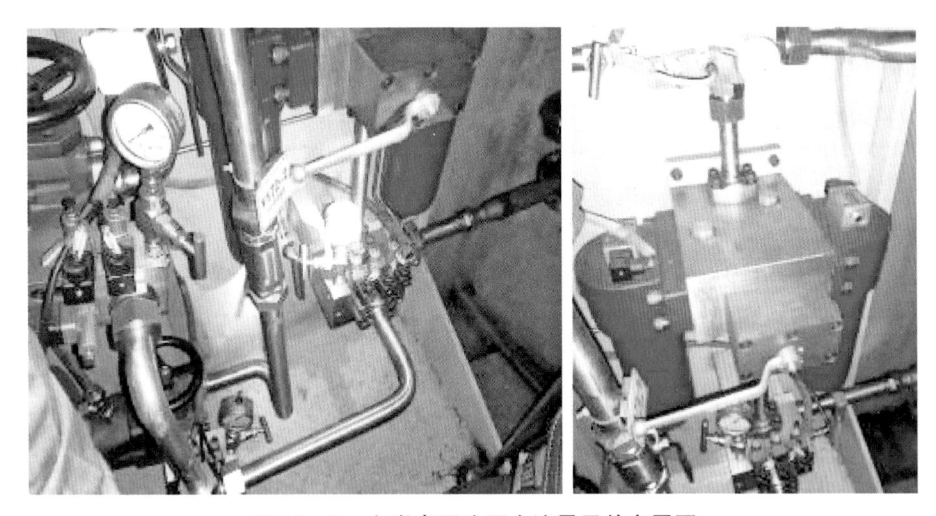

图 12 -5　左岸高压油压力流量元件布置图

(4) 系统总管设置两个流量开关，一个为进口设备自带（监控系统用于流量监视，不参与高压油泵控制），另一个为 HEC 后期采购安装（因其检测信号不准确，已在安装调试期间取消其功能）。

2. 右岸机组

(1) 右岸机组高压油系统由高压油系统控制箱（含 PLC 控制器）、两台压油泵、滤过器、压力开关（含泵出口及系统总管）及总管油流量开关、总管压力传感器组成。右岸高压油压力流量元件布置如图 12 -6 所示。

（2）设置有油压卸载装置，油泵启停过程中由 PLC 控制卸载阀开启，延时复归。

（3）泵出口压力开关、油泵电机温度及总管油流量开关节点送至 PLC 用于该高压油泵启动正常判断（无系统正常建压判断条件）。

（4）系统总管压力、流量正常信号、系统过滤器阻塞信号送至监控用于监视。系统过滤器阻塞为开停机高压油正常判断条件，总管压力及流量信号正常为监控系统中高压油装置投入正常判断条件。

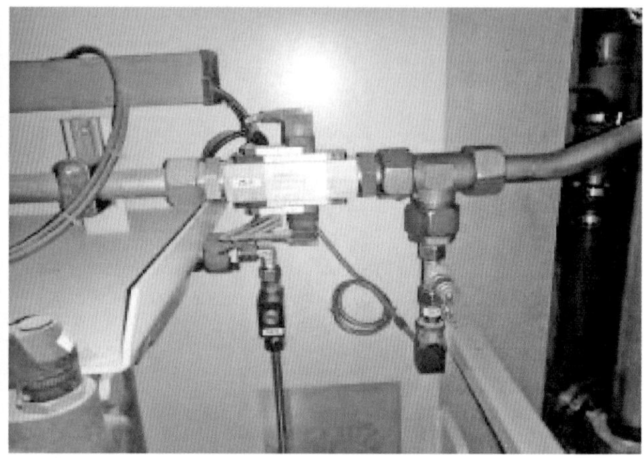

图 12－6　右岸高压油压力流量元件布置图

12.2.2.2　左岸高压油运行问题

左岸机组高压油系统在投运后出现多台机组停机过程中双泵启动情况，其主要原因为停机过程中高转速时高压油系统压力（约 8～8.5MPa）无法达到 P2 整定值（约 10MPa）所致。

开机过程中由于高压油系统在机组静止状态下单泵能够达到 P1 或 P2 整定值，顶起完成信号动作，故维持单泵运行；停机过程中，高压油单泵在 30s 内建压不能达到 P1 或 P2 整定值，PLC 顶起完成判断条件不能满足，备泵启动后系统压力才能达到 P2 整定值，满足顶起完成条件，故左岸机组停机过程均存在双泵启动情况。

12.2.2.3　左岸高压油优化策略

经过分析研究，为解决向家坝水电站左岸机组高压油系统双泵启动问题，需根据轴承设计计算参数（见表 12－2）、轴承启动时设计计算结果（见表 12－3）及轴承停机时设计计算结果（见表 12－4），调整压力开关整定值。

表 12－2　轴承设计参数

参数	单位	数据	备注
额定转速	r/min	75	
负荷	kN	26 166	
润滑油	L-TSA	46	
瓦块数	块	24	
瓦外径	mm	5200	
瓦内径	mm	3500	

续表

参数	单位	数据	备注
瓦夹角	°	12.6	
径向支撑偏心		2.9%	
周向支撑偏心		10%	
冷油温度	℃	40	
油泵流量	L/min	70	
油泵效率		0.8	
节流孔直径	mm	1.2	两个串联

表 12－3　轴承启动计算结果

参数	单位	数据
顶起压力	MPa	21
运行压力（油腔）	MPa	6.6
顶起高度	mm	0.06

表 12－4　轴承停机计算结果

参数	单位	数据
顶起压力	MPa	8.6
运行压力（油腔）	MPa	6.6
顶起高度	mm	0.04

根据表 12－4 可以看出，停机时稳定压力 >6.6MPa 时即可以安全停机，因此设定 P_3 整定值 =7MPa，同时设定 P_2 整定值 = P_3 整定值 =7MPa，在现场调节柱塞泵流量保证停机时单泵稳定运行压力为 8.5MPa。8.5MPa > P_2 = P_3 整定值 =7MPa，停机判据成功，不用双泵启动。

设定 P_1 整定值 =15MPa，在现场调整溢流阀整定值 20MPa，最大顶起压力 > P_1 整定值 = 15MPa 且最大顶起压力 > P_3 整定值 =7MPa，开机判据成功，不用双泵启动。

根据计算和现场校核结果，高压油系统总管压力开关 P_1、P_2、P_3 整定值远大于满足轴承需求的安全阈值，针对压力开关整定值不合理、动作值存在偏差的现象，岁修期间对所有高压油系统压力开关的动作值进行校核和整定。

采取上述措施处理后，至今未发生过一次因压力开关整定值不合理、动作值存在偏差导致的高压油系统启双泵的现象，开停机过程中高压油双泵启动的现象已消除，有效避免了因高压油系统双泵启动所带来的安全风险，提高了设备运行可靠性。

12.2.3　机组封闭母线温度表换型

1. 概述

向家坝水电站每台机组设 3 个封闭母线测温端子箱，每个测温箱设 3 块温度表用于测量封闭母线同一位置 A、B、C 三相温度，全厂共计 72 块温度表。测温箱 1、2 安装于 GCB 室，分别测量发电机至 GCB 段 GCB 侧封母温度及主变压器至 GCB 段 GCB 侧封母温度。测温箱 3

位于主变压器室，用于测量主变压器至 GCB 段变压器侧封母温度。原封闭母线温度表型号为 XMZ－202，表计除现地显示温度外，还将 4～20mA 温度模拟量送至监控系统。

2. 方案提出或改进的原因

自机组投运以来，封闭母线温度表由于质量原因频繁出现现地显示错误，或现地显示正确但送至监控模拟量跳变，最大跳变温度幅值为 20～30℃，造成监控系统频报“温度越上限”。上述故障在主设备投运 1～3 个月后就陆续发生。针对上述现象更换同型号温度表，一段时间后故障又重复发生，对设备的安全稳定运行造成不利影响。

由于表计本身存在质量问题，测控专业将部分温度表更换为法国 JM concept AK3400P1 进行试运行（该表用于向家坝左岸电站发电机和水轮机仪表柜，长期运行稳定），经过 5 个月试运行，换型后的温度表功能正常、运行稳定，未出现温度值跳变情况。于是提出将全部封闭母线温度表由原型号 XMZ－202 换型为法国 JM concept AK3400P1。

3. 方案具体内容

封闭母线测温箱共两道门，外门为防护屏蔽门，内门嵌入式安装 3 块表计，如图 12－7、图 12－8 所示。由于换型温度表外形尺寸与旧表不一致，拆除并取消内门，在外门上根据新表尺寸开 3 个方孔安装新表，并将原安装在内门上的交流电源开关移至测温箱内端子排上，如图 12－9 所示。改造步骤如下：

图 12－7　改造前测温箱外形图（外门）

图 12－8　改造前测温箱原内门安装图

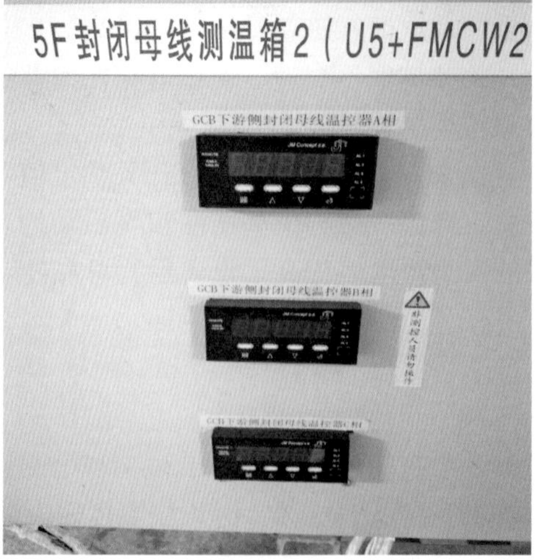

图 12－9　改造后的新表安装图

（1）断开封闭母线测温箱交流电源。

（2）保留原封闭母线测温箱体，拆下外门，在外门上切割 3 个尺寸为 9.1cm×4.5cm 的方孔，以安装新的表计。

（3）拆下原有温度表及交流电源断路器，将其接线包扎固定于箱内。

（4）拆除原有内门。

（5）安装切割好的外门。

（6）将完成功能测试的换型温度表嵌于预留的方孔内安装固定。

（7）将交流电源断路器移至箱内端子排上固定，若端子排位置不够，则拆除端子排上多余的备用端子。

（8）按照表计和端子排的实际接线更换号头，完成接线工作并绑扎牢固，粘贴设备标识。

（9）检查接线正确后上电设定表计参数。选择模拟量输出为 4～20mA，温度高报警值为 70℃，其余报警功能关闭。

（10）在监控系统对该温度表的工作量程进行修改，统一变更为 4～20mA 对应 0～100℃，并核对监控系统显示值与现地显示值一致。

12.2.4　水导油槽测温电阻出线装置换型

1. 提出的原因

右岸水导油槽测温电阻出线装置采用普通塑料材质的电缆夹套，因密封较差，在机组运行过程中存在渗油情况；同时出线装置设计上有缺陷，存在 2 根测温电阻电缆从同一孔出线导致密封不严的情况，如图 12－10 所示。

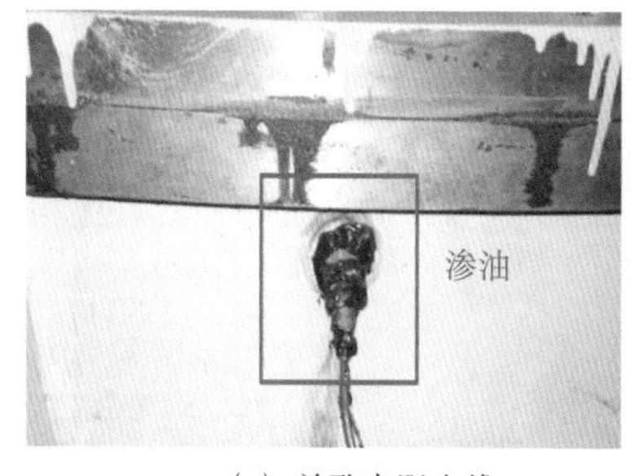

（a）单孔电阻出线　　（b）双孔电阻出线

图 12－10　优化前

2. 达到的目标

通过本方案的实施，提高右岸电站 5～8 号机组水导油槽测温电阻出线位置的密封性，避免出现渗油漏油现象。

3. 实施的范围

向家坝水电站右岸 5～8 号机组水导油槽测温电阻出线装置。

4. 实施的内容

1）改造内容

将右岸水导油槽测温电阻出线装置进行换型，采用单支单孔、双支双孔出线设计方式，提高水导油槽测温电阻出线装置的密封性。单支电阻则用水导油槽出线装置单孔，型号为 TOSL01A－32（如图 12－11 所示），该油槽出线装置为单孔，与现场 RTD 引出线紧密配合，安装螺纹长度 32mm，与专用防水接头配套使用，防护等级 IP68，并配备四氟垫；双支电阻则用水导圆形油槽出线装置，型号为 TOCS02A－62－27－62－B300（如图 12－12 所示），该圆形油槽出线装置出线为 2 根，与现场 RTD 引出线紧密配合，与专用防水接头配套使用，底座外径 62mm，安装管总长度 62mm，安装螺纹长度 32mm，防护等级 IP68，配密封圈和四氟垫，并加装电缆保护罩，连接 300mm 长波纹管。

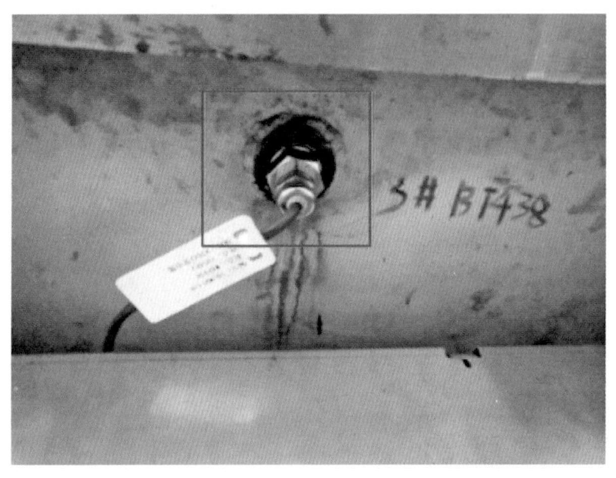

图 12－11　新出线装置（单支电阻）

图 12－12　新出线装置（双支电阻）

2）改造方法

（1）右岸水导油槽检修时逐个将水导油槽测温电阻拔出后做好标记，并做好防护后绑扎固定，将原有的塑料出线装置拆除。

（2）安装金属材质的出线装置，螺纹处使用生料带与中强度螺纹胶，增加螺纹处的密封性。单支电阻则用水导油槽出线装置单孔，型号为 TOSL01A－32；双支电阻则用水导圆形油槽出线装置，型号为 TOCS02A－62－27－62－B300。

12.2.5　左岸测温端子箱气密性改造

1. 改造的原因

左岸机组测温端子箱密封性、抗震性较差，受 H_2S 气体影响，接线端子存在腐蚀情况，容易导致温度跳变，因此需对测温端子箱进行换型，增强端子箱气密性（隔离硫化氢气体），并对端子排进行换型改造，提高端子排的抗震性，且能通过快速插拔头完成定子耐压试验接地安措实施。

2. 改造的目的

项目改造内容是对左岸发电机定子测温端子箱 BU01 ~ BU10、推导轴承端子箱 BU11、推导轴承冷却器端子箱 BU12、上导轴承端子箱 BU13 进行换型改造，采用气密型端子箱 TATB - SA - 600X600/240 - JXB，隔离端子箱内外部环境，保证电缆和端子使用寿命，降低电阻跳变风险，维持机组稳定运行。

3. 实施的范围

向家坝左岸电站 1 ~4 号机组测温端子箱 BU1 ~ BU13。

4. 实施的内容

1）改造内容

对 BU1 ~ BU13 进行气密性改造，增加箱体止震措施和气密性，箱体柜门、进出线电缆采用专用胶条和模块化密封装置（如图 12 - 13 所示）进行改造，柜内端子排改造成 1 进 2 出凤凰端子，引出线分别接入监控系统和专用短接接地插排，测温电缆屏蔽层接入柜内接地端子排（如图 12 - 14 和图 12 - 15 所示）。

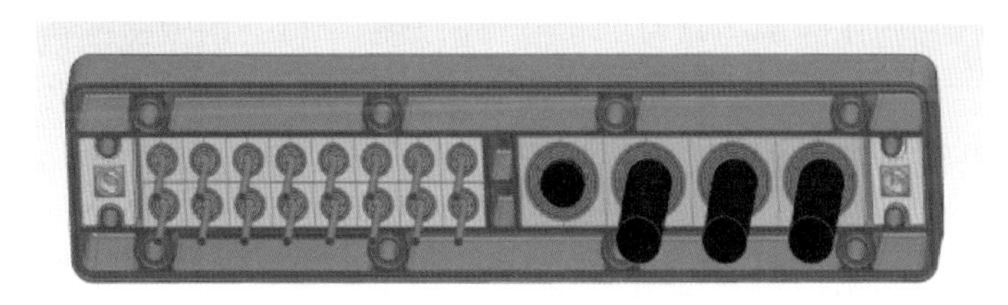

图 12 - 13　模块化密封装置

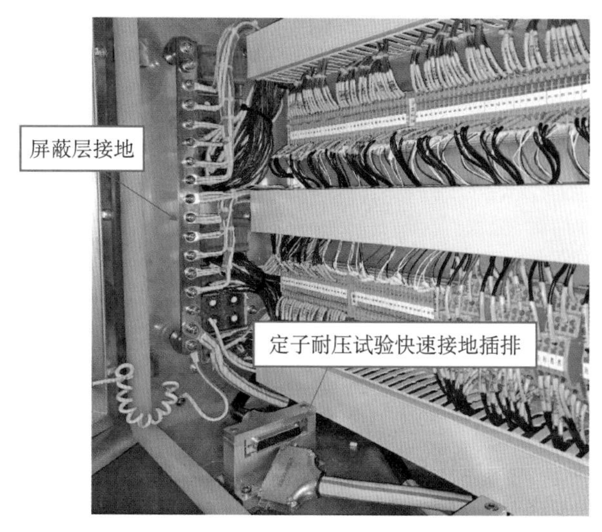

图 12 - 14　测温电缆屏蔽层接地改造和快速接地短接装置

图 12-15　进出线缆气密性改造

2）改造方法

（1）改造在机组停机时进行，改造前断开与 RTD 回路直接相连的发电机仪表柜内温度表计、监控系统 I/O 柜内测温模块电源。

（2）拆卸发电机端子箱内接于端子上的电缆线，拆前做好电缆标记、端子标记。

（3）将发电机端子箱内电缆线从箱内电缆孔内抽出，注意勿刮伤电缆。

（4）拆除端子箱与墙体间固定螺母，拆除发电机端子箱，根据风洞内标高确定换型端子箱安装高度，将端子箱用膨胀螺栓安装于墙体上，固定牢固（膨胀螺栓处安装隔振垫），根据端子箱位置整理电缆桥架及电缆走向。

（5）打开模块化密封装置，将原电缆接入箱内部分的表面防火涂料清理干净后穿过模块化密封装置（不得刮伤电缆）引入箱内。

（6）按电缆直径、类型等分类后安装电缆出入口模块化密封组件，注意检查线缆安装位置及其长度。

（7）装入压紧装置，压紧密封模块。

（8）测试线缆绝缘电阻，使用 250V 绝缘电阻表，电缆对地绝缘电阻不低于 1MΩ。

（9）安装新端子排，按拆线时记录表将所有线路安装至端子排原位，将端子箱接地线通过箱内接地柱与墙面接地扁铁相连。电缆号头或冷压头有遗失或损坏，应增补更换（如发现线鼻氧化、虚接、空接、裸露需重新压接），电缆裸露线芯如过长，应重新压接。

（10）上电检查发电机仪表柜内温度表计，监控系统温度画面显示正确，示值稳定无跳变，无缓变。

12.3　重要试验

12.3.1　水导外循环油泵启停试验

12.3.1.1　试验内容及步骤

（1）将水导外循环油泵模式选择开关切为手动，逐台点动 1 号泵和 2 号泵的启动按钮，检查电机转向是否正确，声音有无异常。

（2）按下 1 号泵和 2 号泵停止按钮，检查油泵能否正常停下，声音有无异常。

（3）将水导外循环油泵模式选择开关切为自动，两台油泵均正常启动，模拟油位低磁记忆开关动作和油位过低磁记忆开关动作，检查 1 号泵和 2 号泵自动停泵是否正常。

（4）将水导油泵控制方式把手由“远方”切至“切除”，试验水导泵是否停止。

（5）将水导油泵控制方式把手分别切至“远方”，水导油泵轮换控制方式把手切换不同位置，试验水导泵的轮换情况。

（6）模拟水导上油箱液位变化，试验水导泵的启停情况。

（7）模拟水导主泵故障，试验备泵的轮换与启停情况。

（8）模拟监控多次下令水导双泵启停的情况。

（9）试验 PLC 故障启水导双泵回路。

（10）试验灯检按钮回路。

（11）试验监控系统直接启双泵命令。

12.3.1.2　试验标准

现地/远方启停水导外循环油泵，油泵启停动作正常、轮换及故障处理等逻辑正常。泵旋转方向为正向，电机无异响，水导外循环泵进出口压力、油流量正常。

12.3.2　高压油顶起油泵启停试验

12.3.2.1　试验内容及步骤

（1）自动且仅供直流电源控制方式下，模拟监控系统下令启动高压油系统、启动高压顶起泵信号二故障，检查高压油系统 PLC 输入模块及相关继电器动作情况。

（2）自动且仅供直流电源控制方式下，模拟监控系统下令启动高压油系统，观察控制回路中相关继电器动作情况，并使用万用表测量交流接触器线圈电压是否正常得电。

（3）试验前，模拟故障，相应继电器应动作，相应接触器线圈应有压。

（4）手动且仅供直流电源控制方式下，模拟启动 1 号油泵，继电器正确动作，用万用表测量交流接触器线圈电压为直流 24V。

（5）手动且仅供直流电源控制方式下，模拟启动 2 号油泵，继电器正确动作，用万用表测量交流接触器线圈电压为直流 24V。

（6）发电机动力柜恢复正常供电，手动启动 1 号油泵，继电器正确动作，交流接触器动作，1 号油泵启动。

（7）发电机动力柜恢复正常供电，手动启动 2 号油泵，继电器正确动作，交流接触器动作，2 号油泵启动。

（8）发电机动力柜恢复正常供电，自动控制方式下，监控系统下令启动高压油泵，继电器动作，交流接触器动作，1 号油泵启动。再次下令启动高压油泵，继电器动作，交流接触器动作，2 号油泵启动。模拟任意一台油泵故障，备用油泵应能启动。

（9）任意模拟总管流量开关 1 或模拟总管流量开关 2 动作，监控系统应能收到总管流量开关正常信号。

12.3.2.2　试验标准

现地/远方启停高压油顶起油泵，油泵启停动作正常，动作逻辑正常。压力、流量显示正常，高压油泵温度正常，现地和监控系统无报警信号。

12.3.3 风闸系统动作试验

12.3.3.1 试验内容及步骤

（1）检查接线回路，确保机械制动柜内 24VDC 控制电源回路没有短接/接地现象。

（2）合上机械制动柜内 AC220V 电源空开和 DC220V 电源空开。

（3）投入风闸，使所有风闸处于顶起状态。检查机械制动柜内信号灯，此时所有信号灯应全灭；检查监控系统风闸信号，此时“风闸投入”信号应动作，“风闸撤出”信号应复归；检查机械制动柜面板指示灯，此时“风闸投入”灯应点亮，“风闸撤出”灯应熄灭。

（4）所有风闸处于顶起状态，依次手动动作每个行程开关的动作触点，使该节点动作变位。检查机械制动柜内相应信号灯应点亮；检查监控系统，“风闸投入”信号动作，“风闸撤出”信号复归；检查机械制动柜面板指示灯，此时应“风闸投入”灯点亮，“风闸撤出”灯熄灭。

（5）撤出风闸，使所有风闸处于落下状态。检查机械制动柜内信号灯，此时所有信号灯应全亮；检查监控系统风闸信号，此时“风闸投入”信号应复归，“风闸撤出”信号应动作；检查机械制动柜面板指示灯，此时“风闸投入”灯应熄灭，“风闸撤出”灯应点亮。

（6）重复上述投入、撤出风闸操作试验至少 5 次。

12.3.3.2 试验标准

接线回路无异常，风闸投入/撤出动作正确，风闸实际位置与上送监控信号、现地信号灯显示等一致。

第13章 辅设系统检修

13.1 电源系统检修

13.1.1 概述

13.1.1.1 电源系统现状

1. 直流系统

向家坝水电站直流系统采用许继集团生产的PZ61智能高频开关电源，电站共设9套独立的直流系统，分别为4套机组直流系统、2套公用直流系统、2套GIS直流系统和1套坝顶直流系统。每套直流系统均由充电机、蓄电池、绝缘监测装置、集中监控器、蓄电池巡检仪、配电及保护器具、测量仪表等设备组成。直流系统主要设备配置见表13－1。全厂所用蓄电池组均为德国原装进口的荷贝克蓄电池（HOPPECKE）。直流系统蓄电池容量、布置方式见表13－2。

表13－1 直流系统主要设备配置

项目	机组直流	开关站直流
装置型号	PZ61/300－232－120/220V	PZ61/1000－232－200/220V
高频整流模块	ZZG23－40A/220V，3组并联	ZZG23－40A/220V，5组并联
充电装置输出电流	80A	160A
直流监控装置	WZCK－23 220V	WZCK－23 220V
主屏绝缘仪	WZJ－21A/Z 220V	WZJ－21A/Z 220V
分屏绝缘仪	WZJ－21A/F 220V	WZJ－21A/F 220V
蓄电池型号	60PZV300	10OPZV1000
蓄电池巡检仪	FXJ－22 220V	FXJ－22 220V
配电监测单元	FKR－21	FKR－21
交流配电单元	WATSNA－100/TM80A－3CBI－2F－NSX100－F	WATSNA－160/TM125A－3CBI－2F－NSX160－F
项目	公用直流	坝顶直流
装置型号	PZ61/1000－222－200/220V	PZ61/220－222－80/220V
高频整流模块	ZZG23－40A/220V，5组并联	ZZG23－20A/220V，4组并联

续表

项目	公用直流	坝顶直流
充电装置输出电流	160A	60A
直流监控装置	WZCK－23 220V	WZCK－23 220V
主屏绝缘仪	WZJ－21A/Z 220V	WZJ－21A/Z 220V
分屏绝缘仪	WZJ－21A/F 220V	WZJ－21A/F 220V
蓄电池型号	10OPZV1000	OPZV 200Ah
蓄电池巡检仪	FXJ－22 220V	FXJ－21 220V
配电监测单元	FKR－21	FKR－21
交流配电单元	WATSNA－160/TM125A－3CBI－2F－NSX160－F	WATSNA－63/TM50A－3CBI－2F－C65N

表 13－2　直流系统蓄电池容量、布置方式

序号	直流系统名称	蓄电池容量	布置方式	蓄电池个数
1	机组直流系统	300Ah（2V）	左岸电池架安装，右岸屏柜安装	8×103
2	左岸开关站直流系统	1000Ah（2V）	电池架安装	2×103
3	右岸开关站直流系统	1000Ah（2V）	电池架安装	2×103
4	左岸公用直流系统	1000Ah（2V）	电池架安装	2×103
5	右岸公用直流系统	1000Ah（2V）	电池架安装	2×103
6	坝顶直流系统	220Ah（6V）	屏柜安装	2×34

2. EPS 应急照明系统电源

全厂共有 6 套 EPS 应急电源系统（以下简称 EPS），其中左岸电站 EPS1～EPS4 型号为 YJS－45kW（即负载功率为 45kW），EPS5～EPS6 型号为 YJS－15kW（即负载功率为 15kW）。其中，EPS5 系统含有 1 组蓄电池，共 40 瓶，单节电池额定电压 12V，容量 63Ah。原投产设备投运后运行不稳定，故障较多，运行几年后对系统进行了改造。

正常情况下，EPS 事故照明系统工作在旁路方式，事故照明灯具通过静态开关切换由 0.4kV 厂用电供电，电流不通过逆变装置；当交流进线电源出现故障时，自动切换装置动作，EPS 事故照明系统的电池组通过逆变器向事故照明设备供电。当交流进线电源从故障状态恢复正常时，自动切换装置动作，逆变器自动退出运行，事故照明负荷恢复由 0.4kV 厂用电供电，同时整流/充电器向电池组充电，电池组充电完成后，整流/充电器应自动调整电压向蓄电池浮充电。通常情况下，照明供电点通过静态切换开关输出给负载设备，同时通过充电机整流后对蓄电池组进行充电。

13.1.1.2　电源设备诊断分析

电源系统投运以来设备整体运行情况良好。设备在长期运行过程中难免会出现一些故障，据统计，从 2012 年投产到 2020 期间共发现 381 起故障，其中常见故障有元器件故障、充电模块故障、监控单元故障、蓄电池巡检仪和电池故障、直流系统接地故障等。其中充电模块故障出现的频率较高，充电模块常见故障有通信故障、模块内部短路、模块输出异常、模块风机故障。此类故障可通过检查通信接线、修改参数设置、断电重启、更换充电模块等方法解决。针对此类故障，运行和维护人员平时应做好巡检工作，检查三相输入电源是否平衡、输出直流电压和电流是否正常、运行噪声有无异常、通信是否正常、模块是否均流。由于充电装置均按 $N+1$ 整流模块配置，裕度较大，单个模块故障不影响充电装置的正常运行。

免维护铅酸蓄电池的可靠性较高，新投入运行的蓄电池在前几年出现故障的概率很低，随着运行时间的增长，蓄电池出现单体电压异常、壳体开裂、运行温度异常、整组容量降低等故障，发生这些故障的原因多为电池性能差异较大、受大电流冲击、电池日常维护工作缺失等。为了减少蓄电池故障，平时应做好巡检工作，记录蓄电池电压、蓄电池室温度、负荷电流等，同时对蓄电池实行定期均充和容量检测，对发现的故障电池及时活化或者更换。

13.1.1.3　问题和改进

1. 存在的问题

近几年行业内因直流电源故障引起的保护拒动、测控失电而造成主设备损坏、火灾爆炸、电网大面积停电等事故时有发生，现有直流电源普遍存在以下问题：

（1）监测体系过于分散。监测网络层级多，信息传输效率低、共享难。

（2）系统运行监视不全面。辅助信息缺少采集，不利于直流系统的故障报警和故障定位。

（3）蓄电池监测功能不足。缺乏趋势分析功能，蓄电池预警功能差。

（4）蓄电池维护方式落后。人工放电难以完成蓄电池的维护任务，缺乏开路自愈功能。

（5）远端监视信息有限。远端接收信息少，不利于故障的判断，影响故障处理的及时性。

（6）远程操控功能较弱。现有调控不支持直流远程操控，系统断路器/隔离缺少电操机构。

（7）线路布设方式较为简易，缺乏对于行业内前沿技术、产品的有效关注。

（8）与监控系统的信息互通仍然不足，导致大量的信息内容没有办法及时地共享与运用。

现有直流电源普遍存在上述问题，系统功能不全面，对供电安全产生一定影响。因此，运行可靠、功能智能、运维便利、配置标准的电力电源设备将成为直流系统未来研究和发展的趋势。

2. 改进方向及措施

未来直流系统的发展应该为智能型直流电源系统，集成直流电源信息监测、绝缘监察、蓄电池管理、故障诊断、远程操控、冗余切换和人机交互功能，实现直流电源管理智能化。

主要包括以下功能：

（1）集中监控，主备冗余，解决直流电源故障预警功能不足、故障定位不准、电池状态评估困难等问题。

（2）蓄电池状态监测，对蓄电池是否脱离母线进行监测。

（3）远程维护，实现蓄电池自动核容、定期带载测试功能，减少现场工作量，消除误操作风险，大幅提高运维安全和运维效率。

（4）母线失压补偿，大幅提高直流电源供电可靠性。

（5）直流馈电回路元件带电更换。

（6）图形展示、状态可视，数据状态、操作设定、事件记录图形化显示效果直观，全景信息一目了然；操作与所见统一，操作查询便捷准确。

13.1.2 专题分析

13.1.2.1 直流系统增设交流窜电监测功能

1. 提出原因

国家能源局2014年4月发布的《防止电力生产事故的二十五项重点要求》中22.2.3.23.3条的规定："原有的直流电源系统绝缘监测装置，应逐步进行改造，使其具备交流窜直流故障的测记和报警功能。"故提出在直流系统加装交流窜入监测装置，以实现交流窜直流故障的测记和报警功能。

2. 具体措施

措施1：新增交流窜入监测装置。

交流窜入监测装置通过熔断器（≤1A）后接入馈电柜内备用开关，通过备用开关连接至直流母线。交流窜入监测装置工作电源采用DC220V，工作电源与监测采样电源为同一负荷，其中采样输入接地端、工作电源接地端分别与盘柜接地点可靠连接。K1～K4为报警干节点输出：K1为交流窜入告警；K2为母线电压异常告警（过压）；K3为母线电压异常告警（欠压）；K4为自身故障告警。将K1与K4节点并联后信号送至监控系统，其接线如图13－1所示。

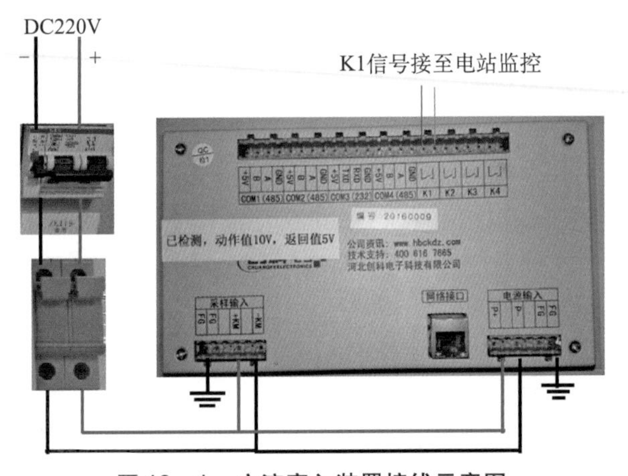

图13－1 交流窜入装置接线示意图

措施2：更换为有交流窜电监测功能的绝缘监测装置，同时，增加支路交流窜电监测功能。

13.1.2.2 直流系统熔断器改造

1. 提出原因

直流系统充电装置出口原配置陶瓷熔断器，国家能源局印发的《防止电力生产事故的二十五项重点要求》中22.2.3.14条规定"除蓄电池组出口总熔断器以外，逐步将现有运行的熔断器更换为直流专用断路器"，根据规定提出将充电装置出口熔断器更换为直流专用断路器。

2. 具体措施

充电装置出口断路器选型根据DL/T 5044—2014《电力工程直流电源系统设计技术规

程》如下相关规定：

“6.5.1　直流断路器应具有瞬时电流速断和反时限过电流保护，当不满足选择性保护配合时，可增加短延时电流速断保护。”

“A.1.1 直流断路器额定电压应大于或等于回路的最高工作电压。”

“A.3.1 充电装置输出回路断路器额定电流应按充电装置额定输出电流选择，且应按下式计算：

$$I_n \geqslant K_k I_m$$

式中　I_n——直流断路器额定电流；

K_k——可靠系数，取 1.2；

I_m——充电装置额定输出电流。”

向家坝直流系统中，直流回路正常浮充电压 230V，均充最高电压 240V。机组直流系统充电装置额定输出电流为 120A（$K_k I_m = 1.2 \times 120A = 144A$），开关站直流、公用直流系统充电装置额定输出电流为 200A（$K_k I_m = 1.2 \times 200A = 240A$），坝顶直流系统充电装置额定输出电流为 80A（$K_k I_m = 1.2 \times 80A = 96A$）。

因此，将机组直流系统充电装置出口熔断器 NT00－160A＋RX1－1000（上海电器陶瓷厂）更换为断路器 T2N160DC TMD R160 FEFL 3P，将开关站直流、公用直流系统充电装置出口熔断器 NT1－250A＋RX1－1000（上海电器陶瓷厂）更换为断路器 T4N250DC TMAR 250 FEFL 3P，坝顶直流系统充电装置出口熔断器 NT00－100A＋RX1－1000（上海电器陶瓷厂）更换为断路器 T2N160DC TMD R100 FEFL 3P。更换前如图 13－2 所示，更换后如图 13－3 所示。

图 13－2　直流系统中充电装置出口熔断器实物位置

13.1.2.3　蓄电池换型改造

1. 提出原因

坝顶直流系统原型号蓄电池单体电压为 6V，容量为 220Ah，仅在向家坝电厂坝顶直流系统使用，共计二组，每组 34 节。在对向家坝电厂蓄电池进行专项隐患排查时发现，两组蓄

图 13－3 断路器安装接线效果示意图

电池普遍存在内阻偏大的情况：厂家提供该型号电池内阻参考值为 1.35mΩ，若电池内阻超过其参考值的 1.5 倍（2.025mΩ），即说明蓄电池进入老化期，需要引起重视，宜对内阻较大者进行更换。本次检查发现超过参考值 1.5 倍的电池数量较多，其中第一组 5 个，第二组 23 个，最高为 4.223mΩ（第一组 21 号电池）。

对内阻偏大的电池选取 2 节进行解体检查，解体情况见图 13－4、图 13－5 和图 13－6。图 13－5 为原第二组 6 号蓄电池，该节电池在运行中电压突升至 8.074V，设置浮充电压为 6.75V，比实际值偏高 1.324V，解体后发现负极汇流排腐蚀较为严重，有明显痕迹，存在开路风险。图 13－6 为原第二组 19 号蓄电池，检修时发现第二组蓄电池内阻整体偏高，对偏高者进行抽检。检测 19 号蓄电池内阻为 2.889mΩ，解体后发现负极汇流排腐蚀较为轻微。

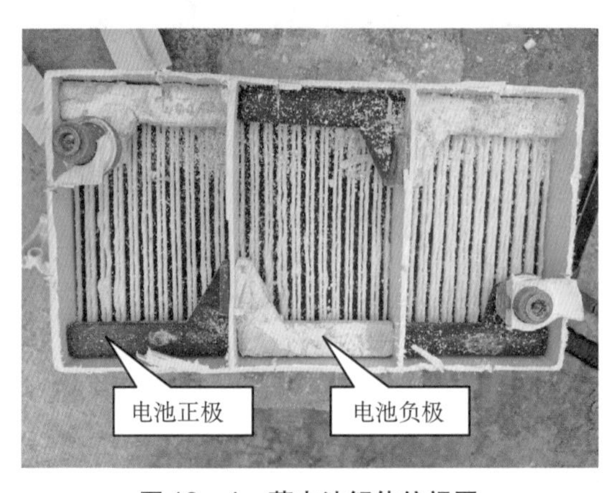

图 13－4 蓄电池解体俯视图

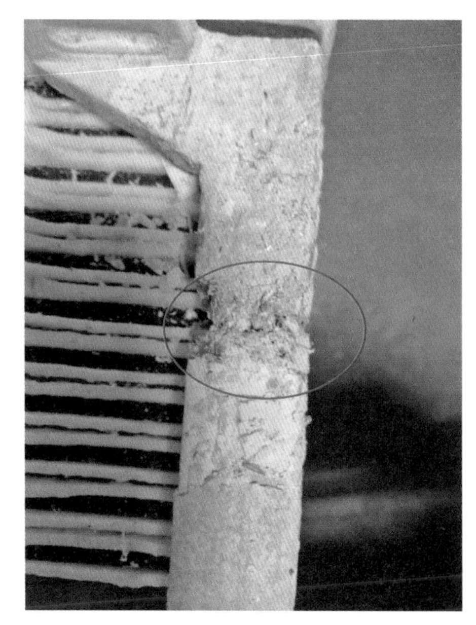

图13－5　原第二组6号蓄电池（腐蚀见标注）

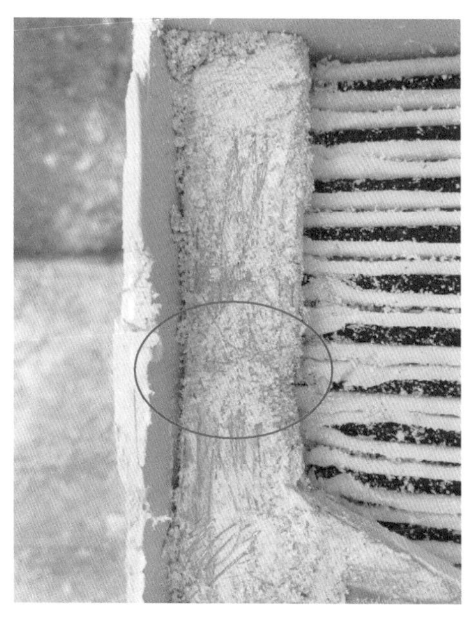

图13－6　原第二组19号蓄电池（腐蚀见标注）

2. 具体措施

鉴于直流系统的重要性、蓄电池性能下降和其他电厂该型号蓄电池出现开路等情况，对坝顶直流系统该型号蓄电池进行整体换型，更换为OPZV 200Ah电压2V蓄电池。

13.1.2.4　直流系统接地故障

直流系统接地故障出现的频率非常高，对接地点的查找也非常复杂。由于直流系统负荷多，分布范围广，电缆多而且长，尘土、潮气、外力或者小动物的破坏都有可能导致回路绝缘降低和直流接地故障。直流接地通常并不是一点接地而是多点接地，而且接地故障并不稳定，随着环境的变化而变化。通常可以采取以下几种方法查找直流接地点：

（1）拉回路法。这是查找直流接地故障的一个简单办法，就是停掉该回路的直流电源，停电时间小于3s，一般按照如下顺序进行：事故照明回路→信号回路→操作回路→保护回路等。如果断掉该回路后接地报警信号消失，则说明接地点就在此回路上，确定了接地点的回路范围再分析该回路中可能接地的支路和设备，逐步缩小查找范围，直至找到接地点。

（2）装置检测法。目前大多数电厂直流系统具有微机绝缘监测装置，采用平衡电桥及非平衡电桥相结合的原理，检测母线对地绝缘状态，该方法不向直流系统注入信号，不受直流馈线对地电容影响，可以实时在线监测直流母线及支路的绝缘状况。在出现直流接地时可以迅速查找并确定接地的母线或支路，并发出告警信号，这种方法可以检测出接地的具体回路或者支路，但是对于接地点无法定位。

（3）万用表电压测量法。用万用表测量直流电压，当切除某一部分直流负荷时，观察万用表电压值的变化，从支路到分支路，逐个否定，最后排除。

（4）便携式定位装置查找接地故障。拉回路法受到很多限制，遇到多点接地时容易引起误判，而且从维护电厂设备的稳定运行角度，最好是不要断电，采用便携式直流故障定位装置无须断开直流回路电源，就可以带电查找直流接地故障，极大地提高了查找直流接地故障的安全性。便携式定位装置一般由信号发生器、故障检测器和信号采集器（钳表）三部分组成。其工作原理是：当直流系统发生接地故障或绝缘降低时，由电压监测装置发出报警后，将信号发生器接入直流系统的正、负母线和地之间，向直流正负母线和地发射适宜系统检测、对系统无影响的低频信号（2Hz），检测各回路对地的直流漏电流，并模拟显示接地回路绝缘状态，判断出接地故障回路，并继续沿故障回路（支路）检测出接地故障，将故障点准确定位。

通过以上几种方法基本上可以将直流系统接地故障点定位。但是减少直流接地故障，首先是预防，主要方法是加强设备及回路日常巡视检查，在设备定期检修时，保证检修工艺和检修工序，对充电设备以及直流母线、直流开关等设备进行仔细的检查和清扫，避免因为设备灰尘较多造成直流系统绝缘下降，同时各支路负荷设备在日常检修中也要注意检查接线的牢固性和设备的清灰，加强对支路电缆绝缘的检查，防止支路接地。

13.1.2.5 蓄电池内阻采集异常处理

1. 概述

直流系统蓄电池采用 FXJ－22 蓄电池巡检模块对蓄电池电压及内阻进行采集，每个巡检模块可采样 19 节蓄电池数据。自投运以来，蓄电池内阻出现数次采集异常情况，下文将针对不同情况给出相应处理方法。

2. 常见异常情况及其处理方法

（1）连续多节蓄电池内阻异常，常见为连续 19 节异常，如 1～19 号、20～38 号、39～57 号、58～76 号、77～95 号、96～103 号，此故障首先考虑重启内阻巡检模块电源，巡检模块无电源开关，所谓重启即解开 220V 电源线（也可以断开电源回路熔断器），若重启后内阻未恢复正常，需检查电池巡检模块接线是否有松动、误接或者漏接情况；检查电池巡检模块的通信线路是否正常；查看微机直流监控装置的接线端子有无松动或误接，若均无问题，则考虑蓄电池巡检模块损坏，对模块进行更换后观察。

（2）某一节蓄电池左右相邻蓄电池内阻异常，如 40、50、51 号，则考虑 50 号蓄电池负极出线到巡检模块信号采集端的熔断器损坏，对熔断器进行更换后观察。

（3）1、103 号头尾两节蓄电池内阻异常，因为蓄电池巡检模块 DC220V 电压取自 1 号和 103 号蓄电池，出现此缺陷考虑为巡检模块取电方式有误，重新接线取电，即将巡检模块取电点由采集电压信号的下端调整至采集内阻信号的上端，改接线后观察。前后接线分别如图 13－7、图 13－8 所示。

13.1.2.6 EPS 应急电源系统换型改造

1. 提出原因

右岸 EPS 投入运行 6 年，左岸 EPS 投入运行 5 年多，设备运行不稳定，控制板设计中存在家族性缺陷，导致故障无法消除。为了提高 EPS 应急电源系统的运行可靠性，对 6 套 EPS 系统主机柜进行改造。

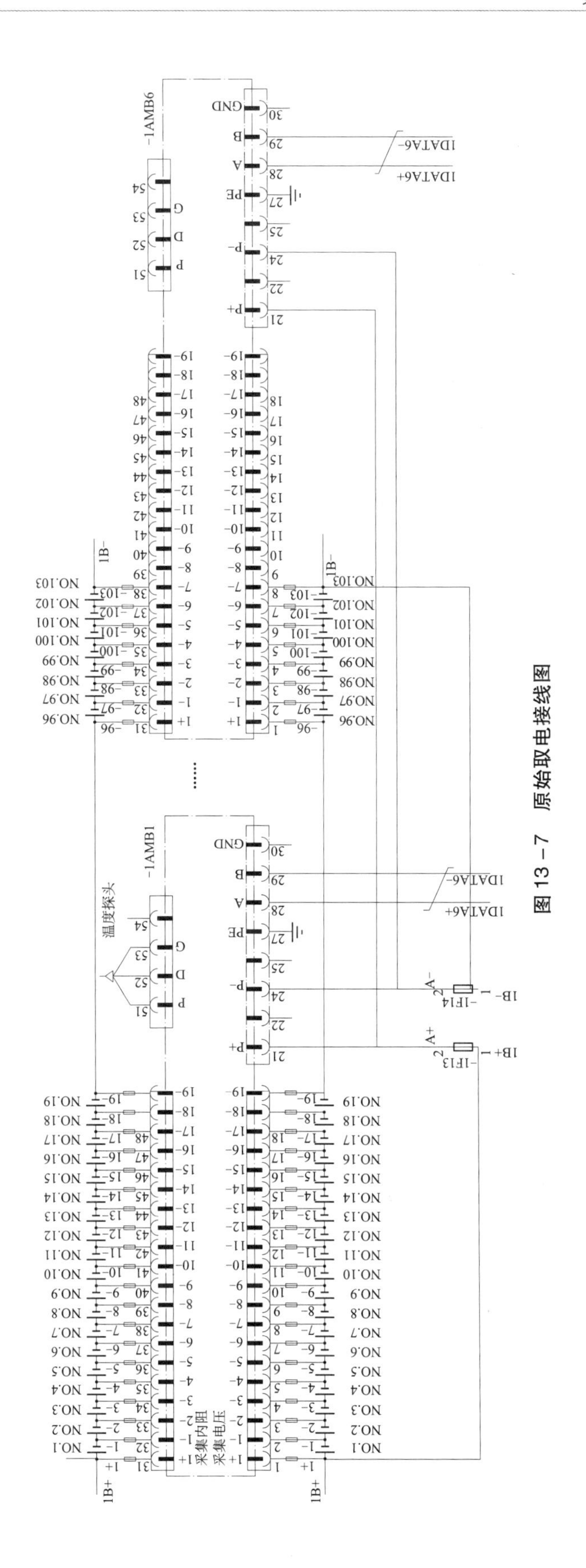

图 13－7　原始取电接线图

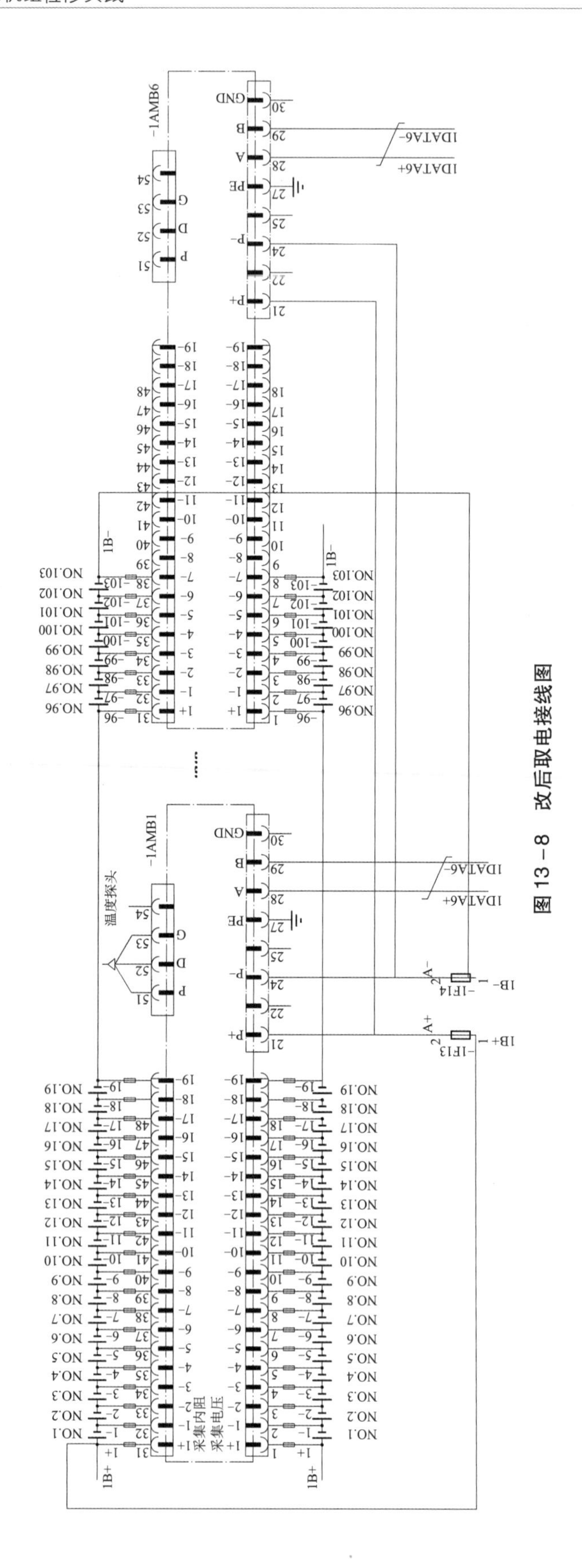

图 13－8　改后取电接线图

2. 改造措施

（1）原左岸电站 EPS1/EPS2、右岸地下电站 EPS3/EPS4 系统的交流输入为单电源，各系统需增加一路交流输入，主机柜内设计安装两路交流电源的切换装置，构成双电源输入。

（2）蓄电池在线监测装置改造。EPS5 蓄电池组配置 1 套独立的蓄电池在线监测装置，包括蓄电池监测维护模块、主机、蓄电池放电仪等。蓄电池监测数据（包括单体电池电压、内阻、电池组端电压、充放电电流、电池室环境温度等）实时上传至 EPS 监控装置。蓄电池在线监测装置及故障报警信息通过通信接口上送至电站计算机监控系统，实现远程故障报警功能。

（3）馈电回路改造。新增馈电回路检测装置，主要检测馈出回路的运行和故障状态（如：短路、过载、断路）。

（4）从环保节能角度进行设计，优化逆变器启动方式，由热备用改为冷备用。

（5）由于 EPS 负荷为 LED 照明灯具，将静态切换开关更换为双电源切换开关，降低了对动作时间的要求。

（6）为蓄电池组配置智能蓄电池放电仪，可根据设置参数自动进行放电核容并记录放电数据，电池电压异常时自动终止放电。

（7）为 EPS 应急照明系统增设自动周期性应急切换功能，减少运行人员每月手动切换操作工作任务。

13.1.3　直流充电机特性试验方法

1. 概述

直流充电机特性试验可通过充电机特性测试仪来完成。测试仪包含调压器、直流负载、控制器等。本节将详细介绍稳流精度、稳压精度、纹波系数的测量措施及注意事项。

稳流精度、稳压精度、纹波系数对直流设备的运行状态会产生影响，见表 13－3。

表 13－3　测量精度对直流设备运行状态的影响

序号	充电机参数	对直流设备的影响
1	稳流精度	对蓄电池初充电和长时间均衡充电有利，满足了蓄电池电化学反应的最佳状态
2	稳压精度	是避免蓄电池出现长期欠、过充电现象的保证，从而确保蓄电池的后备放电容量，有效降低因欠、过充电对电池造成的各种伤害
3	纹波系数	避免信号装置误动作和高频继电保护误发信号等事故，蓄电池的脉动充放电对蓄电池不利

特性试验是判断充电机功能是否正常的依据，新设备投运前或充电机备件更换前都需要进行特性试验，下面就充电机特性试验的具体使用方法作详细介绍。

2. 步骤

特性测试仪按照图 13－9 接线。

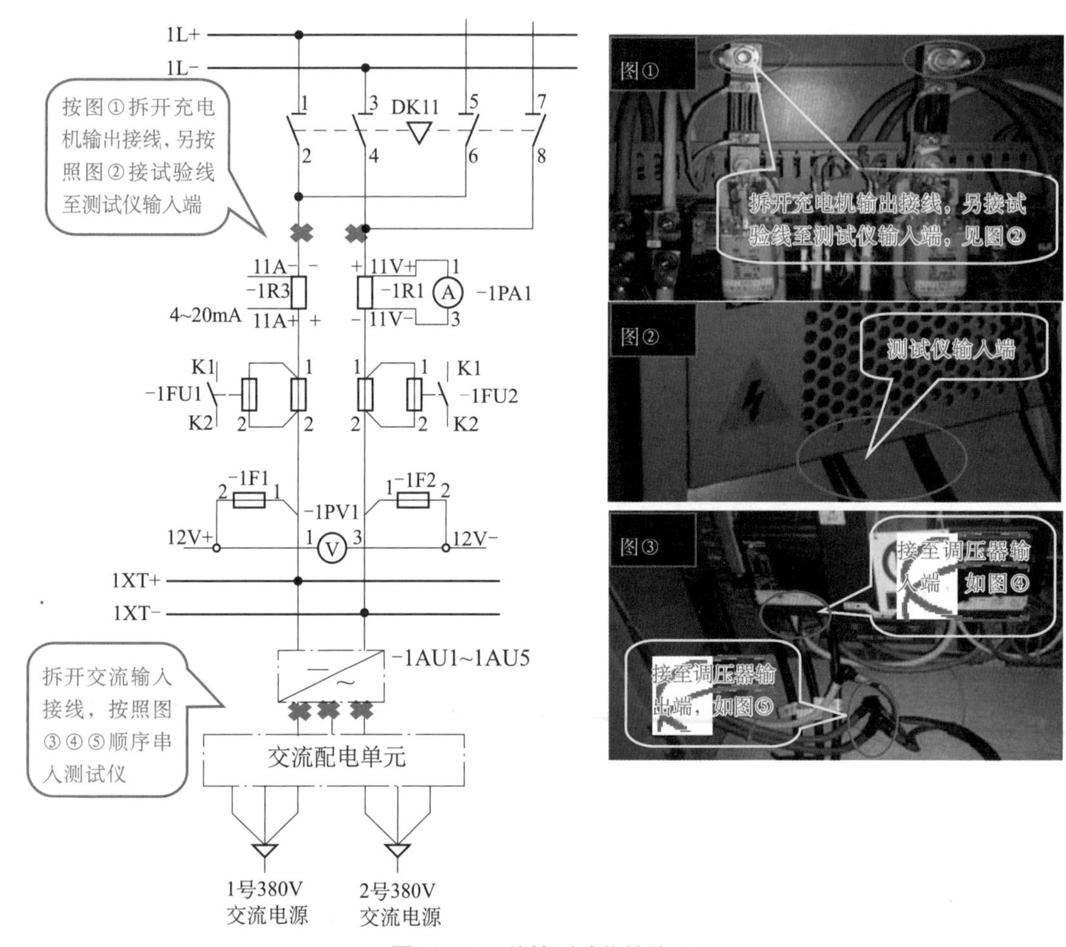

图 13－9　特性测试仪接线图

稳压精度需做 3 个电压点即 208V、230V、240V 电压点的测试。参数设置具体见表 13－4。

表 13－4　稳压流程参数设置一览表

序号	输出电压设定	输入电压挡位	负载电流设定
流程 1	208V	90%，100%，110%	0A，20A，40A
流程 2	230V	90%，100%，110%	0A，20A，40A
流程 3	240V	90%，100%，110%	0A，20A，40A

稳流精度需做 3 个电流点即 8A、24A、40A 电流点的测试。稳流精度试验与稳压精度试验不同的是充电机需要在手动方式下设置电流点和输出电压，“设置负载端电压点”的三个值只能相同，均设为 240V，所以需要设置 9 个流程，具体见表 13－5。

表 13－5　稳流流程参数设置一览表

序号	输出电流设定	输入电压挡位	负载端电压挡位
流程 1	8A	90%，100%，110%	208V，208V，208V

续表

序号	输出电流设定	输入电压挡位	负载端电压挡位
流程 2	24A	90%，100%，110%	208V，208V，208V
流程 3	40A	90%，100%，110%	208V，208V，208V
流程 4	8A	90%，100%，110%	230V，230V，230V
流程 5	24A	90%，100%，110%	230V，230V，230V
流程 6	40A	90%，100%，110%	230V，230V，230V
流程 7	8A	90%，100%，110%	240V，240V，240V
流程 8	24A	90%，100%，110%	240V，240V，240V
流程 9	40A	90%，100%，110%	240V，240V，240V

“设置负载端电压点”时需要注意要比实际测试点电压低 2V 左右。做 240V 电压点试验时，实际设置为 238V。因为充电机特性测试仪的负载端电压模拟的是蓄电池电压，相当于充电机对蓄电池稳流充电，所以负载端电压需要比充电机输出电压稍低一点。

13.2　水系统检修

13.2.1　概述

向家坝水电站机组技术供水系统主要为发电机上导轴承、发电机空冷器、发电机推力下导组合轴承、水轮机导轴承、主变压器提供冷却水，同时也是水轮机主轴密封供水、消防供水、公用设备供水和空调供水的备用水源。

向家坝水电站机组技术供水系统均采用单机单元自流减压供水方式，每台机设置 1 个蜗壳取水口，分两路经减压过滤引至本机组和机组技术供水联络总管，互为备用。主供水采用两级减压，备用供水采用一级减压，每路供水管上各设置 1 台滤水器。另每 2 台机组设置一套坝前取水作为备用，经一级减压过滤接入机组技术供水联络总管。

向家坝水电站的公用设备供水采用坝上清洁水自流减压方式，经减压引至公用设备供水总管上，另从机组技术供水联络总管上取二路供水管路，经精密过滤后作为公用设备供水的备用水源。

13.2.2　技术专题

13.2.2.1　技术供水系统正反向倒换失败检查处理

1. 故障现象

技术供水系统主要作用是向机组各冷却器提供冷却水。为避免泥沙等颗粒在冷却器内堆积，需要定期对技术供水方向进行倒换。向家坝左岸电站技术供水系统正反向倒换操作通过 4 台“一”字形布置的水力控制开关阀实现，阀门布置示意图如图 13－10 所示。

如图 13－11 所示，通过改变 4 台水力控制阀的开、关状态，可以实现机组各冷却器设备的正反向供水倒换，技术供水系统的正反向倒换过程如图 13－11 所示。

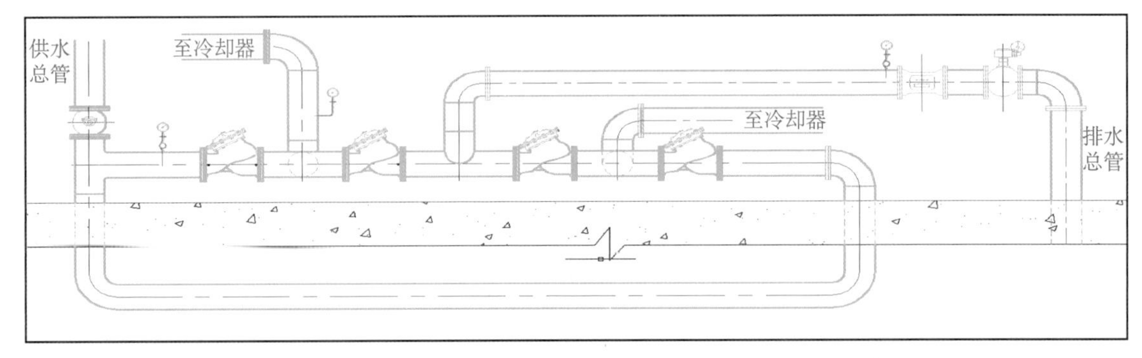

图 13－10　向家坝左岸电站技术供水系统水力控制阀布置示意图

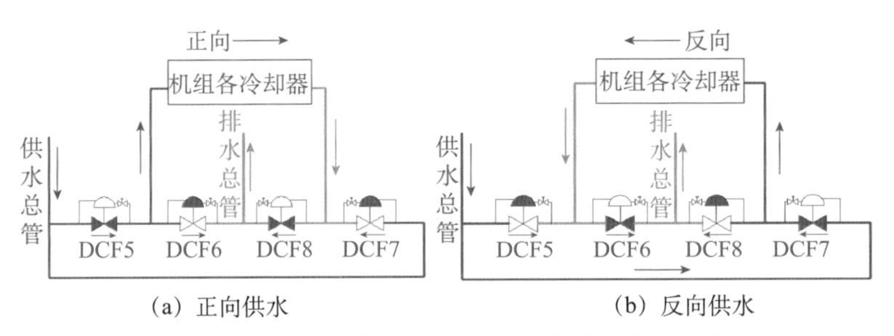

(a) 正向供水　(b) 反向供水

图 13－11　技术供水系统正反向倒换过程示意图

向家坝左岸电站技术供水系统投运后，在进行正反向倒换的过程中，应处于“全开”状态的 2 台水力控制阀全开不到位，而应处于“关闭”状态的 2 台水力控制阀则全关不到位，供水总管通过水力控制阀直接与排水总管连通，导致各冷却器水流量严重偏低，直接影响机组各部轴承的安全稳定运行。同时监控系统因未接收到各水力控制阀“全开”“全关”到位的反馈信号，而频繁报“技术供水系统正反向倒换失败”信号。

2. 原因分析

通过对水力控制阀结构及工作原理进行分析，发现导致水力控制阀“全开”“全关”不到位的故障原因主要有以下两个方面：

（1）控制管路设计不合理。

水力控制阀是利用水力控制原理，通过膜片结构驱动主阀板开启和关闭的阀门。水力控制阀的启闭状态由控制管路实现。当排水电磁阀失电关闭时，主阀控制腔上腔通过进口球阀充水，控制腔下腔通过连通阀排水，在上腔压力水作用下阀门保持关闭；当排水电磁阀得电开启时，受进口侧针阀流量限制，主阀控制腔上腔经电磁阀排水并通过连通阀进入控制腔下腔内，在下腔压力推动下，主阀开启。

但在水力控制阀实际工作过程中，由于阀门上腔进水管水源取自阀门进口，导致隔膜压力与主阀板压力相差不大，从而使阀门不能完全关闭，同时上腔进口管路管径过小，在针阀的作用下，上腔充水过程太慢，从而严重影响了水力控制阀的关闭速度，通常阀门关闭时间持续 10～20min；在阀门开启过程中，当阀门开启较小的开度后，阀门前后压差基本消失，因此导致上腔内积水无法顺利排出，从而导致阀门无法全开。

（2）阀门开关状态反馈装置设计不合理。

阀门开关状态反馈装置结构如图 13－12 所示。

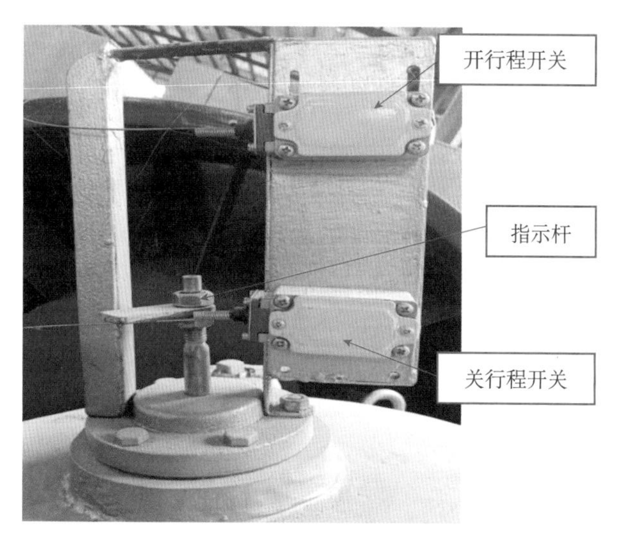

图 13－12　阀门开关状态反馈装置结构示意图

阀门开关状态反馈装置主要由指示杆及开（关）行程开关组成。指示杆与阀门本体之间为活动连接，因此在阀门开关过程中可能发生指示杆转动的现象，当指示杆转动一定角度后，在阀门开/关状态下，指示杆无法与行程开关接触，从而导致行程开关无对应反馈信号输出。

行程开关的感应装置为带弹簧的细钢丝结构，当指示杆与其接触后，不能及时触发动作信号，而必须将其压弯至一定角度后，才能触发动作信号；阀门长期运行后，细钢丝容易产生永久变形，从而导致即使阀门处于“全关”状态，指示杆也无法触发动作信号，使监控系统无法接收到阀门的开/闭信号而自动判断“技术供水系统正反向倒换失败”。

3. 优化措施

针对上述问题，从两方面对水力控制阀结构进行了优化：

1）控制管路优化

控制管路优化后示意图如图 13－13 所示。

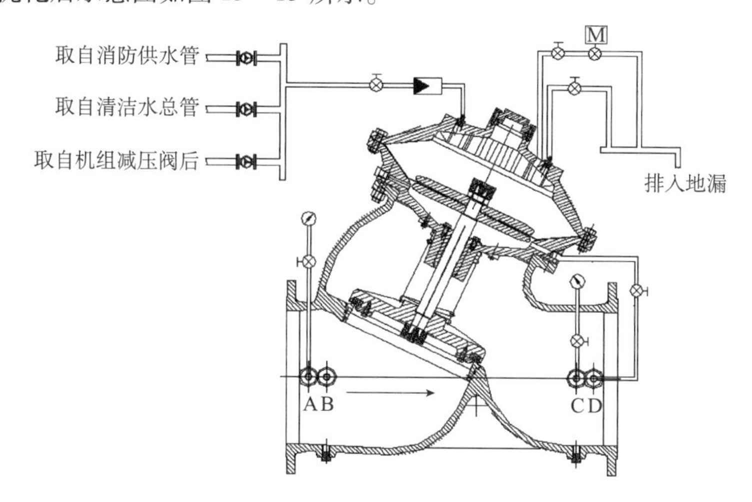

图 13－13　水力控制阀控制管路优化后

水力控制阀控制管路优化内容主要有：

（1）阀门上腔进水管不再由阀门进口侧取水，另单独设置一路控制水源，以解决阀门关闭不严问题。为提高控制水源可靠性，水源分别取自消防系统、清洁水系统和技术供水系统，其中清洁水系统水源作为主用水源。

（2）增大阀门上腔进口管管径，将原内径 8mm 铜管更换为内径 15mm 不锈钢管，同时取消了针阀，极大提高了控制腔的充水速度，从而提高了阀门关闭速度。

（3）阀门上腔排水管不再接入阀门出口，改为直接排入地漏，此时阀门上腔压力远小于下腔，阀门不能全开问题得以解决；同时将排水电磁阀改为排水电动球阀，提高了控制腔排水速度，从而提高了阀门开启速度。

（4）增加了一路上腔手动排水管路，当电动球阀出现故障时，可以进行手动操作。

2）阀门开关状态反馈装置优化

阀门开关状态反馈装置优化后示意图如图 13 – 14 所示。

图 13 – 14　阀门开关状态反馈装置优化后

阀门开关状态反馈装置优化内容主要有：

（1）改进指示杆设计，将原长条形触片更改为圆形触片，从而避免了由于指示杆旋转导致无法接触到行程开关。

（2）对行程开关进行换型，通过采用硬传动机构的行程开关，可以确保阀门指示杆到达对应位置后及时触发信号，保证了信号动作的可靠性。

（3）对行程开关支架进行改造，将行程开关固定位置设置成腰子孔，增大了行程开关固定位置调整范围，便于准确对开关位置进行设定。

4. 效果

通过对水力控制阀控制管路及行程反馈装置优化后，技术供水系统正反向倒换过程中，水力控制阀“全开”“全关”动作正常，阀门开关时间在 90s 以内，且开/关状态信号反馈准确。

13.2.2.2　隔膜式减压阀主阀发卡检查与处理

1. 故障现象

隔膜式减压阀是向家坝水电站机组技术供水系统主要设备之一，其工作状态直接影响到机组冷却水系统的正常运行。其结构如图 13－15 所示，主要包含阀体、阀盖、隔膜、阀盘、阀座、导阀等零部件。

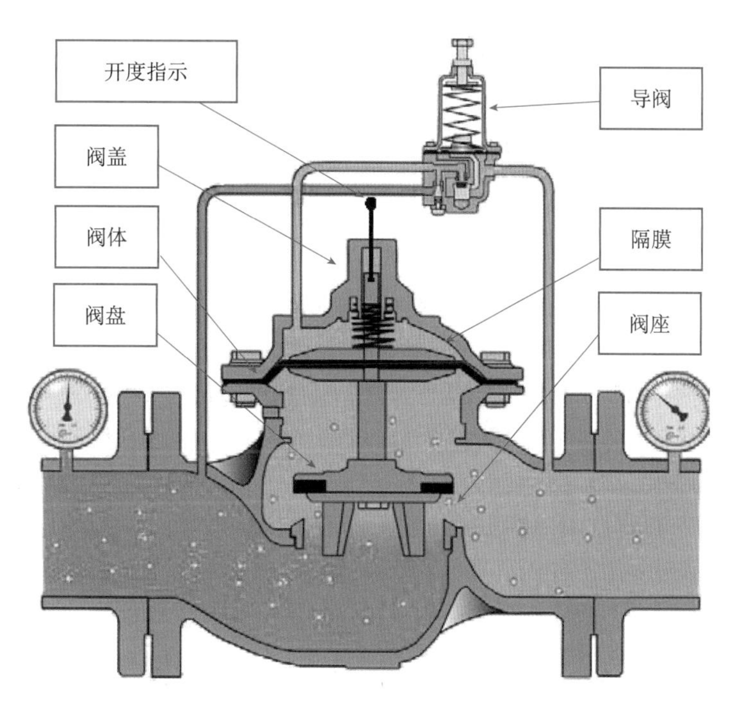

图 13－15　低比例减压阀结构图

高压水流从左边管路流入阀门，经过阀座与阀盘造成水力损失后向右边管路流出低压水流。减压阀阀盘的开度通过进入阀盖与隔膜之间的控制腔的水流控制，控制腔水流增加，阀盘开度减小，减压效果明显；控制腔水流较少，阀盘开度增大，减压效果减弱。阀座限制阀盘导向爪的径向位移，导向爪与阀座的径向实际间隙约 0.5mm，阀盘导向爪在阀座的限位下可以上下移动调整阀盘开度。

向家坝右岸机组技术供水系统减压阀曾出现以下故障现象：

（1）该减压阀在停运状态下开度指示杆不指示全关。

（2）该减压阀运行过程中发出“咚咚”的异常声响。

（3）在某次技术供水系统减压阀倒换过程中该减压阀开度指示杆脱落飞出，控制腔水流喷出，减压阀无法正常运行。

2. 原因分析

拆解减压阀阀体，发现如下问题：

（1）减压阀开度指示杆限位螺栓松脱，掉落在减压阀控制腔内。

（2）减压阀阀座脱落（如图 13－16 所示），卡在减压阀主阀阀盘导向爪上，减压阀阀座固定螺栓基本全部松脱或断裂（如图 13－17 所示）。

图 13－16　减压阀阀座脱落

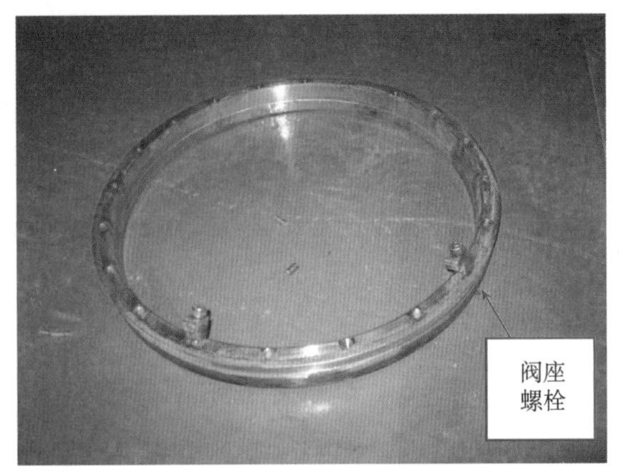

图 13－17　减压阀阀座螺栓几乎全部松脱断裂

分析导致减压阀出现上述故障现象的原因主要为：

（1）减压阀导向爪与阀座撞击导致阀座固定螺栓松脱。

因减压阀主阀盘导向爪与阀座之间的实际间隙为 0.5mm 左右，减压阀运行过程中，导向爪在水流的冲击作用下晃动，不断撞击减压阀阀座，阀座固定螺栓在持续的撞击振动下松脱。

（2）减压阀阀座脱出，剩余固定螺栓变形断裂。

减压阀阀座大部分固定螺栓松脱后，阀座在导向爪撞击及水流冲击作用下开始脱出，未松脱的螺栓不能提供固定阀座的作用力，在阀座脱落过程中变形甚至断裂，如图 13－17 所示。

（3）阀座卡阻，减压阀主阀盘无法全关。

隔膜式减压阀正常停运状态下主阀阀盘应落下至阀座上全关，开度指示杆指示全关。但当减压阀阀座脱落后无法回位，卡在减压阀阀盘与阀体之间，导致主阀盘无法全关到位，开度指示杆指示阀门未全关。

（4）导向爪撞击阀座，发出异常声响。

减压阀阀座脱落后，阀座无法限定导向爪的径向位移，导向爪大幅振动且直接撞击阀体，发出“咚咚”的异常声响。

（5）阀座脱落后阀门振动变大，开度指示杆限位螺栓松脱。

减压阀阀座脱落后，主阀盘振动加剧，振幅变大，与主阀轴直接连接的开度指示杆限位螺栓在大幅振动下松脱，指示杆在水压作用下飞出。

3. 整改措施

为保证减压阀阀座运行过程中不再异常脱出，开度指示杆正常指示阀门开度，保障阀门正常运行，进行了以下处理：

（1）更换新的减压阀阀座（如图 13－18 所示）。为保证减压阀阀座在阀门持续振动过程中阀座固定螺栓不会松脱，阀座所有固定螺栓涂抹螺栓锁固胶，并按规定力矩紧固。

（2）对新安装的阀座进行点焊，并对点焊处进行 PT 探伤确认焊接牢固（如图 13－19 所示），点焊焊缝与阀座固定螺栓一起对阀座起到双重固定作用，同时也保证即使在所有阀座固定螺栓松脱后阀座也不会脱落。

图 13－18　减压阀安装新阀座

图 13－19　减压阀阀座点焊焊缝探伤

（3）分别测量减压阀导向爪外径、脱落的阀座内径、新阀座安装前及安装完成后的内径数据，确保阀座与导向爪配合良好、阀座安装质量满足要求，如图 13－20 所示。

图 13－20　减压阀阀座内径复测

(4) 因开度指示杆与其限位螺栓为单螺栓连接且永久不需拆卸，因此对松脱的开度指示杆限位螺栓涂抹高强度螺纹锁固胶并重新安装。

(5) 排查向家坝水电站其他减压阀，对所有同类减压阀进行相同的检查处理，确保其他减压阀不再发生类似故障。

4. 效果

通过上述处理后，向家坝水电站该类型减压阀阀座脱落问题得到解决，所有减压阀运行正常，设备运行可靠性得到提高，截至目前，向家坝水电站该类型减压阀未再出现类似故障。

13.2.2.3 活塞式减压阀出口压力波动检查与处理

1. 结构原理

活塞式减压阀是向家坝水电站机组技术供水系统主要设备之一，主要由导阀、主弹簧、主活塞、三通阀、节流锥、射流泵等部件组成，如图 13-21 所示。

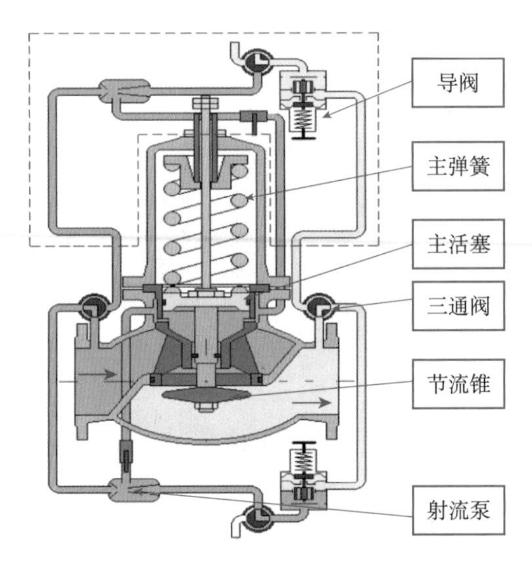

图 13-21　减压阀结构示意图

减压阀主阀内活塞机构同时受上部主弹簧弹力和主活塞下控制腔内的水压相互作用，通过两者之间相互作用力的平衡，调节节流锥上下移动改变阀门开度大小，使水流在节流锥处产生较大的水力损失，产生减小水流压力的效果。减压阀主弹簧压力通过主阀上端的调整杆进行手动调整，减压阀控制腔的压力通过减压阀导阀自动调整。

如图 13-22 所示，活塞式减压阀导阀主要由调节螺栓、导阀弹簧、导阀活塞及节流锥等部分组成。导阀活塞上部承受弹簧弹力作用，下部腔体与减压阀出口连通，承受减压阀出口水压，通过导阀弹簧弹力和减压阀出口水压力两个相互作用力之间的动态平衡，使导阀活塞上下移动带动节流锥上下移动，从而改变节流锥与活塞缸下部之间的间隙来调整主阀控制腔水流进出，控制减压阀主阀压力。

2. 故障现象

向家坝水电站技术供水系统运行过程中，发现活塞式减压阀出口压力与减压阀整定值之间存在一定的偏差，且压力偏差呈现周期性的波动。从电站趋势分析监测系统中选取 24h 内

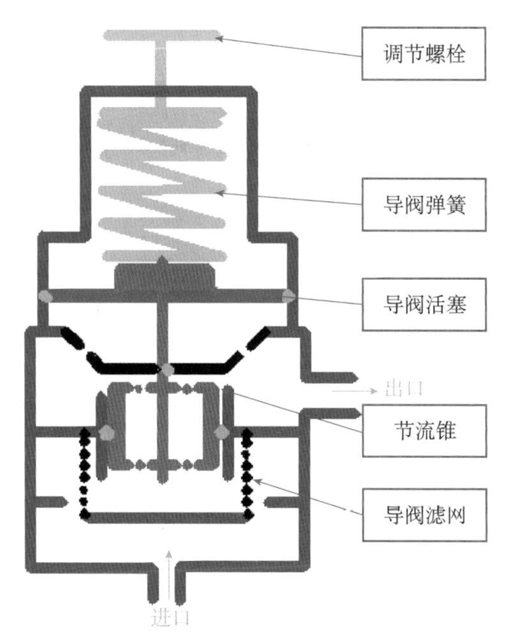

图 13－22　控制导阀结构示意图

机组技术供水系统减压阀的运行记录，如图 13－23 所示。

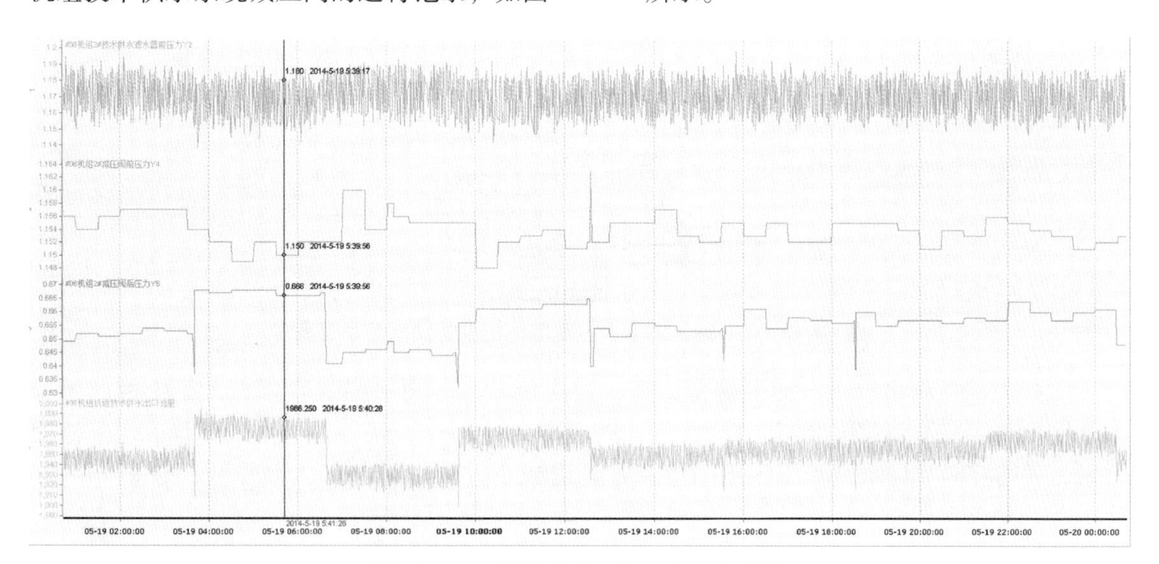

图 13－23　活塞式减压阀 24h 运行曲线

从图 13－23 中可以看出：

（1）减压阀出口压力存在周期性跳变，同时技术供水系统流量也随之波动。

（2）减压阀出口压力在跳变后基本保持稳定，直至下一次跳变。

3. 原因分析

通过对控制导阀拆解检查，发现控制导阀各部件表面有明显的锈蚀，铸铁材质的导阀轴与活塞缸接触部位磨损较严重，导阀轴密封失效，出现了气蚀现象；导阀节流锥部位 O 形密封圈有明显的磨损，导阀内部活动机构卡涩，节流锥上下活动时摩擦阻力较大。导阀活塞轴缺陷如图 13－24 所示。

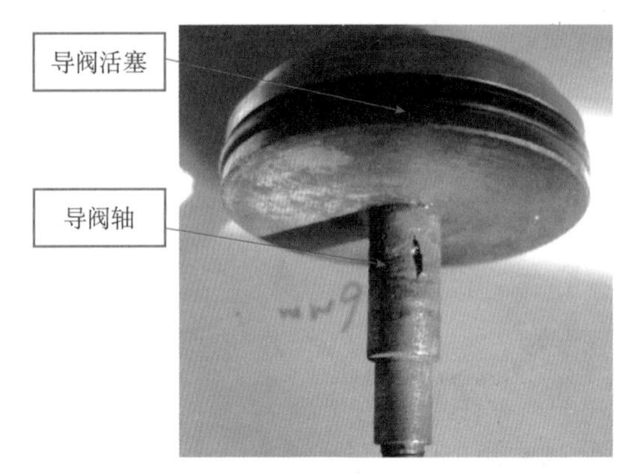

图 13－24　活塞式减压阀导阀轴气蚀缺陷

1）减压阀导阀调节原理

减压阀出口压力主要由控制导阀进行调节，活塞式减压阀控制系统的自动调节原理如下。

（1）当减压阀出口压力即下游压力低于设定值时，导阀活塞下腔水压力小于上腔弹簧弹力，使导阀活塞带动节流锥向下移动，导阀节流锥开度增大，使得射流泵处流量增大、压力减小，主阀控制腔排水，减压阀主阀节流锥开度增大，减压阀出口压力升高，如图 13－25 所示。

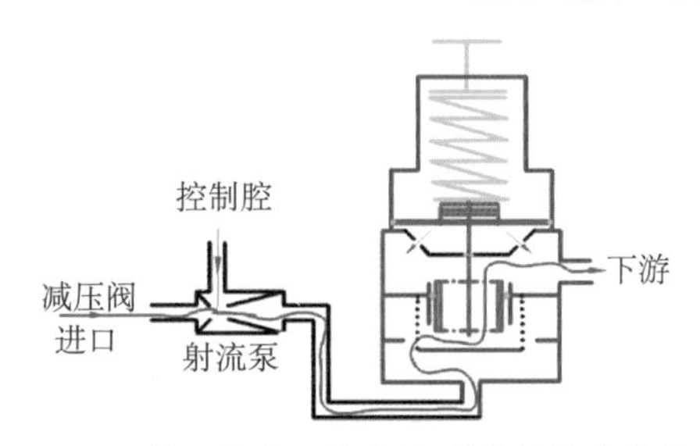

图 13－25　下游压力小于整定值时控制管路水流示意图

（2）当减压阀出口压力即下游压力高于设定值时，导阀活塞下腔压力大于上腔弹簧弹力，使导阀活塞带动节流锥向上移动，导阀节流锥开度减小，使得射流泵处流量减小、压力增大，主阀控制腔进水，减压阀主阀节流锥开度减小，减压阀出口压力降低，如图 13－26 所示。

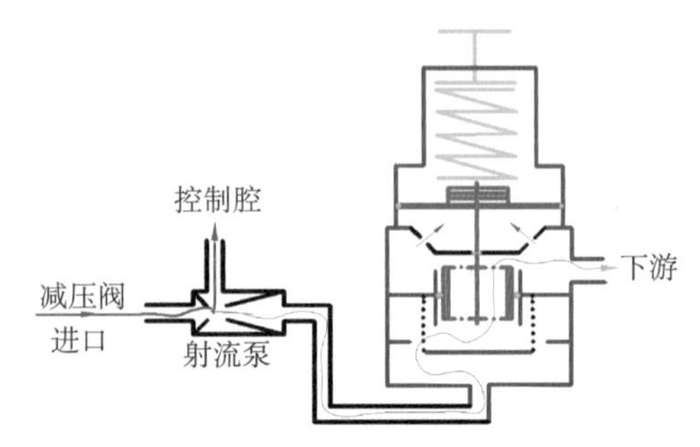

图 13－26　下游压力大于整定值时控制管路水流示意图

2）减压阀导阀控制过程受力分析

（1）出口压力变化时导阀调整过程受力分析。

节流锥与导阀本体隔离板之间、导阀轴与活塞缸之间、导阀活塞与活塞缸之间等三处部位设置了 O 形密封圈，以避免导阀内部串压。但是导阀节流锥、导阀轴及导阀活塞属活动部件，由于密封圈的存在，上述活动部件在发生相对运动时，需克服一定的摩擦力。

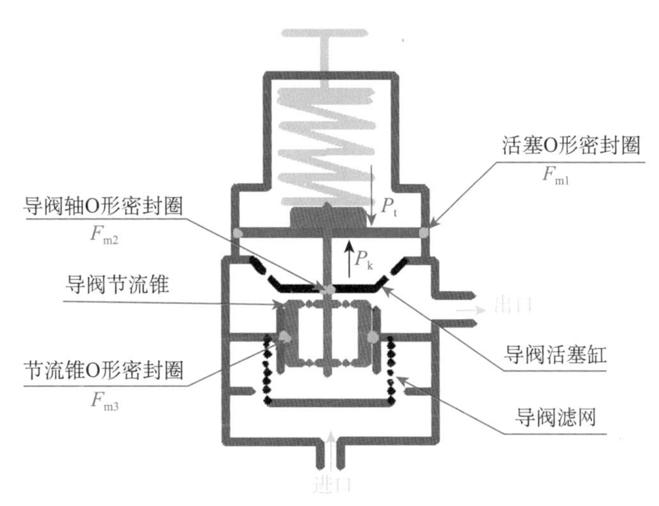

图 13－27　活塞式减压阀导阀示意图

如图 13－27 所示，以 P_k 表示减压阀出口实际压力，P_t 表示导阀弹簧压力即整定值压力，F_p 表示导阀活塞受到的水压力，F_t 表示弹簧对导阀活塞的压力，F_{m1} 表示导阀活塞与活塞缸之间的摩擦阻力，F_{m2} 表示导阀轴与活塞缸之间的摩擦阻力，F_{m3} 表示节流锥与隔离板之间的摩擦阻力，则有：

①不考虑摩擦力时，减压阀压力稳定下：$F_p = F_t$。

②考虑摩擦力时，有：

当减压阀出口压力 P_k 低于整定值 P_t 时，导阀活塞向下移动，F_t 需克服各部位摩擦力使减压阀开度增大，从而使 P_k 增大，最终：

$$F_p = F_t - (F_{m1} + F_{m2} + F_{m3})$$

当减压阀出口压力 P_k 高于整定值 P_t 时，导阀活塞向上移动，F_k 需克服各部位摩擦力，使减压阀开度减小，从而使 P_k 减小，最终：

$$F_p = F_t + (F_{m1} + F_{m2} + F_{m3})$$

（2）导阀自动清洗时导阀调整过程受力分析。

控制导阀内部设置有过滤网，在减压正常运行时，为避免过滤网堵塞，控制导阀配置有定时自动排污功能，对控制导阀的自动排污过程中压力变化分析如下：

当排污开始后，水流由导阀出口进入，从导阀进口排污阀处排出，此时控制管路内水流无法经导阀流入下游，从而使主阀控制腔内压力不断升高，减压阀主阀开度不断减小，减压阀出口压力 P_k 随之降低，此时导阀节流锥开度大于正常值，P_t 小于设定值。

当排污结束后，控制管路内水流由导阀进口进入，从导阀进口排入下游，由于导阀节流锥开度大于正常值，造成控制管路内水流压力偏低，控制腔内压力随之降低，减压阀主阀开度增大，减压阀出口压力 P_k 随之升高，在 P_k 的作用下，控制导阀活塞带动节流锥向上移动，导阀节流锥开度减小。

导阀节流锥开度减小的过程中，当 F_k 小于 $F_t+(F_{m1}+F_{m2}+F_{m3})$ 时，导阀活塞将停止上移，并产生向下移动的趋势，而若同时 F_k 大于或等于 $F_t-(F_{m1}+F_{m2}+F_{m3})$ 时，则活塞停止移动，此时导阀将不再进行调节。由于导阀不再进行调节，因此导致了 P_k 偏离导阀设定值 P_t，从而使减压阀主阀出口压力产生波动，偏离减压阀出口压力正常整定值，在此过程中，减压阀出口压力的调整偏差范围为 $[F_t-(F_{m1}+F_{m2}+F_{m3})]$ 至 $[F_t+(F_{m1}+F_{m2}+F_{m3})]$ 之间，受导阀各处密封圈摩擦力的影响，减压阀控制导阀自动排污前后的压力波动示意图如图 13－28 所示。

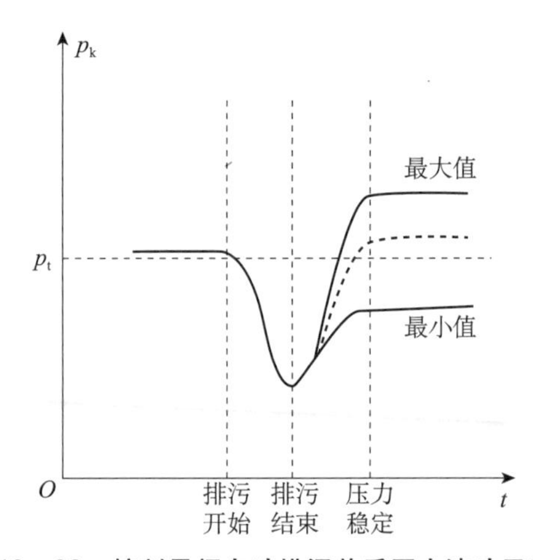

图 13－28　控制导阀自动排污前后压力波动示意图

综上所述，减压阀出口压力波动主要与 $F_{m1}+F_{m2}+F_{m3}$ 有关，当 $F_{m1}+F_{m2}+F_{m3}$ 较小时，减压阀出口压力偏差可以忽略不计；当 $F_{m1}+F_{m2}+F_{m3}$ 变大时，将造成减压阀出口压力的较大波动。由于导阀各部件之间配合间隙较小，当密封圈或零部件表面受到损坏时，部件之间的摩擦力将显著增大，从而影响导阀的调节稳定性。

4. 改进措施

结合造成减压阀导阀轴磨损的原因分析，提出了导阀加工改进的方案，并联系减压阀生产厂家进行相关工艺改进，主要改进内容见表 13－6。

表 13－6　减压阀控制导阀工艺改进措施

存在问题	改进目的	改进措施
阀轴材料抗锈蚀及气蚀能力差	消除阀轴锈蚀	将阀轴材料更换为 304 不锈钢
阀轴表面加工精度不合格	降低阀轴表面粗糙度至 $Ra0.8\mu m$	更换阀轴加工刀具并提高加工水平
阀轴材料与活塞缸材质不同	消除材质不同引起的电化学腐蚀	将活塞缸材料更换为 304 不锈钢

结合减压阀控制导阀改进措施，向家坝电厂联系控制导阀制造厂家按要求生产了一批新材质的导阀，改进后的导阀如图 13－29 所示，自左至右部件分别为导阀活塞缸、导阀轴、导阀节流锥。随后用新加工的导阀替换了 16 台活塞式减压阀原有导阀。

图 13－29　新导阀不锈钢材质部件

5. 效果

对减压阀导阀进行更换后，导阀使用情况良好，减压阀出口压力稳定性明显提高，活塞式减压阀进出口压力曲线如图 13－30 所示。

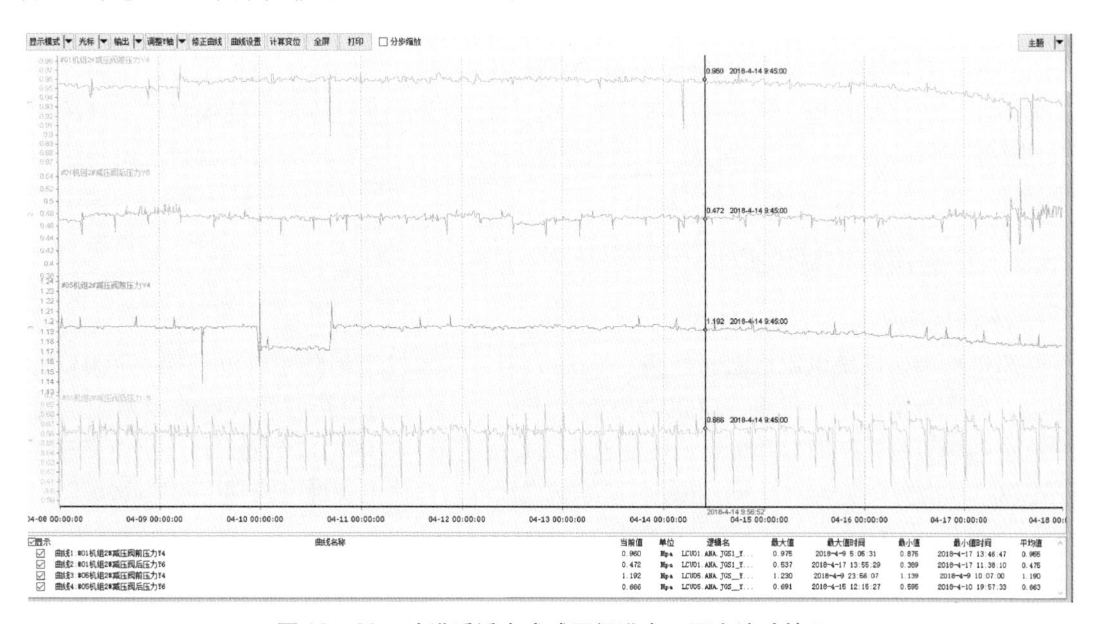

图 13－30　改进后活塞式减压阀进出口压力波动情况

可以看出，在减压阀控制导阀自动排污动作时，减压出口有明显的波动，但波动时间较为短暂；正常运行时，减压阀出口压力均稳定在整定值附近，无大幅度的波动，说明减压阀出口压力稳定性良好。

在随后的年度维护中，对控制导阀进行定期检查，导阀轴及活塞动作灵活，各部位活动摩擦力较小，同时未出现导阀轴气蚀或磨损情况。

13.3　机组消防

13.3.1　概述

向家坝水电站机组消防采用吸气式感烟探测器和感温探测器两种传感器作为探测元件，

任一探测器动作都能触发现地声光报警，当两种探测器同时动作，且在满足 GCB 断开、灭磁开关断开、发电机保护 A、发电机保护 B 动作（四个信号均有相应的监视模块监视）后能启动雨淋阀的电磁阀，当电磁阀打开则会启动机组水喷淋灭火系统，同时压力开关动作给予报警主机一个反馈。

13.3.1.1 诊断分析

向家坝水电站机组消防采用10个感温探测器和1个爱森司4管吸气式极早期烟雾探测器（型号：Stratos－HSSD2）。日常设备运行稳定，主要缺陷是吸气式感烟探测器风量容易越限，主要原因是机组开停机时风洞内部风压变化较大，导致采样管内部风量变化剧烈。此外还有少量的采样管破损、脱落，感温探测器故障的情况。

13.3.1.2 检修总结

机组消防检修主要是对感烟探测器和感温探测器进行设备清灰、功能测试，每年对机组消防主机进行程序检查备份和联动功能测试，机组消防设备整体运行稳定。

13.3.1.3 问题分析

针对吸气式感烟探测器开停机时风量变化大的问题，每年都需要进行感烟探测器自学习，并对主机吸气泵转速、风量上下限进行设置，对采样管进行清灰，确保采样孔和采样管末端堵头正常，检查采样管无破裂。针对感温探测器故障，在岁修测试时就对故障传感器进行更换。

13.3.2 机组消防电源改造

1. 改造的原因

左岸机组消防系统电源取自机组发电机动力柜，右岸机组消防系统电源取自 400V 机组自用电。当设备检修时，机组发电机动力柜和 400V 机组自用电长时间停电造成机组消防系统交流主电源失电，从而引起机组消防蓄电池（备用电源）长时间放电而损坏，机组交流电源屏供电稳定且检修周期短，若采用机组消防系统电源取自交流电源屏方式则可避免此问题。

2. 改造的目的

本方案提出将左岸机组消防系统电源从机组发电机动力柜调整至对应机组交流电源屏、右岸机组消防系统电源从 400V 机组自用电调整至对应机组交流电源屏。机组消防系统电源取向调整后，机组消防系统主电源断电时间短，可避免机组消防系统蓄电池（备用电源）长时间放电而损坏，交流主电源恢复后机组消防系统蓄电池能够及时进行充电，延长蓄电池使用寿命。

3. 改造方案具体内容

1）机组消防系统电源负荷容量及电源取向开关选择

左岸机组消防系统原上级电源取自发电机动力柜 QF14 开关（额定电压 230V，额定电流 6A），电源接入机组火灾报警控制器内主电源端子（熔丝，额定电压 230V，额定电流 3.15A），实测其工作电流 0.35A。右岸机组消防系统原上级电源取自机组自用电 400V 开关（三相额定电压 380V，额定电流 16A，机组消防系统电源使用单相），电源接入四管吸气式感烟探测器主电源端子（主熔断器，额定电压 230V，额定电流 3A），实测其装置工作电流 0.2A。

目前机组交流电源屏配置有额定电流为 10A、20A 和 63A 三种电源开关，根据用电容量及级差配合要求，左右岸机组消防装置上级电源开关选择如下：左岸选择机组交流电源屏 QJ12（10A），右岸选择机组交流电源屏 QJ16（10A）。

2）施工步骤

（1）左岸机组消防电源改造。

①改造结合相应设备检修时进行，断开左岸机组发电机动力柜内火灾报警控制箱电源开关 QF14，解除对应空开出线，用绝缘胶带包扎严实。

②解除机组消防系统火灾报警控制箱内电源线，用绝缘胶带包扎严实，把从左岸机组发电机动力柜和机组消防系统火灾报警控制箱两侧解除的原机组消防电源电缆从电缆桥架上拆除。

③敷设机组消防系统火灾报警控制箱至机组交流电源屏盘柜电缆，电缆敷设在第二层桥架。

（2）右岸机组消防电源改造。

①改造结合相应设备检修时进行，断开右岸 400V 机组自用电中机组消防电气柜电源开关，解除对应空开出线，用绝缘胶带包扎严实。

②解除机组消防系统机组吸气式感烟探测器电源箱电源线，用绝缘胶带包扎严实，把从机组自用电 4 号开关柜和机组消防电气柜两侧解除的原机组消防电源电缆从电缆桥架上拆除。

③敷设机组消防系统机组吸气式感烟探测器电源箱至机组交流电源屏盘柜电缆，电缆敷设在第二层桥架。

13. 3. 3　重要试验

13. 3. 3. 1　吸气式感烟探测器测试

为保证向家坝水电站火灾报警系统吸气式感烟探测器的可靠运行，降低由于环境风量变化导致的吸气式感烟探测器误报风量越限故障，特进行此测试。

参数设置使用专用调试电脑和专用软件“Remote”完成，关闭“自动快速学习”功能，参数设置前需对探测器及其管路进行清灰，检查采样管有无堵塞、破裂、脱落，确认硬件正常后再用电脑连接探测器进行 15min 快速学习和 24h 完整自学习，以 24h 后的气流平均值作为基准值，±20 作为风量上下限值。参数设置见表 13－7，设置完成后注意保存。

表 13－7　吸气式感烟探测器参数设置

修改项	整定值	备注
时间	北京时间	统一修改为北京时间
抽气泵转速	8	统一抽气泵转速为 8
风量上限报警值	气流平均值 +20	气流平均值为经过 24h 自主学习后的气流值
风量下限报警值	气流平均值 -20	

13.3.3.1 机组消防试验

1. 机组消防火灾报警模拟试验

10 个棒式感温探测器、1 个吸气式感烟探测器中任何一个探测器报火警，机组消防均能发出火警信号，并将火警信号接点通过 NOTIFIER 监视模块送至公共火灾报警控制器，触发厂房火灾报警声光报警器动作。

2. 机组消防联动试验

机组消防联动试验：满足感温探测器和吸气式感烟探测器同时报火警，且 GCB 分、灭磁开关 S101 分、发电机保护 A 动作、发电机保护 B 动作信号条件具备时启动雨淋阀的电磁阀。